中型H型钢生产工艺与电气控制

郭新文　胡　洪　等编著

北　京
冶 金 工 业 出 版 社
2011

内容提要

本书是作者的团队对首钢长治钢铁公司H型钢项目从筹建、设备安装调试到生产运行的系统性总结。内容共分13章，包括：中型H型钢生产线的生产工艺和技术特性；异型坯连铸；加热炉；开坯机与串列万能轧机机组；冷热锯与冷床；矫直；液压润滑系统；产品缺陷的分析与调整；工厂供配电系统；交直流传动系统；自动化系统；计算机通信网络；人机接口系统。

本书内容紧密结合生产实际，可供相关生产领域的工程技术人员和设计人员阅读，也可用于高级技术工人的培训。

图书在版编目（CIP）数据

中型H型钢生产工艺与电气控制/郭新文等编著. —北京：冶金工业出版社，2011.11

ISBN 978-7-5024-5726-6

Ⅰ.①中… Ⅱ.①郭… Ⅲ.①炼钢—生产工艺 ②炼钢—电气控制 Ⅳ.①TF7

中国版本图书馆CIP数据核字（2011）第197238号

出版人 曹胜利

地址 北京北河沿大街嵩祝院北巷39号，邮编100009

电话 （010）64027926 电子信箱 yjcbs@cnmip.com.cn

责任编辑 宋良 美术编辑 彭子赫 版式设计 孙跃红

责任校对 王贺兰 责任印制 张祺鑫

ISBN 978-7-5024-5726-6

北京兴华印刷厂印刷；冶金工业出版社发行；各地新华书店经销

2011年11月第1版，2011年11月第1次印刷

787mm×1092mm 1/16；18印张；428千字；270页

55.00元

冶金工业出版社投稿电话：（010）64027932 投稿信箱：tougao@cnmip.com.cn

冶金工业出版社发行部 电话：（010）64044283 传真：（010）64027893

冶金书店 地址：北京东四西大街46号（100010） 电话：（010）65289081（兼传真）

（本书如有印装质量问题，本社发行部负责退换）

序

H 型钢产品是型钢产品的主要品种之一，可广泛用于工业厂房、民用住宅、高层建筑、大型公共活动场馆、桥梁、隧道、港口码头等。近年来，随着我国国民经济及城市现代化建设的发展，国内对热轧 H 型钢需求在数量、钢种和规格等方面范围不断扩大。H 型钢以其良好的力学性能和节能环保等特点而受到建筑业的青睐。

我国自 20 世纪 90 年代末首次引进 H 型钢轧机，开创了我国正式规模生产 H 型钢的历史，H 型钢的正式应用较国外落后约 40 年。近年来，我国相继引进了国外大、中、小型 H 型钢轧机十几套（含 3 套钢轨万能轧机），在吸收国外先进轧机的基础上，国产 H 型钢轧机装备水平也得到了很大的提升，已有十几套国产中、小型 H 型钢轧机投入生产。

长治钢铁有限公司于 2004 年引进的中型 H 型钢轧机，同时具有大型和小型 H 型钢轧机的特点，作者的团队参与了从引进谈判、设计联络、现场施工、安装调试到组织生产等各个环节的工作，有丰富的实践经验。本书是在他们工作资料、经验积累与总结的基础上形成的，比较系统全面。鉴于我国目前还没有一本类似的著作出版，因此将此生产线介绍给冶金同仁，将有助于进一步提高国产轧机装备水平和操作水平，也可供生产技术人员、设计单位和大专院校师生参考。该书的出版不仅填补了一项空白，也为冶金装备的技术进步起到推动作用。

高效轧制国家工程研究中心主任
北京科技大学冶金工程研究院院长

2011 年 6 月

前　　言

长期以来，对国外轧钢方面的先进工艺、设备、电气及自动化控制系统进行引进、消化吸收及自主创新，一直是轧钢界的重点任务。首钢长治钢铁有限公司中型H型钢生产线从设计、制造、调试直至正常生产就立足于此。本书的编写人员大都参与了项目谈判、设计资料转化、设备选型、设备制造监制、设备安装、单机试车、联动试车及热负荷试车以及产品开发的整个过程。特别值得一提的是：整条生产线大部分设备均由国内厂家制造，所有在线设备（不包括串列轧机）的电气及自动化控制系统均自主消化吸收，独立选型硬件并独立编制软件，控制程序语句达十余万条。历经千辛万苦，克服重重困难，在短期内便实现了工艺、设备、电气及自动化控制系统的稳定运行，达到了预期的设计效果，开国内H型钢生产线方面之先河。本书便是整个过程的最终结晶与升华，特布于此，以飨业界同仁！

本书由首钢长治钢铁有限公司郭新文、胡洪主编，参加编写工作的人员还有陈晓东、吴杰、陈虎明、杜坚、金宪军、黄永强、李海洋等。在编写过程中，得到SMS MEER公司王国顺、北京科技大学程知松、中冶东方董红卫、中冶华天金持平、包钢吴章忠、马钢聂庆文及张文满、莱钢刘福宁、津西张桂盈和邯钢解广文等专家的支持和帮助，尤其得到高效轧制国家工程研究中心主任、北京科技大学冶金工程院院长唐荻教授的精心指导并为本书作序，在此一并表示衷心感谢。

由于书中内容是针对企业自身的装备与技术、控制与维护等特点进行总结与编写的，难免受到专业的局限，书中若存有缺点和不足，恳请读者批评指正。

郭新文

2011年6月

目　　录

上篇　轧钢工艺与设备

下篇　电 气 控 制

上　篇

轧钢工艺与设备

1　中型H型钢生产线的生产工艺和技术特性

1.1　概述

首钢长治钢铁有限公司中型H型钢厂设计年产量为60万吨，产品规格：腹板高100~500mm，翼缘宽为100~260mm。由德国SMS Meer公司进行基本设计，并对主要设备进行详细设计和制造；其余辅助设备由国内进行技术转化、详细设计和制造。H型钢厂采用国际先进成熟的轧机机组和轧制方法，以及先进的控制技术。该工程总投资8.8亿元，机械设备总重5600余吨，电气总容量28兆瓦。

工厂建筑面积约3.7万平方米，厂房为高架结构，轨面标高13米，在线设备均安装在5米高的平台上。

产品主要为H型钢，也可开发生产槽钢、角钢、扁钢、工字钢。主要钢种为碳素结构钢、桥梁结构钢、低合金钢、矿用钢和耐候钢。

该厂采用最先进的中型型材轧机，尤其是带有液压压下的CCS万能机架、应用X-H轧制技术以及配套的二辊可逆开坯机、步进式加热炉、带喷雾冷却的步进式冷床及优化的精整设备。坯料采用近终型异型连铸坯，在串列可逆连轧机中采用X-H轧制方法，比传统的轧机工艺布置减少了轧机机架、轧辊及导卫数量，使得生产设备投资费用大大降低，是一种极具竞争力、生命力的工艺生产方式。

1.2　工艺技术特点

该生产线的工艺装备配置如下：

- 步进式加热炉
- 高压水除鳞装置
- 开坯机（BD)机架为重型闭口式，采用上辊电动机械压下、自动防卡装置，过载保护和轧制力测量
- CCS串列可逆式万能轧机机组采用全液压压下系统和液压轴向移动系统，TCS用于液压压下系统的动态控制
- CCS辊系自动更换
- 步进式冷床采用喷雾冷却
- 八辊悬臂式矫直机
- 固定及可移式冷锯切割线
- 堆垛床布置用于6~24米的不同的堆垛方式、堆垛尺寸和堆垛长度
- 用于起重运输的装运台架
- 公辅系统

1.3 工艺流程

炼钢异型连铸机生产出的异型坯可由两种方式装入加热炉：

热坯，由提升机从连铸坯输送辊道上将坯料提升至上料台架上，然后经入炉辊道入炉。

冷坯，由行车吊运至上料台架，然后经入炉辊道入炉。

先进的步进梁式加热炉燃料采用高焦混合煤气。加热炉由炉前装料装置装料，并由出钢装置通过炉门出料。

装料机从加热炉入炉辊道上将坯料移动到炉内合适位置。所有钢坯在加热炉中按照既定的间隔步距前进，直到钢坯出炉。

加热炉出炉辊道将坯料送入高压水除鳞箱除鳞，除鳞水压力17MPa左右。

除鳞后的坯料由辊道输送到二辊可逆式开坯机进行轧制。开坯机前后的推床按照轧制程序把坯料送入孔型。如果轧制有要求，坯料可由钳式翻钢机翻转。根据坯料的尺寸，在开坯机中轧制5～7道次（最多9道次）。

更换可逆开坯机轧辊和导卫时，整套设备将移出机架到横移平台上。在平台侧移后，新准备好的成套辊系将移入机架。整套辊系包括轧辊、轴承座和安在横梁上的导卫，横梁连接着轴承座。这种布置确保了最少的更换时间，同时操作安全可靠。

在可逆开坯机后面，轧件将进入如下布置的串列万能轧机机组中：

UR—E—UF

UR/UF为万能粗轧机/万能精轧机；E为轧边机。

采用X－H轧法轧制H型钢，即UR采用X孔型，UF采用H孔型。

轧机机架设计成CCS－紧凑式机架。机架为闭口式。

根据不同产品规格，串列轧机既可用万能模式，也可用二辊模式。

水平轧边机是可移动的，在辊身上可配置一个以上的孔型。

可自动更换轧辊和导卫，操作侧牌坊包括带导卫的整套辊系可以移出轧制线。在平台侧移后，装配好的新辊系将与操作牌坊连接，一起移入轧制线。

在串列万能轧机机组前后布置带对中装置的升降辊道，用于轧制线调整，使轧件安全咬入。

在串列万能轧机机组后有一台热锯，用于切尾、分段及取样。在进入冷床前，长度比冷床长的产品将分成两段。切尾取样定期进行。一座液压控制步进梁式冷床对产品进行冷却。采用喷雾冷却装置，冷却效果将会得到提高。通过开/关冷却管道及水压控制，可调节冷却速度。

一套输出装置将轧件从步进梁上移出并将它们输送到冷床的下床辊道上。如果精整后面区域出现故障，可以在冷床缓冲2支或3支料（根据轧件尺寸而定）。

成品出冷床温度低于80℃。

对于设计的产品结构，在冷床长度范围内提供单线矫直。最大矫直速度约6米/秒。咬入速度约1.5米/秒。矫直机为悬臂式，其矫直辊通过液压锁紧螺母固定在矫直轴上。

为了覆盖所有产品范围，矫直辊在水平方向上有不同的固定间距。

在矫直机后，成品在编组台架上收集，为分段完成编组。

编组产品通过一台固定冷锯和一台移动冷锯分段，在固定锯后配有定尺装置。另外，也可在固定冷锯完成切尾，并能移走可输送的短尾。

编组成品通过锯切分成销售长度，然后送至12米、15米和18米的三台全自动堆垛机。对于长度超过18米的成品，两台堆垛机可通过电气控制同步操作。

每一捆产品的宽度、高度及数量是可以变化的。每捆形状是矩形或正方形。对于槽钢和角钢，每第二层通过磁性翻转装置翻转180°。

通过磁性堆垛控制器完成堆垛。

打包由人工完成。收集台架收集打捆的成品，为起重发货做好准备。

1.4　工艺流程图

H型钢生产线工艺流程如图1－1所示，工艺平面布置如图1－2所示。

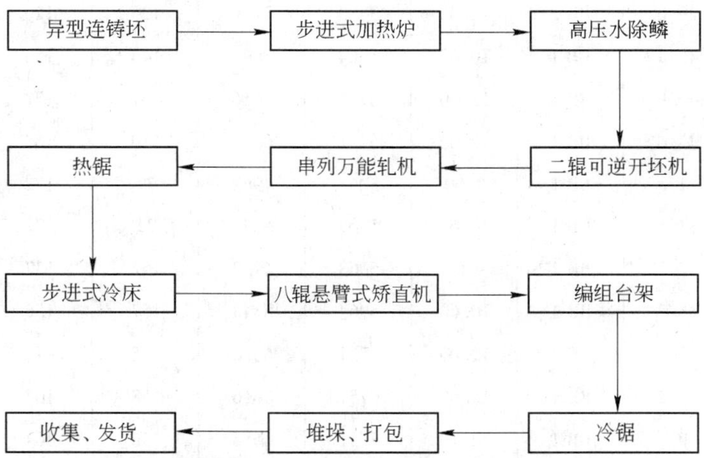

图1－1　首钢长治钢铁有限公司中型H型钢生产线工艺流程图

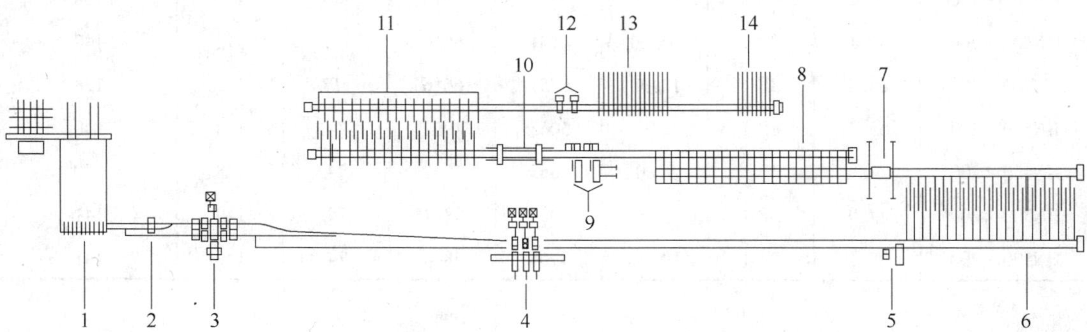

图1－2　首钢长治钢铁有限公司H型钢厂工艺平面布置示意图

1—步进式加热炉；2—除鳞机；3—二辊逆式开坯机；4—串列万能轧机机组（UR－E－UF）；5—摆式热锯；6—步进式冷床；7—八辊悬臂式矫直机；8—编组台架；9—冷锯；10—定尺装置；11—堆垛台架；12—打包装置；13，14—收集发货台架

1.5　产品名称、规格

H型钢产品数据如表1－1所示。

表1-1 产品名称、规格、技术标准

产品规格	单重	连铸异型坯			成品		产量	周期时间
GB/T 11263	/kg·m^{-1}	型号	长度/m	重量/kg	重量/kg	长度/m	/t·h^{-1}	/s
HW125×125	23.6	BB 2	10.50	3308	3241	136	88	133
HM150×100	20.7	BB 2	10.50	3308	3241	151	110	106
HW150×150	31.1	BB 2	12.00	3780	3704	116	119	112
HN175×90	18.0	BB 2	9.40	2961	2902	159	96	109
HN200×100	17.8	BB 2	9.40	2961	2902	157	97	108
HN200×100	20.9	BB 2	10.50	3308	3241	149	107	109
HM200×150	29.9	BB 2	12.00	3780	3704	119	121	110
HN250×125	25.1	BB 2	12.00	3780	3704	144	111	120
HN250×125	29.0	BB 2	12.00	3780	3704	125	120	111
HW175×175	40.4	BB 1	10.60	5964	5844	145	156	135
HW200×200	49.9	BB 1	12.00	6751	6616	131	172	138
HM250×175	43.6	BB 1	12.00	6751	6616	150	165	145
HW250×250	71.8	BB 1	9.00	5063	4962	77	172	104
HW250×250	81.6	BB 1	10.60	5964	5844	71	172	122
HN300×150	32.0	BB 1	9.00	5063	4962	152	137	131
HN300×150	36.7	BB 1	10.60	5964	5844	157	156	135
HM300×200	55.8	BB 1	12.00	6751	6616	115	172	138
HN350×175	41.2	BB 1	12.00	6751	6616	158	164	145
HN350×175	49.4	BB 1	12.00	6751	6616	158	164	145
HM350×250	78.1	BB 1	10.60	5964	5844	73	150	140
HN400×150	55.2	BB 1	12.00	6751	6616	119	172	138
HN400×200	56.1	BB 1	12.00	6751	6616	117	172	138
HN400×200	65.4	BB 1	12.00	6751	6616	117	172	138
HN450×200	65.1	BB 1	9.00	5063	4962	74	128	140
HN450×200	74.9	BB 1	9.00	5063	4962	74	128	140
HN500×200	77.9	BB 1	10.60	5964	5844	74	149	141
HN500×200	88.1	BB 1	10.60	5964	5844	74	149	141

1.6 轧机技术性能

1.6.1 开坯轧机主要设备及性能

开坯轧机采用闭口牌坊二辊式轧机，轧件往返轧制，依靠直流电动机的正反转来实现。在开坯轧机轧辊上配置有多个孔型，通过上辊压下装置在各轧制道次间设定辊缝，把规格不同的异型坯轧制成产品规格需要的半成品，提供给万能轧机以继续轧制。开坯轧机主要技术参数见表1-2。

表1-2　开坯轧机主要技术参数

形　式	闭口牌坊二辊可逆式轧机	
最大轧制压力	4500kN	
最大轧制速度	5m/s	
轧辊尺寸	辊身直径	ϕ750～850mm
	节圆直径	ϕ876mm
	辊颈直径	ϕ415.925mm
	辊身长度	2300mm
	辊环直径	ϕ950～1100mm
	轧辊全长	4750mm
轧制线高度调整	采用下辊垫片调整	
轧辊开口度调整	采用上辊电动压下丝杆调整	
上辊压下调整	有效压下行程	445mm
	压下速度	0～54mm/s
	压下电机	220kW
	蜗轮蜗杆减速比	1:6.17
	压下制动方式	电磁抱闸
下辊轴向调整	形　式	通过液压缸和楔形板进行
	调整范围	±5mm
轧辊平衡方式	上辊液压平衡	
主电动机	形式	DC3500kW×75/150r/min
	额定扭矩	418kN·m
	最大扭矩	1044kN·m
齿轮箱	形式	人字齿轮机座
	节圆直径	ϕ876mm
	减速比	1:1
	最大输出扭矩	1044kN·m
万向接轴	形式	十字头连接
	接轴长度	4000mm
	接轴倾角	±5°
	最大扭矩	2300kN·m

1.6.2　万能轧机、轧边机主要技术参数

万能轧机由一对附加的轴承座安装在水平辊上下轴承座之间，传动由水平辊来完成，立辊是被动辊，靠摩擦来传动。水平辊和立辊共同组成封闭的孔型。H型钢厂的万能轧机是串列式布置，由UR—E—UF组成，轧件往复轧制。万能轧机UR为串列轧机组中的粗轧机。轧边机E用于轧边并作为二辊机架并入串列轧机组中。万能轧机UF为串列轧机组中的精轧机。UR/UF轧机技术参数见表1-3，轧边机技术参数见表1-4

表 1-3 UR/UF 轧机技术参数

<table>
<tr><th>形　式</th><th colspan="3">CCS®</th></tr>
<tr><td rowspan="3">最大轧制压力</td><td>万能水平辊</td><td colspan="2">5000kN</td></tr>
<tr><td>万能立辊</td><td colspan="2">3000kN</td></tr>
<tr><td>二辊轧机</td><td colspan="2">5000kN</td></tr>
<tr><td>最大轧制速度</td><td colspan="3">10m/s</td></tr>
<tr><td rowspan="6">水平辊调整</td><td>压下方式</td><td colspan="2">上辊液压压下/下辊液压压上/上辊液压平衡</td></tr>
<tr><td>上辊压下行程</td><td colspan="2">155mm</td></tr>
<tr><td>下辊压上行程</td><td colspan="2">155mm</td></tr>
<tr><td>调整速度（每辊）</td><td colspan="2">0 ~ 4mm/s</td></tr>
<tr><td rowspan="2">轴向调整</td><td>调整方式</td><td>下辊液压调整</td></tr>
<tr><td>调整范围</td><td>±5mm</td></tr>
<tr><td rowspan="3">立辊调整</td><td>调整方式</td><td colspan="2">液压压下/液压平衡</td></tr>
<tr><td>调整行程（每辊）</td><td colspan="2">180mm</td></tr>
<tr><td>调整速度（每辊）</td><td colspan="2">0 ~ 8mm/s</td></tr>
<tr><td rowspan="4">轧辊尺寸</td><td>万能水平辊轴</td><td colspan="2">ϕ540 × 3500mm</td></tr>
<tr><td>万能水平辊环</td><td colspan="2">ϕ940 ~ 1120mm</td></tr>
<tr><td>万能立辊</td><td colspan="2">ϕ640 ~ 740 × 285mm</td></tr>
<tr><td>二辊模式</td><td colspan="2">ϕ890 ~ 1120mm</td></tr>
<tr><td rowspan="3">主电动机</td><td>形　式</td><td colspan="2">DC3500kW × 75/150r/min</td></tr>
<tr><td>额定扭矩</td><td colspan="2">418kN · m</td></tr>
<tr><td>最大扭矩</td><td colspan="2">1044kN · m</td></tr>
<tr><td rowspan="4">齿轮箱</td><td>形　式</td><td colspan="2">人字齿轮机座</td></tr>
<tr><td>节圆直径</td><td colspan="2">ϕ876mm</td></tr>
<tr><td>减速比</td><td colspan="2">1:1</td></tr>
<tr><td>最大输出扭矩</td><td colspan="2">1044kN · m</td></tr>
<tr><td rowspan="4">万向接轴</td><td>形　式</td><td colspan="2">十字头连接</td></tr>
<tr><td>接轴长度</td><td colspan="2">4000mm</td></tr>
<tr><td>接轴倾角</td><td colspan="2">±5°</td></tr>
<tr><td>最大扭矩</td><td colspan="2">2300kN · m</td></tr>
</table>

表 1-4 轧边机技术参数

形　式	CCS®
最大轧制压力	2500kN
最大轧制速度	10m/s
压下方式	上辊液压压下/下辊液压压上/上辊液压平衡
上辊压下行程	120mm
下辊压上行程	120mm
压下/压上速度（每辊）	0 ~ 5mm/s

续表1-4

形 式	CCS®	
轴向调整	调整方式	下辊手动调整
	调整范围	±5mm
轧辊尺寸	万能模式	ϕ680~800×1200mm
	二辊模式	ϕ680~800×1200mm
牌坊横移行程	±430mm	
主电动机	形 式	DC1500kW×100/275r/min
	额定扭矩	143kN·m
	最大扭矩	358kN·m
齿轮箱	形 式	人字齿轮机座
	节圆直径	ϕ738mm
	减速比	1:1
	最大输出扭矩	358kN·m
万向接轴	形 式	十字头连接
	接轴长度	4100mm
	接轴倾角	±15°
	最大扭矩	730kN·m

2 异型坯连铸

2.1 异型坯连铸的发展概况

2.1.1 异型坯连铸的发展简史

苏联在1961年报道过异型坯的连铸试验。1964年，加拿大阿尔戈玛（ALGOMA）公司和英国钢铁研究协会（BISPA）签订了关于工字型坯连铸试验研究的协议，接着在英国试浇成功467mm×254mm×76mm的工字型连铸坯，随后将这种铸坯在轧钢车间以6:1的断面压缩比轧制成工字钢和宽翼工字钢。对这些产品进行力学性能试验证明，将它们作为结构用钢材是不成问题的。据此，阿尔戈玛公司就委托瑞士康卡斯特公司设计和提供设备，并在100吨转炉配合生产的条件下，于1968年5月建成投产了世界上第一台工字型坯连铸机。其间，各国新建的方坯或板坯连铸机都在为扩大浇铸范围和突破连铸质量关而努力，多数国家在相当长时间内将异型坯连铸视为高不可攀的技术，同时也在密切注视着阿尔戈玛公司工字型坯连铸生产的结果。

随着炼钢技术的不断进步，特别是炉外精炼技术的应用，各国的连铸机相继突破了质量关。日本川崎钢铁公司在了解到阿尔戈玛公司工字型坯连铸生产十分成功之后，决意在其水岛厂兴建一台大方坯/工字型坯兼用型连铸机，并于1973年10月建成投产。以后该公司在工字型坯连铸方面发表了很多文章，引起了诸多厂家的重视。

目前，全世界异型坯连铸机已有20多台，技术已经成熟。我国已投产异型坯连铸机的企业有马钢、莱钢、津西钢铁、首钢长治钢铁等。

2.1.2 发展异型坯连铸的重要意义

（1）显著减少轧制道次。

（2）大幅度提高轧机生产能力。

（3）避免轧件尾端形成舌形，提高成材率。

（4）轧制出的H型钢质量较好。

基于上述能耗低、工序少、成材率高、成本低等优点，异型坯连铸机在实际生产中具有很大的竞争力。

2.1.3 异型坯连铸的特点

（1）异型坯表面积大，散热条件好，对矫直有利。

（2）异型坯矫直后形状变化大，主要影响是腹板尺寸H。H确定后，只有通过增大连铸机半径来改善异型坯矫直后的断面尺寸。

（3）异型坯断面形状复杂，断面上各点的散热条件差别很大。

2.2 首钢长钢异型坯连铸机

2.2.1 连铸机基本技术参数

（1）钢水供应条件

- 熔炼炉　　　　　　　　65 吨转炉 1 座
- 转炉平均出钢量　　　　80 吨
- 转炉平均冶炼周期　　　35min
- 转炉作业率　　　　　　84.93%
- 转炉年产量　　　　　　82.903 万吨

（2）生产规模和产品规格

- 生产规模：年产合格铸坯 80 万吨；
- 铸坯断面：异型坯共两种，代号为 BB1、BB2，参见图 2－1；
- 定尺长度：异型坯 5.25～12.92m；
- 生产钢种：碳素结构钢，桥梁结构钢，低合金钢，矿用钢，耐候钢，优质碳素结构钢，合金结构钢。

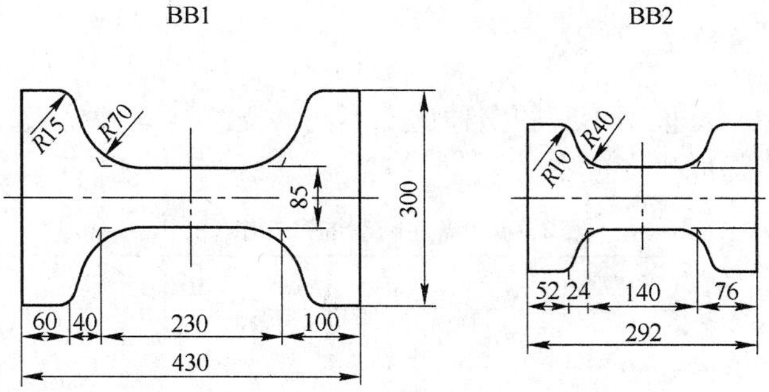

图 2－1　异型坯断面

（3）对连铸坯的质量要求

1）异型坯的尺寸偏差满足以下要求：（参见图 2－2）

弯曲度	<7.5mm/m，最大为 90mm
对角线	<1.5%（计算公式：$100\|L_1 - L_2\|/(L_1 + L_2)/2$）
扭曲度	±0.8°/m
翼缘厚度 d_1	< ±2mm
腹板厚度 d_2	< ±2mm
翼缘宽度 W	<1.5%
腹板高度 H	<1.5%
翼缘凸度 h_1	< +5mm（翼缘外侧的中部）
腹板凸度 h_2	< +5mm（腹板中部）
翼缘平行度	±3°/m

2）连铸坯表面和内部质量应符合《连续铸钢方坯和矩形坯》（YB2011—83）及其他有关标准。

2.2.2　连铸机工艺参数的确定

2.2.2.1　连铸机机型

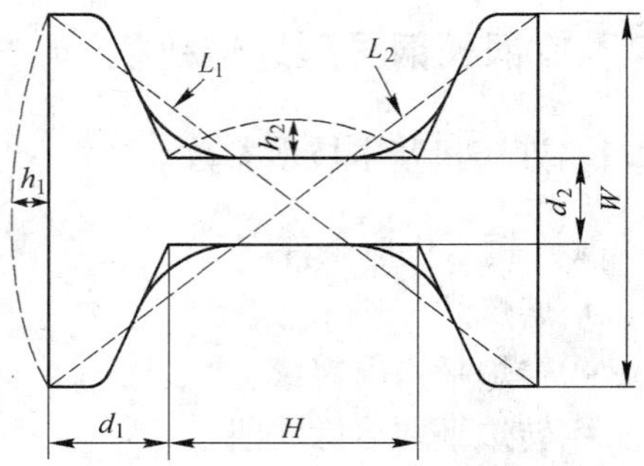

图 2－2　异型坯尺寸示意图

目前，全世界已经投产的异型坯连铸机均为弧型连铸机。首钢长钢铸机所生产的铸坯为近终形异型坯，其腹板和翼缘板较薄，腹板仅 85mm 厚。铸坯在出结晶器后，容易鼓肚，必须进行有效地夹持。因此，在铸机的二冷扇形段，要布置多组夹持辊，而且在不同位置，夹持辊的布置方式也不同，如：在二冷扇形段上部，由于铸坯坯壳仍较薄，需对腹板的两侧面、翼缘的两端面及四个侧面均配置夹辊，共 8 个夹辊；在中部，只需对腹板的两侧面和翼缘的两端面配置夹辊，共 4 个夹辊；在下部，由于铸坯已基本上完全凝固，只需在铸机的外弧侧布置导向辊即可。如此一来，连铸机的整个扇形段将布满较复杂的辊列，故而引锭杆采用链式引锭杆为宜。综上所述，连铸机机型选择为链式引锭杆全弧型连铸机。

2.2.2.2　浇注制度的选择

在实际生产过程中，可根据不同的钢种选择不同的浇注制度（见表 2－1），做到既保证铸坯质量，又尽可能降低生产成本。

表 2－1　浇注制度的选择

组　别		1	2
钢包长水口吹氩保护浇注		采用	
中间包浇注方式		定径水口＋半浸入式单水口	
结晶器液面检测与自动控制		涡流传感器＋塞棒自动控制系统	
结晶器		组合式结晶器	
结晶器振动装置		高频低振幅正弦振动	
二次冷却	强度	较强	较弱
	方式	全程气水喷雾冷却	

2.2.2.3　每包钢水允许浇注时间

根据克伦纳及塔尔曼经验公式：

$$t_{\max}=\frac{\lg G-0.2}{0.3}\times f$$

式中　$t_{\max}$——每包钢水允许最大浇注时间，min；

G——钢包钢水量，65t；

f——质量系数，取 $f=10\sim16$。

按 $G=65$t，$f=13$，钢水允许最大浇注时间约为 70min。

2.2.2.4　连铸机弧形半径

连铸机的弧形半径是连铸机的主要参数，其大小主要决定于连铸机所浇注的铸坯断面尺寸和钢种。为了使热铸坯在矫直时不产生裂纹，应将铸坯的变形率控制在所浇钢种允许的范围内，而铸坯矫直变形率的大小主要由连铸机弧形半径决定。

对一点矫直连铸机，铸坯表面矫直变形率的大小可用下式计算：

$$\varepsilon = \frac{D}{2R - D} \leqslant [\varepsilon]$$

式中 $[\varepsilon]$ ——铸坯允许的表面矫直变形率，优碳钢、低合金钢的最大允许表面变形率 $[\varepsilon] = 1.2\%$；

D ——铸坯厚度，mm，考虑335mm；

R ——铸机半径，mm。

经计算得 $R \geqslant 14.0$m。

考虑到本方案中异型坯为近终形坯，其表面积大，散热快，液芯长度短，在矫直时易变形，为保证获得良好铸坯表面质量和断面形状，同时降低厂房高度和设备重量，将新建连铸机确立为基本圆弧半径为R10m、三点矫直（矫直半径分别为R10/15/30m）的全弧形连铸机。这样不仅能满足当前生产要求，还为今后发展留有余地。核算结果见表2-2。

表2-2 连铸机内弧表面变形率

浇注断面	连铸机弧形半径	第一矫直点表面变形率	第二矫直点表面变形率	第三矫直点表面变形率
厚300mm	R10/15/30m	0.197%	0.214%	0.222%

可见，在各矫直点铸坯内弧表面变形率均远远小于最大允许表面变形率。

2.2.2.5 连铸机的平均拉速和最大拉速

连铸机平均拉速应充分考虑与转炉匹配，使浇注和冶炼周期保持一致。

$$v_{工} = \frac{Q}{7.6Atn}$$

式中 Q——平均出钢量，t；

$v_{工}$——铸机工作拉速，m/min；

A——铸坯断面积，m^2；

t——浇注周期，min；

n——设计流数。

核算结果见表2-3。

表2-3 连铸机拉速 m/min

钢种组别	1组		2组	
浇注断面/mm	平均拉速	最大拉速	平均拉速	最大拉速
292×205×85	1.8	2.16	1.47	1.76
430×300×85	1.0	1.2	0.83	1.0

2.2.2.6 连铸机冶金长度和两相区变形率计算

当最大工作拉速为 v_{max}，各矫直点距弯月面距离为 S_n，矫直区半径 R_n，那么，各矫直点两相区的变形率按下式计算（参见表 2－4）：

$$[\varepsilon]=\left(\frac{D}{2}-K\sqrt{\frac{S_n}{v_{max}}}\right)\times\left(\frac{1}{R_{n-1}}-\frac{1}{R_n}\right)$$

表 2－4 矫直点两相区的变形率

组别	铸坯断面		292×205×85	430×300×85
1 组	平均拉速/m·min^{-1}		1.8	1.0
	液芯长度/m		6.772	5.710
	最大拉速/m·min^{-1}		2.16	1.2
	冶金长度/m		8.126	6.8525
	两相区变形率/%	第一矫直点	0.0967547	0.17134
		第二矫直点	0.00755732	0.142916
		第三矫直点	0.0656	0.129532
2 组	平均拉速/m·min^{-1}		1.47	0.83
	液芯长度/m		5.530	4.7397
	最大拉速/m·min^{-1}		1.76	1.0
	冶金长度/m		6.625	5.710
	两相区变形率/%	第一矫直点	0.0706	0.139288
		第二矫直点	0.04715	0.1081
		第三矫直点	0.03611	0.0934

液芯长度是指在工作拉速下铸坯液芯的长度；冶金长度则是指在最大拉速下，铸坯液芯的长度。其计算公式如下：

$$L=\frac{S}{K}\times 2V$$

式中 K——铸坯的综合凝固系数，取 29/28；

S——铸坯的有效凝固厚度。

对异型坯，S 按下图所示的方法确定：对于 BB1，BB2 断面，分别在腹板和翼缘交接处画内接圆，如图 2－3 所示，则圆的半径 R 即为 S。有关计算结果见表 2－4。

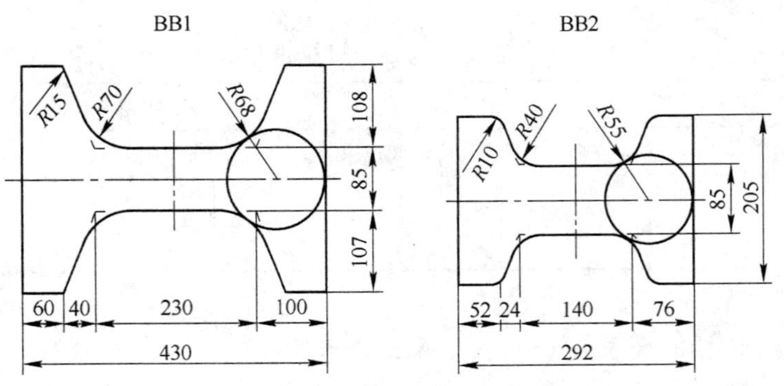

图 2－3 BB1、BB2 断面内接圆示意图

2.2.2.7 连铸机的流数

按表2-3中设定的拉速，计算连铸机的流数如表2-5所示。

表2-5 连铸机流数计算

断面/mm×mm×mm	292×205×85	430×300×85
平均拉速/$m\cdot min^{-1}$	1.5	0.9
流数	3.9	3.7

故选择连铸机的流数为4流。

2.2.2.8 连铸机年作业率

根据国内钢铁厂的实际经验，连铸机一年的非作业时间见表2-6。

表2-6 连铸机年非作业时间

序号	非作业项目	计划次数	每次时间	共计时间
1	计划年大修	1次/年	3天	3天
2	计划年中修	1次/半年	1天	2天
3	计划维修	1次/周	8小时	17天
4	更换断面	1次/周	4小时	8天
5	临时事故			4天
6	工序配合失误			11天
总计				45天

年日历天数为365天，则作业率为87.7%。

2.2.2.9 铸机的年生产能力

A 连铸机准备时间

连铸机准备时间是指两次连浇之间的间隔时间，即从上次连浇中间罐水口关闭到下次连浇中间罐水口打开之间的时间。

连铸机准备时间见表2-7。

表2-7 连铸机准备时间表 min

序号	操作内容	时间	备注
1	停浇、中间罐开走	3	
2	铸坯拉完	15	
3	送引锭	20	
4	中间罐升起开到浇注位，并对中结晶器	4	
5	钢包开浇、中间罐液面达到一定高度后开浇	3	
合计		45	

B 连铸机年产量计算

- 转炉冶炼时间 35min
- 转炉平均炉产钢水量 65t
- 每炉浇注时间 32min
- 准备时间 45min
- 合格铸坯收得率 97%
- 连浇炉数 12 炉
- 连铸机年生产能力

$Q = 1440/(12 \times 32 + 45) \times 365 \times 12 \times 65 \times 0.97 \times 0.877 = 81.3$ 万吨/年；

2.2.3 连铸机生产工艺流程

连铸机生产工艺流程见图 2－4。

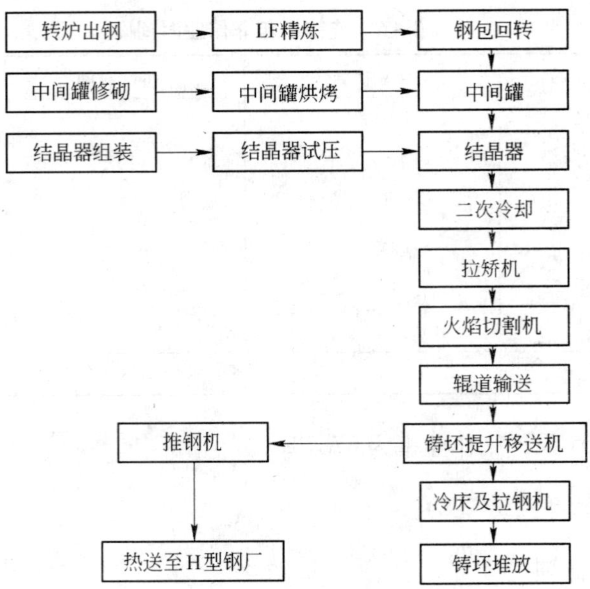

图 2－4 连铸机工艺流程图

2.2.4 连铸机主要工艺参数和技术指标

连铸机主要工艺参数和技术指标见表 2－8。

表 2－8 连铸机主要工艺参数和技术指标

序 号	名 称	单 位	参 数
1	机型		链式引锭杆全弧形连铸机
2	弧形半径	m	R10/15/30（连续矫直）
3	台数×机数×流数		1×4×4
4	流间距	mm	1800
5	铸坯断面尺寸	mm	292×205×85、430×300×85

续表 2－8

序　号	名　称		单　位	参　数	
6	铸坯定尺长度		m	5.25～11.92	
7	平均连浇炉数		炉	12	
8	拉速	断面 292×205×85 430×300×85	m/min	平均拉速 1.5～1.6 0.8～0.9	最大拉速 1.8 1.0
9	金属收得率		%	约97	
10	铸机年作业率		%	87.7	
11	单机年生产能力		t	约 81.3×10^4	

2.2.5　连铸机主要技术要点的确定及说明

2.2.5.1　适合于异型坯的结晶器技术

结晶器作为连铸机的核心部位，在异型坯连铸机中的作用尤为重要。针对首钢长钢近终型异型坯连铸机，采用的结晶器如下：

采用铜板组合式结晶器。在内外弧铜板上有冷却水孔，形成冷却水通道；在两侧面铜板上直接开水缝冷却。

铜板材质为 Elbrodur，即铜、铬、锆合金铜板，同时在与钢水接触的内表面，镀有 0.5mm 的 AMC－HN40 的镀层。这种铜板和镀层的硬度高，导热性优良，被认为是最适合于作为制作 H 型等异型坯结晶器的材质。

结晶器铜板长度　　700mm

足辊　　2 排 16 面辊

轴承　　NSK（或 FAG）连铸专用大间隙轴承

2.2.5.2　二冷一段快换装置和小辊密排夹持技术

数年前，首钢长钢即已开始投入相当的精力着手对近终型异型坯连铸机进行开发，并与多家技术单位进行合作、研究。

2002 年，长钢与北京科技大学机械工程学院就近终型异型坯连铸机的工况再次合作，共同建立模型，并采用大型计算机仿真软件，对铸坯在浇注过程中的各个位置的模型进行仿真计算，得出距离结晶器液面相应位置的异型坯坯壳厚度（见图 2－5～图 2－9），从而为我们具体设计二冷一段夹持提供了理论根据。

以上均为连铸机在典型工况条件下（拉速 1.2m/min、比水量 0.35L/kg、钢水过热度 25℃）铸坯坯壳厚度的增长规律及变形分析，结论如下：

（1）液芯中心（内切圆中心附近）温度的下降规律为：先消除过热度，然后进入温度缓慢非线性下降的两相区；在最后凝固点位置附近中心温度快速下降；最后随着中心与表面之间温差的减小，中心温度开始随表面温度一起稳定下降；

（2）腹板中部表面温度的变化规律为：在结晶器内凝固初期温度快速下降到固态温度；

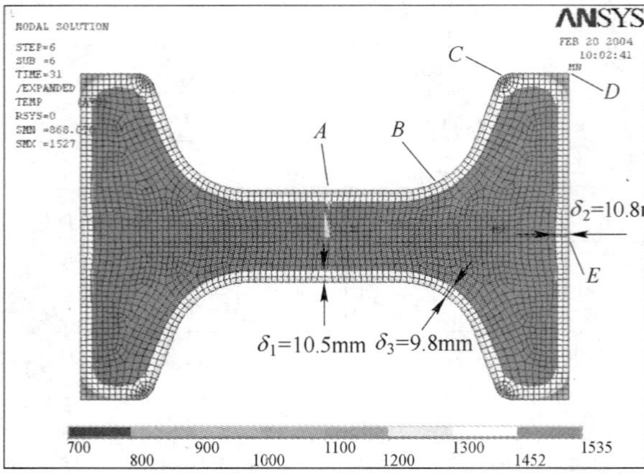

图2-5 结晶器下口铸坯截面温度场及坯壳厚度

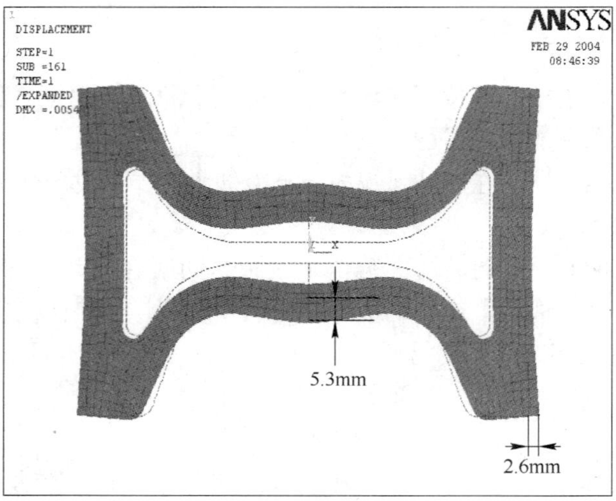

图2-6 结晶器下口坯壳的变形示意图

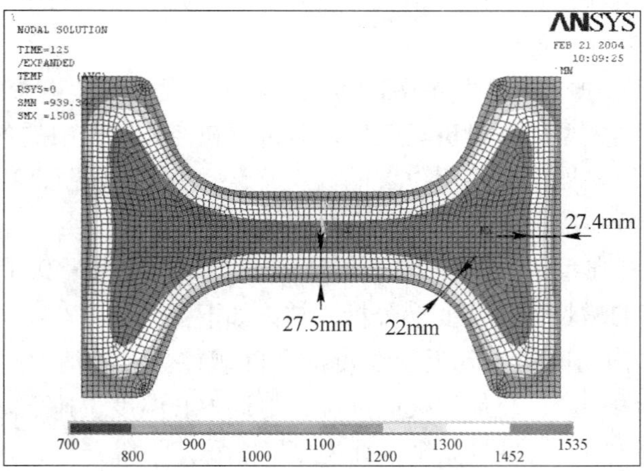

图2-7 距液面2.5m处铸坯截面温度场及坯壳厚度

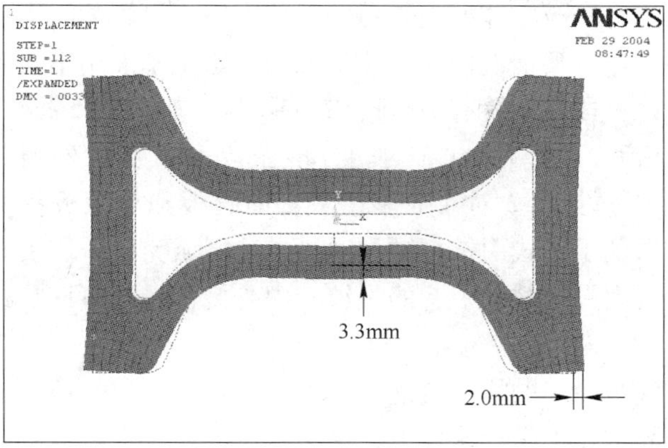

图 2－8　距液面 2. 5m 处坯壳的变形示意图

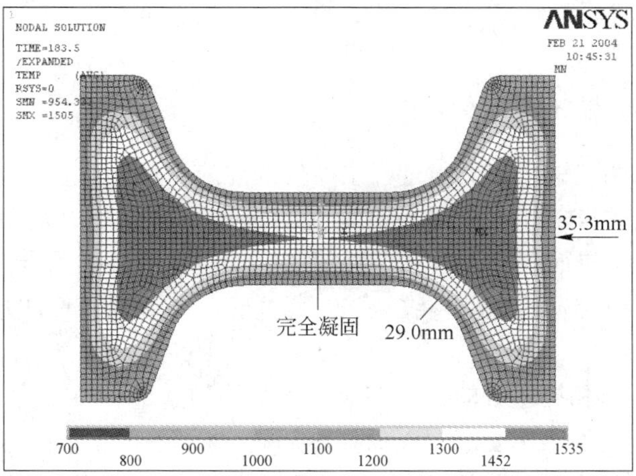

图 2－9　距液面 3. 67m 处铸坯截面温度场及坯壳厚度（腹板完全凝固处）

在结晶器下端温度下降速度逐渐减缓；在距液面 3. 67m 处，腹板坯壳前沿相接，坯壳表面的温度下降速度加快；出空冷区时，腹板中部表面温度出现小幅度回升，然后进入空冷区温度稳定下降区；

（3）翼沿外侧中部表面温度的变化规律为：在结晶器内凝固初期温度快速下降到固态温度，在结晶器下端温度下降速度逐渐减缓，在二冷区整体表现为缓慢下降变化规律（实际生产中会在喷嘴附近出现快速温降与回温，对此现象这里未作分析）；铸坯刚进入空冷区时，由于表面冷却强度突然减小，铸坯表面温度会出现一定程度的回升，随后铸坯温度开始稳定下降。

（4）坯壳厚度的增长可以分为三个典型阶段：结晶器内初始坯壳的快速形成阶段、坯壳稳定增长阶段（近似线性）与凝固最后阶段的快速增长阶段。

通过上述结论可见，在浇注异型坯时，铸坯出结晶器后坯壳的厚度并不足以抵抗钢水的净压力，容易产生鼓肚现象。WAM 公司根据多年的研究与实践经验，确立了新建异型坯连铸机辊列方案，其基本思想是：在二冷一段处采用小辊密排技术对铸坯进行有效夹持，确保铸坯坯壳有足够的强度来抵消钢水静压力的作用并防止铸坯变形，同时实现整体更换、线外调整。

二冷一段主要由二冷一段本体、内外弧辊子装配组、侧辊装配组、润滑配管、二冷水管气管等组成。二冷一段框架上设四块定位基准面，定位基准用不锈钢堆焊后加工。

本套连铸机的二冷一段共布置有16排（1～16号）辊，前5排（1～5号）每排由4对8面辊组成，即腹板和凸缘两侧共3对辊，辊径$\phi150$，翼缘外侧1对辊，辊径$\phi120$；后面11排（6～16号）每排由2对4面辊组成，即腹板和翼缘板各1对辊，辊径$\phi150$。这种辊子排列方式既保证了链式引锭杆顺利通过二冷区域完成铸坯引导任务，同时对防止铸坯鼓肚和变形，减少因严重鼓肚引起的裂纹、中心偏析和铸坯形状缺陷起着至关重要的作用。

二冷一段设置了气水冷却的快速接通。扇形段由精确定位的销轴定位，通过高强长螺栓将扇形段本体的轴固定在半圆形岔口上，吊装定位方便、牢靠。其上设置有水、气快换接头，随扇形段安装完毕，水气自动接通。

为确保二冷一段能够长期使用，二冷一段内所有的轴承均采用进口的NSK或FAG连铸专用的大间隙轴承。

2.2.5.3 二次冷却系统

根据钢的凝固特性，钢水在凝固过程中产生的热应力和伴随金相组织转变而形成组织应力，是连铸坯产生裂纹的主要根源。尤其是异型坯，由于断面复杂，腹板和翼缘壁较薄，易引起鼓肚变形，进而伴随裂纹、偏析等缺陷产生；此外，因异型坯各面冷却条件不同，容易产生由热应力诱发的各种裂纹缺陷。因此，为了确保铸坯质量，二冷区二冷配水系统应满足以下要求：

（1）在铸坯的横向和拉坯方向，铸坯表面冷却均匀；

（2）喷雾水被蒸发的比率要高，以保证冷却效率最大；

（3）能够按钢种及冷却工艺的要求，最大限度地调节冷却强度；

（4）在铸坯表面上未蒸发的水的停留时间越短越好。

在近终型异型坯连铸机的仿真模型中，对铸坯在浇注过程中可能因配水而出现的各种变形均作出计算，结果见图2－10。

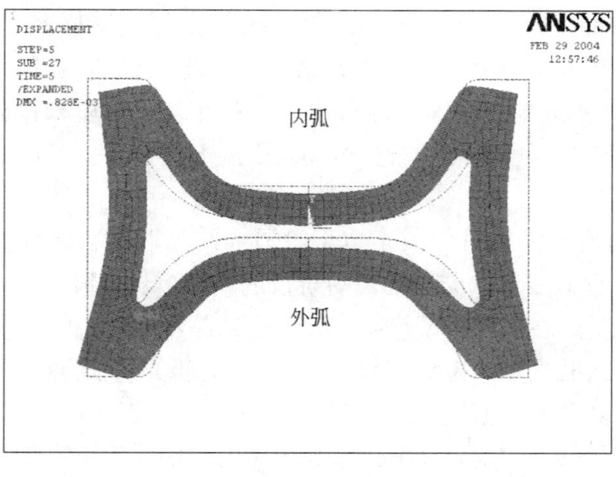

图2－10 铸坯变形计算示意图

造成铸坯如此变形的根本原因为内外弧冷却不均匀（内弧侧积水）。目前，二冷区冷却方式基本上有两种：水喷雾冷却和气水喷雾冷却。如果采用水喷雾冷却，则对于异型坯的如图 2－10 所示的变形会更加明显。

与水喷雾冷却相比，气水喷雾冷却有很大的优越性：

（1）气水喷嘴的喷孔口径较大，喷嘴不易堵塞；

（2）水量调节范围大。一般水喷嘴最小水量与最大水量之比为 1∶3，而气水喷嘴的调节范围可达 1∶10 以上，能适应浇注不同钢种、断面、拉速和冷却强度的要求；

（3）水的雾化程度高，冲击力大。其水滴直径为 0～200μm，平均为 50～60μm；而水喷嘴的水滴直径为 0～400μm，平均为 100μm 以上，这些对提高冷却效率，改善铸坯边角部过冷有很大帮助；

（4）铸坯表面冷却更加均匀（参见图 2－11）。气水喷嘴直接插入辊缝间隙内，并以很大的扩散角向铸坯表面喷雾冷却，而且压缩空气还不断吹扫蒸汽和辊子接触区尖角内的积水。这些可使铸坯表面温度波动缩小到 50～80℃，而水喷雾冷却波动高达 200～300℃。此外，气水喷雾冷却的铸坯表面温度比水喷雾冷却高 50℃左右，铸坯热应力小，有利于热送；

（5）单位耗水量减少一半左右。

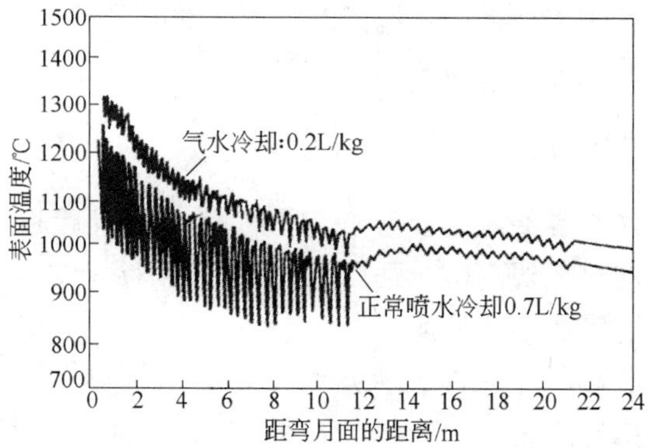

图 2－11　不同冷却方式下的铸坯表面温度变化

2.2.5.4　浇注钢流控制技术（结晶器液面控制技术）

要生产质量优良而又稳定的产品，需要给连铸机提供稳定的操作条件。在钢水质量得到较好控制的前提下，稳定结晶器液面是稳定工艺操作的核心。

结晶器液面波动过大，会对铸坯质量和连铸生产造成极为不利的影响，概括起来有以下几点：

（1）渣条卷入到钢中，形成铸坯皮下夹渣、内部夹杂；

（2）造成结晶器溢钢；

（3）严重时还会直接导致漏钢事故的发生。

过去往往通过人工调节塞棒来控制结晶器液面，工人的劳动强度大，控制精度低，正常情况下的控制精度只能达到 ±15mm，在小断面铸机上的控制精度就更差。为改变这种状况，在异型坯连铸机上采用了结晶器液面检测和自动控制系统。

结晶器液面检测和自动控制技术包含两层含义：一是自动检测，二是自动调节。而自动调节系统有两种方式：

（1）依靠塞棒控制中间罐钢水流量，稳定结晶器液面；

（2）依靠拉速调节，稳定结晶器液面。

本台异型坯连铸机结晶器液面检测为电涡流传感器检测装置；自动控制技术采用塞棒自动控制方式。

电涡流传感器检测装置为非放射性结晶器液面检测装置，安装在结晶器加渣盘上，随结晶器一同上、下振动，能够在不接触钢水液面的情况下检测钢水液面高度。探测头内通压缩空气进行冷却，能够耐高温。

电涡流传感器检测装置安装形式简单，如需更换断面，仅须将探测装置从加渣盘上卸下即可，所以每流一套适合于所有断面。

塞棒自动控制系统采用法国SERT公司生产的伺服电机驱动，其与电涡流传感器检测装置匹配，可以将钢水液面的波动值控制在±2mm内。

由于采用了以上技术，本台异型坯连铸机可以完全实现如下控制方式：

当浇注普钢时，由于无须控制塞棒，则通过检测液面信号后，反馈给拉矫机，通过拉矫机自动调节拉速以稳定结晶器内钢水液面；

当浇注某些特殊钢种时，须采用塞棒控制钢流，此时可通过塞棒自动控制系统调节塞棒开口大小来调节结晶器内钢水液面波动。

2.2.5.5 自动火焰切割机

由于异型坯断面特殊，翼缘板较高，而腹板厚度小，且腹板与翼缘板有一定的高度差，因此，如采用普通的火焰切割机，则切割效果将达不到要求。为此，长钢开发了新型的自动火焰切割机，以适应切割异型坯。

此火焰切割机为自驱动行走小车式火焰切割机，由箱体、切割小行走结构、夹紧装置、割枪行走装置、割枪升降装置、粒化水装置、拖链及能源介质箱、电器系统组成。本火焰切割机中，所有电动机均为H级绝缘，IP54防护等级的变频电机，夹紧气缸、割枪升降用油缸均为水冷形式。

箱体由五块分箱体组成，各分箱体之间由焊接式管接头、弯头连接而成，箱体内部有隔板，隔板使冷却水按规定方向流动，箱体冷却效果良好；箱底留有放水口，便于维修。

夹紧装置包括水冷夹紧气缸、夹紧臂、夹钳及套筒等。铸坯达到预定定尺后，上位机发出信号给电磁换向阀，换向阀换向后，压缩空气驱动气缸，活塞杆伸出通过夹紧臂、夹钳夹紧铸坯，依靠铸坯运动带动切割机运动。切割完毕后，换向阀换向，气缸活塞杆缩回，松开铸坯。

切割小车行走机构由传动装置、主被动齿轮、车轮及电磁离合器组成。当接到返回信号后，离合器吸合，传动装置带动主动齿轮旋转，再通过被动齿轮带动车轮旋转，切割小车返回。由于小车为自驱动式，所以可以行走停留在切割行程范围内任一位置上对铸坯进行切割。

割枪行走装置由传动装置、主被动齿轮、丝杠和螺母及导轨组成。传动装置启动后带动主动齿轮旋转，再与被动齿轮啮合带动丝杠转动，割枪螺母在导轨的限制下沿直线运动，促使割枪作横向切割，传动装置中设有绝对值编码器，其作用是对割枪的行走距离作出精确的计算，并为割枪升降装置提供信号，使割枪上升或下降。

割枪升降装置作为切割质量的保证，是异型坯火焰切割机非常重要的机构，由支架、伺服液压缸及导向装置组成。液压缸为外水套水冷形式。当液压系统收到割枪行走装置编码器反馈的上升、下降信号后，控制液压缸的升降，液压缸驱动割枪在导向装置导向槽内行走，带动割枪升降。割枪升降的同时，横向切割仍然继续。

粒化水装置由电磁阀、水喷嘴和管路组成，其主要作用是冲渣和除尘。

能源介质箱是切割机重要组成部分，主要控制切割气体的压力、流量和速度。通过球阀、过滤器再进入各分管路，各分路中的减压器控制出口的压力，电磁阀控制切割气体的通和断，再通过回火防止器进入到割枪、割嘴，完成切割。

2.2.5.6 连铸机出坯系统

异型坯连铸机出坯系统包括出坯辊道、铸坯提升信号发送装置、铸坯提升移送机（捞钢机）、移送机轨道、推钢机、冷床拉钢机、热送辊道等组成。

铸坯提升移送机轨道横跨出坯辊道上方，轨距 14 米，铸坯提升移送机安装就位于轨道上，由捞钢机构和大车行走机构组成。铸坯提升移送机大车可在轨道上行走，并可在任意位置停止。捞钢机构用于将单根铸坯从出坯辊道上捞取提升，通过大车行走将铸坯送至推钢机或拉钢机上，以便进行铸坯热送或冷却。在铸坯提升移送机轨道上，每一流捞取铸坯的位置及拉钢机、推钢机、热送辊道等放置铸坯的位置上，均设有接近开关，以便铸坯提升移送机准确捞取、放置铸坯。

出坯辊道末端设有铸坯提升信号发送装置，当铸坯到达出坯辊道尽头时信号发送装置自动检测并对铸坯提升移送机发出信号，铸坯提升移送机即由准备位行走至铸坯停止位置，准备捞取铸坯。

推钢机、冷床拉钢机分别安装在出坯辊道两侧，一为铸坯热送用，一为铸坯冷却用。推钢机与热送辊道连接，当铸坯提升移送机将铸坯放到推钢机上后，推钢机液压缸拉动推头，推头再将铸坯推至热送辊道内，由热送辊道将铸坯热送至 H 型钢车间。

当铸坯提升移送机在动作过程中热金属探测器检测到另外一流的铸坯已经到达时，铸坯提升移送机继续原动作，待本次动作完毕后，再移至下一捞钢点，进行下一轮的捞钢动作。

热送过程中，如推钢机发生故障，铸坯提升移送机可以将铸坯直接放置在热送辊道上，进行热送。

2.2.5.7 连铸机的总体装备水平

A 铸坯质量控制和工艺手段

（1）铸坯表面质量的控制

纵裂：合适的结晶器锥度，结晶器均匀冷却，对弧准确；

横裂：优化二冷系统，气水雾化冷却，小辊密布，合适的保护渣；

振痕：优化结晶器振动，高频、小振幅；

龟裂：结晶器表面镀铬；

结疤：严格钢水成分和温度控制，全过程保护浇注，防止二次氧化；

气孔：保护浇注，防止钢水吸气。

（2）铸坯内部质量的控制

裂纹：优化二冷系统，小辊密布防止鼓肚，选择合适的拉速，采用多点矫直；

偏析：控制拉速，尽可能低的过热度浇注，收缩辊缝，优化二冷，减少柱状晶；

缩孔和疏松：优化二冷系统，小辊密布，收缩辊缝，控制拉速；

夹杂：优化中间罐结构，保护浇注，采用液面检测与自动控制技术，稳定结晶器液面防止卷渣。

B 连铸机总体设备水平

连铸机总体设备配置上，体现了现阶段异型坯连铸机的先进性和实用性，为实现高效率的连铸工艺提供了可靠的、行之有效的手段：

钢包回转台带称重装置——稳定浇注；

钢包带长水口、中包带半浸入式水口——保护浇注；

中间罐车带液压驱动式升降、横向微调装置——便于中间罐水口对中，优化结晶器钢水流场；

高效结晶器——优化结晶器冷却；

短臂四连杆振动装置——实现高振频、低振幅，减少振痕、提高拉速；

二冷一段快换装置——增加有效夹持，减少鼓肚，提高连铸机作业率；

气雾冷却系统——提高铸坯内外部质量；

小辊密排夹持技术——增加有效夹持，减少鼓肚；

二冷配水自动调节系统——稳定浇注，提高铸坯质量；

连续矫直拉矫机——减少裂纹；

引锭杆跟踪系统——提高操作水平、确保引锭杆工作正常；

自动火焰切割和自动定尺系统——减少铸坯形状缺陷；

自动出坯——减少工人及操作人员的工作强度；

关键部件均为进口部件——确保使用性能和寿命，减少维修工作量；

三电系统采用现场总线方式——提高系统的可靠性。

3 加 热 炉

3.1 原料技术标准及有关技术要求

连铸异型坯执行《连铸 H 型坯》Q/CG049—2007/企业标准。

连铸异型坯截面形状及各部位标记见图3－1。

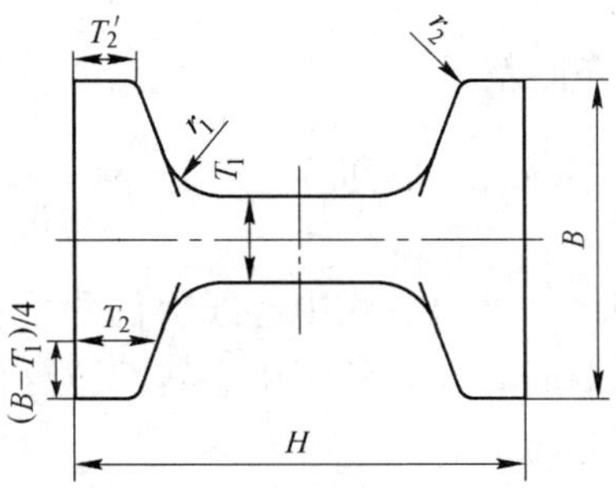

图 3－1 连铸 H 型坯断面尺寸示意图

H—腹板高度；B—翼缘宽度；T_1—腹板厚度；

T_2—翼缘中部厚度；T_2'—翼缘顶部厚度；

r_1—内连接圆弧；r_2—翼缘内圆弧

3.1.1 中型 H 型钢生产线坯料

中型 H 型钢生产线坯料供应由 80 吨转炉车间供应，为 H 型异型连铸钢坯，有两种规格：

（1）BB1 型连铸坯

BB1：430×300×85×80

坯料长度：5250～11920mm

单重：562.6kg/m

（2）BB2 型连铸坯

BB2：292×205×85×64

坯料长度：5250～11920mm

单重：315kg/m

3.1.2 尺寸要求

各规格 H 异型坯，其尺寸及各部位允许偏差应符合表 3－1 的规定。

表 3 – 1　各规格 H 异型坯尺寸及各部位允许偏差

铸坯编号	型坯规格/mm $H \times B \times T_1 \times T_2 \times T_2'$	H /mm	B /mm	T_1 /mm	T_2、T_2' /mm	菱变率 /%	r_1 /mm	r_2 /mm
BB1	430 × 300 × 85 × 80 × 60	+6 −2	+3 −2	±2	±2	≤1.5	70	15
BB2	292 × 205 × 85 × 64 × 52	+4 −2		±2	±2	≤1.5	40	10

注：1. 菱变率计算公式：

$$菱变率 = \frac{2 \times (L_1 - L_2)}{L_1 + L_2} \times 100\%$$

式中，L_1 为外廓长对角线长；L_2 为外廓短对角线长。

2. r_1、r_2 仅供设计时参考。

3.1.3　H 异型坯外形尺寸允许偏差

铸坯每米弯曲度不大于 7.5mm，总弯曲度不大于 90mm。

铸坯扭曲度 ±0.8°/m。

翼缘外侧鼓肚量不大于 5mm。（以翼缘中心线部位测量）

腹板平面的鼓肚量不大于 5mm。（以腹板中心线部位测量）

铸坯端部的切斜不大于 30mm。

铸坯长度范围为：5250 ~ 11920mm，定尺坯长度允许偏差为 0 ~ +80mm。

翼缘平行度每米 ±30°。

3.1.4　表面质量要求

铸坯表面不得有肉眼可见的裂纹、夹杂、重接及深度或高度大于 3mm 的划痕、压痕、气孔、冷溅、凹坑和深度大于 2mm 的发纹。铸坯端面不得有明显的缩孔和成串或密集的皮下气泡。

铸坯如果存在上述缺陷，必须沿纵向进行清理或割除。清理处应圆滑无棱角，清理宽度不得小于深度的 6 倍，长度不得小于深度的 10 倍。表面清理深度，单面不得大于 10mm，两相对面清理深度之和不得大于 15mm，清理深度自实际尺寸算起。

3.1.5　铸坯外形尺寸测量要求

尺寸 H 应在铸坯横截面中心线处测量。

尺寸 B 应在距翼缘外侧面 20mm 处测量。

腹板厚度 T_1 应在距端面 200mm 处的腹板中点测量。

翼缘厚度 T_2、T_2' 应在距翼缘端部的 200mm 处测量。

铸坯长度应沿腹板侧面中心线测量。

3.1.6　H 型钢采用的钢种和组坯原则

碳素结构钢、桥梁用结构钢、船体用结构钢、低合金结构钢、耐候钢等。

组坯原则为单炉为一批。有回炉钢组坯时，要求碳差不高于0.02%，锰差不高于0.15%。

3.2 加热炉工艺流程

加热炉工艺流程见图3-2。

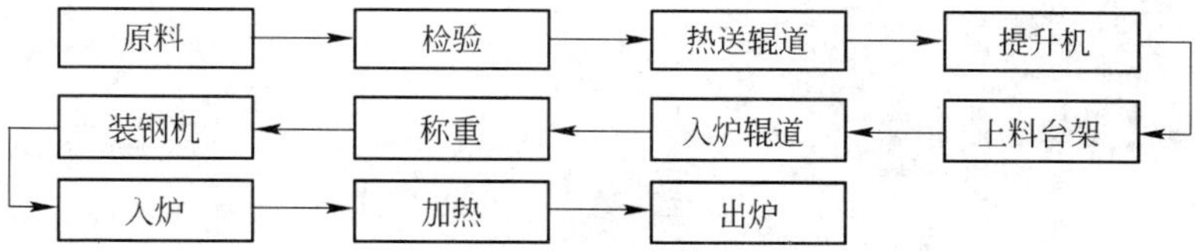

图3-2 加热炉工艺流程图

3.2.1 工艺过程简述

钢坯在连铸车间经检验后通过热送辊道运送到H型钢厂加热炉原料跨通过提升机将坯料放置到上料台架上。由上料台架送至炉前装料辊道上的连铸坯，在称重的同时控制辊道速度，使钢坯按布料图在炉前上料辊道准确定位，称重数据输入计算机系统，准确定位后的钢坯经装钢机推正后等待入炉。接到入炉信号后，装钢机托臂上升托起钢坯，同时装料炉门打开，然后装钢机将坯料送至固定梁预设定位置上。装钢机托臂退回原位，同时装料炉门关闭。装钢机行程由PLC计算设定，最大步距为440mm。

入炉钢坯通过活动梁和固定梁的相对运动，将钢坯从入炉端经过预热段、第一加热段、第二加热段、均热段，一步步运送到出料端；与此同时，根据入炉钢坯的钢种、规格和加热温度，调整炉子供热量和炉温制度，对钢坯进行加热，从而实现钢坯输送到出料端设定位置时，钢坯达到轧钢工艺所要求的加热温度和温差要求。

当接到轧线要钢的信号时，出料炉门打开，同时出钢机托臂前进伸入炉内（其行程由PLC计算出料端的坯料位置而定），随即托臂上升将加热好的钢坯托起，并后退移送到炉外出料辊道上，出钢机托臂下降回到原位。同时出料炉门关闭，出料辊道启动将钢坯送往轧制。加热炉区总图见图3-3。

3.2.2 炉型

采用具有高产、优质、低耗、自动化程度高、生产灵活等特点的步进梁式连续加热炉。燃料为高焦混合煤气。装、出料方式为端进、端出。

加热炉分预热段、第一加热段、第二加热段和均热段。炉顶为全平炉顶结构。加热炉上部均热段、上部加热段供热均采用炉顶平焰烧嘴。下部烧嘴采用侧部供热的调焰烧嘴。实践证明，随着调焰烧嘴的技术发展，采用侧部调焰烧嘴供热，也能保证钢坯沿长度方向加热均匀，能完全满足轧制要求。

加热炉燃烧控制分为上均热、下均热、第二上加热、第二下加热、第一上加热、第一下加热共六个控制段，能灵活满足坯料加热温度、温差的要求。加热炉设置定梁5根，步进梁4根，满足5250~12000mm坯料的布料要求。排烟方式为装料侧下排烟。

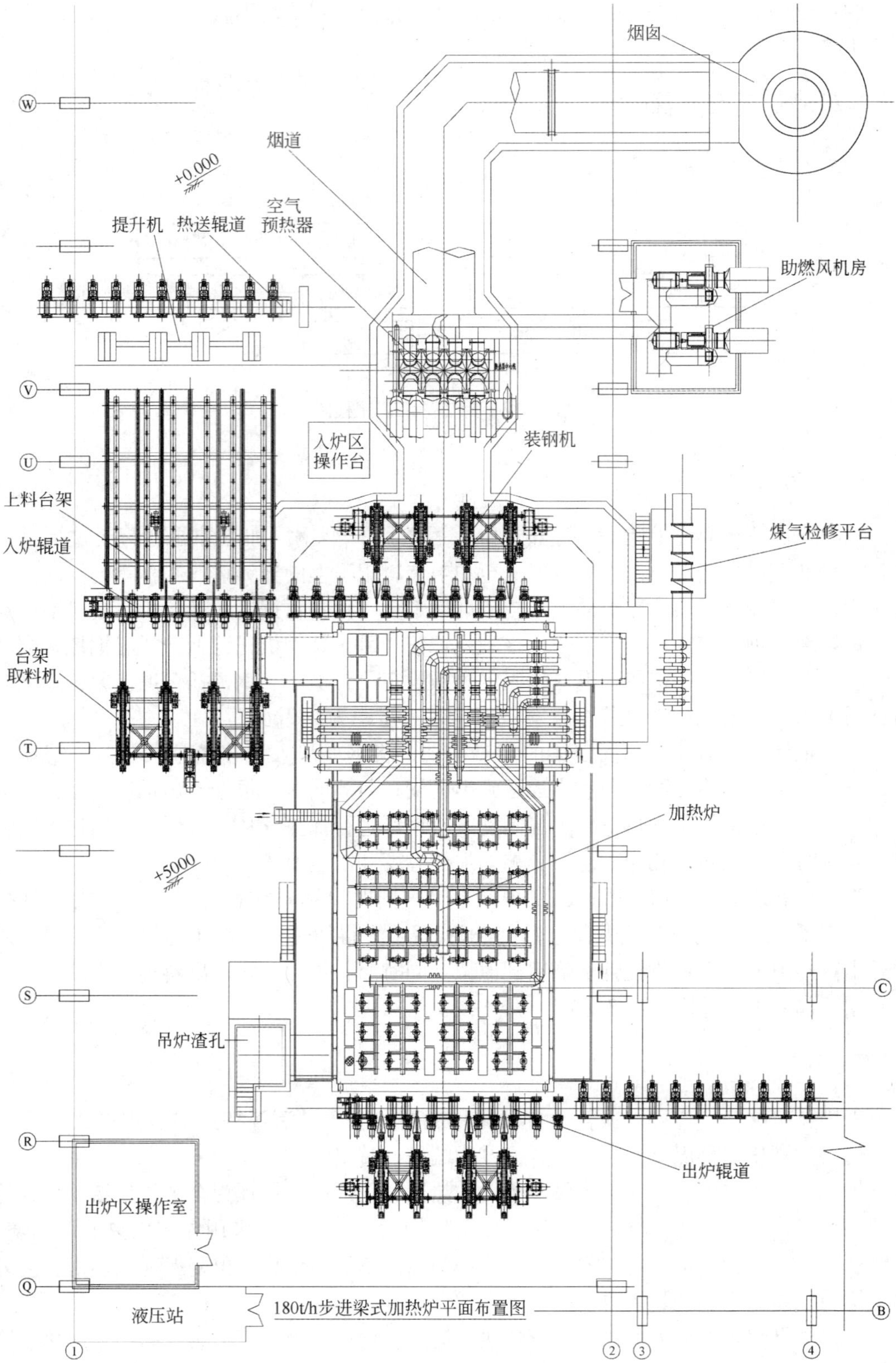
烟囱
烟道
+0.000
提升机
热送辊道
空气
预热器
助燃风机房
入炉区
操作台
装钢机
上料台架
入炉辊道
煤气检修平台
台架
取料机
加热炉
+5000
吊炉渣孔
出炉辊道
出炉区操作室
液压站
180t/h步进梁式加热炉平面布置图
W
V
U
T
S
R
Q
C
B
1
2
3
4

图 3－3 加热炉区总图

3.3 炉子主要尺寸、技术数据

步进梁式加热炉结构如图 3 -4 所示，主要尺寸为：

总砌体长度：	28400mm	总砌体宽度：	13820mm
内长：	27380mm	内宽：	12800mm
有效长：	27000mm	上炉膛高度：	1500mm
下炉膛高度：	2300mm	炉底标高：	+5800mm（定梁滑道面）

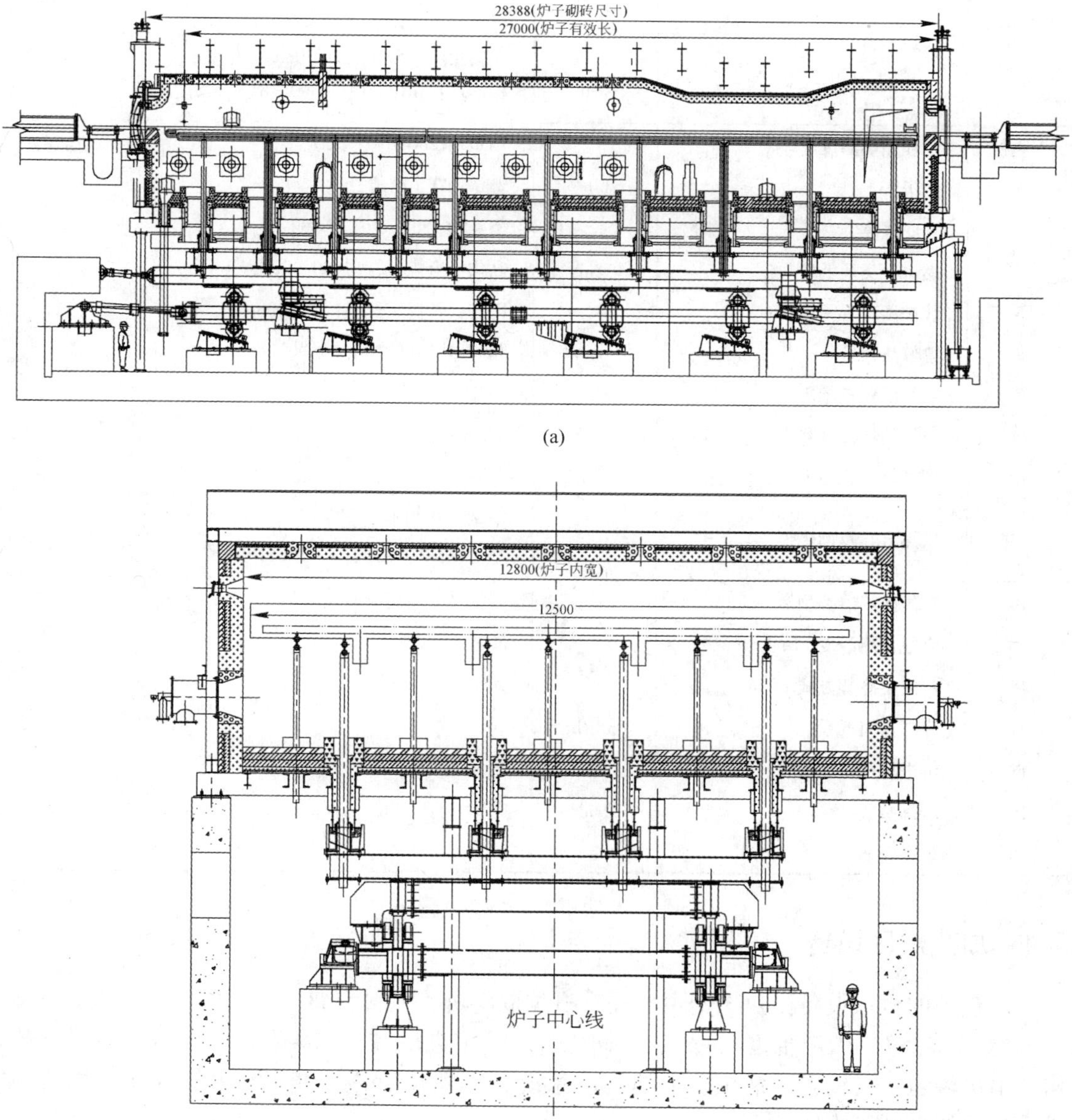

(a)

(b)

图 3 -4 步进梁式加热炉结构图

（a）纵剖面图；（b）横剖面图

加热炉主要技术性能见表3－2。

表3－2　加热炉主要技术性能

序　号	项　　目	单　位	数　　值
1	用途		钢坯轧制前加热
2	加热钢种		碳素结构钢，桥梁用结构钢，船体用结构钢，低合金结构钢，低合金钢，耐候钢等
3	入炉坯料参数		坯料规格：BB1：430×300×85mm BB2：292×205×85mm 坯料长度：5250～11920mm 标准坯：BB1：430×300×85mm 长度12m
4	钢坯加热温度	℃	1230～1260±10
5	炉子产量	t/h	额定180（冷装）
6	炉底强度	kg/(m^2·h)	额定约556
7	燃料种类及低发热值	kJ/m^3	高焦混合煤气；(1600±200)×4.18
8	装炉温度	℃	冷装：常温，热装：约700℃
9	单位热耗	kJ/kg坯	320×4.18（冷），224×4.18（热）
10	煤气消耗量（额定）	m^3/h	36000
11	空气消耗量（额定）	m^3/h	57960
12	烟气量（额定）	m^3/h	87840
13	供热方式及燃烧器		上部供热为平焰烧嘴 下部供热为侧部安装的火焰可调低氧化氮烧嘴
14	空气换热器类型		带插件金属管状对流换热器
15	空气预热温度	℃	500
16	步进梁冷却方式		水冷
17	冷却水消耗量	m^3/h	700
18	步进机构传动方式		液压
19	步进参数	mm	最大步距：440；升降：+100，－100
20	步进周期	s	46

3.4　加热炉区设备

加热炉的机械设备由热送辊道、提升机、取料机、上料台架、台架取料机、入炉辊道（一）（带称重）、入炉辊道（二）、装钢机、炉子步进机械、水梁和滑道、水封及排渣机构、出炉辊道、出钢机、液压、干油润滑系统、空气预热器、烧嘴、助燃风机、稀释风机、炉压调节阀等组成。

3.4.1　水梁和热滑道

水梁和立柱是炉内主要承重件，由无缝钢管制成。加热炉纵水梁由双管焊接而成，设有5根固定梁，4根步进梁；可以满足5250~12000mm坯料冷装或热装炉要求。坯料在水梁上按不同的长度范围，定位装载在不同位置。原则上任意一组长度范围的坯料，定位后无过大跨度、大悬臂，运动时不刮碰其他水梁。

加热炉水梁采用两段式热滑道技术，根据不同加热段炉温和坯料温度，两段滑道采用不同材质、高度不一的合金垫块。预热段采用ZGCr25Ni20耐热合金垫块的半热滑道，第一加热段为Co20，第二加热段和均热段用Co40的高温合金垫块的全热滑道，卡固式安装。

坯料进入均热段后，均热段水梁相对于炉内其他区域水梁错位布置，这样，坯料在加热段形成的水管黑印进入均热段后，由于水梁位移而脱离滑道，黑印逐步消失；而坯料在均热段滑道尚未形成明显的黑印即准备出炉。采用错位梁后，坯料黑印温差可减少15~20℃。

3.4.2 水封及排渣机构

加热炉步进梁立管与炉底间设置裙形水封，裙形水封浸在炉长方向的长条水封槽中。随着步进梁的动作，从步进梁立柱周围落入水封槽中的氧化铁皮等杂物，由插入水封槽中的刮渣板自动将其刮到进料端的排渣槽内，从扒渣门清出的炉渣落入出料端排渣槽中。排渣槽采用渣斗式，定期干出渣。

3.4.3 加热炉步进机械

加热炉步进机械设备组成及其功能为：

步进机械采用双层框架（升降框架及水平框架）结构，双轮斜轨，全液压驱动。主要有斜轨装置、滚轮组、升降框架、水平框架、步进梁、上下定心装置、水平移动缸、升降缸等。升降框架为整体步进式，上下定心装置为导向辊形式，安装于框架两侧，保证升降，平移框架正确运行。

升降框架用于支撑平移框架及其上的步进梁、钢坯等负荷。通过步进梁的水平升降运动，将钢坯从装料侧逐步送往出料侧。其动作为变速运动，实现对坯料的软接触。运行平稳、抬起、踏步、倒退、并对步距加以修正。

步进梁以矩形轨迹运行，分别进行升、降、进、退的连贯动作，并且在水平、升降运动过程中运动速度是变化的。具体动作如下：

当升降缸驱动升降框架时，升降滚轮沿斜台面轨道滚动，从而使升降框架沿斜台面升降（此时平移缸锁定），同时升降框架上的平移滚轮也托着平移框架随之垂直升降。

当升降框架上升或下降至预定位置时，平移缸驱动平移框架在平移滚轮上前进或后退（此时升降缸锁定）。

平移框架通过上述的“上升”，“前进”，“下降”，“后退”，完成一个步进循环，其轨迹为“矩形”。

升降缸平移缸的行程选择留有一定的余量，便于行程的调整和检修时位置控制。在每个斜面的下部设有安全挡座，由于升降缸行程留有余量，步进机械安装，检修时，可使框架降到斜轨上的挡座上，从而使液压缸处于无负荷状态，便于安装，拆卸，检修。升降缸，平移缸装配了两套外置式线性位移传感器。该型传感器位置控制精确，安装，检修方便。

3.4.4 液压、干油润滑系统

3.4.4.1 液压系统

本系统控制加热炉步进梁的横移/升降，上料台架，装/出料炉门，台架取料机，装/出钢机及升降挡板的动作。

（1）主泵系统。主泵系统采用7台恒压变量泵，6用1备，系统工作压力16MPa，流量约1620L/min。

系统清洁度：NAS7级

电动机型号：Y315M1-4，132kW，380V

油泵型号：PV270R1K1T

流量：400L/min台

泵额定最高压力：35MPa

（2）油箱

1）油箱容积：10000L，不锈钢材料。油箱上设有油位控制、油温控制、空气过滤器和排油阀等附件。系统正常工作油温35~55℃，通过冷却器进行油温冷却，油温低于20℃时，启动加热器。加热器功率3kW/台，共10台。温度和压力开关采用数显式。

2）油箱油位开关：共设3个点：

“高限”表示油位过高，报警提示维护人员检查冷却器是否有漏水现象。

“低限”报警提示维护人员加油及检查管路的漏油状况。

“超低限”报警时，加热器断电，泵电机停止运行。

油温控制：共设4个点：油温超低、油温低、油温高、油温超高。

（3）阀组。系统由5部分阀组组成：步进梁的横移/升降、上料台架、装/出料炉门、台架取料机、装/出钢机，其中装/出料炉门、步进梁升降及横移采用比例阀控制。

（4）循环泵：采用三螺杆泵

型号：HSN440-54

流量：554L/min

（5）电动机功率：15kW/台，共2台。1用1备。

（6）蓄能器：采用4台35L的蓄能器，保证系统有足够的流量。

（7）过滤器：精度10μm。过滤油器发讯方式为电发讯附带目视发讯，发讯时，表示滤芯已经污染，需切换过滤器并更换已经污染的滤芯。

（8）信号交接：操作室可给油站中的操作柜发出指令，要求泵站开机停机。

3.4.4.2 干油润滑系统

集中干油润滑系统，用于炉底机械及上料台架辊道的润滑。

采用40MPa双线式电动润滑泵（1台）。

参考型号：HA-III3

电动机功率：1.5kW

流量：430mL/min

带配套电控箱：
配换向阀：24EJF – M（SA – V）
电动加油泵：（1 台）
参考型号：DJB – H1.6
电动机功率：0.37kW

3.4.5 烧嘴类型及供热能力

烧嘴类型及供热能力如表 3 – 3 所示。

表 3 – 3 烧嘴类型及供热能力

配置项目	上 均	下 均	2 号上加热	2 号下加热	1 号上加热	1 号下加热	合 计
比例/%	11.17	13.30	22.87	27.48	11.44	13.74	100
额定能力/$m^3 \cdot h^{-1}$	4021	4788	8042	10084	4021	5044	36000
烧嘴数量/个	21	6	24	8	12	4	75
烧嘴能力/$m^3 \cdot h^{-1}$	240	1000	430	1550	430	1550	
配备能力/$m^3 \cdot h^{-1}$	5040	6000	10320	12400	5160	6200	45120
烧嘴形式	平焰	火焰可调	平焰	火焰可调	平焰	火焰可调	
烧嘴型号	MPQ – 240	MYS – 1000	MPQ – 430	MYS – 1550	MPQ – 430	MYS – 1550	

3.5 加热炉的主要技术特点

加热炉炉顶为全平炉顶结构，加热段与均热段间有炉顶隔墙，炉型结构简单；下均热、下加热间设置隔墙，便于控制各段炉温。

炉子采取六段温度控制，即上均热段、下均热段、第二上加热段、第二下加热段、第一上加热段、第一下加热段。

在供热的分配上，使加热段上下有足够的供热量，能保证钢坯加热的需要，加热炉配有较大的供热富余量，可根据不同坯料的加热制度调整炉子的供热，减少钢坯在高温区的脱碳，以及热装时降低热耗。

采取合理的烧嘴配置与选型：上加热、上均热采取炉顶平焰烧嘴，炉顶形成一个温度均匀的辐射面，使钢坯均匀受热；下加热采用侧部安装的带中心风的调焰烧嘴，满足低负荷情况时火焰的刚性、并保持一定的火焰长度，以保证加热炉宽度方向上的炉温均匀性，同时控制 NO_x 污染。

仅设置空气换热器，将助燃空气预热到500℃，在充分回收出炉烟气热量、节约燃料消耗量的同时，降低燃烧系统造价，减少系统备品备件和长期维护量，降低运行成本。

采用合理的步进梁立柱和双水管纵梁结构。在保证钢坯运行平稳的条件下，尽量减少立柱数量，缩小水冷面积；减少炉底开孔，增加炉底的辐射面积；同时采用较小管径的双水管纵水梁结构，减少纵水梁对钢坯的遮蔽。

“热滑轨”和错位梁技术能有效减少钢坯的水管黑印，显著提高产品的轧制精度和机械性能的均匀性。

采用优化设计的整体浇筑、带复合层的炉墙结构，加强炉子砌体的绝热，减少散热损失，提高炉子寿命。

配备先进、完善的三电一体化加热炉基础自动化控制系统，集中控制管理加热炉各系统和过程，并预留计算机二级控制接口。

步进机械采用双层框架结构，该步进机构的刚度高，运行平稳，检修便利，技术先进、运行精度高、维护方便。

步进机构采用高效的液压系统，节约能源。系统采用比例阀以及配套的行程检测和控制装置。

3.6 加热炉本体结构

3.6.1 炉壳钢结构

炉壳钢结构是由各种型钢、钢板组成。炉两侧采用热轧 H 型钢立柱，炉底为热轧 H 型钢组合梁柱。炉子上部钢结构采用中小型钢、大型 H 型钢和 H 型钢立柱组合焊接结构。此结构便于安装吊挂炉顶的吊挂砖，管道的安装及其检修操作平台的安装。

3.6.2 加热炉砌体

加热炉炉墙、炉顶采用整体浇注的复合砌体结构。炉底采用复合砌筑结构，步进梁孔洞为整体浇筑成形。

炉体散热的计算模型如图 3－5 所示。

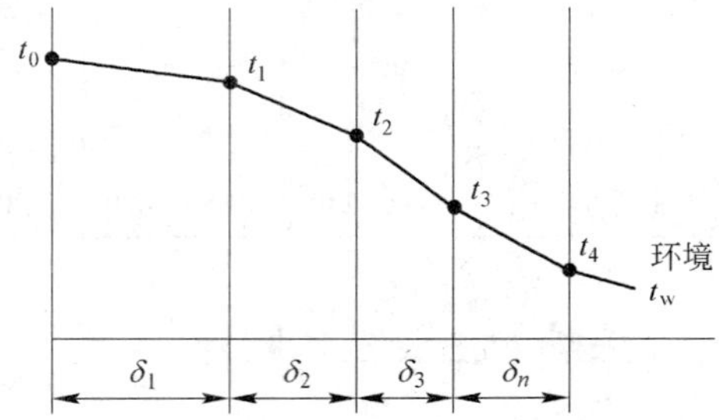

图 3－5 炉体散热计算模型示意图

图 3－5 中 δ_1、δ_2、δ_3、δ_n 为各层耐火材料厚度，t_0 为炉墙内表温度，t_1、t_2、t_3 为各层耐火材料间的接触面温度，t_n 为炉墙外表面温度，t_w 为环境温度。耐火材料间为传导传热，炉墙外表面与环境间为对流传热。

根据加热炉各部位温度、结构等因素，选用合理的耐火材料组合，以保证各砌体外表面最高温度满足工艺要求。

各外表面最高温度为：高温段炉顶小于 120℃，高温段炉墙小于 90℃，高温段炉底小于 100℃，基准温度 20℃。

各部分耐火材料组成见表 3－4 ~ 表 3－7。

表 3－4 炉顶材料组成

炉顶材料	厚度/mm	相应两种材料的界面温度/℃
低水泥浇筑料	230	1350
硅酸铝耐火纤维浇筑料：$r=0.7$	50	1158
耐火纤维机制板 LYGX－464	50	1110
合 计	330	

表 3－5 炉墙材料组成

炉墙材料	厚度/mm	相应两种材料的界面温度/℃
低水泥浇注料 DL60	260	1350
轻质砖 NG－0.8	114	1094
耐火纤维机制板 LYGX－234	60＋60	930
耐火纤维毯	10	330
合　计	504	

表 3－6 炉底材料组成

炉底材料	厚度/mm	相应两种材料的界面温度/℃
高铝砖 Lz－48	116	1350
黏土砖 N－3a	136	1244
轻质砖 NG－1.0	136	1142
轻质砖 NG－0.8	68	853
耐火纤维预制板 LYGX－234	60	572
合　计	516	

表 3－7 水冷梁包扎材料组成

水冷梁保温材料	厚度/mm	相应两种材料的界面温度/℃
自流浇筑料	60	1200
硅酸铝纤维毯 PXZ－1000	20	985
合　计	80	

3.6.3 供排水系统及安全用水

净环水系统：包括炉内水梁、进、出料炉门水梁、水冷隔墙的冷却。消耗量为 700m^3/h；供水压力 0.4MPa。

浊环水：水封及排渣系统采用浊环水系统。消耗量为 30m^3/h；供水压力：0.2～0.3MPa；供水温度不高于 35℃。

炉子地坑排水：在加热炉下部地坑内设置集水井。设潜水泵两台，一用一备。集水井内的水由潜水泵自动排入冲渣沟。

事故水：车间设置柴油机事故水排放系统。

3.7 燃烧系统

燃烧控制及热负荷配备为：

加热炉分上均热段、下均热段、第二上加热段、第二下加热段、第一上加热段、第一下加热段，共 6 个燃烧控制段。在保证加热工艺的同时，使出炉坯料达到轧制工艺对温度、温差的要求。上部供热全部采用煤气平焰烧嘴，使炉顶形成温度均匀的辐射面；下部供热全部采用侧部安装调焰烧嘴。火焰长度可调的低氧化氮调焰烧嘴可以满足低负荷情况时火焰的刚性、并保持一定的长度，以保证加热炉宽度方向上的炉温均匀性，控制 NO_x 污染。

混合煤气额定消耗量：36000m^3/h，接点最大消耗量：45120m^3/h。

各段热负荷比：24.47∶50.35∶25.18

上、下供热比：45.48∶54.52

配备系数：45120/36000 = 1.25

煤气平焰烧嘴性能：

煤气压力	3kPa
助燃空气压力	4kPa
助燃空气温度	450℃
调节比	≥1∶8

可调火焰低氧化氮烧嘴性能：

煤气压力	3kPa
中心空气压力	3.5kPa
二次空气压力	3.5kPa
助燃空气温度	450℃
调节比	≥1∶10
NO_x 浓度	$\leqslant 100\times10^{-6}$

3.8 空、煤气管道系统

3.8.1 煤气管道系统

混合煤气从车间接点接至炉子专用煤气平台，平台上设一道煤气密封阀，一道电动盲板阀，一道快速切断阀。冷煤气经煤气平台、总管及各分段管送至炉上相应控制段的烧嘴。煤气分管上设置流量孔板、调节阀，配合相应空气管道上的流量孔板、气动调节阀，调节各供热段的热负荷和空燃比。

烧嘴前各支管路上设有一个调整烧嘴间流量不平衡用的手动金属硬密封蝶阀。下均热、下加热烧嘴前增设一个手动闸阀。

设置煤气吹扫放散系统。开炉时用氮气吹扫煤气管道中的空气，防止通入煤气时，煤气与管道中的空气混合；停炉时吹扫煤气管道中的煤气，防止管道存留煤气溢出。吹扫气体通过放散管路排至厂房外。

3.8.2 空气管道系统

助燃空气由离心鼓风机出口经冷空气总管、空气预热器，经热空气总管、6 段支管送至加热炉炉顶和两侧 6 个控制段的各个燃烧器，空气分管上设置流量孔板、调节阀，配合相应煤气管道上的流量孔板、气动调节阀，调节各供热段的热负荷和空燃比。

热风总管（直径不小于 700mm）采用内绝热。其他热风管道采用树脂岩棉管壳（厚度约 100mm）外绝热，并外包镀锌薄板（0.5mm）保护。

外绝热空气管道上设置有必要的膨胀器，分段管道上设置防爆阀。

烧嘴前各支管路上设有膨胀器和一个调整烧嘴间流量不平衡用的手动调节蝶阀。

掺冷风空气配管由稀释风机出口引出到烟道的掺冷风空气入口为止，风管上设有气动控制阀。

3.8.3 助燃空气鼓风机

采用两台9－19№16D鼓风机，并联使用。风机在吸风口设有调节阀，以调节空气流量和压力。风机和电动机采用整体安装底座，以加强减振。为减少振动对风机机壳的破坏，在订货时要求风机的机壳加厚，提高进出风口的严密性；对风机叶轮进行严格的动平衡测试，采用性能可靠的轴承和良好的轴承润滑装置。同时还要保证安装精度，使风机能够长期可靠地运行。

为防止轴承座温度过高，风机轴承座选用通水冷却，轴承温度、冷却水出水温度显示均引入CRT，轴承温度超高、冷却水出水温度超温自动报警。

设有专门的鼓风机房，每台鼓风机进风口配有消声器和预旋调节装置，出风口设置方插板阀和隔振软管，满足环保对噪声的要求，降低进风阻力、防止风机偏载振动。

3.8.4 高效空气换热器

在总烟管道设置4组2行程金属管状换热器，将助燃空气预热到500℃，回收废气余热。换热器管组内带螺旋状插入件。这种带插件金属管状换热器传热系数高，在同样预热温度下，换热面积小，管壁温度低；施工安装方便，使用寿命长，不易积灰。

为防止废气温度过高对高温侧管组的损坏，当烟气温度超温时（大于850℃）将报警并自动启动掺冷风机，以降低废气温度。当热风温度超过550℃时，也将报警并自动打开热风放散阀，对换热器进行保护。

3.9 排烟系统

加热炉采用炉尾两侧排烟。炉内烟气由分烟管引出至集烟管，由集烟管中部引至总烟管。这种方式可以有效防止炉内烟气的偏流，炉压、炉温分布稳定均匀。

烟管采用钢板管和型钢制作，内衬隔热材料。采用钢板管的优点是密闭性好，减少散热，防止地下水侵入，减少出炉烟气到换热器前的温降，施工便利。

在空气换热器上游设有一台掺冷用风机，当烟气温度超温（高于850℃）时，掺冷风机向烟道内送入冷风，用以降低烟气温度，保护换热器。

从空气预热器排出的烟气经炉压调节阀进入80m高的混凝土烟囱直接排入大气，烟囱上口内径3.5m。

3.10 H型钢加热炉加热工艺制度

H型钢加热炉加热工艺制度为：

（1）BB1型（430×300×85）异型坯坯距：640mm；钢坯净间距设定值：210mm。

（2）BB2型（292×205×85）异型坯坯距：440mm；钢坯净间距设定值：148mm。

（3）温度制度，见表3－8。

表3－8 温度制度

段 名	预热段	第一加热段	第二加热段	均热段
炉温/℃	<800	1200～1230	1300～1330	1250～1280

（4）炉膛压力制度。炉压采用烟道末端炉压调节阀开度实现。操作上要根据炉膛压力情况及时调节炉压调节阀的开启度，保持炉内压力在10～20Pa。正常生产时，炉膛压力应控制在（15±2）Pa（出钢口保持微正压），严禁负压和大正压操作。待轧保温时，应关闭装、出料端炉门，防止吸冷风，同时调节烟道阀门保持炉膛微正压。炉压调节严禁超过20Pa，压力过高会烧坏水封刀、刮渣板及炉底步进机械。

（5）停轧保温制度，见表3－9。

表3－9 停轧保温制度

停轧时间/min	第一加热段温度/℃	第二加热段温度/℃	均热段温度/℃	炉头钢坯后退/mm	开始升温时间/min
10～30	950～1150	1180～1260	1200～1260	BB1型钢坯后退1280 BB2型钢坯后退1320	开轧前
30～60	熄火	1160～1220	1180～1220	BB1型钢坯后退2560 BB2型钢坯后退2200	开轧前10～20
60～90	熄火	1100～1160	1120～1180	BB1型钢坯后退2560 BB2型钢坯后退2200	开轧前30～60
90～150	熄火	1000～1080	1080～1140	BB1型钢坯后退2560 BB2型钢坯后退2200	开轧前80
>150	熄火	900～960	900～960	钢坯退出均热段	开轧前100

（6）停炉降温曲线，如图3－6所示。

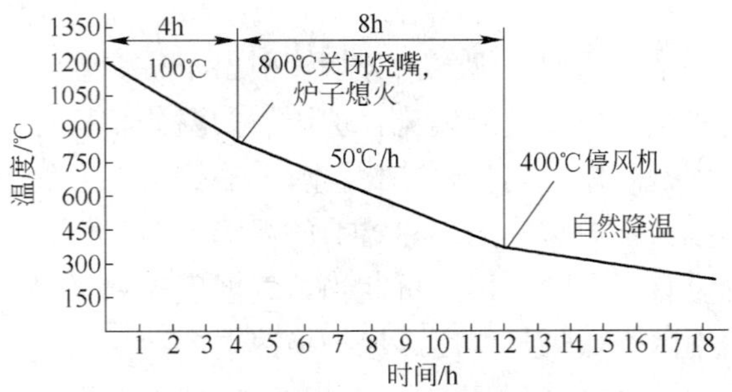

图3－6 停炉降温曲线

3.11 加热炉开炉、停炉技术要点

3.11.1 炉子点火前检查项目

（1）炉子耐火砌体严密不漏火。

（2）炉子钢结构符合使用要求。

(3) 炉区机械设备和炉子本体机械设备检查确认并空试车合格。

(4) 炉区电气设备及仪控设备检查并空试车确认合格。

(5) 炉区空气、煤气、蒸汽、氮气、净环水、安全水、浊环水管道及附属设备确认合格。

3.11.2 开炉操作程序

A 水冷系统

开启净环水的供水 DN450 蝶阀、闸阀，开启安全水进水总管 DN300 蝶阀运行正常，给水压力调整为 0.6MPa。打开炉底水梁、炉门、水冷隔墙等供水管上的各阀门为各用水点供水，并适当调节各供水闸阀。加热炉东侧 5 米平台各排水管口水流充足。打开浊环水进水总管 DN100 闸阀开，水封槽内水位正常，炉底积水坑内水位正常，潜水泵运行正常。

B 外部煤气管网送气

通知生产调度和煤气加压混合站对外部煤气管网进行吹扫并对煤气检修平台前冷凝水排水器进行脱水。然后进行送煤气，煤气送至检修平台煤气密闭蝶阀前并做爆发试验合格。

C 炉前煤气管道吹扫

在炉子点火操作之前，必须对所有炉前煤气管道进行吹扫，防止点燃烧嘴时引起爆炸。确认烧嘴前手动调节蝶阀处于关闭状态，各段煤气支管末端放散阀和放散总管放散阀处于开启状态。然后对炉子煤气管道进行吹扫，其中每年 6 ~9 月份采用氮气介质吹扫，其余月份采用蒸汽介质吹扫，用胶管对煤气吹扫接口进行连接。检查调整吹扫的氮气（蒸汽）压力为 0.06 ~0.1MPa，然后缓慢打开氮气（蒸汽）阀门进行吹扫，并动态调整吹扫的氮气（蒸汽）压力为 0.06 ~0.1MPa，吹扫 30 ~40 分钟。当氮气（蒸汽）到达放散总管末端并排入大气 3 ~5 分钟后，关闭所有放散阀门。然后将吹扫用软连接胶管断开，打开煤气管道上的放水阀，放掉冷凝水后，立即关闭相应阀门，方可执行煤气送至各喷嘴前阀门的操作。当上述操作完成之后，所有煤气管道便吹扫完毕。

D 风机启动

将风机进、出口阀门关闭，启动风机（风机为无负荷启动），待风机运转正常后，可逐步打开风机进、出口阀门。

E 炉膛吹扫

炉膛吹扫应在炉子点火前进行。先检查助燃空气压力是否已达到额定值，关闭掺冷风阀，完全打开烟道闸板。打开各段空气气动调节阀，使其达到额定流量的 70% ~80%。控制器必须保持在手动位置，吹扫 20 分钟后，继续执行下列操作：手动关闭空气气动调节阀，直到空气流量达到额定流量的 15% 左右。手动关闭空气管道的所有手动蝶阀，至实际流量达到额定流量的 5% 时止。

F 送煤气操作

在管道及炉膛吹扫之后，应立刻向煤气管道中送入煤气。必须执行下列操作：打开外部煤气总管上的蝶阀、盲板阀、快切阀、各段煤气气动调节阀；检查煤气压力是否达到正常值，在煤气取样管处取样，进行点火试验，合格后关闭煤气管道上取样管阀门。完成上述各项工作并完全达到要求之后，可准备点燃烧嘴。

G 炉子点火操作

炉子点火时，炉内燃烧系统应具有一定负压。点火程序为先点燃火种后给煤气，严禁先给煤气后点火。如果炉膛温度超过800℃时，可不点火直接送煤气，但应严密监视其是否燃烧。在点燃每段烧嘴时，应从炉头向后逐个点燃，即先点均热段，后点加热段；先点下部烧嘴，后点上部烧嘴。手动打开各段管煤气调节阀30%，相应打开烧嘴前的空气蝶阀。打开相应烧嘴前的煤气阀门，相应开大烧嘴前的空气蝶阀。调节烧嘴前的空、煤气阀门，使火焰燃烧稳定，根据炉子升温情况，可进行下列操作，按上述步骤点燃炉子的所有烧嘴。根据炉子安全操作条件，检查所有的控制器、记录仪、仪表等操作是否正常。点燃烧嘴时，先给空气后给煤气。应以小火点燃，然后开大空气和煤气，直至燃烧稳定为止。送煤气时如果不着火或着火后又熄灭，应立即关闭煤气阀门，查清原因，排净炉内混合气体后，再按规定程序重新点火。当炉温按升温曲线升至800℃时，可转为炉温自动控制。

3.11.3 停炉操作程序

当车间进行设备检修或出现其他情况需停炉时，炉子按降温制度操作。炉内各段温度降至800℃时，必须执行下列操作：

（1）通知生产调度或煤气加压混合站停止对H型钢送气。

（2）关闭煤气主管DN1200煤气密闭蝶阀和DN1200盲板阀，按照煤气吹扫程序对煤气管道进行吹扫。

（3）关闭烧嘴前空气蝶阀，但应留有5%的空气，以冷却烧嘴，使其不被烧坏。

（4）打开热风放散阀，以保护换热器。

（5）当炉内温度低于300℃时，关闭助燃空气风机及热风放散阀，同时可关闭炉子水冷系统。

3.12 煤气操作时的一些注意事项及操作中一般事故的处理

（1）加热炉控温工要合理利用轧机检修时间间隙用蒸汽对炉前煤气管道进行吹扫，吹扫时间为2～4小时。同时打开煤气排水装置，要将炉前煤气管道中的结晶萘、焦油等杂质吹扫干净。要保证煤气管道的畅通和煤气流量计的准确性。

（2）停煤气后，如能在半小时之内恢复生产，则不用对煤气管路进行吹扫，否则必须对煤气进行吹扫（按送煤气吹扫操作规程进行）。

（3）当风机掉闸、出现故障不能正常供风或空气低压低于2kPa时，须立刻关闭煤气低压快速切断煤气，排除故障后方可送煤气并立即开启备用风机。

（4）如果风机停电不能及时恢复时，要采取换热器保护措施，立刻关闭煤气低压快速切断煤气，关闭各段煤气调节阀，关闭烟道调节阀，打开入炉、出炉炉门，打开所有炉体、烟道的检修门，从入炉、出炉炉门处用轴流风机鼓风强制降温，同时打开掺冷风机进行掺风冷却。

（5）煤气压力低于3000Pa时，关小空气量和煤气量，保证炉内不断火；煤气压力低于2kPa时，煤气总管自动切断。

（6）当水冷却系统出现断水时，要迅速查明事故原因并恢复供水。水冷却系统断水时，事故水会自动投运，如果半小时内能恢复供水，加热炉按正常操作；如果半小时内不能恢复供水，要通知有关部门，采用加热炉强制降温措施保护炉内炉底水梁和其他水冷构件。

加热炉强制降温措施为：立刻关闭煤气低压快速切断煤气，关闭各段煤气调节阀，完全打开烟道调节阀，打开入炉、出炉炉门，打开所有炉体、烟道的检修门，从入炉、出炉炉门处用轴流风机鼓风，强制降温。

（7）报警系统发出报警信号后，立即处理并通知有关部门。

（8）炉子生产中，无论何种原因造成煤气燃烧系统停止工作30分钟以上，重新启动煤气燃烧系统前，必须对煤气管道进行吹扫。

（9）煤气区域煤气浓度应低于50×10^{-6}，方可进行正常工作。

3.13 加热炉维护要点

（1）烘炉时，必须按烘炉方案和烘炉曲线制度进行，以防损坏炉子砌体。炉温达到600℃后，要使炉内水梁压上钢坯。烘炉过程中，炉底机械要定时运转，温度为600～800℃时，每一小时运转一次；温度高于800℃时，每半小时运转一次。运转方式为原地踏步。

（2）停炉检修时要按照降温曲线缓慢降温。

（3）不允许加热炉超高温操作，炉温严禁超过1350℃。

（4）随时检查、堵塞炉子砌体的冒火部位，确保钢结构处于完好状态。

（5）炉子烟气温度高于800℃要打开掺冷风风机进行掺风冷却，换热器热风温度高于500℃时，要打开热风放散阀放散热风保护换热器。

（6）冬季停炉（环境温度不高于0℃）时要将水冷系统的放水阀打开，将管道内积水排除干净，防止冻裂管道。

（7）炉底出渣小车氧化铁皮落满时，要及时运至旋流井指定区域。

（8）每年用氮气对换热器吹灰一次。换热器与烟道要结合严密不泄漏。煤气要完全燃烧，烟囱严禁冒黑烟。防止未燃气体与空气形成二次燃烧对换热器形成伤害。

（9）根据炉底的氧化铁皮和水封槽内的氧化铁皮堆积情况，根据厂统一检修计划每间隔半年至一年加热炉进行一次停炉集中清渣工作。要将堆积在炉底的氧化铁皮和水封槽内的氧化铁皮彻底清理干净，重新铺设炉底镁砂，并对水封槽漏水处进行修复，然后对水封槽内进行重新防腐处理。

（10）在正常情况下，加热炉每年安排一到二次小修，二年安排一次中修，四年安排一次大修，以保证加热炉的高效安全正常运行。

3.14 加热炉节能

加热炉能耗约占轧钢工序能耗的70%。加强加热炉的管理和技术改造，对降低轧钢工序能耗起主导作用。

作为轧钢工序的重要工序之一，加热工序最重要的着眼点就是节能。加热炉技术改进与节能是紧密相关的，加热炉节能的方向主要包括工艺技术节能和操作技术节能两个方面。

3.14.1 加热炉节能具体指标

对于加热炉来说，作为节能监测（GB/T 15319—94）的项目有5项，即排烟温度、空气系数、炉渣含碳量（指燃煤火焰加热炉，下面不介绍）、炉体外表面最高温度和可比单位燃耗。

3.14.1.1 排烟温度

排烟温度的测点应布置在烟气温度比较均匀的位置上，根据炉子的大小，一般应布置在烟囱前烟气出口1~2m的烟道上；设有余热回收装置的火焰加热炉，测点可布置在距余热回收装置烟气出口0.5m左右处。测温探头应插至烟道截面的中心位置。

凡设置余热回收装置的火焰加热炉，排烟温度合格指标如表3-10所示。

表3-10 加热炉排烟温度合格指标 ℃

烟气出炉温度		≤500	≤600	≤700	≤800	≤900	≤1000	>1000
排烟温度	使用低热值燃料时	≤350	≤400	≤460	≤530	≤580	≤670	710~470
	使用高热值燃料时	≤340	≤380	≤440	≤510	≤560	≤650	670~400

3.14.1.2 空气系数

采用烟气取样的办法，取样点应与排烟温度测点布置在同一烟道截面上，烟气取样和测温应同步进行。工业窑炉空气系数见表3-11。

表3-11 工业窑炉空气系数

燃料种类	燃烧方式	空气系数
煤	机械化加煤	1.2~1.4
	人工加煤	1.3~1.5
粉煤	人工调节	1.15~1.25
重油	自动调节	1.1~1.2
	人工调节	1.15~1.25
气体燃料	自动调节	1.05~1.15
	人工调节	1.1~1.2
	喷射式调节	1.03~1.1

3.14.1.3 炉体外表面温度

炉外测点布置应具有代表性，一般按炉内温度区段均匀布设，视炉体外表面面积的大小，一般每0.5~2m^{2}取一点。测得的炉体外表面温度取其最大值为检测结果。测点布置应避免受高温辐射和溢气的影响，窥视孔、炉门、烧嘴孔、热偶孔、上烟道及预热器附近边距300mm范围内不应布置测点（特殊情况除外）。炉体外表面温度要求见表3-12。

表3-12 炉体外表面温度要求 ℃

炉内温度	侧墙温度	炉顶温度
700	≤50	≤90
900	≤70	≤105
1100	≤85	≤125
1300	≤100	≤140
1500	≤115	≤160

3.14.2 炉子结构和操作节能技术

提高炉子热效率的基本途径是：

(1) 减少出炉膛废气带走的热量，使供入炉内的热量最大限度地遗留在炉膛内，提高炉膛的燃料利用系数；

(2) 回收出炉膛废气带走的热量，使出炉膛废气余热最大限度地返回到炉膛中来，提高炉子的燃料利用系数；

(3) 减少炉膛内的各种热损失，使遗留在炉膛内的热量最大限度地转变成有效热，提高炉子热效率；

(4) 合理供热。

上述4个途径的节能效果除与生产管理有关外，主要决定于炉子结构和热工操作。因此，在满足加热工艺条件下，实现炉子最佳设计和最优操作，是炉子节能的关键所在。

3.14.2.1 减少出炉膛废气损失

减少出炉膛废气损失包括以下两种措施：

(1) 减少废气量

1) 正确控制燃烧过程的空气消耗系数。通过合理的炉子设计，选择性能良好的燃烧装置和与之相适应的风机、油泵、管路、阀件以及热工检测与自动控制系统，以保证燃料有良好的燃烧条件和控制调节功能，实现空气过剩系数的合理化，实现低氧燃烧。

2) 正确控制炉膛压力，减少吸风与逸气热损失。加热炉内的压力场是由炉内的几何压头、气体流动和烟囱或排烟机抽力三者作用的综合结果。炉高方向上的压力分布，主要决定于炉气温度和炉膛高度，其基本规律是上高下低，位置越低越易吸风，位置越高越易冒火；炉长方向上的压力分布，决定于炉内的射流作用和炉气流动阻力作用，主要决定于烧嘴布置和炉型结构等。如步进梁式加热炉，其合理炉压应该是进出料平面炉压基本为零，从而保证不吸风不冒火。

(2) 降低废气温度

1) 适当加大炉长，加大预热段长度。从节能观点出发，炉子单位热耗随生产率（钢压炉底强度）的变化有“经济点”存在，加热炉炉长和排烟温度是有最佳值的。理论计算和实践表明，最佳炉长所对应的钢压炉底强度的数值，推钢式加热炉为450～500kg/(m^2·h)，步进式加热炉为500～650kg/(m^2·h)。

2) 适当降低炉膛高度，采用合理的炉膛容积，提高炉气的充满度，加强炉气流动速度，改善炉膛热交换。在结构允许的情况下，采用适当压低炉顶、抬高炉底等方法缩小炉膛容积，使火焰或燃烧产物贴附于金属表面并充满炉膛，是节能设计和旧炉改造的重要措施。

(3) 改进炉子供热制度。加热炉沿炉长方向的供热分配对燃料消耗有很大的影响，根据炉子的热工理论和实践证明，在向炉内供热量一定的情况下，供热越靠近炉子的出料端，炉内平均辐射温压越大，向钢坯的传热量越大，热量在炉内有效利用越充分，出炉废气温度越低，热效率越高。因此，在金属加热工艺允许的条件下，供热应尽量向炉子出料端靠近。例如，在钢坯均热要求可以满足的情况下，适当压低加热段负荷而提高均热段供热负荷，可以取得明显的节能效果。

(4) 改善炉内热交换。当向炉内供入的热量一定时，在炉内传给钢坯的热量越多，出炉废气温度越低。因此，凡是改善和加强炉内热交换的措施，都会降低出炉废气温度，提高热效率。这些措施主要包括合理的炉型曲线设计（炉内隔墙或扼流结构的采用）、传热转换体的采用、高温辐射涂料的使用等。

3.14.2.2 充分回收烟气余热

回收加热炉烟气余热有 3 种方法：预热助燃空气或煤气、预热入炉冷钢坯、生产蒸汽。

(1) 预热助燃空气或煤气可以提高燃料理论燃烧温度和改善燃烧过程等，从而可以提高炉子热效率、生产率，相应减少钢坯氧化烧损。其实际应用的关键是换热器的使用、烟道与热风管路的合理设计。换热器目前应用较多的是金属换热器，其综合传热系数和气体阻力损失是反映其热工性能优劣的两个实质性指标。只有换热器综合传热系数合适、空气侧和烟气侧的阻力合适、烟道系统密封较好、热风管道绝热良好时，烟气余热利用才能够取得良好的效果。

(2) 预热入炉钢坯的基本原理是利用炉内排出的部分高温烟气，用有关装置将高温烟气抽回，在预热段用高温烟气喷吹冷钢坯。由于喷流能强化对流热交换，可达到较高的对流给热系数，近年来，国内外已把它作为强化预热段对流传热，回收废气余热的最有效措施之一。

(3) 利用烟气余热，在烟道内通过设置气水换热器等生产蒸汽，这项技术与炉子本身工艺关系不大，是否采用要根据工厂的实际情况确定。

3.14.2.3 减少炉膛内的热损失

从轧钢加热炉炉膛热平衡可知，炉膛的热损失主要有：炉底水冷管热损失、炉体散热和蓄热损失、炉门及孔隙的辐射和逸气热损失以及运料机械和工具等的热损失。其中最大的热损失是水冷管热损失。因此，减少炉膛内的热损失应做到如下两点。

A 减少炉底水冷管热损失

炉底水冷管是轧钢加热炉的重要构件之一，它承担着炉内料坯的全部重量。这些水冷管不仅会带走大量的热量，而且对坯料的受热条件（如对下炉膛的燃烧、传热和水管黑印等）也有重要影响。模拟试验表明，炉底纵水管带走的热量，约有 1/2 的热量是从正在被加热的钢坯中夺来的，即当炉子热效率约为 33% 时，则从钢坯中夺走 1kJ 的热量，实际上就相当于损失了3kJ燃料的热量，如果再考虑到炉底水冷管对钢坯下面的遮蔽作用而影响钢坯的加热速度和加热温度不均匀等因素，将会进一步降低炉子热效率。炉底水冷管的热损失，主要决定于水冷管面积和绝热层的热阻，即水冷管面积越小，绝热层热阻越大，水冷管热损失越小。因此应做到：

（1）减少炉底水冷管面积。通常用“管底比”这一概念来衡量一座炉子炉底水冷管面积的大小。管底比是指暴露在炉内的水冷管表面积与有效炉底面积之比，即

管底比 = 全炉水冷管面积/有效炉底面积

管底比数值越大，说明炉内水冷管面积越大，水冷管热损失越大。推荐的优化设计管底比数值，中型坯为0.38～0.45，小型坯为0.14～0.20。目前加热炉的实际管底比数值，均比优化设计的数值大。其主要原因是：炉底水冷管横水管间距小，低温段横水管设置太多，采用双横水冷管结构较多；在设计时选取纵横水冷管的断面模数大，许用应力小以及纵水管按简支架计算等。减少炉底水冷管面积的方法很多，通常采用的方法有：

1）加大横水管间距；采用异形管或组合管；采用丁字形管支撑。

2）预热段采用砖墙或砖垛支撑。

3）减少高温段水管，因为高温段水管的吸热量比低温段要大5～6倍。

4）在水冷管强度相同的条件下，应增加立水管，减少纵水管。

（2）加强炉底水冷管绝热。炉底水冷管绝热效果对热损失影响极大，首先绝热层寿命是最重要的，在保证绝热层寿命的前提下，一次浇注的绝热效果比预制块包扎的效果要好，双层绝热比单层绝热好。

（3）采用半热滑轨和全热滑轨，既可以消除水管黑印，又可以减少纵水梁的外壁温度，而降低水冷损失。

（4）合理利用水冷热损失。采用汽化冷却等热回收利用手段，充分利用水冷热量，改变将水梁出水通过冷却塔冷却后再使用等浪费能源的做法。

B 减少炉体散热等热损失

（1）采用整体浇筑式复合炉衬，即采用不定形耐火材料做炉衬，采用耐火纤维作为绝热层，炉体外层使用钢板。

（2）合理设计绝热层厚度，采用合适的耐火材料及保温材料。

3.14.2.4 合理供热

针对具体运行的加热炉参数，合理的加热制度和供热制度是节能的关键，其主要要点包括合理的炉温、炉压等工艺参数的控制、升降温的供热控制制度、保持轧温制度、针对不同加热要求（如钢种、轧制节奏的不同）的不同供热方式和加热制度的控制。

3.15 轧钢加热炉基础知识

3.15.1 燃料燃烧

3.15.1.1 燃料的一般性质

所谓燃料，就是在空气中容易燃烧，并能够比较经济地利用其燃烧热的物质的总称。

A　燃料的化学组成

（1）固、液体燃料的化学组成。自然界中的固体燃料和液体燃料，都是由有机物和无机物两部分所组成。有机物是由碳、氢、氧及少量的氮、硫等组成。对这些复杂的有机化合物进行分析十分困难，所以一般只测定碳、氢、氧、氮、硫等元素的含量，与燃料的其他特性配合起来，帮助人们判断燃料的性质和进行燃料计算。燃料的无机物部分主要是水分和矿物质——灰分。固体燃料和液体燃料的元素组成用质量分数表示。

（2）气体燃料的化学组成。气体燃料简称为燃气。燃气的种类很多，有直接从地下开采出来的天然气，炼铁生产的副产品高炉煤气，炼焦生产的副产品焦炉煤气，煤的气化产生的发生炉煤气，石油加工的副产品石油液化气等。它们都是由几种简单气体组成的混合物，其中一部分是可以燃烧的气体，如 CO、H_2、CH_4、H_2S、C_nH_m。H_2S 虽然可以燃烧，但是燃烧后生成的产物是 SO_2，有害于设备和人，故称 H_2S 为有害可燃物；另一部分为不可燃烧的气体，如 CO_2、H_2O、O_2 和 N_2 等，由于它们的存在降低了可燃物质的组分，所以燃气中可燃成分含量越多，燃烧时放出的热量越多，对于炉内物料加热越有利。评价燃气质量的好坏，通常以它的可燃成分含量多少决定。可燃成分含量越高，燃气质量越好；反之质量就差。

B　燃料的发热量

单位质量或单位体积燃料完全燃烧时放出的热量为燃料的发热量。

对于固体和液体燃料发热量，单位以 kJ/kg 表示，而气体（标态）燃料发热量，单位以 kJ/m^3 来表示，采用的符号为 Q。所谓完全燃烧，是指燃料燃烧后产物中不含有可燃的物质。为衡量燃料完全燃烧时所放出的热量的大小，应该对燃烧产物的状态和温度加以规定，这样由于产物的状态不同，燃料的发热量就分为高发热量和低发热量。

燃料的高发热量是指单位燃料完全燃烧时，其燃烧产物温度冷却到参加燃烧反应之前物质的原始温度（即为20℃），而燃烧产物中的水蒸气冷凝成0℃的水所放出的热量，称为燃料的高发热量，以符号 $Q_{高}$ 表示。燃料的高发热量仅是一个在实验室中鉴定燃料放热大小的指标。实际应用中是得不到燃料的高发热量的，因为实际的燃料进行燃烧时，燃烧产物中的水蒸气不可能冷却为液态水。因此，为了表达在实际燃烧过程中燃烧放出热量的情况，提出了低发热量的概念。

燃料的低发热量与高发热量之间只有一个条件不同，即对燃烧产物中水的状态规定不同。低发热量规定燃烧产物中的水分不是冷却成0℃的水，而是存在于产物中的20℃的水蒸气，这时单位燃料完全燃烧所放出来的热量称为燃料的低发热量，以符号 $Q_{低}$ 表示。低发热量才是工程实际采用的发热量。

3.15.1.2　加热炉常用燃料

目前冶金企业加热炉广泛采用的固体燃料有煤，液体燃料有重油，气体燃料则是混合煤气。下面重点介绍气体燃料。

A　天然气

天然气是直接由地下开采出来的可燃气体，是一种工业经济价值很高的气体燃料。它的主要成分是甲烷，含量一般在80%～90%，还有少量重碳氢化合物及 H_2、CO 等可燃气体，不可燃成分很少，所以发热量很高，大多在33500～46000kJ/m^3。天然气是一种无色、稍带腐烂臭味的气体，密度约0.73～0.80kg/m^3，比空气轻。天然气着火温度范围在640～850℃之间，与空气混合到一定比例（体积比为4%～15%）后，遇到明火会立即着火或爆炸。天然气燃烧所需的空气量很大，为9～14m^3/m^3，燃烧火焰光亮，辐射能力强，因为燃烧时甲烷及其他碳氢化合物分解析出大量固体颗粒。由于天然气含惰性气体很少，发热量高，并可以长距离运输，是优良的加热炉燃料，国外使用较多，国内冶金企业因各种原因使用较少。

B 高炉煤气和焦炉煤气

（1）高炉煤气是炼铁生产的副产品。通常加热炉使用的高炉煤气都是经过清洗后的煤气。因为从高炉出来的煤气含尘量很高，在输送过程中灰尘容易沉积在管道中，燃烧时容易堵塞燃烧器等。清洗后煤气（标态）含尘量可降到20mg/m^3以下。据宏观估计，高炉每消耗1t焦炭可产生3800～4000m^3高炉煤气，可见数量之大，因此，将高炉煤气加以综合利用，对于节约能源有重要意义。高炉煤气最大特点是含N_2、CO_2多，所以它发热量较低，通常只有3350～4200kJ/m^3，因此燃烧温度低，单独在加热炉上应用比较困难。往往是与其他高发热量的煤气混合使用，或者将助燃空气及高炉煤气同时预热到较高的温度后再燃烧。高炉煤气的主要可燃成分是CO、H_2，此外尚有少量的CH_4及碳氢化合物等。各组分的多少与高炉冶炼方法、生铁的品种、原料情况等因素有关。随着冶炼技术的不断提高，焦比不断下降，高炉煤气的质量也在不断下降。

高炉煤气的干成分（体积分数）大致如下：

$CO^{干}$	$H_2^{干}$	$CH_4^{干}$	$CO_2^{干}+SO_2$	$O_2^{干}$	$N_2^{干}$
25%～30%	1.5%～3%	0.2%～0.6%	8%～15%	0.2%～0.3%	55%～58%

由此可见，高炉煤气含CO多，使用时要防止中毒事故发生。

（2）焦炉煤气是炼焦生产的副产品。焦炉每炼1t焦炭能得到400～450m^3焦炉煤气。由于炼焦过程是隔绝空气将煤进行干馏的，所以它的副产品焦炉煤气中非可燃物含量很少。焦炉煤气的主要可燃成分有H_2、CH_4、CO和碳氢化合物。原料中含硫高时，其可燃成分还有H_2S。不可燃成分有N_2、O_2、CO_2，但含量较低。所以焦炉煤气的发热量很高，属于高热值优质燃料。

焦炉煤气的干成分（体积分数）大致如下：

$H_2^{干}$	$CH_4^{干}$	C_nH_m	CO	$CO_2^{干}$	$O_2^{干}$	$N_2^{干}$	H_2S
50%～60%	20%～30%	1.5%～2.5%	5%～9%	2%～4%	0.5%～0.8%	1%～8%	0.4%～0.5%

发热值为$Q_{低}=15490\sim18840$kJ/m^3，其理论燃烧温度可达2100～2200℃。焦炉煤气的密度比较小，燃烧时火焰具有上浮现象，即火焰的刚性小，从某种意义来说，上浮不利于加热炉内的加热。

（3）高炉-焦炉混合煤气：在钢铁联合企业里，可以同时得到大量高炉煤气和焦炉煤气，焦炉煤气与高炉煤气产量的比值大约为1∶10。单独使用焦炉煤气，从企业总的能量分配看来是不合理的，所以在钢铁联合企业里，可以利用不同比例的高炉煤气和焦炉煤气配备成各种发热量的混合煤气（其发热量为5900～9200kJ/m^3），供企业内各种冶金炉作为燃料。

高炉煤气和焦炉煤气的发热量分别为 $Q_{高}$ 和 $Q_{焦}$，配成发热量为 $Q_{混}$ 的混合煤气，其配比可用下式计算。设焦炉煤气在混合煤气中所占的百分比为 x，则高炉煤气所占的百分比为 $(1-x)$：

$$Q_{混}=xQ_{焦}+(1-x)\ Q_{高}$$

整理上式，得：

$$x=\frac{Q_{混}-Q_{高}}{Q_{焦}-Q_{高}}$$

3.15.1.3 影响炉温的因素

影响炉温最主要的因素包括：

(1) 燃料发热量；

(2) 空气和煤气的预热温度；

(3) 空气消耗系数（因为烟气体积主要由空气消耗系数决定）。

燃料发热量越高、空煤气预热温度越高，空气消耗系数越小，则炉温越高。

3.15.1.4 气体燃料的燃烧

A 气体燃料的燃烧过程

工业炉使用的气体燃料种类很多，在燃烧方法和燃烧装置上，既有有焰燃烧法和各种低压有焰烧嘴，也有无焰燃烧法和各种高压无焰烧嘴。但从本质上看，任何一种燃气的燃烧过程基本上都包括以下 3 个阶段：

(1) 燃气和空气的混合；

(2) 混合后的可燃气体的加热和着火；

(3) 完成燃烧化学反应。

B 气体燃料的燃烧装置

气体燃料的燃烧装置统称为烧嘴，烧嘴分为有焰和无焰两类烧嘴，加热炉经常使用的烧嘴形式有套管式烧嘴、涡流式烧嘴、平焰烧嘴、可调焰烧嘴、高速烧嘴等。下面介绍加热炉常用的两种烧嘴。

图 3－7 所示为 H 型钢厂使用的 BMP 型煤气平焰烧嘴。它由风壳体、空气旋流器、稳焰器、窥视器等主要部件组成，当煤气从中心喷管喷出时，与煤气喷管头部锥形稳焰器相遇后迫使煤气向径向扩散，部分一次直流风首先轴向掺入煤气，并继续与二次旋转空气混合，沿带有一定张角的烧嘴砖表面继续扩散，形成平盘形火焰，具有加热均匀、加热速度快、点火性能好等优点。

图 3－8 所示为 H 型钢厂使用的 BMT 型煤气调焰烧嘴，它是内风壳体、煤气喷管、二次风旋流器、一、二次风分配调节装置等主要部件组成。当煤气从有收缩形喷口喷出后，与一次直流助燃空气及二次助燃空气在烧嘴内部混合。由于助燃空气在带有收缩及扩张形通道内喷出后，提高了气流喷出动量，从而改善了与煤气的混合条件。一、二次风分配调节装置可任意改变直流风、旋转风的比例，能获得较长或较短的火焰形状。在冷态点火和烧低热值煤气时，加强旋流风旋流强度，使烧嘴头部形成较大回流区，这样便能实现点火迅速和燃烧稳定。

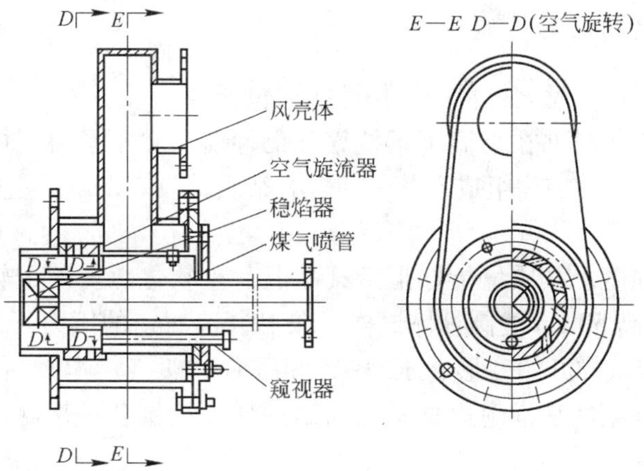

图 3－7　BMP 型煤气平焰烧嘴

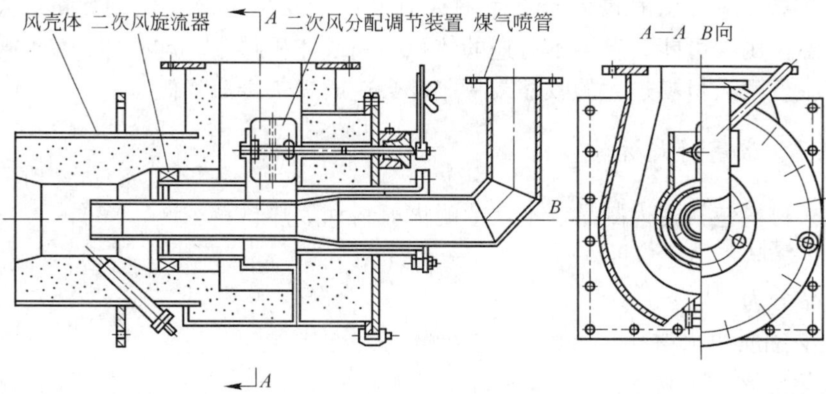

图 3－8　BMT 型煤气调焰烧嘴

3.15.2　耐火材料

3.15.2.1　概述

耐火材料是指耐火度不低于 1580℃的无机非金属材料（包括耐火矿物原料）及其制品。

耐火材料可以按照其不同特性进行分类：

（1）按耐火度可以分为：普通耐火材料　　耐火度 1580～1770℃

高级耐火材料　　耐火度 1770～2000℃

特级耐火材料　　耐火度＞2000℃

（2）按制品形状分为块状耐火材料（又分标准砖、异型砖和特殊型砖）和散装耐火材料（如耐火混凝土、耐火可塑料等）。

（3）按材质的化学矿物组成可分为硅质、硅酸铝质、镁质、碳质及碳化硅质制品。

（4）按外观可分为耐火砖、不定形耐火材料、耐火纤维等。

3.15.2.2 耐火材料的性能

除一些常规性能外，耐火材料的工作性能还包括：

（1）耐火度。它是材料在高温下抵抗熔化的性能。它不是材料的熔点，因为耐火材料不是纯物质，是由多种矿物组成，其中还含有杂质，没有一个固定的熔点，只有一定的熔融范围。

（2）高温结构强度。其质量指标是指其高温荷重软化点。荷重软化温度的测定方法是：将直径36mm、高50mm的圆柱体试样，在19.6N/cm^{2}的压力下，在高温电炉中以规定的速度加热，测定试样开始变形、压缩4%和压缩40%（坍塌）时的3个温度值。

（3）抗渣性。抗渣性是指耐火材料在高温条件下抵抗各种熔融金属、熔渣、熔融炉尘等的侵蚀作用的能力。

（4）抗热震性。耐火材料抵抗因温度急剧变化而不产生裂纹或剥落的能力，又称热稳定性。

（5）高温体积稳定。在高温条件下耐火制品体积发生可逆变化的数量。多数耐火制品长期受高温作用，可能会发生不可逆的体积收缩或体积膨胀。这种体积变化称为残余收缩或残余膨胀。耐火材料过大的收缩或膨胀都会造成炉子寿命降低。

3.15.2.3 常用耐火材料

常用耐火材料包括耐火制品、不定形耐火材料和隔热材料。

A 耐火制品

耐火制品分为：

（1）硅酸铝质耐火材料。

（2）氧化硅质耐火材料。

（3）氧化镁质耐火材料。

B 不定形耐火材料

不定形耐火材料是由骨料和一种或多种结合剂组成的混合料。它与耐火砖相比，具有施工方便、气体整体性好等明显优点。现代步进式加热炉大多采用不定形耐火材料进行整体砌筑。按照使用类型可分为3类，即整体构筑材料和修补用材料、砌筑及接缝材料、涂抹材料。

（1）整体构筑材料和修补用材料，又分为如下4类：

1）耐火捣打料。它是由耐火骨料、结合剂组成的混合料，必要时可以加入液体，适于采用强力捣打或振动夯实的方法施工。

2）耐火可塑料。它是由耐火骨料、结合剂和液体组成的混合料，交货状态为具有可塑性的软坯状或不规则形状的料团，可以直接使用，以捣打、振动、压制或挤压方法施工。

3）耐火浇筑料。它是由耐火骨料和结合剂组成的混合料。交货状态为干状，加水或其他液体调配后使用。主要结合剂为水硬性结合剂，也可以采用陶瓷和化学结合剂，以浇筑、振动、捣固必要时用夯实的方法施工。由于耐火浇筑料的基本物料（如骨料和粉料、掺和料、结合剂以及外加剂）、凝结硬化过程、施工方法等，与土建工程中的混凝土相似，故又称耐火混凝土。耐火浇筑料生产工艺简单，省工节能，施工效率高，质量好，并可根据需要现场配置或选用性能优异的材料，因此是筑炉工程中用量较大、使用范围广泛的不定型材料。

4）耐火喷涂料。它是耐火骨料和结合剂组成的混合料，专门制备供风动或机械喷射方法施工，其他方面特性可分属于耐火捣打料、耐火可塑料、耐火浇筑料三种类型中的一种。

（2）砌筑及接缝材料。这种材料可用抹刀或类似工具施工，也可用于灌缝或浸蘸砌块。

（3）耐火涂抹料。它是由细耐火骨料和结合剂组成的混合料，各种结合剂均可采用，其含水或其他液体量一般比耐火泥浆高，以手工（刷子或抹子）、风动机具或机械喷涂方法施工。

C 隔热材料

隔热材料的体积密度小，导热系数低，不仅可作为热设备的保温材料，也是一种保冷工程材料，工业炉上作为隔热层和管道的外包扎，还可用作隔热耐火浇筑料及其他不定形耐火材料的组成材料和内衬缝隙的填充材料，常用的有石棉板（毡）、硅酸钙绝热制品等。

3.15.3 钢的加热工艺

3.15.3.1 概述

钢的加热质量直接影响到钢材的质量、产量、能源消耗以及轧机寿命，正确的加热工艺可以提高钢的塑性，降低热加工时的变形抗力，按需为轧机提供加热质量优良的钢坯，保证轧机生产顺利进行。反之，如加热温度较高，会引发钢的过热、过烧，会造成废品：如钢的表面发生严重的氧化和脱碳，也会影响钢的质量，甚至报废。

钢的加热工艺包括：钢的加热温度和加热均匀性、加热速度和加热时间、炉温制度、炉内气氛等。

3.15.3.2 钢的加热温度

钢的加热温度是指钢料在炉内加热完毕出炉时的表面温度，主要根据铁－碳相图中组织转变温度来确定，具体确定加热温度还要看钢种、钢坯断面规格和轧钢工艺设备条件。从轧钢角度看，温度高时钢坯的塑性好，变形抗力小；温度低时钢坯的塑性差，变形抗力大。但随着加热温度的提高，钢材力学性能发生改变，而且钢的氧化烧损率也随着加热温度的升高而急剧增加，若氧化铁皮不易脱落，在轧钢时会造成轧件的表面缺陷；加热温度高，必然降低加热炉的寿命，也明显增加燃料消耗；另外，加热温度过高，还会出现钢坯的过热和过烧，造成废品。因此，应从工艺、钢种、规格、质量、成材率和节能降耗等诸因素综合考虑，合理选择加热温度。从低碳钢、高碳钢及低合金钢的加热实践看，1050～1180℃的加热温度是比较适宜的。

3.15.3.3 钢坯的加热速度和加热时间

钢坯的加热速度通常是指单位时间内钢坯表面温度的上升速度，以℃/h 表示。在实际生产中，用单位厚度的钢坯加热到规定温度所需时间（min/cm）或单位时间加热的钢坯厚度（cm/min）来表示。钢坯的加热时间通常指钢坯从常温加热达到出炉温度所需的总时间。

加热速度和加热时间受炉子热负荷的大小和传热条件、钢坯规格和钢种导温系数大小的影响。加热速度大时，能充分发挥炉子的加热能力，在炉时间短，烧损率小，燃耗低。因此，在可能的条件下，应尽量提高加热速度来追求较先进的生产指标。但应避免表面和内部产生过大的温差，否则钢坯将会产生弯曲和由热应力引起的内裂。碳素结构钢和低合金钢一般可不限制加热速度，加热时间都较短；但对大断面钢坯和高碳、高合金钢，必须控制好加热速度，以免因内外温差大造成钢坯内部缺陷；热装加热热坯时，由于不存在残余应力，而且已进入塑性状态，所以加热速度也可不受限制。步进式炉可使钢坯三面或四面均匀受热，加热条件大大改善。对于常规的高线和小型加热炉，其加热速度的经验数据为：低碳钢，推钢式炉为6min/cm左右，而步进梁式炉则为4.5～5min/cm。

钢坯的加热时间，是钢坯的在炉时间，是预热时间、加热时间、均热时间的总和。由理论计算得出的加热时间目前还不能与实际相吻合，目前经验公式及实际资料仍是生产中确定加热时间的主要依据。

3.15.3.4 钢加热的均匀性

钢加热最理想的情况是能把它加热到里外温度都相等，但实际上很难做到。所以应根据加工的许可范围，允许加热终了的钢坯内外温度存在一定程度的不均匀性。一般规定断面允许温差为：

$$\frac{\Delta t_{终}}{s}=100\sim300\ (℃/m)$$

式中 $\Delta t_{终}$——钢最终加热时断面温差，℃；

s——钢加热时的透热深度，m。

3.15.3.5 钢的加热制度

对于不同钢种，加热工艺包括钢的最终加热温度、断面允许温差、加热速度以及炉温制度和供热制度，后两项统称为加热制度。钢的加热制度按炉内温度随时间的变化区分，可以分为一段式加热制度、二段式加热制度、三段式加热制度和多段式加热制度。

（1）一段式加热制度是把钢料放在炉温基本不变的炉内加热，特点是炉温和钢料表面的温差大，加热速度快，加热时间短，炉子结构和操作简单；缺点是废气温度高，热利用率差，因没有预热段和均热段，只适合加热断面尺寸小、导热性好、塑性好钢料或热装钢料。

（2）二段式加热制度是使钢料先后在两个不同的温度区域内加热，由加热期和均热期组成或由预热期和加热期组成。由加热期和均热期组成的二段式加热制度，是把钢锭直接装入高温炉膛进行加热，特点是加热速度快、断面温差小、出炉废气温度高、热利用率低，只适合加热导热性好、快速加热温度应力小的钢料。由预热期和加热期组成的二段式加热制度出炉废气温度低，金属的加热速度较慢（因为中心与表面的温差小，一些导热性差的钢先在预热段加热（温度应力小），待温度升高进入钢的塑性状态后再到高温区域进行快速加热，因没有均热期最终不能保证断面上温度的均匀性），所以不能用于加热断面大的钢坯。

（3）三段式加热制度是把钢料放在3个温度条件不同的区域（或时期）内加热，依次是预热期、加热期和均热期，它综合了以上两种加热制度的优点。钢坯首先在低温区域进行预热，这时加热速度比较慢，温度应力小，不会造成危险。等到金属中心温度超过500℃以后，进入塑性范围，这时就可以快速加热，直到表面温度迅速升高到出炉所要求的温度。加热期结束时，金属断面上还有较大的温度差，需要进入均热期进行均热。此时钢的表面温度基本不再升高，而使中心温度逐渐上升，缩小断面上的温度差。三段式加热制度既考虑了加热初期温度应力的危险，又考虑了中期快速加热和最后温度的均匀性，兼顾了产量和质量两方面的要求。在连续加热炉上采用这种加热制度时，由于有预热段，出炉废气温度较低，热能的利用较好，单位燃料消耗低。加热段可以强化供热，快速加热减少了氧化与脱碳，并保证炉子有较高的生产率。这种加热制度是比较完善与合理的，适用于加热各种尺寸的碳素钢坯及合金钢坯。

（4）多段式加热制度用于某些钢料的热处理工艺中，包括几个加热、均热（保温）、冷却期；也适合现代大型连续加热炉中，由于加热能力大而采用的多点供热多区段加热的情况。对于连续式加热炉来说，多段式加热虽然除预热和均热段外，还包括第一加热段、第二加热段等，但从加热制度的角度看，仍属于三段式加热制度。

3.15.3.6 钢的加热缺陷

钢在加热过程中，炉子的温度和气氛必须调整得当，如果操作不当，会出现各种加热缺陷，如氧化、脱碳、过热、过烧等。这些缺陷影响着钢的加热质量，重则造成废品，所以加热过程中应尽力避免。

A 钢的氧化

a 影响氧化的因素

（1）加热温度的影响。钢在加热时，炉温越高，而加热时间不变的情况下所生成的氧化铁皮量越多。

（2）加热时间的影响。钢加热时间越长生成氧化铁皮越多，高温下生成氧化铁皮更多。

（3）炉气成分的影响。炉气成分一般包括CO_2、CO、H_2O、H_2、O_2、N_2等，根据燃料种类的不同，还存在如SO_2、CH_4等气体，其中H_2O、O_2氧化能力较大，其浓度大小直接影响到氧化铁皮的生成量。

（4）钢的化学成分的影响。钢中含碳量高时，钢的烧损率有所下降；钢中含有Cr、Ni、Si、Mn、Al等元素时，由于这些元素氧化后能生成很致密的氧化膜，这样就阻碍了金属原子或离子向外扩散，结果使氧化速度大为降低。

b 减少钢氧化的措施

影响氧化的因素如上所述，其中钢的成分是固定的因素，因此要减少氧化烧损量，主要应从其他因素着手。措施有如下几种：

（1）根据加热工艺严格控制炉温和加热时间，减少钢在高温区域的停留时间，避免过高加热温度，按要求降温待轧。

（2）控制炉内气氛。在保证完全燃烧的前提下，降低空气消耗系数。严格控制炉膛压力，保证炉体的严密性，减少冷空气的吸入，特别是减少在炉子高温区吸入冷空气。此外，还应尽量减少燃料中的水分等。

（3）采取特殊措施。如采用少或无氧化直接加热，其基本原理是高温段采用低的空气消耗系数，而在低温段则供入必要的空气，使不完全燃烧的成分燃烧完全。

B　钢的脱碳

a　脱碳原因

钢料在高温炉内加热过程中，其表面层碳含量有所降低的现象，称为脱碳。碳在钢中以 Fe_3C 的形式存在，它是直接决定钢的力学性能的成分。钢表面脱碳后，将引起力学性能发生变化，特别是高碳钢、工具钢、滚珠轴承钢、弹簧钢等，都不希望发生脱碳现象。因此，脱碳被认为是钢的缺陷，严重时将予以报废。钢的脱碳与它的氧化是同时发生的，并且相互促进。若钢的脱碳层深度大于氧化层深度，危害就大了。高温下钢的氧化和脱碳是相伴发生的，氧化铁皮的生成，有助于抑制脱碳，使扩散趋缓。当钢的表面生成致密的氧化铁皮时，可以阻碍脱碳的发展。

b　影响脱碳的因素

（1）加热温度影响。对多数钢种来说，随着温度的增加，可见脱碳层几乎呈直线增加；有的钢种因一定高温后氧化速度大于脱碳速度，脱碳层会在一定高温后不再增加而是减少。

（2）加热时间的影响。在低温条件下即使钢在炉内时间较长，脱碳并不显著，在高温下停留的时间越长，则脱碳层越厚。一些易脱碳钢不允许长时间在高温下保温待轧，遇到故障停轧时间过长时，应把炉内钢坯退出炉外。

（3）炉气成分的影响。从钢的脱碳过程看出，若炉气中存在着 CO_2、H_2O、O_2 和 H_2，钢必然脱碳。炉气都是脱碳气氛的，炉气中这几种气体的浓度大小是影响脱碳速度快慢的主要因素。而这些气体含量决定于燃料种类、燃烧方法、空气消耗系数、炉膛压力等，实践证明，最小的可见脱碳层是在氧化性气氛中而不是在还原性气氛中得到的。

（4）钢的成分的影响。钢的含碳量越高，钢的脱碳越容易。合金元素对脱碳的影响不一，铝、钴、钨这些元素能促使脱碳，铬、锰、硼则会减少钢的脱碳。易脱碳的钢种有碳素工具钢、模具钢、高速钢等。

c　减少钢脱碳的措施

前述减少钢的氧化的措施基本适用于减少脱碳。例如，进行快速加热，缩短钢在高温区域停留的时间；正确选择加热温度，避开易脱碳的脱碳峰值范围；适当调节和控制炉内气氛，对易脱碳钢，使炉内保持氧化气氛，使氧化速度大于脱碳速度；采取合理的炉型结构，易脱碳钢最好采用步进式炉，因为它可以控制钢在高温区的停留时间，一旦轧机因故障停轧，可以把炉内全部钢坯及时退出。

脱碳问题对一般钢种来说，相比于氧化的问题是次要的，只是加热易脱碳钢和某些热处理工艺时，需要注意。

C　钢的过热和过烧

（1）过热。钢的加热温度超过临界加热温度时，钢的晶粒就开始长大，即出现钢的过热。过热的主要特征是晶粒过分长大，钢的力学性能下降，加工时容易产生裂纹。

加热温度与加热时间对晶粒的长大有决定性的影响。加热温度越高，加热时间越长，晶粒长大的现象越显著。在加热过程中，应掌握好加热温度及钢在高温区域的停留时间。另外，合金元素大多数是可以减少晶粒长大趋势的，只有碳、磷、锰会促进晶粒的长大。

（2）过烧。当钢加热到比过热更高的温度时，不仅钢的晶粒长大了，晶粒周围的薄膜也开始融化，氧进入了晶粒之间的间隙，使金属发生氧化，又促进了它的熔化，导致晶粒间彼此结合力大为降低，塑性变坏，这样钢在进行压力加工过程中就会裂开。这种现象就是过烧。

与过热相同，发生过烧往往也是由于在高温区域停留时间过长的缘故，如轧线发生故障、换辊等，遇到这种情况要及时采取措施。另外，过烧不仅取决于过热温度，也和炉内气氛有关。炉气的氧化能力越强，越容易发生过烧现象。在还原性气氛中，也可能发生过烧，但开始过烧的温度比氧化性气氛要高 60 ~ 70℃。钢中含碳量越高，产生过烧危险的温度越低。

已经过热的钢可以重新加热进行压力加工，过烧的钢不能重新回炉再加热，只能作为废钢重新冶炼。

3.15.4 加热炉的生产能力

3.15.4.1 加热炉的生产能力的表示方法

（1）炉子生产率。它是表示炉子生产能力大小的指标，即单位时间加热金属量（t/h 或 kg/h）。如中型 H 型钢厂加热炉的生产能力为 180t/h。

（2）炉底强度。它是单位时间内单位炉底面积所加热的金属量（$kg/(m^2 \cdot h)$），可用来比较不同炉子的生产能力。它有两种表示方法：一种是钢压炉底强度，另一种是有效炉底强度。两者之间的区别是，前者的炉底面积是指钢压住的那一部分面积，后者的炉底面积是指整个有效炉底面积。设炉子生产率为 G（kg/h），钢压面积或有效炉底面积为 A。则炉底强度为

$$P = G/A$$

3.15.4.2 影响炉子能力的主要因素

影响炉子能力的主要因素有：

（1）工艺因素。由于作业周期、加热品种、钢料入炉温度、出钢温度、加热均匀性、工艺保温等工艺因素，决定了不同炉型和不同加热工艺的采用，决定了炉子的不同生产能力。如连续小型轧机用节能型步进梁式炉的炉底强度可达 600 ~ 650$kg/(m^2 \cdot h)$，而薄板连轧用的步进式炉炉底强度只有 370 ~ 560$kg/(m^2 \cdot h)$。

（2）热工因素。工艺因素一定时，炉子的供热负荷、温度制度、炉压制度、供热制度、炉膛热交换、炉子余热利用等热工因素对炉子生产能力大小起着关键性的作用。在轧线需要时，可通过提高供热负荷、保持温度制度来提高炉子能力，也可以适当提高炉温来提高炉子产量。提高供热负荷和提高炉温时，又必须考虑炉子热交换是否正常，炉压能否维持正常，换热器等是否能够适应。

（3）其他因素。在上述因素一定的情况下，进出炉温度、炉子的机械化和自动化装

备水平等，直接影响着炉子能力。

3.15.5　炉子热平衡

炉子热平衡是根据热力学第一定律建立起来的，表示在一定时间内炉子热量收入和热量支出在数量上的平衡关系。表 3 - 13 为常规加热炉的热平衡表。

表 3 - 13　热平衡表

热收入项	kJ/t	百分比/%	热支出项	kJ/t	百分比/%
(1) 燃料燃烧的化学热	Q_1	70 ~ 100	(1) 金属加热所需的热	Q'_1	10 ~ 50
(2) 燃料预热的物理热	Q_2	0 ~ 10	(2) 烟气带走的物理热	Q'_2	30 ~ 80
(3) 助燃剂带入的物理热	Q_3	0 ~ 25	(3) 冷却系统带走的热	Q'_3	0 ~ 15
(4) 金属氧化放出的热	Q_4	1 ~ 5	(4) 炉衬散热损失	Q'_4	2 ~ 10
			(5) 炉衬蓄热	Q'_5	0 ~ 10
			(6) 辐射热损失	Q'_6	0 ~ 4
			(7) 逸气热损失	Q'_7	0 ~ 5
			(8) 化学不完全燃烧热损失	Q'_8	0.5 ~ 3
			(9) 机械不完全燃烧热损失	Q'_9	0.2 ~ 5
			(10) 其他热损失	Q'_{10}	0 ~ 10
热收入总和	$\Sigma Q_{收入}$	100	热支出总和	$\Sigma Q_{支出}$	100

4 开坯机与串列万能轧机机组

4.1 H 型钢孔型设计

4.1.1 概述

H 型钢生产常采用连铸异型坯，一般先在传统二辊轧机的平轧孔型中经过多道次轧制出工字形异型坯，然后在万能机架和轧边机中多道次轧制出 H 型钢。在轧制 H 型钢的过程中，使用两类孔型：开异型坯和轧边在二辊轧机上进行，其孔型属于二辊孔型；而 H 型钢的主要变形量在四辊万能轧机上完成，属于四辊万能 H 型钢孔型。故 H 型钢的孔型设计分为二辊孔型设计和四辊 H 型钢孔型设计。万能孔型属于开口孔型，共用性好。万能轧机孔型设计包括辊型设计与压下规程设计。

辊型设计步骤包括水平辊和立辊直径的选择，水平辊辊身长度的计算，水平辊侧面和立辊锥度的确定。

4.1.2 水平辊直径与立辊直径的确定

水平辊直径取决于所轧制 H 型钢的腿宽 B，B 值越大，所需立辊辊身越长，水平辊直径也越大。水平辊的直径应大于立辊辊身长度或大于立辊轴承宽度。万能 H 型钢轧机轧辊直径与所轧产品范围，如表 4－1 所示。

表 4－1 万能轧机轧辊直径与所轧产品范围

轧机类型	轧机名称		最大产品规格 $H \times B$/mm	万能轧机轧辊尺寸	
				直径/mm	辊身长 L/mm
大型轧机	万能轧机	水平辊	1000×450	ϕ1320～1370	500～1400
		立　辊		ϕ900～1000	300～560
	水平二辊轧边机			ϕ1000～1050	1000～1800
中型轧机	万能轧机	水平辊	500×200	ϕ940～1120	
		立　辊		ϕ640～740	285
	水平二辊轧边机			ϕ640～800	1200
小型轧机	万能轧机	水平辊	100×50～300×150	ϕ730～750	—
		立　辊		ϕ470	—
	水平二辊轧边机			ϕ520	—

立辊直径大小取决于轧辊强度，强度允许时，立辊直径小些为好。因为立辊直径小有利于咬入。若使轧件和水平辊与立辊同时接触，则应使水平辊变形区长度与立辊变形区长度相等，即 $L_W = L_f$，则有 $R_H \Delta t_W = 2R_V \Delta t_f$ 的关系，如果 $\Delta t_W = \Delta t_f$，则有 $R_H = 2R_V$（R_H

及 R_V 分别为水平辊及立辊半径；Δt_W 及 Δt_f 分别为腹板压下量及翼缘压下量）。所以从咬入条件来说，立辊半径应 R_V 等于或小于 $0.5R_H$。但从强度和设备结构来说，R_V 大些好。综合考虑各种因素，目前轧机立辊与水平辊半径之比 R_V/R_H 多为0.6~0.7。

4.1.3 压下规程的设计原则

H型钢万能轧机分为可逆式轧机和连轧机两种，其万能孔型由一对水平辊和一对立辊构成，无论是可逆轧制还是连续轧制，轧件均可在同一形状轧辊构成的孔型中轧制多道次，只需不断设定辊缝，与板带轧制方式相似。

4.1.3.1 辊缝设定值

根据尺寸标准和特殊要求所规定的上下限，取中间值作为设定的腰厚，可仿照板带轧制方法设定辊缝：

$$S_0 = t_w - \frac{P - P_0}{K_m} \tag{4-1}$$

式中 S_0——空载辊缝设定值；

t_w——轧件腰部设定值；

P_0，P——调零时压力和轧制时轧制压力预报值；

K_m——轧机刚度。

4.1.3.2 压下规程

在四辊万能轧机上轧制H型钢时，必须使腰与腿的变形是均匀变形或近似均匀变形，也就是须使腰与腿的延伸相等或接近相等。违反这一原则就会引起重大的质量问题，严重时将破坏轧制的稳定进行。若腰部的延伸系数 μ_w 比腿部的延伸系数 μ_f 大得多，将出现腰部波浪；反之，若 μ_f 比 μ_w 大得多，则将引起腰部拉裂或腿部波浪。当 μ_w 与 μ_f 相差很大时，可能使腰腿分开，甚至完全不能轧制。为了保证H型钢的正常轧制，必须满足下式：

$$F_{w_{i-1}}/F_{w_i} = F_{f_{i-1}}/F_{f_i} = \mu_i \tag{4-2}$$

式中 $F_{w_{i-1}}$，F_{w_i}——轧制前、后腰部面积；

$F_{f_{i-1}}$，F_{f_i}——轧制前、后腿部面积；

μ_i——该道次延伸系数。

腰部面积用腰厚 t_w 和腰内宽 b 表示，$F_w = t_w b$；腿部面积用腿厚 t_f 和腿宽 B_f 表示，$F_f = t_f B_f$。则式（4-2）可写成

$$\frac{t_{w_{i-1}} b_{i-1}}{t_{w_i} b_i} = \frac{t_{f_{i-1}} B_{f_{i-1}}}{t_{f_i} B_{f_i}} = \mu_i \tag{4-3}$$

由于在万能孔型中轧制H型钢时，轧件内宽 b 和腿高 B_f 变化很小，可以近似认为 $b_{i-1} \approx b_i$，$B_{f_{i-1}} \approx B_{f_i}$，则式（4-3）可写为

$$t_{w_{i-1}}/t_{w_i} = t_{f_{i-1}}/t_{f_i} = \mu_i$$

也可写为

$$t_{w_{i-1}}/t_{f_{i-1}} = t_{w_i}/t_{f_i} \tag{4-4}$$

式（4-4）把轧制过程中腰部延伸等于腿部延伸的均匀变形条件转化为轧前与轧后

的腰厚与腿厚之比相等的关系。将式（4－4）推广可写成

$$\frac{t_{w_0}}{t_{f_0}}=\frac{t_{w_1}}{t_{f_1}}=\cdots=\frac{t_{w_{n-1}}}{t_{f_{n-1}}}=\frac{t_{w_n}}{t_{f_n}}=\text{常数} \tag{4-5}$$

式中 t_{w_n}，t_{f_n}——成品道次的腰厚和腿厚。

因为 $t_{w_0}=t_{w_1}+\Delta t_w$，$t_{f_0}=t_{f_1}+\Delta t_f$，代入式（4－5）得

$$\frac{t_{w_1}+\Delta t_w}{t_{f_1}+\Delta t_f}=\frac{t_{w_1}}{t_{f_1}}$$

上式经过一系列变换和整理后可得

$$\Delta t_w/\Delta t_f=t_{w_n}/t_{f_n}=\text{常数} \tag{4-6}$$

式（4－6）是万能轧机轧制 H 型钢设计压下规程的理论基础。

按上述关系，当所轧制 H 型钢规格已定时，坯料断面积可按式（4－7）确定：

$$F_{w_0}/F_{f_0}=F_{w_n}/F_{f_n} \tag{4-7}$$

式中 F_{w_0}，F_{w_n}——坯料、成品的腰部面积；

F_{f_0}，F_{f_n}——坯料、成品的腿部面积。

但是在实际生产中，为了克服由于速度差、立辊阻力等造成的腿部拉缩，在制定压下规程时，往往确定腿部的压下系数大于腰部压下系数，其值为

$$\frac{1}{\eta_f}\Big/\frac{1}{\eta_w}=1.002\sim1.028 \tag{4-8}$$

式中 $\frac{1}{\eta_f}$——H 型钢腿部压下系数，$\frac{1}{\eta_f}=t_{f_{i-1}}/t_{f_i}$；

$\frac{1}{\eta_w}$——H 型钢腰部压下系数，$\frac{1}{\eta_w}=t_{w_{i-1}}/t_{w_i}$。

4.1.4 轧机孔型设计

4.1.4.1 开坯机孔型设计

开坯机主要对异型坯厚度进行减薄，并根据需要对异型坯的内宽进行扩展或压缩，以供给万能轧机合适的中间坯料。坯料内宽的扩展由异形孔实现，而坯料内宽的压缩则由箱形孔立轧来实现。

轧制大规格 H 型钢时，开坯机上选择开口孔型轧制，开口孔型如图 4－1 所示。

轧制小规格的 H 型钢时，粗轧部分的孔型设计比较复杂，孔型的选取包括箱形孔、开口孔和闭口孔，主要以闭口孔型为主，如图 4－2 所示。

4.1.4.2 万能轧机孔型设计计算

对于 X－H 轧制法这套工艺，在万能精轧部分由三架轧机构成，分别为轧制 H 孔型的 UF 轧机、轧制 X 孔型的 UR 轧机和轧边机 E。其中各架轧机对于轧制型号规格不同的 H 型钢，它们的轧辊尺寸设计是不同，具体的设计如下。

A UF 轧机轧辊的孔型设计

对于 UF 轧机的轧辊的孔型，需要设计的参数如图 4－3 所示。

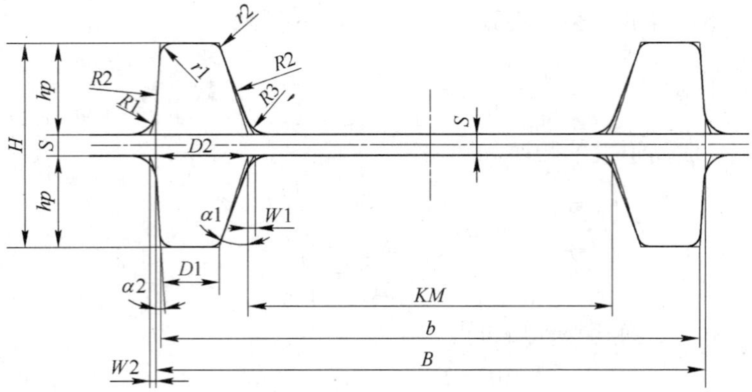

图 4－1　开口孔的尺寸参数

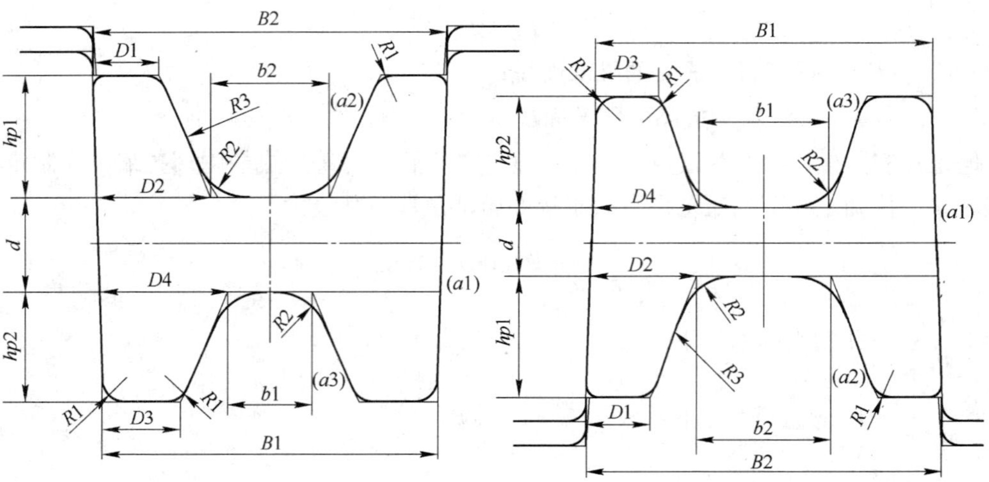

图 4－2　上闭口孔型和下闭口孔型的尺寸参数

$$BH=\left[CH+\frac{dH_{max}}{2}+(dT_{min})\right]\times 1.01 \tag{4-9}$$

$$H=X+BT\times 1.01 \tag{4-10}$$

$$B=H\times 2\tan(\alpha-90°)+BH \tag{4-11}$$

式中　CH——成品截面的腹板宽度，mm；
dH_{max}——腹板高度的最大公差，mm；
dT_{min}——翼缘厚度的最小公差，mm；
1.01——膨胀系数；
H——水平辊斜侧面的高度，mm；
X——15～20mm；
BT——腹板到翼缘端部的距离，mm；
R——最终断面的半径，mm；
α——对于 UF 轧机，一般取 $\alpha=90°\sim90.5°$。

B UR 轧机轧辊的孔型设计

UR 轧机的轧辊需要设计的参数如图 4－4 所示。各参数计算式如下：

$$\Delta BH = R \cdot [1 - \cos\alpha + (1 - \sin\alpha) \cdot \tan\alpha] \tag{4-12}$$

$$BH = BH_{UF} - 2 \cdot \Delta BH \tag{4-13}$$

$$H = X + (BT_{nom} \cdot 1.01) \tag{4-14}$$

$$B = H \cdot 2 \cdot \tan(A - 90°) + BH \tag{4-15}$$

$$\alpha = \alpha - 90° \tag{4-16}$$

式中 α——对于 UR 轧机，一般取 95°；

X——15～20mm；

BH_{UF}——UF 轧机的轧辊槽底的宽度，mm。

其中 UR 轧机水平辊的圆角半径 R 的值与 UF 轧机水平辊的圆角半径相同；当翼缘的宽度大于 150mm 时，半径 R_V = 500mm；当翼缘的宽度不大于 150mm 时，半径 R_V = 350mm。

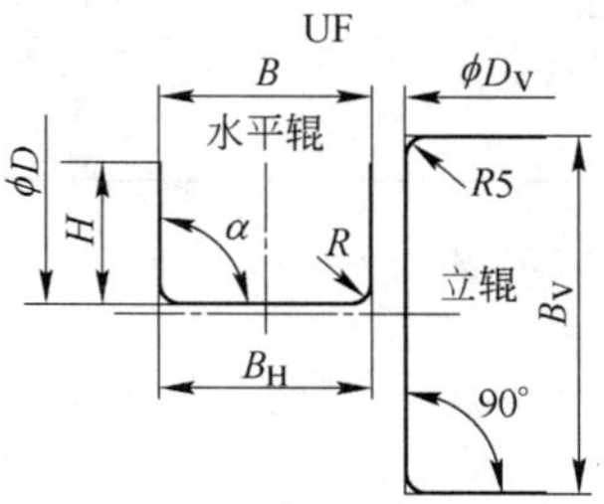

图 4－3 UF 轧辊孔型

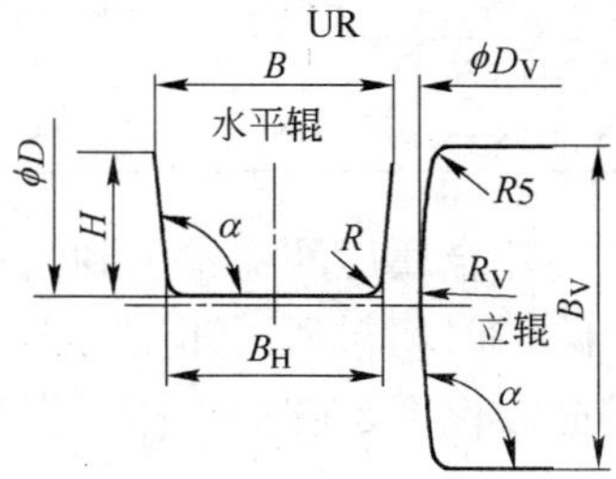

图 4－4 UR 轧辊孔型

C 轧边机轧辊的尺寸设计

轧边机轧辊的尺寸设计参数如图 4－5 所示。

$$B = (H_{UR} - X_{UR}) \cdot 2 \cdot \tan(\alpha_{UR} - 90°) + B_{UR} \tag{4-17}$$

$$H = BT \times 1.01 - C \tag{4-18}$$

$$D_w = D - 2 \cdot H \tag{4-19}$$

$$D_1 = D_w + 2 \cdot C \cdot \tan\alpha_{UR} \tag{4-20}$$

$$BE = B - H \cdot 2\tan\gamma \tag{4-21}$$

$$\gamma = \alpha_{max} - (H - BT_{min}) \cdot \frac{\alpha_{max} - \alpha_{min}}{BT_{max} - BT_{min}} \tag{4-22}$$

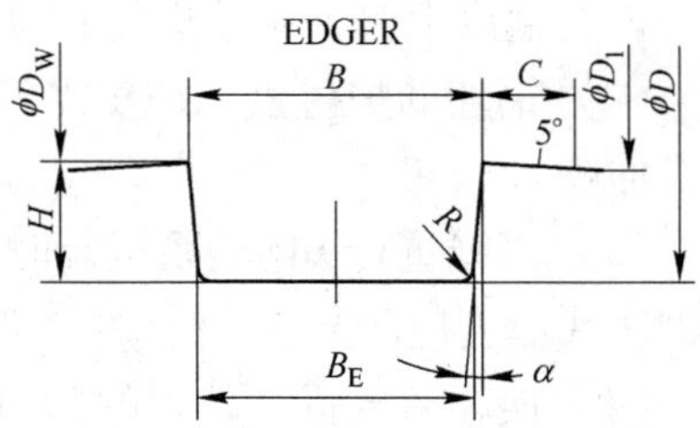

图 4－5 轧边机轧辊尺寸

式中 H_{UR}，X_{UR}——UR 轧机 H 的值和 X 的值，mm；

α_{UR}——UR 轧机中 α 的值，一般取 95°；

C——万能轧制第 1 道次后，翼缘的最大厚度加上必需的富余量，mm；

D_w，D_1——轧边机轧辊的工作直径和轧边机轧辊的名义直径，mm；

α_{max}，α_{min}——轧边机侧壁与竖直方向上夹角的最大值和最小值；

BT_{max}，BT_{min}——腹板到翼缘端部的距离最大值和最小值，mm。

为了便于更好对轧边机的操作，C 的取值一般有一个标准：对于轧制小规格的 H 型钢，C = 80mm；对于轧制中、大规格的 H 型钢，C = 100mm。轧边机侧壁与竖直方向上的

夹角 α 的取值范围为7°～7.5°；对于成品截面翼缘宽度最大的H型钢 $\alpha=7°$；对于成品截面翼缘宽度最小的H型钢，$\alpha=7.5°$。

4.2 开坯机操作台工艺操作

4.2.1 开坯机区工艺制度

4.2.1.1 高压水除鳞制度

高压水除鳞制度为：

（1）根据原始坯料规格尺寸的不同，选择不同的喷鳞环尺寸、喷嘴数量及工作压力。具体情况见表4－2。

表4－2 喷嘴配置

坯料规格	喷嘴数量/个	流量/$dm^3 \cdot s^{-1}$	工作压力/MPa
292×205×85	12	16.83	18～19
430×300×85	16	22.4	

（2）当热金属检测器检测到钢坯后延迟一段时间，开始喷水除鳞。

（3）除鳞时坯料运行速度为1.4m/s。

（4）必须保证足够的工作压力和喷嘴的畅通。

4.2.1.2 开坯机轧制工艺制度

开坯机轧制工艺制度为：

（1）出炉钢坯存在过热、过烧、黑印、严重弯曲等加热缺陷或因待轧而导致钢温降至开轧温度以下时，严禁送轧，应剔除下线。

（2）钢坯的炉生氧化铁皮需经高压水除鳞清理干净，以提高轧件表面质量和便于开坯机的咬入。

（3）离线进行BD辊系组装时，应根据轧辊直径变化调整垫片厚度，传动侧和工作侧所加垫片厚度应相同。

（4）换辊后要进行轧辊的预负荷零调整，以消除辊缝设定值中的机械间隙。每次换辊轧制开始前首先进行模拟轧制确认。

（5）轧制操作要按照轧制程序表进行，严禁超设定值大压下。

4.2.1.3 开坯机温度制度和速度制度

开坯机轧制碳素钢、低合金钢开轧温度为不低于1180℃，开坯终轧温度不低于1050℃。

开坯轧机速度制度为：

（1）开坯机的轧制速度应符合低速咬入、高速轧制、低速抛出。

（2）咬入速度：≤3.0m/s。

（3）轧制速度：当轧件被开坯机咬入后，取三角形或梯形速度图，加速度2.0m/s^2，轧制速度≤5m/s。

（4）抛出速度：≤2.0m/s。其速度如图 4 - 6 所示。

4.2.2　开坯轧机岗位技术操作规程

4.2.2.1　轧前检查

轧前检查的步骤为：

（1）轧机空转 10 分钟后，关停主电机及冷却水。

（2）检查轧辊孔型质量状况，如存在磨损严重、结瘤、环裂、掉肉等问题，应立即处理。

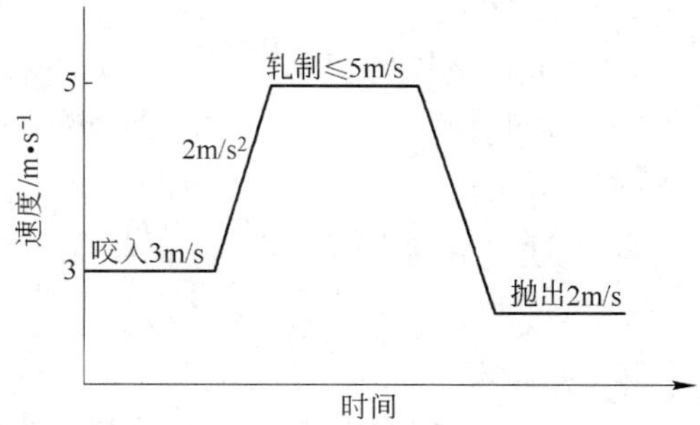

图 4 - 6　开坯轧机速度制度

（3）检查导卫表面状况和安装质量是否符合轧制要求。

（4）检查对中装置、翻钢机等装置有无异常情况。

（5）检查各类水管、油管（液压、干油、稀油）、连接是否处于良好状态。

（6）检查前后辊道间及其表面有无障碍物。

（7）检查设备启动所需的联锁条件是否满足。

（8）检查微机画面上的各类参数是否设定并确认无误。

4.2.2.2　轧前操作

A　辅助系统操作

开坯机辅助系统操作步骤如下（参见图 4 - 7）：

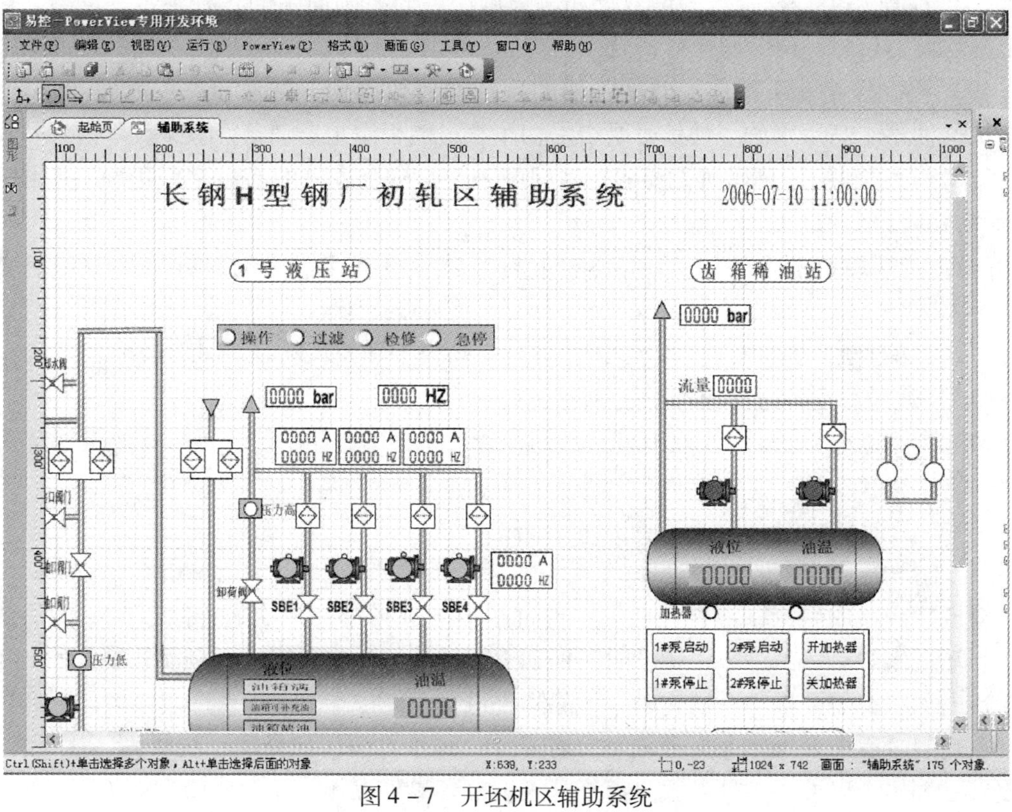

图 4 - 7　开坯机区辅助系统

（1）在监控画面中观察液压站和稀油站的油温，液压和稀油的工作温度都是大于30℃，小于60℃。

（2）通过触摸屏启动液压站的循环泵，观察循环泵的压力，0.3～0.6MPa左右。

（3）通过触摸屏启动液压站3台液压泵，并观测它们的频率是否为50Hz，压力是否在13MPa左右。

（4）通过触摸屏启动轧机稀油泵，稀油泵的工作压力约为0.4MPa，流量为20～30L/min。

B 启动模拟轧制

启动模拟轧制操作步骤如下（参见图4－8、图4－9）：

（1）把＋CP1/2操作台上的36旋钮打到自动位置上。

（2）把＋CP1/2操作台上的49旋钮打到运行位置上。

（3）通过触摸屏将辊道电机合闸。

（4）通过触摸屏启动高压水除鳞，依次启动管道泵、水帘泵、两台高压泵。

（5）把＋CP1/1操作台上的16按钮按下使压下电机合闸。

（6）把＋CP1/1操作台上的30按钮按下使上辊平衡合闸。

（7）经1号配电室确认后，把＋CP1/1操作台上的8按钮按下主电机合闸。主电机合闸后，观察触摸屏辅助系统的主电机稀油站，油温必须高于30℃，低压泵压力0.3～0.4MPa，低压泵流量约为30L/min（必须不低于24L/min），1号高压泵压力、2号高压泵压力都为4～5MPa。启动主电机时应通知调度。

（8）检查CP1操作台上的信号灯和触摸屏中各监控画面中的各种参数、信号，包括热金属检测器信号。CP1操作台初轧区监控画面见图4－10。

（9）再次检查CP1操作台屏幕各辅助系统的监控画面，如液压站、齿轮箱稀油站、主电机稀油站、高压水的各种信号是否一切正常，能否满足启动条件。

（10）通过触摸屏调出所需要的轧制程序表，并检查表中的参数是否正确（见图4－11和图4－12）。

（11）把CP1/1操作台上23按钮按下打开轧辊冷却水、手动打开前后对中装置冷却水。

（12）通过触摸屏选择连续或步进，进行自动或手动模拟轧制。

（13）通过触摸屏选择模拟过钢。

（14）模拟过钢完成后，取消模拟过钢，请求坯料进行轧制。

4.2.2.3 轧制操作

A 自动轧制

模拟轧制完成后，取消模拟轧制，通过触摸屏选择第一道次、连续模式，然后要坯料。当坯料出炉后，出炉辊道转动时，推动手柄转动一下除鳞辊道，自动轧制开始。每一根坯料出炉，都需要推动手柄转动一下除鳞辊道。

在轧制过程中，操作人员必须经常切换各种操作界面，如介质系统界面、压下界面、监控界面等等，以检查各种参数、信号是否正常（参见图4－13）。

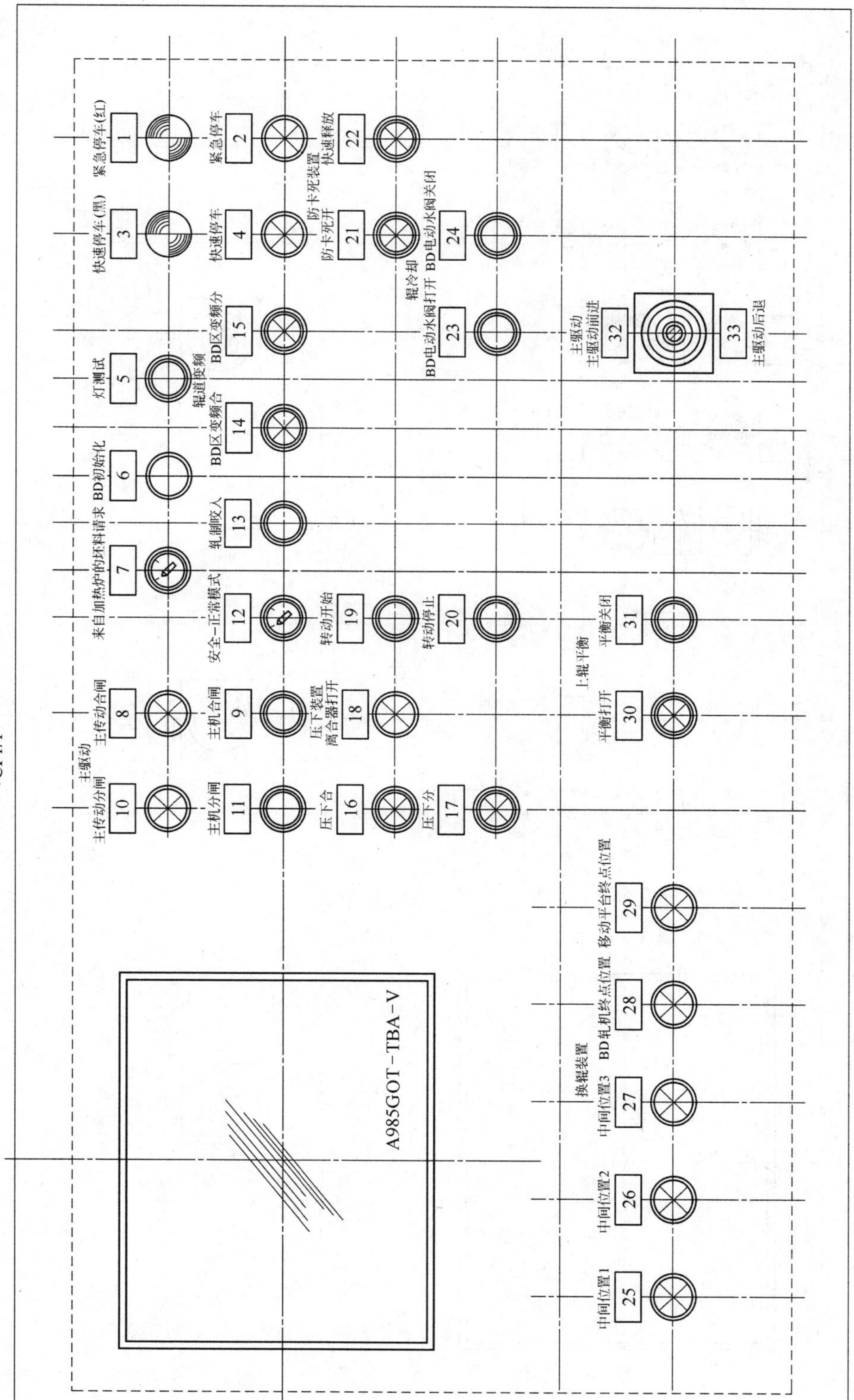

图4-8 开坯轧机操作台控制按钮布置（I）

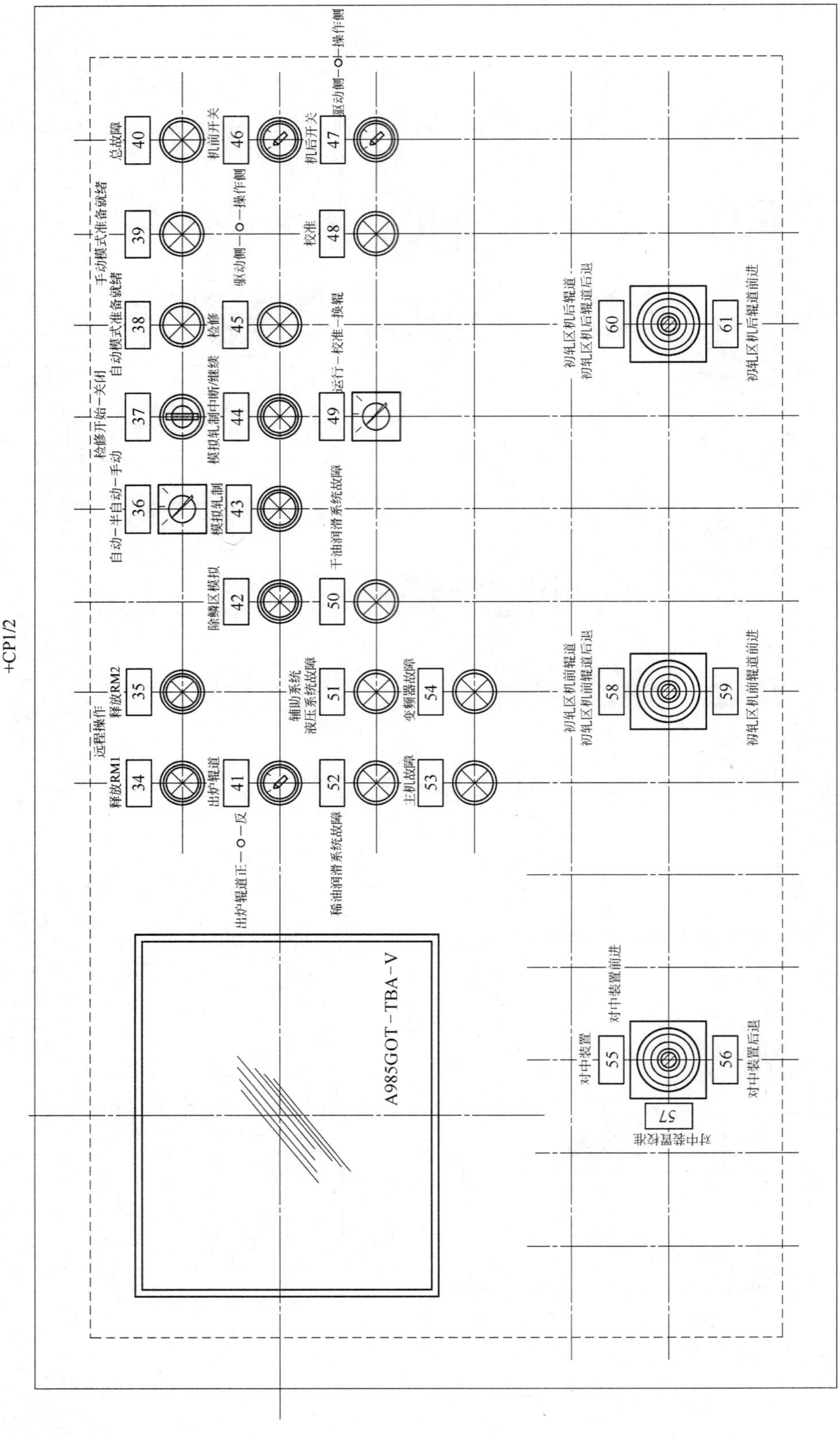

图 4-9　开坯轧机操作台控制按钮布置（Ⅱ）

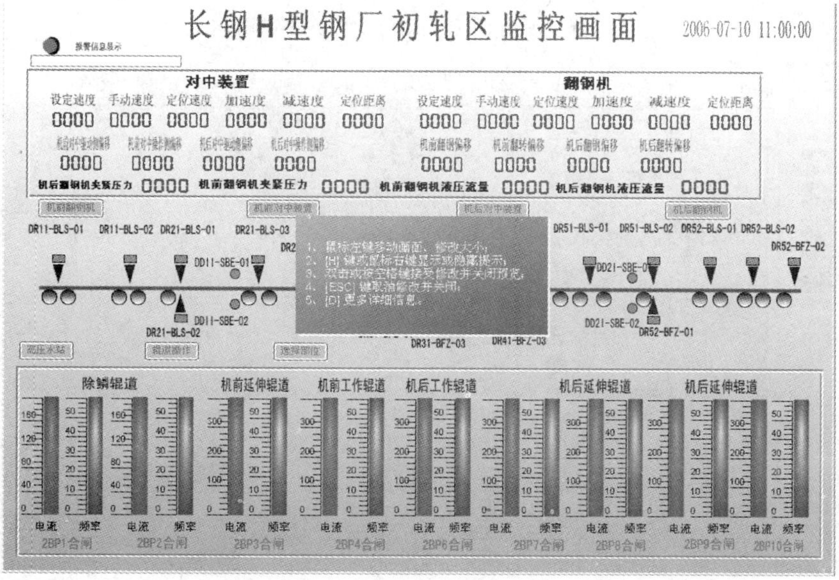

图 4－10 开坯轧机操作台监控画面

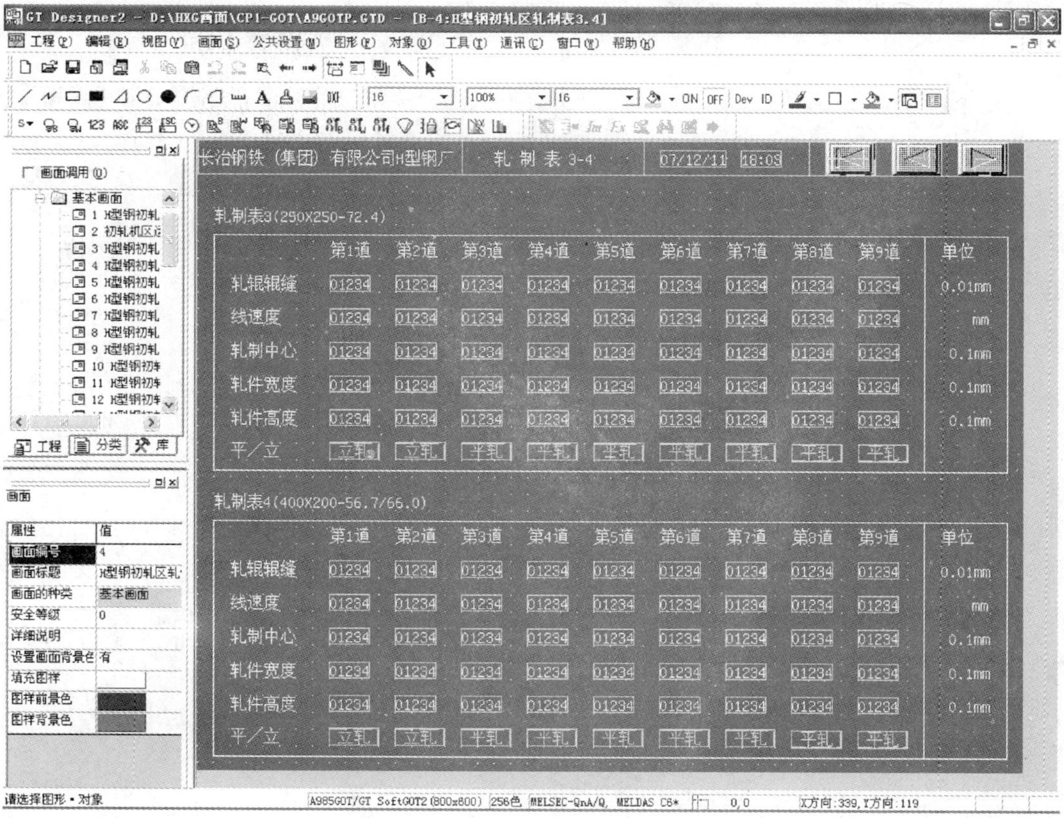

图 4－11 轧制程序画面

图 4－12 运行监控画面

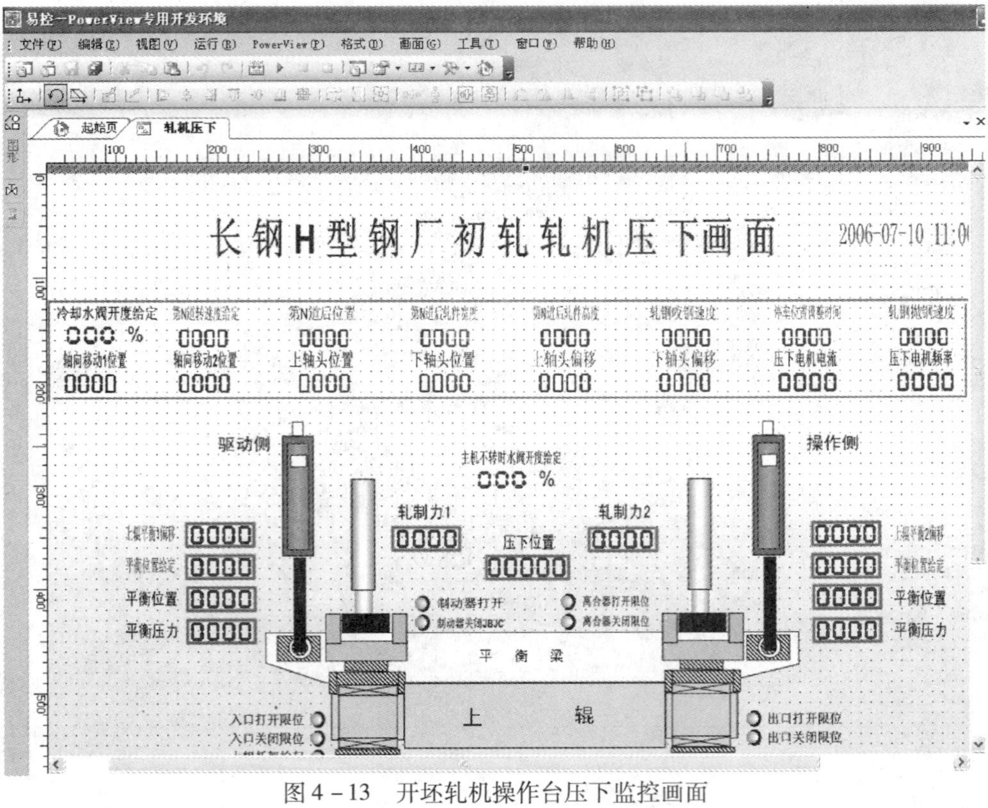

图 4－13 开坯轧机操作台压下监控画面

B 手动轧制

手动轧制操作步骤如下：

(1) 模拟轧制完成后，取消模拟轧制，通过触摸屏选择步进模式，然后要坯料。

(2) 当坯料出炉后，出炉辊道转动时，推动手柄转动一下除鳞辊道。每一根坯料出炉，都需要推动手柄转动一下除鳞辊道。

(3) 每一道次开始前，都需手动选择触摸屏上的道次序号，开始轧制。

(4) 每一根坯料轧制完成、通过万能轧机机前摆臂之后，需要通过触摸屏选择复位，让设备恢复初始位置。

(5) 在轧制过程中，操作人员必须经常切换各种操作界面，如介质系统界面、压下界面、监控界面等等，以检查各种参数、信号是否正常。

4.2.3 换辊操作

4.2.3.1 换辊步骤

换辊操作步骤如表4-3所示。

表4-3 换辊操作步骤表

步骤	操作（自动换辊）	观察
001 辊系平台向下游移动 002 辊系从准备区移动到移动平台	连续、步选择	移动平台限位开关 拖链位置10163
003 辊系平台向上游移动	脱钩后，确认 拖链到位后停止换辊	移动平台限位开关
004 轧辊冷却水关闭 005 主轴定位 006 压下：上辊移动到旧换辊位置 007 下辊轴向调整接近初始位置 008 下辊支架抬到旧换辊位置 009 下辊轴承座压板打开 010 换辊小车移动到中间位置3 011 上辊平衡：降低到轴承座上 012 上轴支架：抬到旧换辊位置	连续、步选择 推出	 平衡缸位置；压下位置 下辊轴向调整位置 下辊支架位置 下辊轴承座压板限位开关 中间位置3限位开关 平衡缸位置 上轴支架位置
013 上轴承座压板打开		上轴承座压板限位开关
014 辊系移到移动平台上	确认	棘轮小车限位开关和其实际动作情况
015 辊系移动平台移到下游位置 016 压下靠近新换辊位置 017 上辊平衡靠近新换辊位置 018 下轴支架：抬到新换辊位置 019 上轴支架：抬到新换辊位置	确认	移动平台限位开关 压下位置 平衡缸位置 上轴支架位置 下辊支架位置

续表 4-3

步　骤	操作（自动换辊）	观　察
020 下辊轴向调整：接近新辊系初始位置		下辊轴向调整位置 换辊程序 1 完成
021 新辊系移到中间位置 1，2，3	连续、步选择、确认 4 步后，确认 7 步后，拉回位置从位置 1 拉回到位置 2	此次确认前要观测所有的位置 中间位置 1 限位开关 中间位置 2 限位开关
022 上轴承座压板关闭	确认	上轴承座压板限位开关
023 上辊平衡：抬起平衡梁		平衡缸位置
024 上轴支架：降低到初始位置		上轴支架位置 4800
025 辊系从中间位置 3 移到终点	拉回	棘轮小车限位开关
026 下辊轴承座压板关闭	确认	下轴承座压板限位开关
027 换辊设备推出液压缸		棘轮小车限位开关
028 下轴支架降低到初始位置		下轴支架位置 0
029 换辊设备拉回液压缸	换钩后，确认	棘轮小车限位开关
030 压下轧机校准		压下位置 800，校准压力 13MPa
031 下辊轴向调整	确认	在此步之前，要根据需要修改轴向调整设定值。确认后平衡缸充压 8MPa，上辊抬起 800
032 辊系平台向上游移动	脱钩后，确认	移动平台限位开关
033 换辊完成	拖链到位后停止换辊	拖链位置 2198

手动换辊时，操作工选择 040 步（手动辊系检修程序），每执行完一步，都需要选择按钮“确认”，开始执行下一步。

4.2.3.2 自动换辊步骤

自动换辊操作步骤为：

（1）人工检查清洁换辊小车轨道，检查辊系轴头角度是否正确。

（2）在 CP1/2 操作台上，旋转 36 号按钮到手动位置。

（3）在 CP1/2 操作台上，旋转 49 号按钮到换辊位置。

（4）调出如图 4-14 所示的画面。

（5）在触摸屏上输入换辊步骤 01，然后依次选择触摸屏上的按钮“连续”、“步选择”。

动作：辊系平台就会向下游移动（01）。

（6）辊系平台到位后，在触摸屏上选择“确认”按钮。

动作：拖链就会把辊系从准备跨送到辊系平台上（02）。

（7）拖链到位后，拉出拉钩，在触摸屏上选择“确认”按钮。

动作：辊系平台向上游移动。（03）

辊系平台到位后，停止换辊。

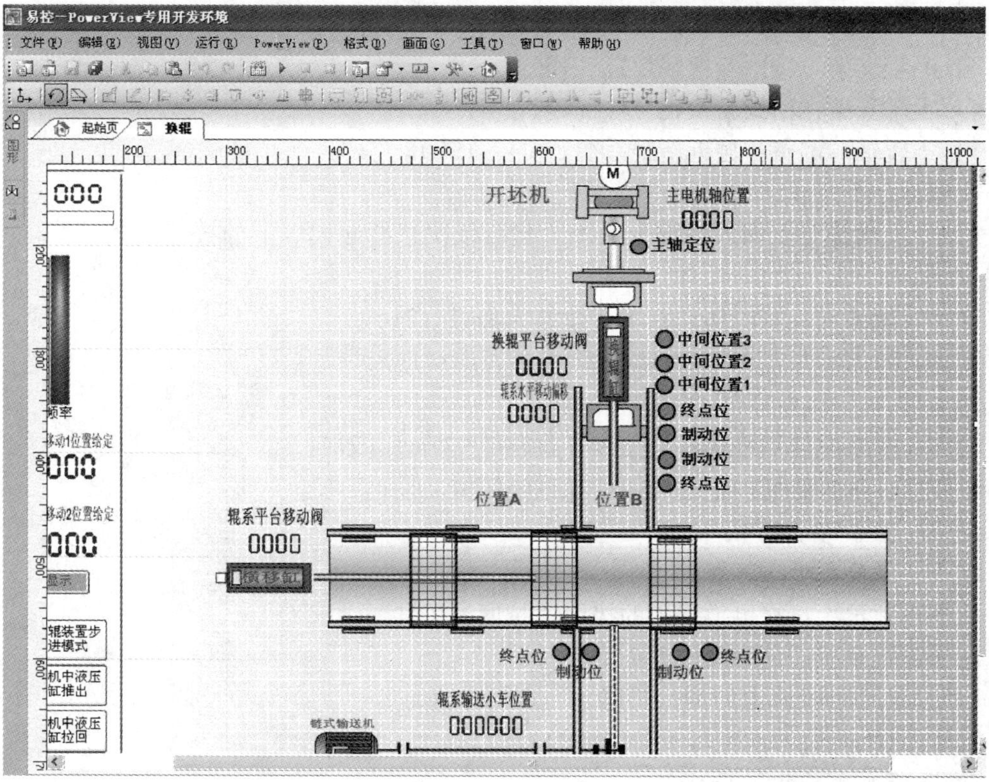

图 4－14 开坯轧机操作台换辊操作画面

（8）在触摸屏上输入换辊步骤 06，然后依次选择触摸屏上的按钮“连续”、“步选择”。

动作：1）压下、上辊平衡移动到旧换辊位置（06）；

2）下辊轴向调整移动到旧换辊位置（07）；

3）下轴支架抬到旧换辊位置（08）；

4）下轴承座压板打开（09）。

（9）选择触摸屏上的按钮“液压缸推出”。

动作：1）换辊小车移动到中间位置 3（10）；

2）上辊平衡降低到轴承座上（11）；

3）上轴支架抬到旧换辊位置（12）；

4）上轴承座压板打开（13）。

（10）在触摸屏上选择“确认”按钮。

动作：棘轮小车把辊系移到移动平台上（14）。

（11）在触摸屏上选择“确认”按钮。

动作：辊系平台向下游移动（15）。

（12）输入新辊系参数（6 个）。

（13）在触摸屏上选择“确认”按钮。

动作：1）压下靠近新换辊位置（16）；

2）上辊平衡靠近新换辊位置（17）；

3）下轴支架：抬到新换辊位置（18）；

4）上轴支架：抬到新换辊位置（19）；

5）下辊轴向调整：接近新辊系初始位置（20）。

换辊程序1完成。

（14）在触摸屏上输入换辊步骤21，然后依次选择触摸屏上的按钮“连续”、“步选择”、“确认”。

动作：辊系向轧制线移动四步（位移3.9m）（21）。

检查：压下、平衡位置对不对，辊系能否继续进入。

四步后，选择触摸屏上的按钮“确认”。

动作：辊系向轧制线再移动三步（位移2.925m）（21）。

七步后，选择触摸屏上的按钮“拉回液压缸”；

动作：辊系移动到中间位置1（21）；

检查：轴头角度对不对。

检查后，再次选择触摸屏上的按钮“拉回液压缸”；

动作：辊系移动到中间位置2（21）。

（15）选择触摸屏上的按钮“确认”。

动作：1）上辊轴承座压板关闭（22）；

2）上辊平衡抬起（23）；

3）上接轴托架降低到初始位置（24）。

（16）选择触摸屏上的按钮“拉回液压缸”。

动作：辊系从中间位置2移动到终点位置（25）；

检查：支撑杆是否对准轧制孔。

（17）选择触摸屏上的按钮“确认”。

动作：1）下轴承座压板关闭（26）；

2）换辊液压缸推出（27）；

3）下接轴托架降低到初始位置（28）。

（18）把棘轮小车的挂钩转换方向后，选择触摸屏上的按钮“确认”。

动作：1）换辊液压缸拉回（29）；

2）轧机进行压下校准（31）。

（19）校准后，根据实际孔型位置输入轴向调整值，然后选择触摸屏上的按钮“确认”。

动作：1）轴向调整到新位置（30）；

2）平衡缸抬起上辊到8mm（30）。

（20）选择触摸屏上的按钮“确认”。

动作：辊系平台向上游移动（32）。

（21）把换辊小车的挂钩挂到拖链上，选择触摸屏上的按钮“确认”。

动作：拖链电机把旧辊系拉到准备车间（33）。

换辊完成。

选择触摸屏上的按钮“换辊就绪”，旋转49号按钮到运行位置，旋转36号按钮到自动位置，取消换辊就绪，进行模拟轧制。

注：当21步进辊脱钩时，先完成21步的所有动作后，然后停止换辊；在触摸屏上选择40步，选择按钮“推出液压缸”，然后停止换辊；再选择21步，选择按钮“拉回液压缸”；然后再从22步开始，直至换辊结束。

4.2.3.3 手动换辊步骤

手动换辊步骤如下：

(1) 人工检查清洁换辊小车轨道，检查辊系轴头角度是否正确。

(2) 在CP1/2操作台上，旋转36号按钮到手动位置。

(3) 在CP1/2操作台上，旋转49号按钮到换辊位置。

(4) 调出如图4－14所示的画面。

(5) 在触摸屏上输入换辊步骤01，然后选择触摸屏上的按钮“步选择”。

动作：辊系平台就会向下游移动（01）。

(6) 辊系平台到位后，在触摸屏上选择“确认”按钮。

动作：拖链把辊系从准备跨送到辊系平台上（02）。

(7) 拖链到位后，拉出拉钩，在触摸屏上选择“确认”按钮。

动作：辊系平台向上游移动（03）。

辊系平台到位后，停止换辊。

(8) 在触摸屏上输入换辊步骤06，然后选择触摸屏上的按钮“步选择”。

动作：压下、上辊平衡移动到旧换辊位置（06）。

(9) 选择触摸屏上的按钮“确认”。

动作：下辊轴向调整移动到旧换辊位置（07）。

(10) 选择触摸屏上的按钮“确认”。

动作：下轴支架抬到旧换辊位置（08）。

(11) 选择触摸屏上的按钮“确认”。

动作：下轴承座压板打开（09）。

(12) 选择触摸屏上的按钮“液压缸推出”。

动作：换辊小车移动到中间位置3（10）。

(13) 选择触摸屏上的按钮“确认”。

动作：上辊平衡降低到轴承座上（11）。

(14) 选择触摸屏上的按钮“确认”。

动作：上轴支架抬到旧换辊位置（12）。

(15) 选择触摸屏上的按钮“确认”。

动作：上轴承座压板打开（13）。

(16) 在触摸屏上选择“确认”按钮。

动作：棘轮小车把辊系移到移动平台上（14）。

(17) 在触摸屏上选择“确认”按钮。

动作：辊系平台向下游移动（15）。

(18) 输入新辊系参数（6个，两个平衡缸位置、两个轴向调整位置、两个接轴托架位置)。

(19) 在触摸屏上选择“确认”按钮。

动作:压下靠近新换辊位置(16)。

(20) 在触摸屏上选择“确认”按钮。

动作:上辊平衡靠近新换辊位置(17)。

(21) 在触摸屏上选择“确认”按钮。

动作:下轴支架:抬到新换辊位置(18)。

(22) 在触摸屏上选择“确认”按钮。

动作:上轴支架:抬到新换辊位置(19)。

(23) 在触摸屏上选择“确认”按钮。

动作:下辊轴向调整:接近新辊系初始位置(20)。

换辊程序1完成。

(24) 在触摸屏上输入换辊步骤21,然后依次选择触摸屏上的按钮“步选择”、“确认”。

动作:辊系向轧制线移动四步(位移3.9m)(21)。

检查:压下、平衡位置对不对,辊系能否继续进入。

四步后,选择触摸屏上的按钮“确认”。

动作:辊系向轧制线再移动三步(位移2.925m)(21)。

七步后,选择触摸屏上的按钮“拉回液压缸”。

动作:辊系移动到中间位置1(21)。

检查:轴头角度对不对。

检查后,再次选择触摸屏上的按钮“拉回液压缸”。

动作:辊系移动到中间位置2(21)。

(25) 选择触摸屏上的按钮“确认”。

动作:上辊轴承座压板关闭(22)。

(26) 选择触摸屏上的按钮“确认”。

动作:上辊平衡抬起(23)。

(27) 选择触摸屏上的按钮“确认”。

动作:上接轴托架降低到初始位置(24)。

(28) 选择触摸屏上的按钮“拉回液压缸”。

动作:辊系从中间位置2移动到终点位置(25)。

检查:支撑杆是否对准轧制孔。

(29) 选择触摸屏上的按钮“确认”。

动作:下轴承座压板关闭(26)。

(30) 选择触摸屏上的按钮“确认”。

动作:换辊液压缸推出(27)。

(31) 选择触摸屏上的按钮“确认”。

动作:下接轴托架降低到初始位置(28)。

(32) 把棘轮小车的挂钩转换方向后,选择触摸屏上的按钮“确认”。

动作:换辊液压缸拉回(29)。

(33) 选择触摸屏上的按钮"确认"。

动作：轧机进行压下校准（31）。

(34) 校准后，根据实际孔型输入轴向调整值，然后选择触摸屏上按钮"确认"。

动作：1）轴向调整到新位置（30）；

2）平衡缸抬起上辊到8mm（30）。

检查：上下辊孔型是否对齐，两侧的辊缝是否都为8mm。

(35) 选择触摸屏上的按钮"确认"。

动作：辊系平台向上游移动（32）。

(36) 把换辊小车的挂钩挂到拖链上，选择触摸屏上的按钮"确认"。

动作：拖链电机把旧辊系拉到准备车间（33）。

换辊完成。

选择触摸屏上的按钮"换辊就绪"，旋转49号旋钮到运行位置，旋转36号旋钮到自动位置，取消换辊就绪。进行模拟轧制。

注：当21步进辊脱钩时，先完成21步的所有动作后，然后停止换辊；在触摸屏上选择40步，选择按钮"推出液压缸"，然后停止换辊；再选择21步，选择按钮"拉回液压缸"；然后再从22步开始，直至换辊结束。

4.2.3.4 调整

(1) 换辊完成后的调整步骤为：在模拟轧制之前，需要输入各种轧制参数，如工作辊径、平轧立轧、坯料来料位置、坯料宽度、坯料高度、咬钢速度、抛钢速度、停车调整时间、防卡缸瞬时压力、延时压力、延时时间等。除工作辊径外，其他参数都是在更换产品规格时才有可能需要更改。

(2) 如果需要（如更换产品规格时），可以在模拟轧制时，检测各个道次的对中装置的位置、对中装置的开口度、翻钢机的移动和翻转动作是否正确、辊缝值、上下辊是否对齐等等。

(3) 交接班检查时，用内卡、直角板测量轧辊辊缝，看是否磨损，然后根据磨损量在轧制程序表修改辊缝值。

(4) 轧制过程中，记录每道次的轧制力变化情况，如超出设定的轧制力，修改辊缝值。

4.2.4 轧机启动条件

轧机启动条件为：

(1) 换辊已完成，即上辊和下辊已装入轧机而且"换辊就绪"按钮已按下。

(2) 上、下辊接轴支撑已降到原始位置。

(3) 轴承座压板闭合。

(4) 操作侧和传动侧的轧辊平衡装置启动。

(5) 上辊定位在与下辊平行的位置，即其倾斜角不超出许可的极限。

(6) 防卡钢装置未起作用。

(7) 下辊已通过轴向调整进行调整。

（8）稀油润滑系统已经接通而且没有错误/故障显示。

（9）液压系统已经接通而且没有错误/故障显示。

（10）“快速停车”或“紧急停车”不启动。

4.3 串列万能轧机机组工艺技术操作

4.3.1 串列万能轧机机组轧制工艺制度

串列万能轧机机组轧制工艺制度如下：

（1）每次换辊后要输入相应辊系参数，根据辊系参数修改轧制程序表中工作辊径，然后保存并发送到PLC，旁路冲洗后，启动TCS系统进行轧机校准，校准后进行模拟轧制。

（2）换辊或检修恢复生产时，开轧前首先进行模拟轧制确认。

（3）轧制中根据轧制条件的变化和取样尺寸、轧制温度、压力值、电流值、扭矩值的反馈信息，在界面TRIM DATA中及时调整和修改工艺参数，以保证轧制顺利、产品合格、各机架间负荷尽可能均匀（见图4－15）。

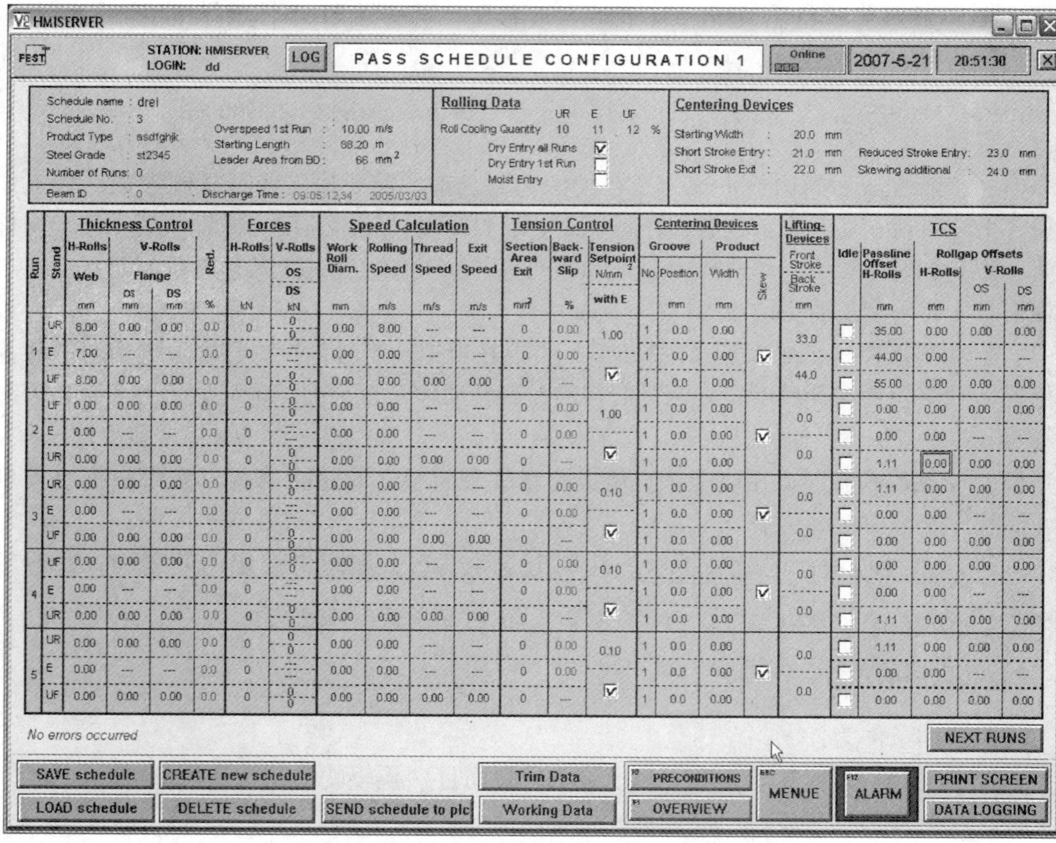

图4－15 万能轧机轧制程序表画面

（4）轧制中做到不轧低温钢、黑头钢，不允许超负荷大压下。

4.3.2 串列万能轧机机组温度制度

对于碳钢、低合金钢（特殊钢种另定），串列轧机的开、终轧温度为：开轧温度不低于950℃或第二道次轧制温度不低于1020℃；终轧温度不低于900℃。

4.3.3 串列万能轧机机组速度制度

串列万能轧机机组速度制度如下：

（1）咬入速度：不高于3m/s（第一道次除外）。

（2）轧制速度：当轧件头部被连轧机组中最后机架咬入后，轧件加速到轧制设定速度，并开始进行张力控制，优化各机架的轧制速度，减小轧件张力，第一道次除外，第一道次没有张力控制。其加速度为2.0m/s^2。最大轧制速度不高于10m/s。

（3）抛钢速度：不高于3.0m/s。其速度如图4－16所示。

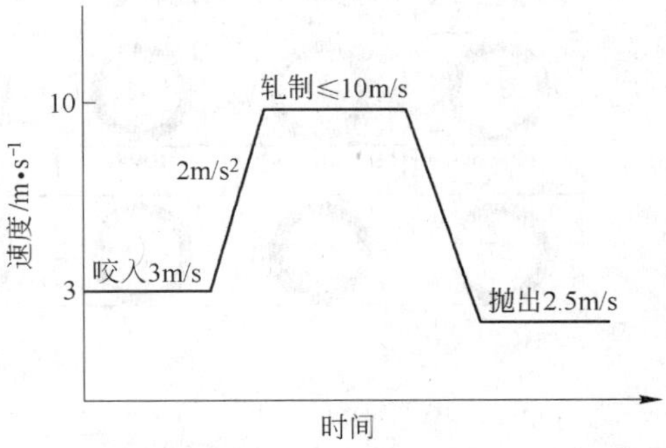

图4－16 串列万能轧机机组速度制度

4.3.4 操作台按钮

操作台按钮布置形式如图4－17～图4－20所示，按钮操作说明如表4－4～表4－7所示。

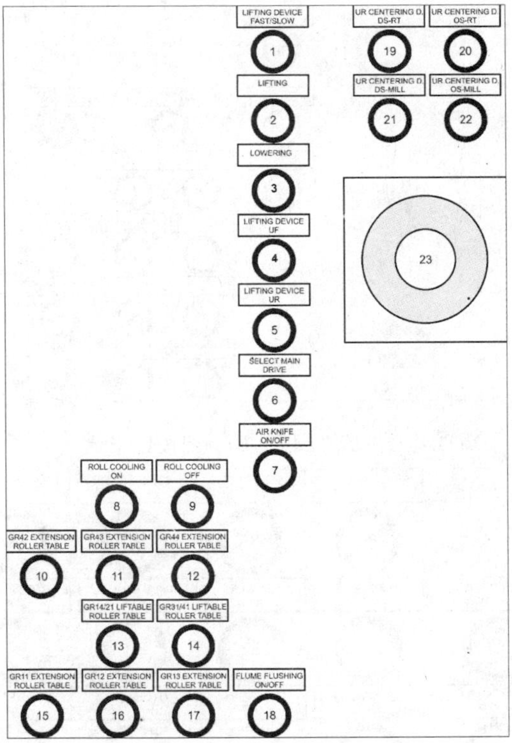

图4－17 CP2_ A下部按钮布置

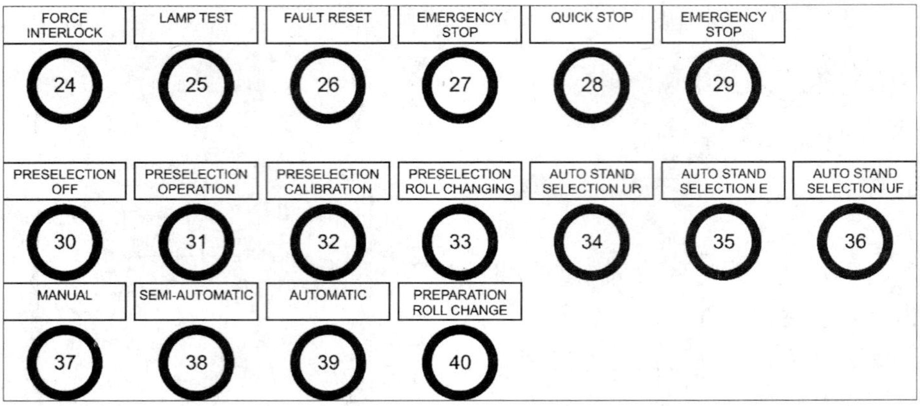

图 4－18 CP2_ A 上部按钮布置

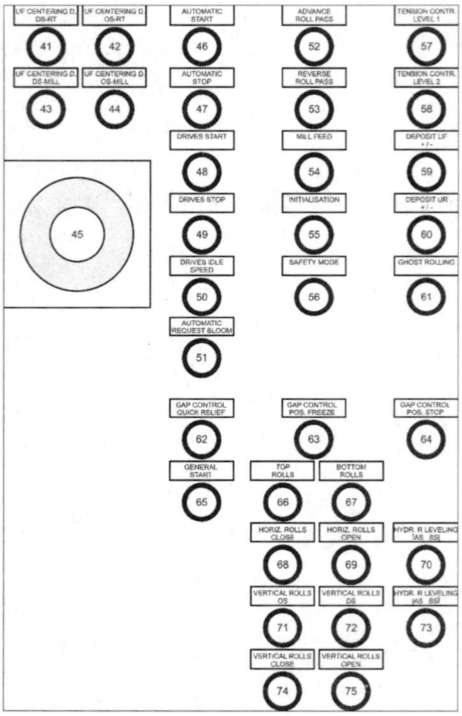

图 4－19 CP2_ B 下部按钮布置

图 4－20 CP2_ B 上部按钮布置

表4-4 CP2_ A下部按钮说明

序号	文 本	功 能
1	WS - Lifting Device Fast/Slow WS	三机架前后工作辊道处升降装置的升降速度（手动模式）
2	DT - Lifting	工作辊道处预选升降装置的提升（手动模式）
3	DT - Lowering	工作辊道处预选升降装置的下降（手动模式）
4	LDT - Lifting Device UF	三机架后工作辊道处升降装置的预选（手动模式）
5	LDT - Lifting Device UR	三机架前工作辊道处升降装置的预选（手动模式）
6	L - Main Drives selected	通过KMS-T上的按钮选择主传动（手动模式）
7	LDT - Air Knifes On/Off	三机架前后气刀常开/关（自动及手动模式）
8	LDT - Cooling On	轧辊冷却开（自动及手动模式）
9	DT - Cooling Off	轧辊冷却关（自动及手动模式）
10	LDT - GR42 Extension Roller Table	预选三机架后延伸辊道组GR42（手动模式）
11	LDT - GR43 Extension Roller Table	预选三机架后延伸辊道组GR43（手动模式）
12	LDT - GR44 Extension Roller Table	预选三机架后延伸辊道组GR44（手动模式）
13	LDT - GR14/21 Liftable Roller Table	预选三机架前升降辊道组GR14/21（手动模式）
14	LDT - GR31/41 Liftable Roller Table	预选三机架后升降辊道组GR31/41（手动模式）
15	LDT - GR11 Extension Roller Table	预选三机架前延伸辊道组GR11（手动模式）
16	LDT - GR12 Extension Roller Table	预选三机架前延伸辊道组GR12（手动模式）
17	LDT - GR13 Extension Roller Table	预选三机架前延伸辊道组GR13（手动模式）
18	LDT - Flume Flushing On/Off	三机架后冲渣沟冲洗开/关（自动及手动模式）
19	LDT - UR Centering Devices DS-RT	预选靠近延伸辊道的传动侧机前对中板（手动模式）
20	LDT - UR Centering Devices OS-RT	预选靠近延伸辊道的操作侧机前对中板（手动模式）
21	LDT - UR Centering Devices DS-Mill	预选靠近机架的机前传动侧对中板（手动模式）
22	LDT - UR Centering Devices OS-Mill	预选靠近机架的机前操作侧对中板（手动模式）
23	KMS-T Joystick with push button	操纵杆用于控制机前机后辊道向前或向后动作、机前对中装置的开或关。按钮-选择主传（手动模式）

表4-5 CP2_ A上部按钮说明

序号	文 本	功 能
24	SS - Force Interlock	该钥匙开关只用于维修模式，所有联锁未激活
25	DT - Lamp Test	激活操作台上所有的灯
26	LDT - Fault Reset	故障确认
27	L - Emergency Stop	三机架区域急停激活指示
28	PDT - Quick Stop	三机架区域各传动组的快停
29	PDT - Emergency Stop	三机架区域急停激活
30	LDT - Preselection Off	31-36的预选将全部重设
31	LDT - Preselection Operation	手动、半自动及自动的正常操作模式（生产中）
32	LDT - Preselection Calibration	校准模式选择
33	LDT - Preselection Roll Changing	换辊模式选择
34	LDT - Auto Stand Selection UR	UR机架自动模式的选择
35	LDT - Auto Stand Selection E	E机架自动模式的选择
36	LDT - Auto Stand Selection UF	UF机架自动模式的选择

续表 4－5

序号	文　本	功　能
37	LDT － Manual	手动模式所有联锁激活
38	LDT － Semi－Automatic	半自动模式和自动模式一样，只是新的步骤开始之前必须是在旧的步骤完成后。所有联锁激活。
39	LDT － Automatic	自动模式所有联锁激活
40	LDT － Preparation Roll Change	换辊准备

表 4－6　CP2_ B 下部按钮说明

序号	文　本	功　能
41	LDT － UF Centering Devices DS－RT	预选靠近延伸辊道的机后传动侧对中板（手动模式）
42	LDT － UF Centering Devices OS－RT	预选靠近延伸辊道的机后操作侧对中板（手动模式）
43	LDT － UF Centering Devices DS－Mill	预选靠近机架的机后传动侧对中板（手动模式）
44	LDT － UF Centering Devices OS－Mill	预选靠近机架的机后操作侧对中板（手动模式）
45	KMS－T Joystick with push button	操纵杆用于控制机后辊道的前进与后退及机后对中装置的开和关。要下一支钢，按下按钮（手动模式）
46	LDT － Automatic Start	启动或重启整个自动轧制过程（自动模式）
47	DT － Automatic Stop	中断自动轧制过程（自动模式）
48	LDT － Drives Start	启动或重启传动（手动及自动模式）
49	DT － Drives Stop	停止传动（手动及自动模式）
50	LDT － Drives Idle Speed	传动以空转速度启动 = > 要求从 PLS 上设定“新轴承座激活”（手动及自动模式）
51	LDT － Automatic Request Bloom	请求新轧件的要求自动生效（自动模式）
52	DT － Advance Roll Pass	增加道次计数，由第二道次改为第三道次（手动及自动模式）
53	DT － Reverse Roll Pass	减少道次计数，从第三道次回到第二道次（手动及自动模式）
54	LDT － Mill Feed	不用对中装置定位即启动轧制（第一道次） = > 这种情况会在轧件不进 UR 的情况下发生（自动模式）
55	LDT － Initialization	停止将设定点送往对中装置及辊道（自动模式）
56	LDT － Safety Mode	无功能
57	LDT － Tension Control Level 1	1 级控制预选带张力轧制
58	LDT － Tension Control Level 2	2 级控制预选带张力轧制
59	WS － Deposit UF ＋/－	无功能
60	WS － Deposit UR ＋/－	无功能
61	LDT － Ghost Rolling	模拟轧制模式（虚拟轧制）
62	PDT － Gap Control Quick Relief	辊缝快速释放
63	LDT － Gap Control Position Freeze	在 TCS 内冻结当前辊缝值 = > 控制器关闭；释放阀未激活
64	LDT － Gap Control Position Stop	TCS 保持当前辊缝 = > 控制器启动并保持实际值，PLC 的新辊缝值将被忽略

续表 4 – 6

序号	文　本	功　能
65	LDT – General Start	启动校准 = >要求“预选校准” 在 TCS 上能使辊缝控制器 = > 闪烁：TCS 等待释放；常亮：TCS 辊缝控制准备好
66	LDT – Top Rolls	预选“上辊” = > TM1 没有激活，预选“立辊”自动复位该项模式（手动模式）
67	LDT – Bottom Rolls	预选“下辊” = > TM1 没有激活，预选“立辊”自动复位该模式（手动模式）
68	DT – Horizontal Rolls Close	平辊的移动方向取决于预选的是“上辊”还是“下辊”（手动模式）
69	DT – Horizontal Rolls Open	水平辊的移动方向取决于预选的是“上辊”还是“下辊”（手动模式）
70	DT – Hydraulic R Levelling ↑　　↓ DS　　OS	水平辊处于倾斜位置时，传动侧上，操作侧下（手动模式）
71	LDT – Vertical Rolls OS	预选操作侧立辊 = >TM1 没有激活，预选水平辊将自动复位该模式（手动模式）
72	LDT – Vertical Rolls DS	预选传动侧立辊 = > TM1 未激活，预选水平辊将自动复位该模式（手动模式）
73	DT – Hydraulic R Levelling ↓　　↑ DS　　OS	水平辊处于倾斜位置时，传动侧下，操作侧上（手动模式）
74	DT – Vertical Rolls Close	立辊的移动方向取决于预选的是“OS 立辊”还是“DS 立辊”（手动模式）
75	DT – Vertical Rolls Open	立辊的移动方向取决于预选的是“OS 立辊”还是“DS 立辊”（手动模式）

表 4 – 7　CP2 – B 上部按钮说明

序号	文　本	功　能
76	LDT – Release TM1	释放操作台 TM1
77	LDT – Release TM2	释放操作台 TM2
78	LDT – Main Drive UR On	UR 主传动启动
79	DT – Main Drive UR Off	UR 主传动关闭
80	LDT – Main Drive E On	E 主传动启动
81	DT – Main Drive E Off	E 主传动关闭
82	LDT – Main Drive UF On	UF 主传动启动
83	DT – Main Drive UF Off	UF 主传动关闭
84	LDT – Release LDW	释放操作台高压水除鳞系统
85	LDT – Descaling On	从 CP2 上启动高压水除鳞
86	DT – Descaling Off	从 CP2 上关闭高压水除鳞

续表 4－7

序号	文　本	功　能
87	LDT － Release LDO	释放操作台油气系统
88	LDT － Oil－Air On	从 CP2 上启动油气系统
89	DT － Oil－Air Off	从 CP2 上关闭油气系统
90	LDT － Release LDH	释放操作台液压介质系统
91	LDT － Hydraulic On	从 CP2 上启动液压介质系统
92	DT － Hydraulic Off	从 CP2 上关闭液压介质系统
93	LDT － Release LDH2	释放操作台高压液压介质系统
94	LDT － HP Hydraulic On	从 CP2 上启动高压液压介质系统
95	DT － HP Hydraulic Off	从 CP2 上关闭高压液压介质系统
96	LDT － Release LD1	释放稀油系统操作台
97	LDT － Oil－System On	从 CP2 上启动稀油介质系统
98	DT － Oil－System Off	从 CP2 上关闭稀油介质系统
99	LDT － Release LDG	释放干油介质系统操作台
100	LDT － Grease－System On	从 CP2 上启动干油介质系统
101	DT － Grease－System Off	从 CP2 上关闭干油介质系统

4.3.5 万能轧机岗位工艺技术操作规程

4.3.5.1 轧前检查

轧前检查步骤如下：

（1）检查万能机架中是否有轧件。

（2）对照轧制程序表，检查升降辊道高度、速度是否正确，移动对中装置开口度是否正确且对中良好，发现问题及时处理。

（3）万能轧机辊系与操作侧牌坊是否夹紧到位。

（4）检查导卫与孔型是否对正，连接是否牢固，高度及开口度是否合适，发现问题及时处理。

（5）检查轧辊表面质量情况，检查有无裂纹、粘钢、掉块及局部异常磨损等，发现问题及时报告处理。

（6）检查 E 机架是否处于正确的孔型位置且对中良好，发现问题及时处理。

（7）检查轧机冷却水是否正常，有无堵塞现象，发现问题及时处理。

（8）检查液压、稀油、干油、油气润滑、氮气、电机冷却水系统是否正常，有无报警，发现问题及时处理。

（9）检查机械设备：机架夹紧，预应力杆，水平辊、立辊压下调整系统、平衡系统是否正常，发现问题及时处理。

（10）检查接轴支撑高度是否正确，发现问题及时处理。

（11）检查辅助设备设定值是否正确，设定值与实际值是否相符，发现问题及时处理。

(12) 检查信号检测元件：高温计、HMD等是否正常，发现问题及时处理。

(13) 检查计算机系统是否正常，发现问题及时处理。

(14) 检查轧制程序表和各项设定参数（轧制道次、升降辊道标高、对中装置开口度、咬入和轧制速度等）是否正确，发现问题及时处理。

(15) 轧机启动条件满足后按开车警报，在自动模式下启动轧机。

4.3.5.2 轧前准备

A 启动辅助系统

辅助系统启动步骤如下：

(1) 在CP2/3上“操作画面”预选“自动”。预选要启动的高压泵和低压泵，高压泵用5备1，低压泵用8备2（见图4-21和图4-22）。

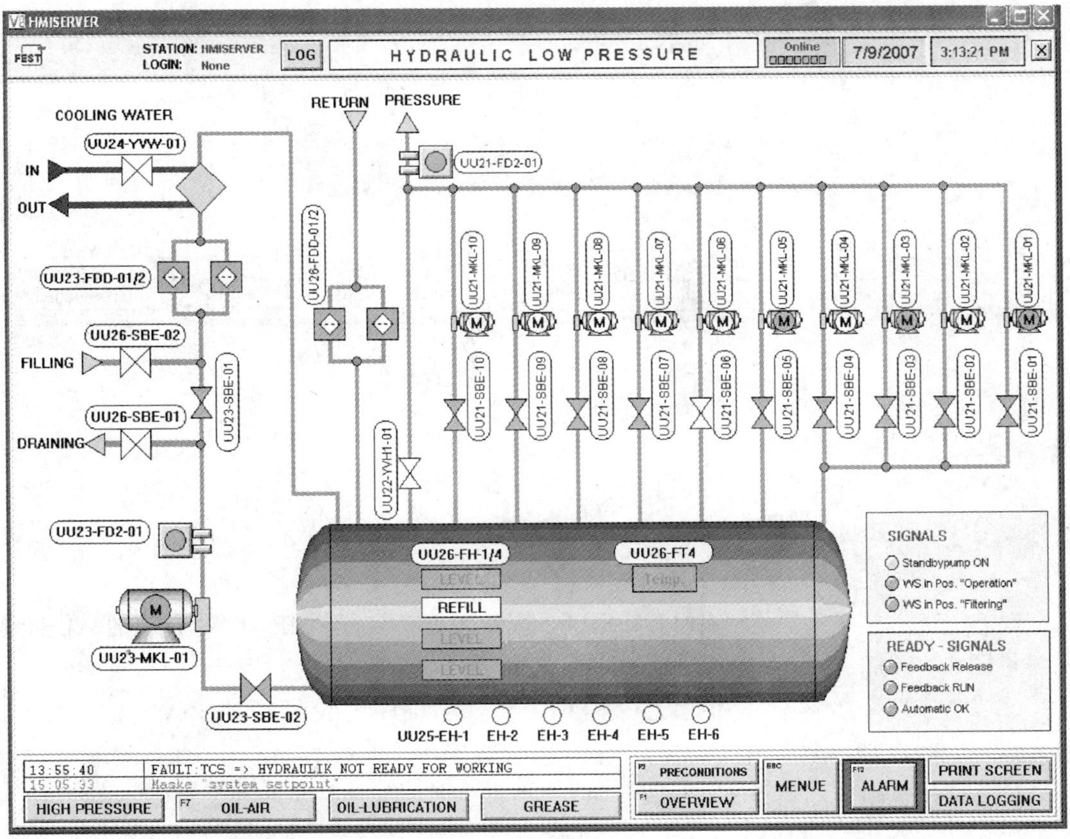

图4-21 2号液压站监控图

(2) 在CP2_B预选“RELEASE LDH”并按“HYDRAULIC ON”启低压泵，等“FEEDBACK RELEASE”“FEEDBACK RUN”“AUTOMATIC OK”信号全部变为绿色，低压泵启动完成。

(3) 在CP2_B上预选“RELEASE LDH2”并按下“HP-HYRAULIC ON”启动高压泵，等“FEEDBACK RELEASE”“FEEDBACK RUN”“AUTOMATIC OK”信号全部变为绿

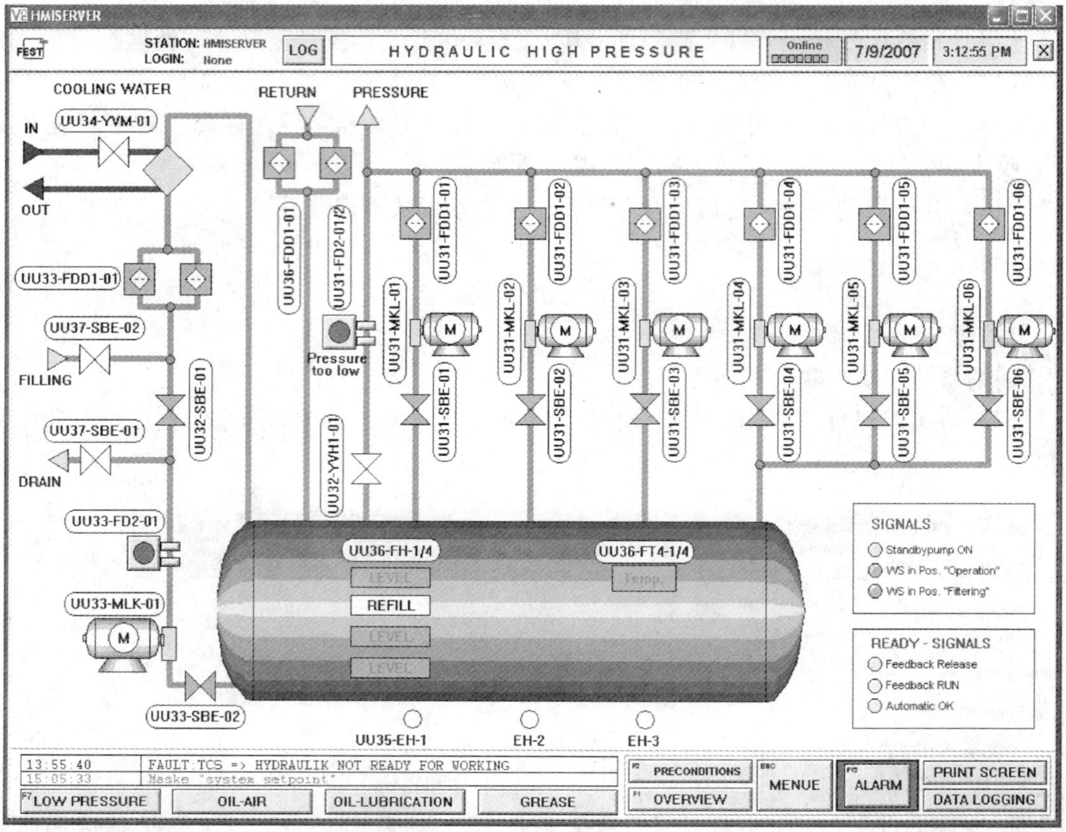

图 4－22　3 号液压站监控图

色，高压泵启动完成。

（4）在 CP2_ B 上预选“RELEASE LD1”并按下“OIL－SYSTEM ON”启动齿箱稀油站，等“FEEDBACK RELEASE”“FEEDBACK RUN”“AUTOMATIC OK”信号全部变为绿色，齿箱稀油站启动完成（见图 4－23）。

（5）在 CP2_ B 上预选“RELEASE LDO”并按下“OIL－AIR ON”启动油气供应系统（见图 4－24）。

（6）在 CP2_ B 上预选“RELEASE LDG”并按下“GREASE－SYSTEM ON”启动干油系统，等“FEEDBACK RELEASE”“FEEDBACK RUN”“AUTOMATIC OK”信号全部变为绿色，干油系统启动完成（见图 4－25）。

（7）启动电动机稀油站。启动主电动机时，电动机稀油站自动启动（见图 4－26）。E、UF 图与之相同。

（8）启动冷却水。在 CP_ A 上按下 cooling on，则打开冷却水。在 CP_ A 上按下 cooling off 则关闭冷却水（见图 4－27 和图 4－28）。

B　启动其他 PRECONDITION

启动其他 PRECONDITION 步骤如下：

（1）在 CP2/3 上将 3BP1－3BP14 全部合闸（3BP6 和 3BP8 除外）。

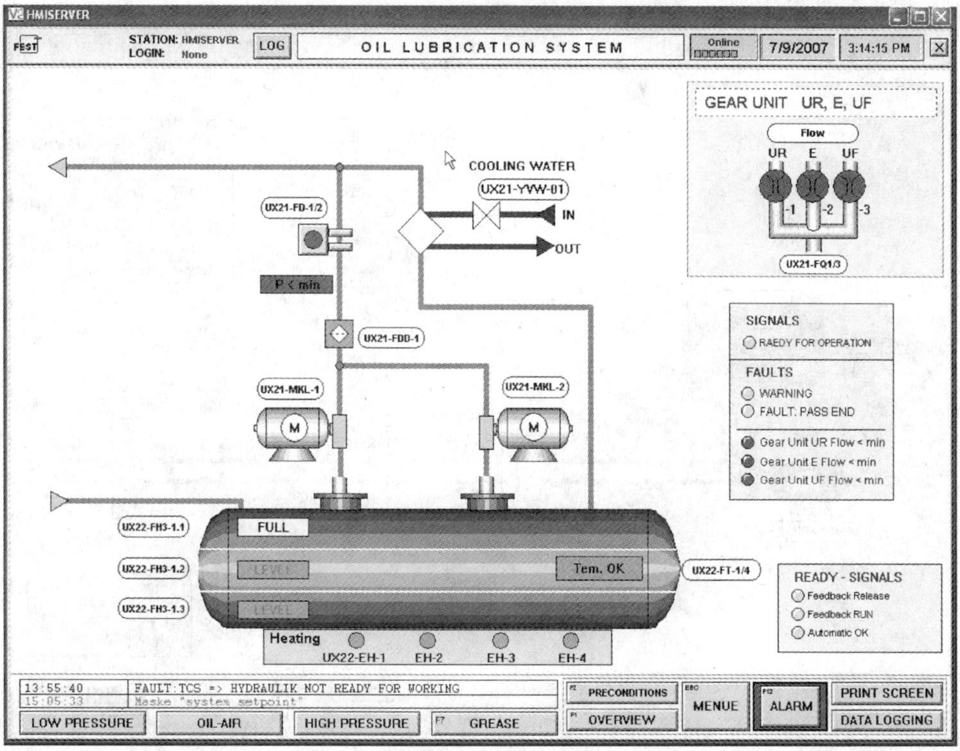

图 4－23　齿箱稀油站监控图

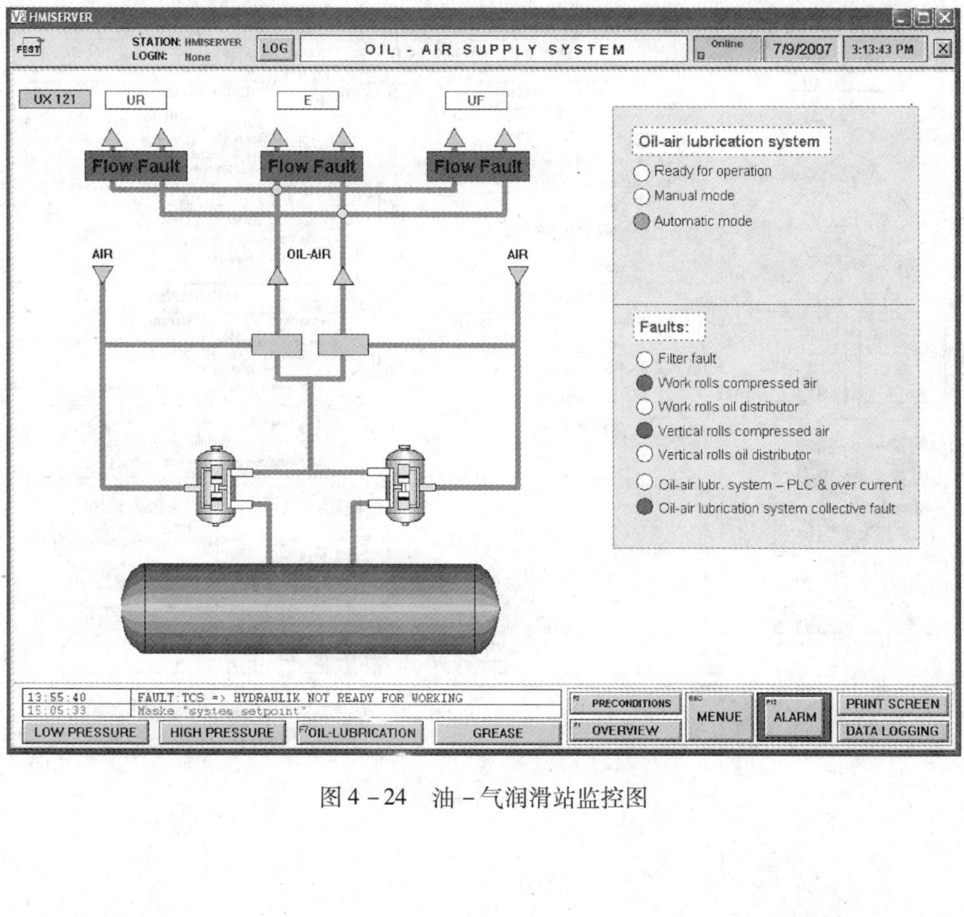

图 4－24　油－气润滑站监控图

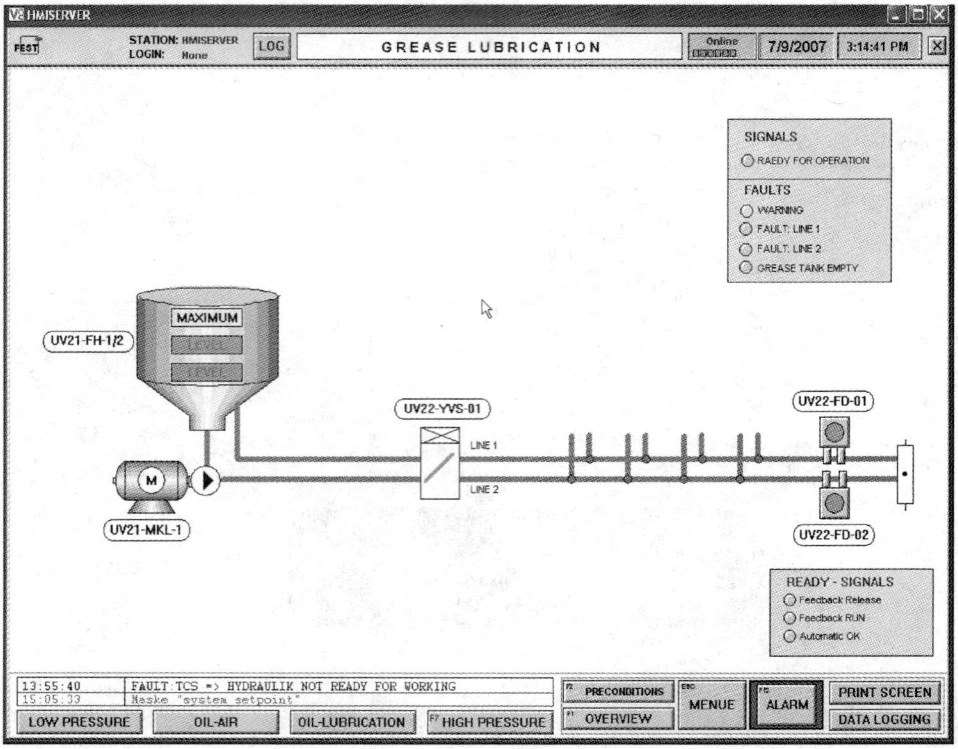

图 4－25　干油站监控图

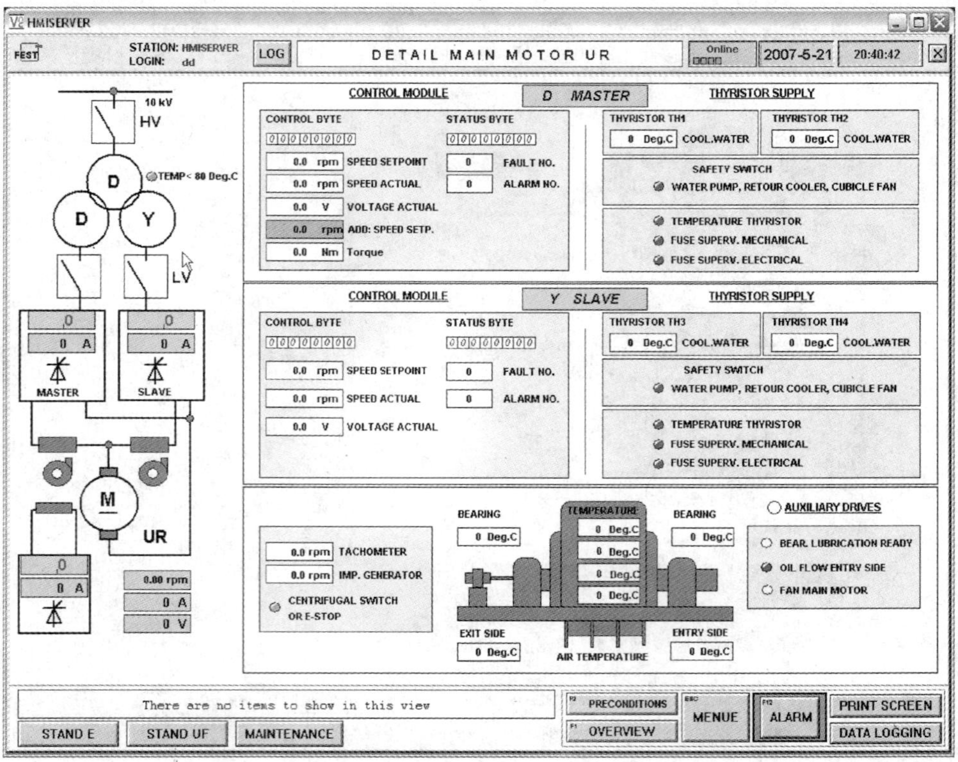

图 4－26　电动机稀油站监控图

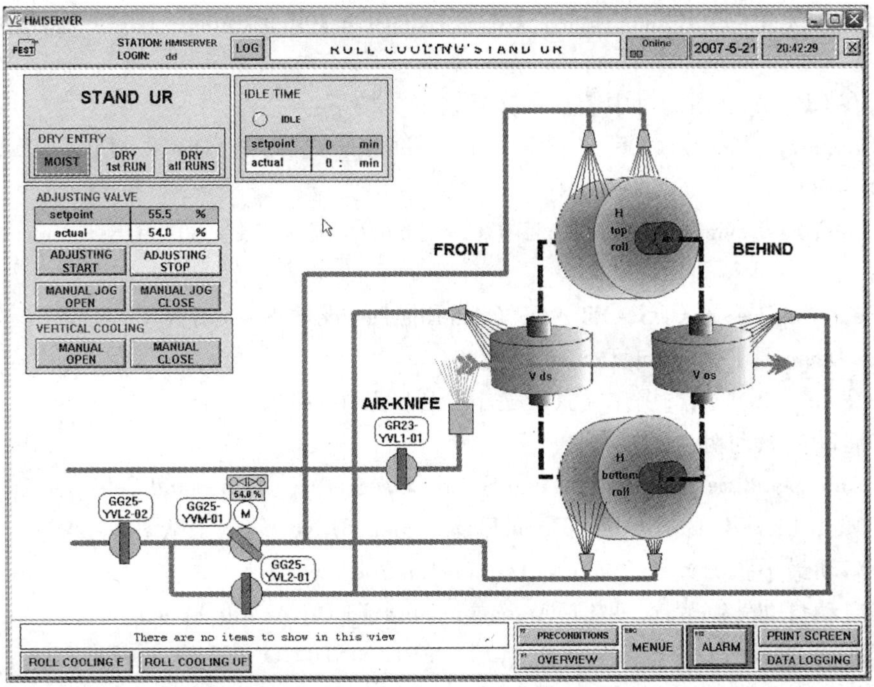

图 4－27　UR、UF 辊冷却水监控图

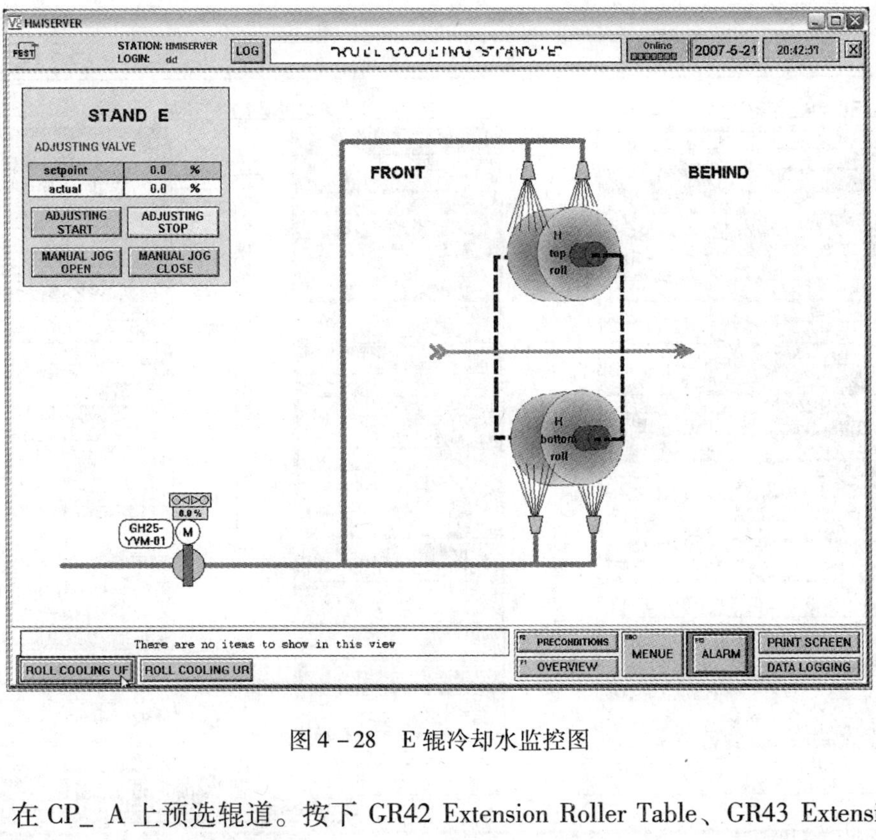

图 4－28　E 辊冷却水监控图

（2）在 CP_ A 上预选辊道。按下 GR42 Extension Roller Table、GR43 Extension Roller Table、GR44 Extension Roller Table、GR41/31 Liftable Roller Table、GR14/21 Liftable Roller

Table、GR11 Extension Roller Table、GR12 Extension Roller Table、GR13 Extension Roller Table。

(3) 在 CP_ A 上预选对中装置和升降装置。按下：

UF Centering Devices DS – RT、UF Centering Devices DS – Mill、UF Centering Devices OS – RT；

UF Centering Devices OS – Mill、UR Centering Devices DS – RT、UR Centering Devices DS – Mill；

UR Centering Devices OS – RT、UF Centering Devices OS – Mill；

Lifting Device UF、Lifting Device UR。

(4) 在 CP_ A 上预选操作模式。按下：Preselection Operation 和 Automatic

(5) 启动主电动机。

预选 Auto Stand Selection UR、Auto Stand Selection E、Auto Stand Selection UF。

按下 Main Drive E On 、Main Drive E On、Main Drive E On（见图 4 – 29）。

(6) 启动最小张力控制。按下：Tension Control Level 2

(7) 启动自动轧制程序。按下 Automatic Start 和 Drives Idle Speed

(8) 所有的预设条件都准备就绪后，PRECONDITION 界面除 MATERAL DET IN-FRONT UR 、GHOST ROLLING 和 SYSTEM READY FOR NEXT RUN 为黄色，其余都为绿色。

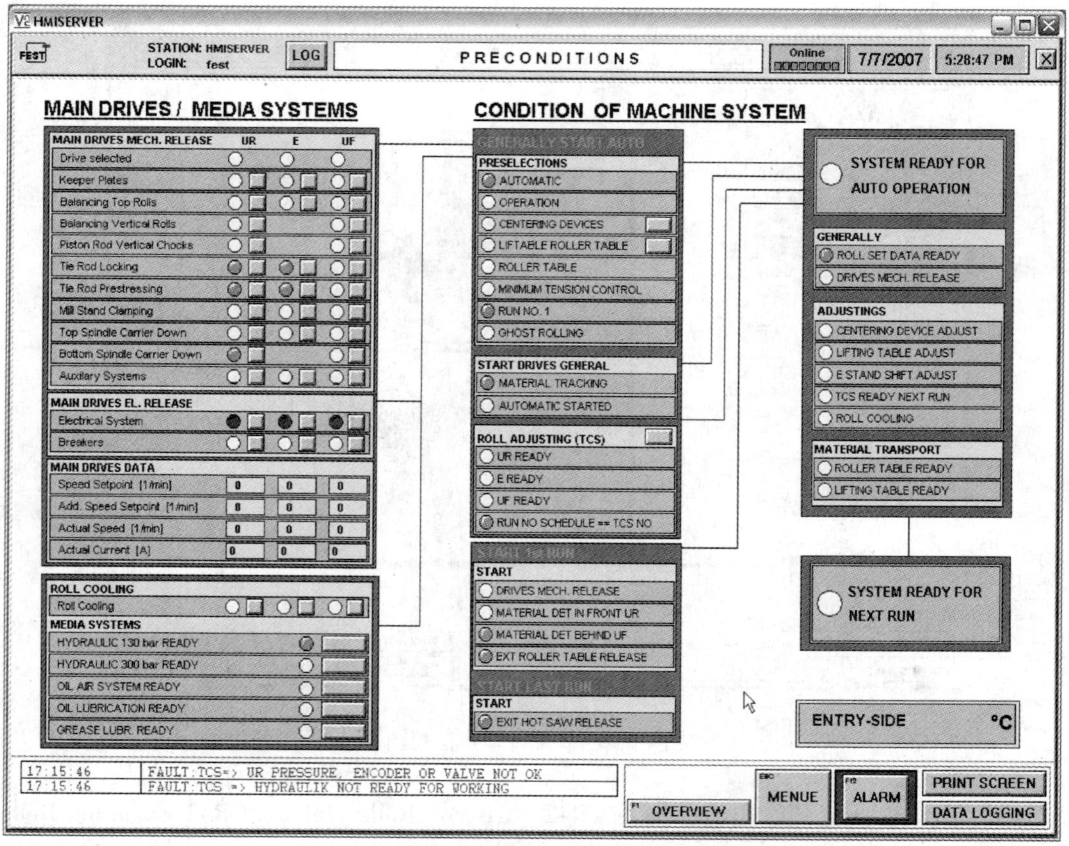

图 4 – 29 预设条件监控图

4.3.5.3 轧制操作

A 模拟轧制

模拟轧制操作步骤如下：

（1）模拟轧制开始之前，必须确认本区域相关辊道上没有轧件。

（2）PRECONDITION 界面上的信号全部正常。

（3）按下“GHOST ROLLING”和“DRIVE START”启动模拟轧制。

（4）通过模拟轧制观察设备是否能正常运行，轧制表数据是否正常工作，程序是否有错误等。

B 自动轧制

在正常轧制期间，均采用自动轧制模式。

a 外部轧制条件

（1）轧制线轧制区域已无人，在 LDTM1、LDTM2 操作台上确认钥匙选择开关选择到无人位置。

（2）区域送电已完成。

（3）轧机换辊已完成。

（4）轧机校准已完成。

（5）在 LDTM1、LDTM2 本地操作台上选择开关已选到遥控位置。

b 轧制准备工作

（1）进入 HMI 界面，启动传动设备、液压站、稀油站和干油站（见图 4－30）。

（2）检查内部轧制条件。

（3）进入 HMI 操作主画面，确认各传动系统状态指示灯已为浅绿色，液压系统、稀油系统、干油系统已准备好，指示灯为浅绿色。

（4）选择轧制条件界面，确认画面轧制条件已具备。

c 检查轧制表数据

（1）轧制数据表由二级计算机传入。

（2）在二级网络不正常，可以调用以前已存储的轧制表，在轧制表数据界面的轧制表名称中输入已存的轧制表名，按键盘回车键确认。

（3）选择轧制表数据界面，检查轧制表数据是否符合轧制要求，确认后，接收数据。

d 自动轧制操作

（1）轧制前，检查轧制线设备是否正常，HMI 画面的各数据是否正常、按钮选择是否到位。

（2）在 HMI 画面上将相应按钮选择到位。

（3）开始自动轧制。自动轧制时，操作者可根据主操作台 HMI 轧制画面监控轧制过程情况（见图 4－30）。

（4）在自动轧制过程中，操作对中装置、辊道传动操作杆（延伸辊道、工作辊道）或者在轧制时设备动作没有满足预设条件都将产生中断信号（但是在轧件咬入轧机后操作传动操作杆将不会产生中断信号），在中断信号产生时，操作人员需要根据显示信息判断产生中断的原因，处理后，返回到自动模式继续轧制。

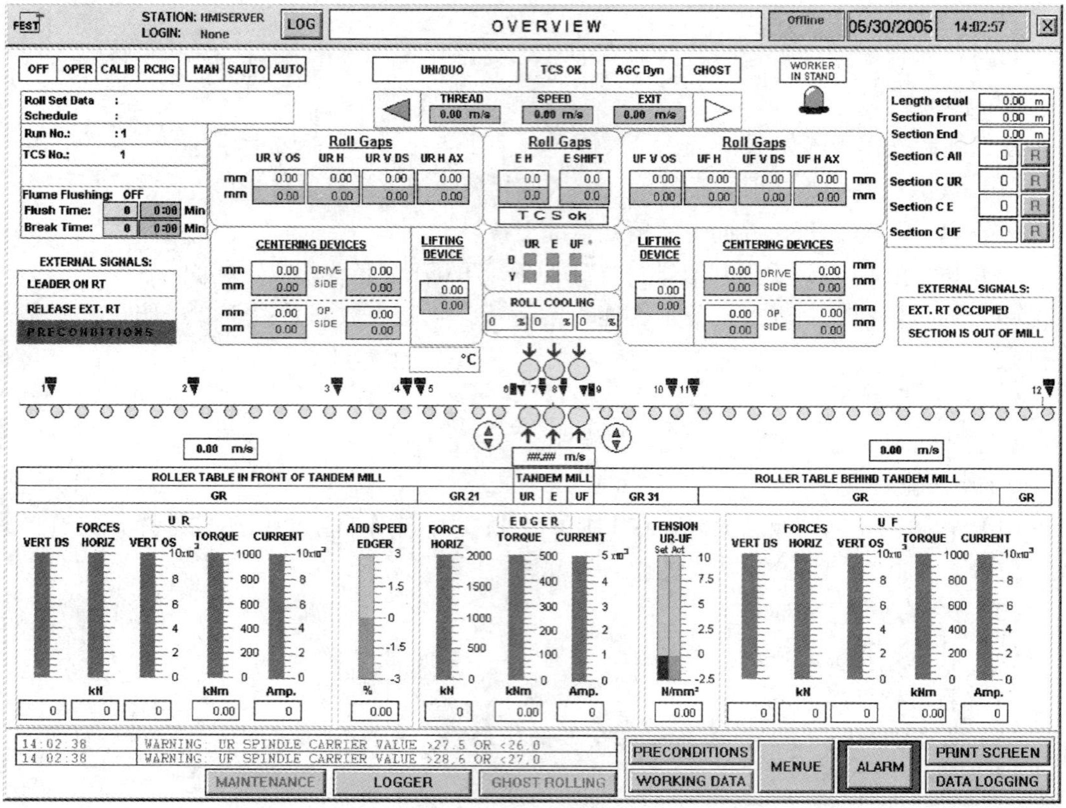

图 4 – 30 万能轧机自动轧制控制显示界面

e 轧制期间停机提示

（1）当轧制操作模式界面弹出故障消息并闪烁，此时表示设备有故障出现，点击进入消息界面可以看到故障消息（见图 4 – 31），轧件会在本道次离开轧机后停止在辊道上，当消息消失后，判断轧件温度是否可以继续进行轧制，如可以，按下主操作台 CP2 故障消除确认按钮，轧制恢复到自动轧制，如不可以，轧件报废，按正常顺序停机。

（2）当轧制操作模式界面弹出故障消息并闪烁，此时表示设备有故障出现，点击进入消息界面可以看到故障消息，轧件会继续轧制，直到此轧件轧制完成送入下一机架，本机架自动轧制停止，轧制按顺序启动按钮锁定在停止位置，在故障消失前不能进行自动轧制。

（3）当轧制操作模式界面的停机指示块弹出故障消息并闪烁时，此时表示设备有故障出现，轧制无条件立即停止，按顺序启动按钮锁定在停止位置，点击进入消息界面可以看到故障消息，在故障消失前不能进行轧制。

C 标定

万能轧机组的标定分为对中装置、升降辊道和“TCS”的标定，其中“TCS”的标定又分为轧制中心线、辊缝的标定。

（1）对中装置的标定操作：将标定参考值输入到参考表中，点击标定按钮开始标定操作，根据反馈的实际值进行判定。

（2）升降辊道的标定操作

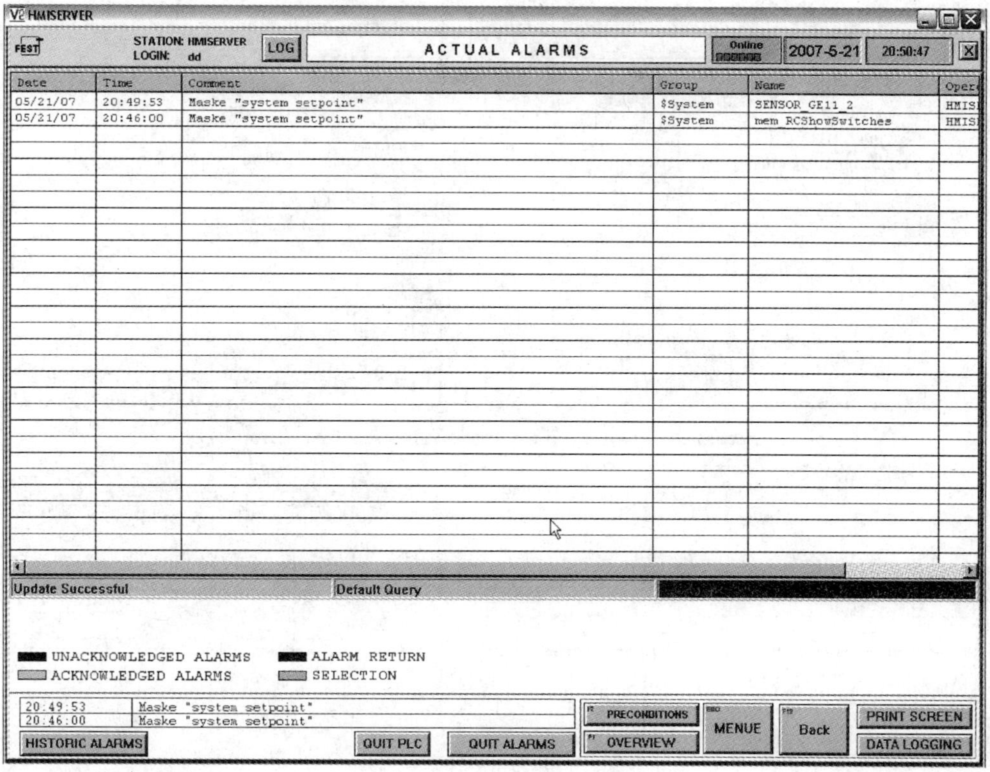

图4－31　报警监控图

1）在CP2/3上打开“操作画面”，选择“手动”模式（见图4－32）。

2）若升降辊道的实际值小于600（非DP值）则需点击“机前升降装置上升”或“机后升降装置上升”将升降辊道的实际值上升到大于600（非DP值）以上。

3）点击“机前升降装置下降”或“机后升降装置下降”，下降到自动停止。

4）点击“机前升降装置校零”或“机后升降装置校零”，直到升降辊道值变为600，校准完成。

（3）“TCS”的标定操作

1）轧制中心线标定：轧制中心线每六个月进行一次标定，标定时将辊缝完全打开，然后上下水平辊与立辊到校准预备位。将100mm的垫铁放在立辊和下水平辊上，上辊下压到接触力设定值，下辊上压到接触力设定值，之后，增大水平辊的压力到校准力设定值，并保持5秒，打开辊缝到最大位，轧制中心线标定完成。整个过程除放置垫铁要人工参与外，其余全部为自动进行。其操作步骤如下：

①在CP/A上预选Preselection Calibration和Automatic（见图4－33）。

②在CP/A上预选Auto Stand Selection UR、Auto Stand Selection E Auto、Stand Selection UF。

③打开ROLL GAPS OVERVIEW界面，在CALEBRATION栏中预选Passline并点击START按钮，轧制中心线标定开始。

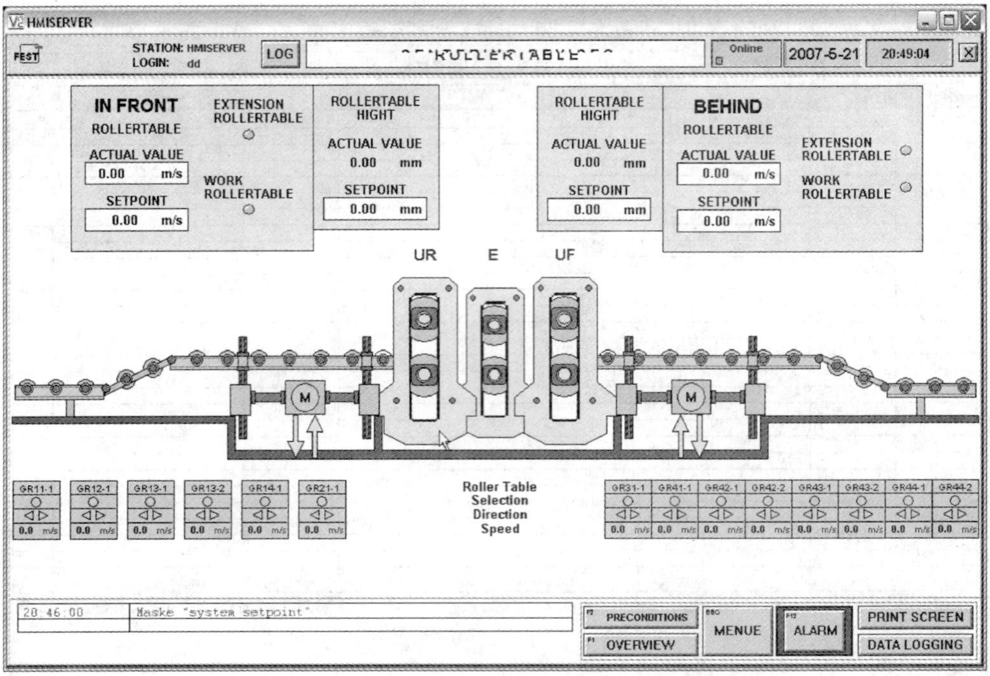

图 4－32 升降辊道监控图

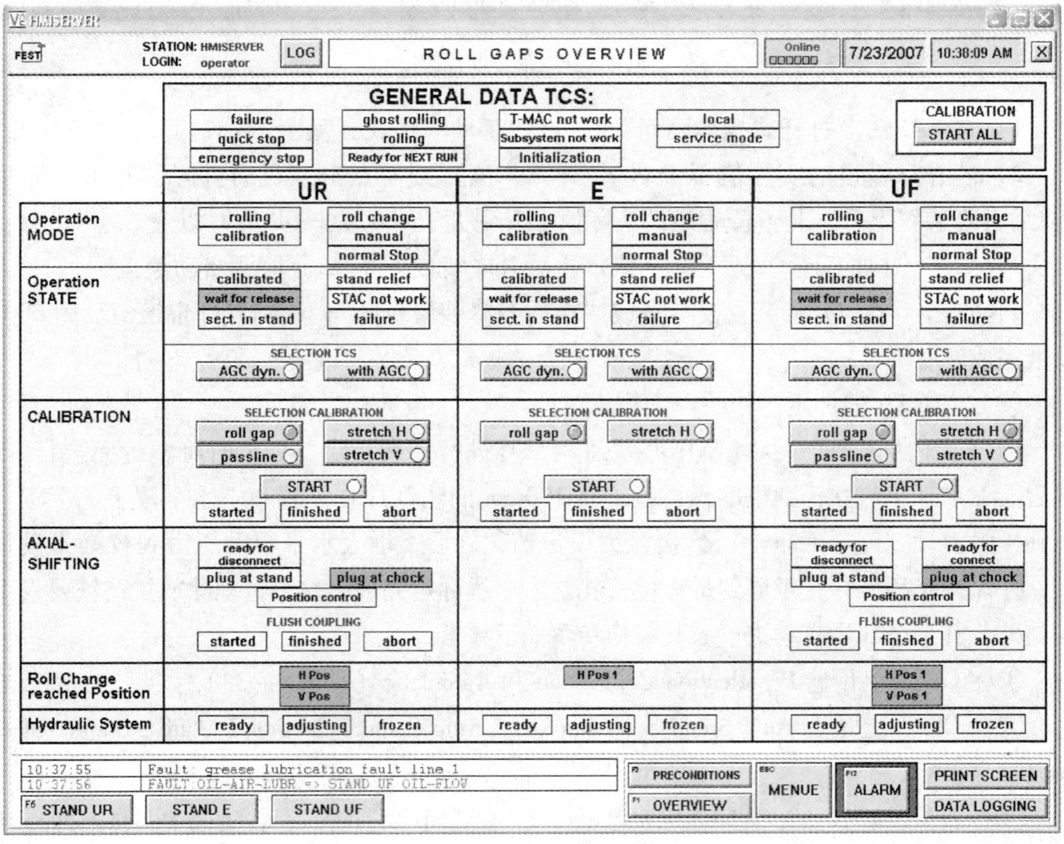

图 4－33 校准监控图（Ⅰ）

2）辊缝标定：每次换辊之后都需要进行辊缝标定。其标定步骤如下：

①在 CP/A 上预选 Preselection Calibration 和 Automatic。

②在 CP/A 上预选 Auto Stand Selection UR、Auto Stand Selection E、Auto Stand Selection UF。

③打开 ROLL GAPS OVERVIEW 界面，在 CALEBRATION 栏中预选 Roll gap（换辊前后生产的产品规格一样）或预选 Roll gap、Stretch H、Stretch V（换辊前后生产的产品规格不一样）并点击 START 按钮，辊缝线标定开始。UR 和 UF 监控相同，如图 4－34 所示；E 监控如图 4－35 所示。

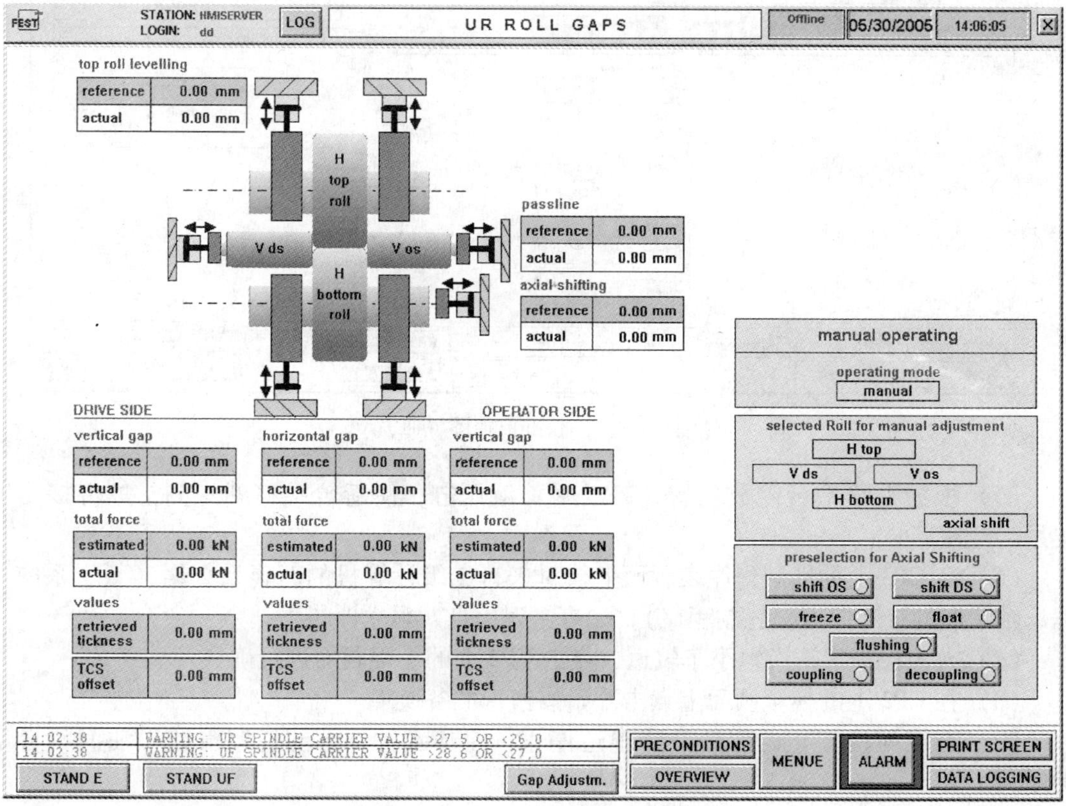

图 4－34　校准监控图（Ⅱ）

4.3.5.4　万能轧机换辊操作

A　换辊步骤

万能轧机换辊操作步骤如下：

（1）用天车将准备的新辊系放置在 5 米平台的链式运送小车的换辊小车上，拆卸轴承座的吊轮（立辊轴承座的吊轮不拆卸）以备用。

（2）将换辊小车上的安全销抽出，放下拉钩与链条连接，等待运送。

（3）移动平台的停止位置 A 存放新辊系以备用。

（4）启动链式运送小车，将新辊系从准备跨运送到轧机跨内的万能轧机前的平移平台上，锁紧换辊小车，抬起拉钩，插上安全销，脱离链式运送小车。

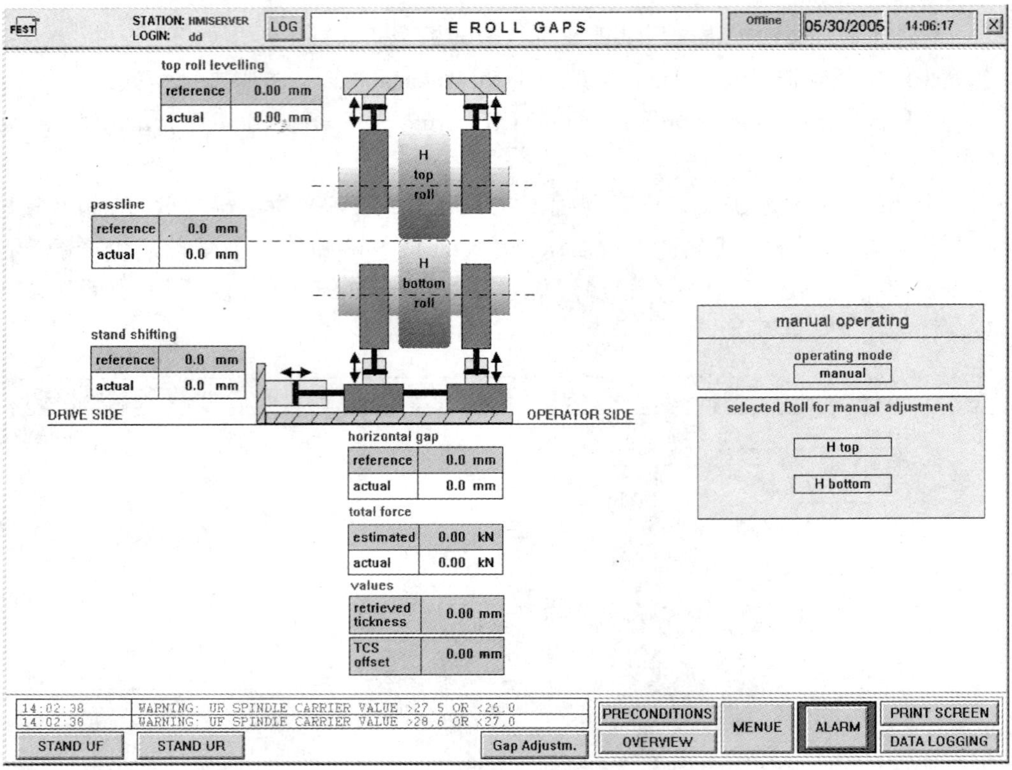

图 4－35 校准监控图（Ⅲ）

（5）根据平移平台停放位置，启动平移液压缸，使新辊系移到一侧，等待接受旧辊系。

（6）在 CP2 上的轧制程序表画面上核对来自二级计算机的新辊系数据（新辊系的数据、轴承座的垫片厚度、轧制程序），如有错误信息，须立即纠正。

（7）人工检查清洁换辊小车轨道，点击 CP2 上的换辊画面进行确认。

（8）在 CP2 上的换辊画面上点击开始按钮，准备换辊。

（9）万能轧机停止，前后升降辊道停止，冷却水关闭，油气润滑和干油润滑自动关闭。

（10）下辊轴承座夹紧液压缸减压，下辊调整到换辊位置，放置在换辊小车上；下接轴支撑轴提升到换辊位置。

（11）释放立辊平衡液压缸，左右立辊调节到换辊位置，放置在水平下辊及换辊小车的隔离杆上。

（12）人工检查隔离杆是否与立辊轴承座接触，如果有接触，点击 CP2 上画面进行确认。

（13）水平上辊调节到换辊位置，释放水平上辊平衡，放置在立辊的隔离销上，上接轴支撑轴提升到换辊位置。

（14）人工检查隔离杆是否与立辊轴承座接触，如果接触，点击 CP2 上画面进行确认。

（15）机架锁紧缸打开，操作侧夹紧装置打开，上下水平辊轴承座夹紧液压缸夹紧，启动换辊装置伸长到交接位置连接，上下水平辊从万向接轴中脱开，一起移动辊系和操作侧牌坊到平移平台。

（16）辊系和操作侧牌坊到达平移平台接受位置，伸长液压缸锁紧换辊小车。

（17）人工检查隔离杆是否与立辊轴承座接触，如果接触，点击 CP2 上画面进行确认。

（18）上下水平辊的轴承座压板打开，然后打开操作侧牌坊与辊系的连接，通过换辊装置继续移动操作侧牌坊，使之与辊系分离，到达外部终点位置。

（19）人工检查上下水平辊的轴承座压板是否打开，操作侧牌坊与辊系的连接是否打开，核对后，点击 CP2 上画面进行确认。

（20）移动平台通过液压缸从上游移动到下游；移走旧辊系，使新辊系位于接受位置。

（21）换辊装置拉伸，使操作侧牌坊移动与新辊系连接，上下水平辊轴承座压板关闭，换辊小车锁紧打开。

（22）人工检查操作侧牌坊与新辊系是否连接，上下水平辊轴承座压板是否关闭，换辊小车锁紧是否打开，确认后，点击 CP2 上画面进行确认。

（23）上辊、左右立辊平衡已定位，上辊接轴托架已定位，下辊接轴托架已定位。

（24）人工检查上辊及左右立辊平衡、上辊接轴托架、下辊接轴托架是否已定位，确认后，点击 CP2 上画面进行确认。

（25）继续通过换辊装置，移动整个辊系进入轧机，与接轴托架连接，机架拉杆锁紧，机架锁紧，平衡打开。

（26）换辊完毕，上下接轴托架恢复到基本位置，换辊装置恢复原位。

（27）人工检查上下辊的位置，孔型是否对正，导卫是否装到位，冷却水管、干、稀油管、油气管是否对接到位，确认后，点击 CP2 上画面进行确认。

（28）在 CP2 上自动启动所有必需的装置包括轧辊冷却等。

（29）在 CP2 上启动模拟轧制，同时发出要钢信息。

（30）旧辊系的移出，与以上程序相反。

B 检查外部条件

（1）本区域送电已完成。

（2）轧制已完成，轧制线上无轧件。

（3）LDTM1、LDTM2 本地操作台上没有急停操作。

C 检查内部条件

（1）在 CP2 主操作台进入轧制操作模式界面 HMI 界面，确认液压站、稀油站和干油站、油气润滑已启动。

（2）在 CP2 主操作台进入轧制条件界面，检查全部条件，确认轧机可操作。

（3）在 CP2 主操作台进入轧制操作模式界面点击轧机操作区。

（4）LDTM1、LDTM2 本地操作台就绪。

（5）确认停止指示灯没有指示。

D 自动换辊

（1）换辊准备操作步骤

1）如果是完全换辊或者移出轧辊时，就必须先执行换辊准备步骤后，才允许操作，才能够开始自动换辊；如果是移入轧辊就不需要执行换辊准备。

2）完成换辊顺序画面中的 1 ~ 9 步骤。

3）按照顺序1～6步骤进行相应的准备工作。

4）确认画面上新的轧制表数据已接受，点击确认按钮，换辊移动平台在上游位置指示为绿色时，点击准备换辊按钮，其指示灯亮，换辊操作开始。

5）自动执行8～9步骤，完毕后换辊准备自动结束。

（2）自动换辊操作步骤

1）进入LDTM1、LDTM2操作台换辊操作界面（见图4－36）。

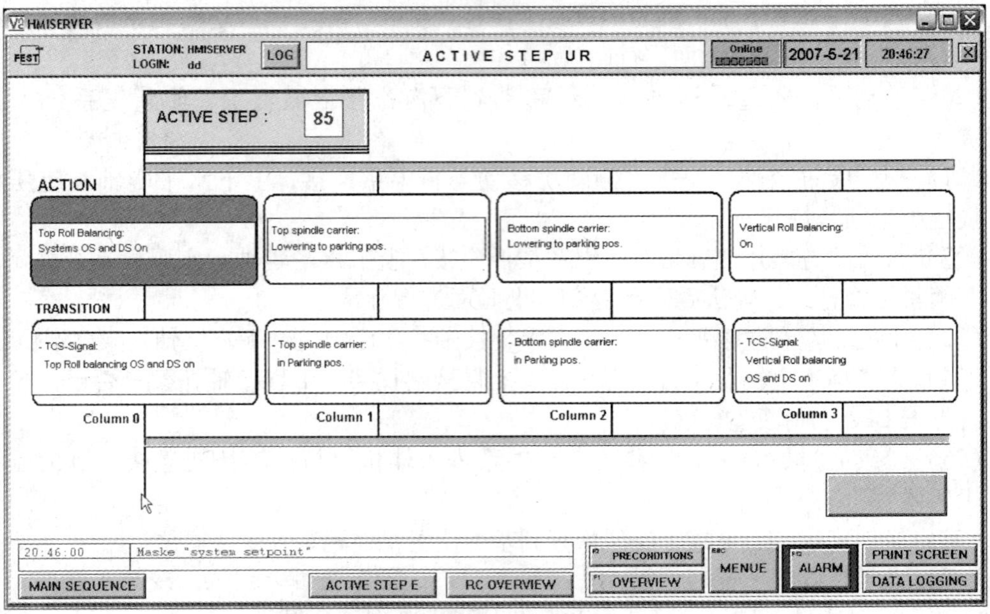

图4－36 换辊操作界面

2）点击轧辊更换按钮，选择到换辊模式。

3）点击选择辊更换按钮，选择完成辊更换方案，也可以根据需要选择辊输入和辊输出方案。

4）点击辊更换按钮，自动换辊开始。

5）假如在自动执行的时候，现场需要处理，此时可以点击画面上的设置中断，暂停自动程序，处理完后按确认按钮。

E 半自动换辊模式

（1）轧辊更换HMI画面上选择换辊模式按钮（见图4－37）。

（2）点击选择辊更换按钮，选择完成辊更换方案，也可以根据需要选择辊输入和辊输出方案。

（3）点击辊更换按钮，半自动换辊开始。

（4）该种模式与自动相似，每一步都自动完成，但是由上一步到下一步都需要操作工点击确认。

F 手动换辊模式

这种换辊模式为完全手动换辊模式，操作中不启动换辊顺序，设备动作依靠手动操作。

换辊的每步设备操作按照LDTM1、LDTM2操作台上的按钮指示进行操作（参见图4－38和表4－8）。

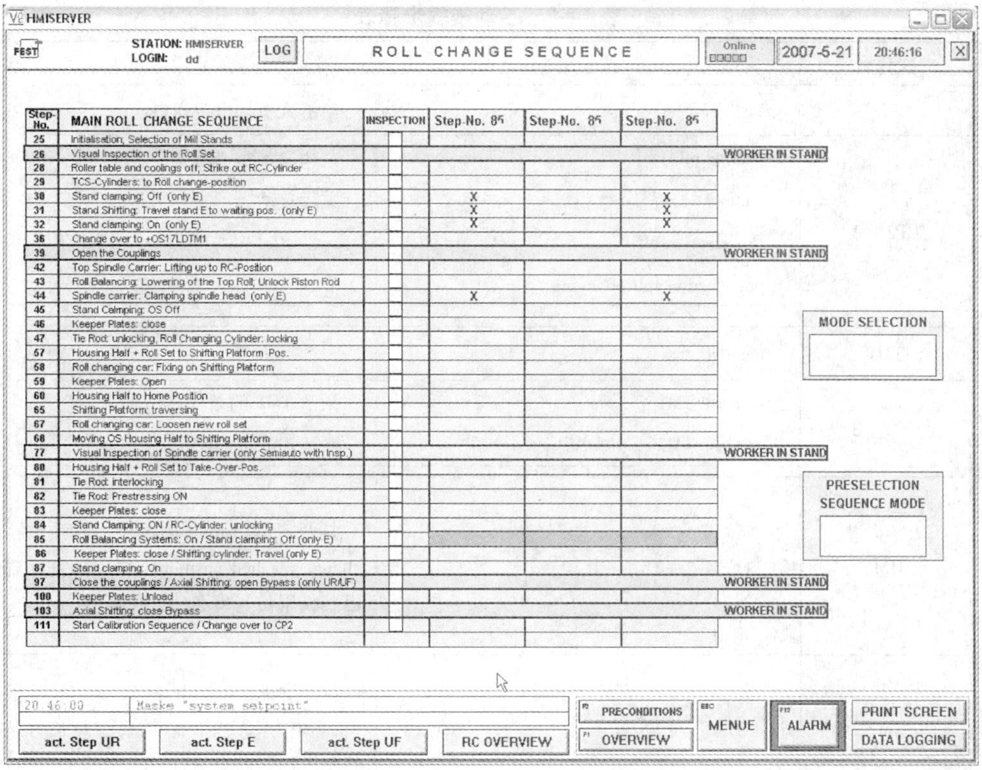

图 4－37 选择换辊模式界面

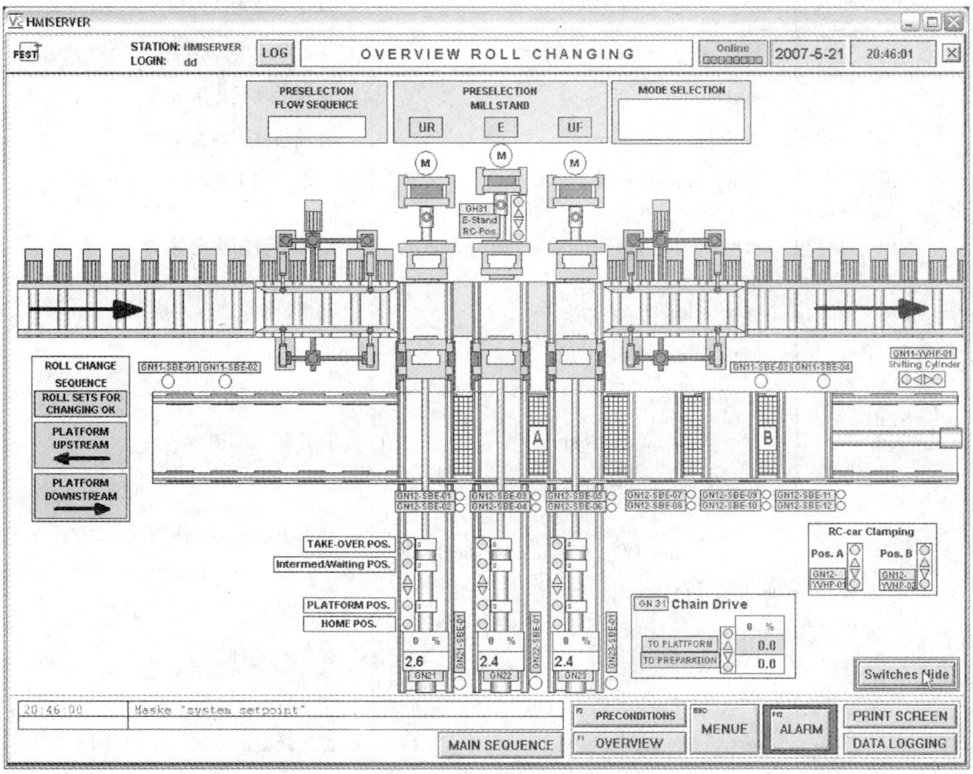

图 4－38 换辊界面

表4-8 手动换辊步骤表

序号	操作台	按 钮	说 明
1	CP2/3	3BP15 合闸	给链式机构电机送电
2	CP2_ A	cooling off	关闭冷却水
3		Automatic off	关闭自动
4		Preselection off	
5		preselection roll changing	
6	TM1	manual	
7	CP2_ B	Release TM1	激活 TM1 的条件之一
8		Release TM2	激活 TM2 的条件之一
9	HMI	"ESC" +F5	打开"roll gaps overview"界面。在"roll change reached position"栏中检查轧辊是否已到换辊位（绿色为到位）
10	TM2	"ESC" +F6	打开"mill stand"（UR UF E）界面记下"旧"托架位置（上下）。绿色长方条位置就是"旧"位置
11	CP2_ B	gap control quick relif	打开辊缝到换辊位
12	TM1	key_ switch =2，pres. TM	激活 TM1 的条件之二
13		manual	选择手动操作模式
14		direction to passline	将辊系移到横移平台
15		clamp in position A（或 B）	将辊系固定在横移平台上
16		platform shift upstream（或 downstream）	横移平台向上游移动
17		stand selection UR	选择机架
18		stand selection E	
19		stand selection UF	
20		OS_ standhalf unclamp	打开 E 地脚锁
21		DS_ standhalf unclamp	
22		stand shifting OS_ Direction 或 stand shifting DS_ Direction	将 E 轧机移动到换辊位 -100，在移动过程中打开"roll changing overview"界面观察数据
23		OS_ standhalf clamp	锁住 E 地脚锁
24		DS_ standhalf clamp	
25		direction to passline	伸出换辊液压缸（UR E UF）
26		cylinder lock	

续表 4-8

序号	操作台	按　钮	说　明
27	TM2	key_ switch =2，pres. TM	激活 TM2 的条件之二
28.		stand selection UR	选择后“main drive release”指示灯亮
29		stand selection E	
30		stand selection UF	
31		spindle pos. start	主轴定位。定位后位置指示灯“UR spindle pos.”“E spindle pos”“UF spindle pos”亮
32		（UR）top up	到位后显示该换辊位置
33		（UR）bottom up	到位后指示灯亮
34		（E）top spindle carrier lift	到位后指示灯（top spindle pos. up）亮
35		（UF）top up	到位后显示该换辊位置
36		（UF）bottom up	到位后指示灯亮
37	CP_ B	oil_ air system off	关闭油气供应系统
38		main drive UR off	关闭主电机
39		main drive E off	
40		main drive UF off	
41	HMI	“ESC”+F5	在“axial_ shifting”栏中检查 TCS 控制的轴向位移传感器是否断开。“plag at stand”变绿为断开
42	TM1	ver. roll balance off	
43		uncouple ds chock	
44		uncouple os chock	
45		ver. roll balance on	
46		keeper plates unload	
47		top roll balance off	
48		top roll balance down	
49	TM2	top clamp	E 轴头夹紧
50		bottom clamp	
51	TM1	OS_ standhalf open	打开 E 地脚锁
52		standhalf unclamp	打开 UR UF 地脚锁
53		release stand half	
54		tie rod unlock	
55		进入机架检查	进入机架时至少取下一个操作员钥匙。上下水平辊辊面保持平行，上辊支撑槽落在 V 销上，拉杆锁全部打开
56		手动断开油气，液压，水，轴向位移传感器	
57		direction from passline	
58		keeper plates open	
59		clamp in position B（或 A）	
60		direction from passline	
61		platform shift downstream（或 upstream）	

续表 4－8

序号	操作台	按 钮	说 明
62	HMI	“ESC”+R	打开“rolling set data”界面，单击“send rolling set data to PLC”按钮；
63	HMI	“ESC”+F6	打开“UR mill stand”“E mill stand”“UF mill stand”界面，检查托架位置是否有变化，记下“新”托架位置
64	TM2		如果托架位置变化，调到新位置
65	TM1	direction to passline	
66		release in pos. A（pos. B）	
67		direction to passline	
68		cylinder unlock	
69		direction form passline	
70		tie rod lock	
71		prestressing stand half	
72	TM2	（E） bottom unclamp	打开E轴头夹紧，并将托架（UR E UF）下降到“0”位
73		（E） top unclamp	
74		（E） top spindle carrier lower	
75		（UR） top down	
76		（UR） bottom down	
77		（UF） top down	
78		（UF） bottom down	
79	TM1	OS_ stand half clamp	锁住E地脚锁
80		stand half clamp	锁住UR UF地脚锁
81		keeper plates close	
82		keeper plates unload	
83		top roll balance on	
84		keeper plates close	
85		vertical roll bal. off	
86		couple OS chock	
87		couple DS chock	
88		vertical roll bal. on	
89		DS_ standhalf unclamp	打开E地脚锁
90		OS_ standhalf unclamp	
91		stand shifting DS_ direction 或 stand shifting OS_ direction	将E移动到轧制位
92		DS_ standhalf clamp	
93		OS_ standhalf clamp	
94		手动连接油气，液压，水，轴向位移传感器，并打开 bypass	进入机架时至少取下一个操作员钥匙
95	HMI	“ESC”+F5	点击“Flusing”开始冲洗
96		关闭 bypass	

4.4　轧机轴承装配

4.4.1　BD 轧机轴承装配

4.4.1.1　准备和检查

A　轴承准备和检查

轴承的装配图和零件图见图 4－39 和图 4－40，操作步骤见表 4－9。

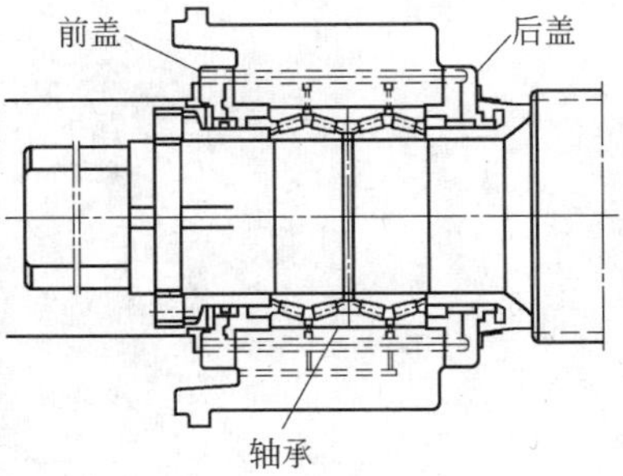

图 4－39　轴承装配图

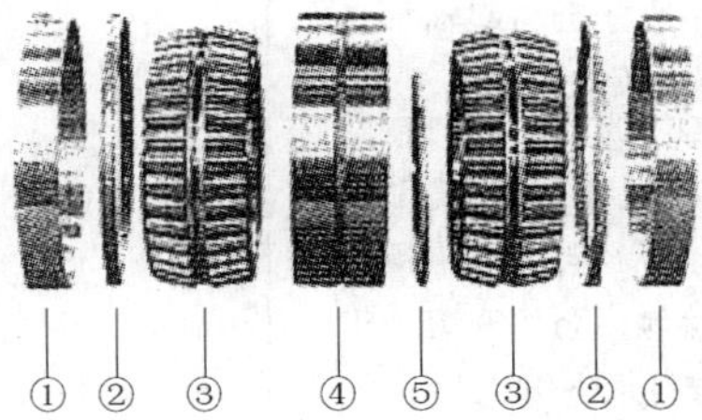

图 4－40　轴承零件名称

	术语
①	单列外圈
②	外圈隔圈
③	双列内圈/滚子/保持架
④	双列外圈
⑤	内圈隔环

表 4－9　轴承准备及检查表

检查项目		说　明	检查和返修工具	备　注
1	轴承各零件的检查编号及列编号的确认	轴承各零件的检查编号及列编号装入有误时，由于无法获得规定的游隙，可能导致轴承烧伤、寿命降低、剥落等		见图 4－40 和图 4－41 检查编号和列编号
2	工作面（内圈、外圈及滚子滚动面）疲劳程度	当内圈、外圈及滚子滚动面上发现剥离时，如不及时处理，将会使剥离迅速加剧。所以必须使用 500 号油石或微型修磨机将剥离部分的尖角打磨平滑。当剥离发生在外圈上时，维修部位应装入“无负载区”（见图 4－42）	油石 砂纸 微型修磨机	 外圈滚道面修正  内圈辊道面检查（销式保持架）
3	内外圈隔圈磨损量	隔圈侧面损耗加剧时，由于无法获得规定的游隙，可能导致轴承烧伤、寿命降低	千分尺	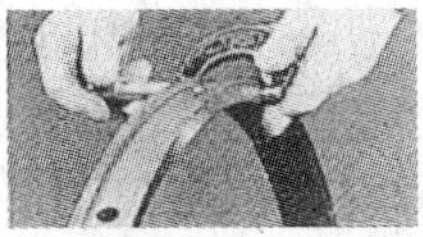 检查垫圈宽度上的磨损
4	外圈外径尺寸（主要针对变形）	外圈外径尺寸和内圈内径尺寸（主要针对变形）超过允许范围时，特别是过度不圆，将引起轴承致命的损伤	千分尺	
5	内圈内径尺寸（主要针对变形）		内径千分尺	

续表 4－9

检查项目		说　明	检查和返修工具	备　注
6	内圈内径面、侧面有无擦伤裂纹	有轻微擦伤裂纹时，用500号油石修整。当深及非渗碳硬化层时，因会带来内圈断裂等，因此必须报废	油石 砂纸	
7	滚柱大端面有无卡伤等现象	滚子大端面卡伤、烧伤、裂纹大多由于异常滚压下过大轴向负荷引起。轻微状态下可以使用，剧烈状态下由于会引起轴承烧伤等事故，应避免使用		
8	保持架（笼形）柱子的损耗及变形	保持架（笼形）的损耗剧烈时，保持架外径与外圈隔圈、外圈滚动面接触，会妨碍滚子正常转动，引起轴承烧伤等		
9	保持架（销形）的销的松动	继续使用已经松动的保持架（销形），将引起致命事故		
10	是否有异物进入销形滚子的销孔内	销子销孔内进入异物会引起转动不良，发生擦伤，销与销孔应充分清洗		
11	内、外圈及保持架是否有淤泥（使用润滑脂时不需检查）	内、外圈及保持架是否有淤泥附着时，淤泥堵住喷嘴，会引起轴承润滑不良，应充分清洗，完全除去淤泥		

使用润滑脂的轴承，在安装前不要打开包装。

使用油雾润滑的轴承，在安装前必须清洗去掉防锈油，特别是保持架、外圈隔圈的油孔和内圈挡边等处。

注：使用润滑脂的轴承可以不去防锈剂使用。虽然润滑脂因为防锈剂变色，但不影响轴承的性能。

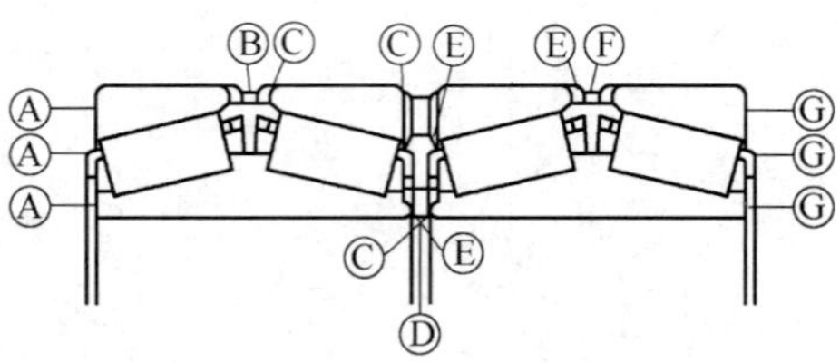

图 4－41　序列号及排号

检查编号及列编号的标识记号

VG－10－1

检查编号　　列编号

Ⓐ	VG-10-1
Ⓑ	VG-10-1-2
Ⓒ	VG-10-2
Ⓓ	VG-10-2-3
Ⓔ	VG-10-3
Ⓕ	VG-10-3-4
Ⓖ	VG-10-4

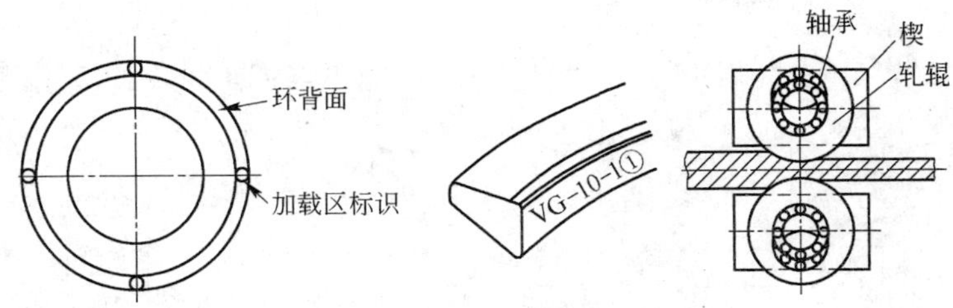

图 4－42　外圈负载位置标识记号

注：箭头所指轴承周边区域为“负载区”，其他区域为“无负载区”

B　辊颈的准备和检查

辊颈装入图见图 4－43，辊颈图见图 4－44，检查步骤见表 4－10。

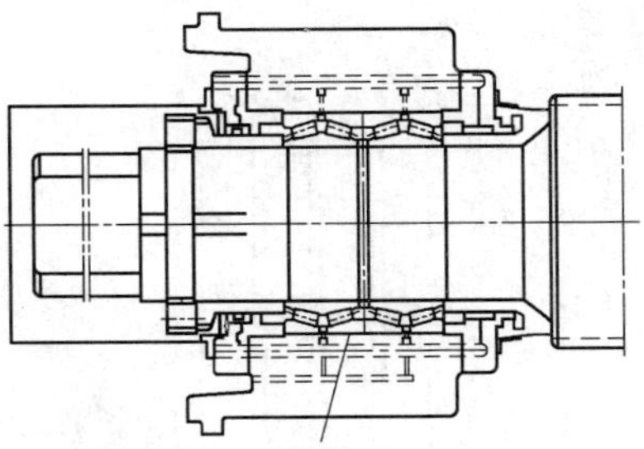

图 4－43　轴承装入图

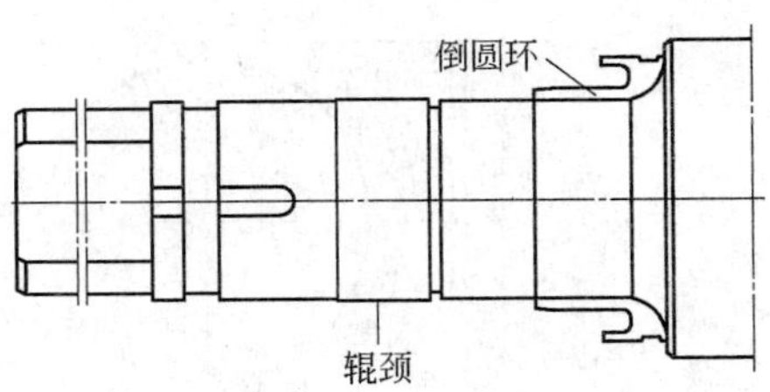

图 4－44　辊颈

表 4－10　辊颈的准备及检查表

检查项目		说　明	检查和返修工具	备　注
1	辊颈圆柱度	如果辊颈不圆或圆锥超过设计的极限，轴承易遭受应力集中而导致过早破坏	千分尺 方规	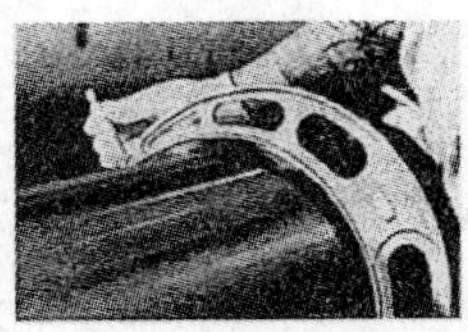 检查辊颈的圆柱度和圆度
2	辊颈圆度			
3	辊颈直角度			
4	辊颈的表面粗糙度	粗糙的辊颈表面或损坏会影响辊颈和轴承之间形成油膜。这不仅导致过热和划伤并且加速辊颈磨损。另外，辊颈上的划痕、生锈造成轴承装配困难	油石 砂纸	 返修轴颈表面(使用500号油石)
5	划痕、生锈			
6	补充环油槽有无棱角	补充环油槽的棱角，会妨碍运转时内圈侧面的油膜形成，引起内圈侧面的损耗，摩擦裂纹		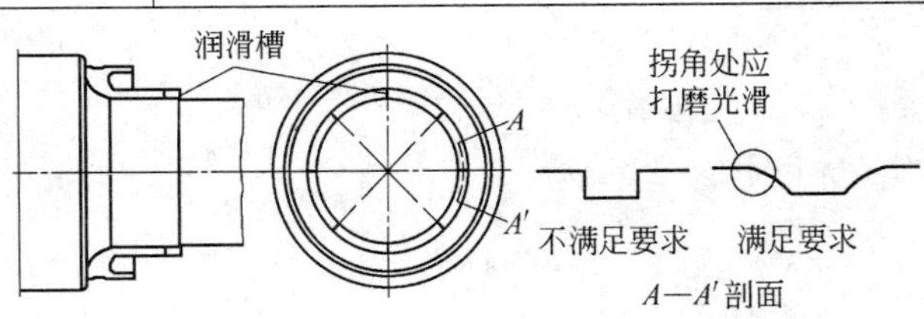 补充环的油槽

C 轴承座准备和检查

轧辊和轴承总装图见图4－45，轧辊轴承座见图4－46，轴承座检查步骤见表4－11。

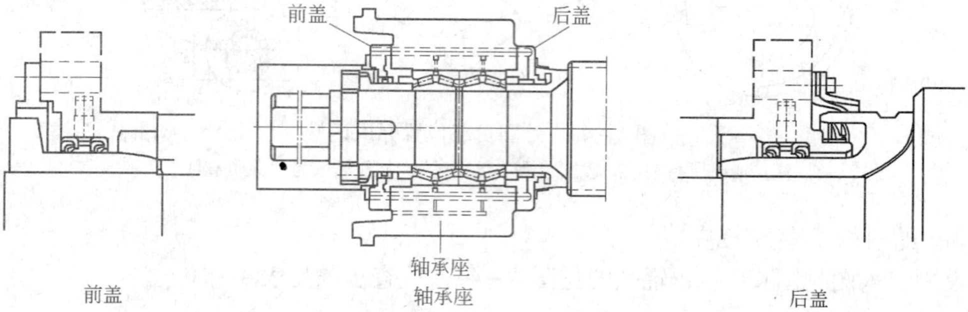

图4－45 轧辊和轴承总装图

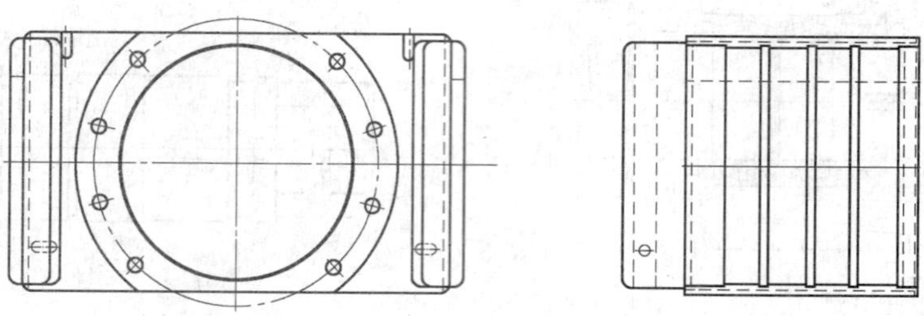

图4－46 轧辊轴承座

表4－11 轴承座的准备及检查表

检查项目		说 明	检查和修整工具	备 注
1	轴承座孔的圆柱度	当圆柱度、圆度不符合所规定的设计值时，轴承会局部超载	内径千分尺	
2	轴承座孔圆度			
3	轴承座孔表面擦伤和生锈	当轴承座内径面存在划伤、锈蚀时，外圈装入困难，此外，锈斑扩大时，会导致外圈磨损腐蚀加剧	油石 砂纸	 检查轴承座内径面的划伤,生锈等
4	油槽尺寸偏差（轴向）	当油槽轴向位置偏离供油孔时，会导致润滑不良。特别是采用油雾润滑时	游标卡尺	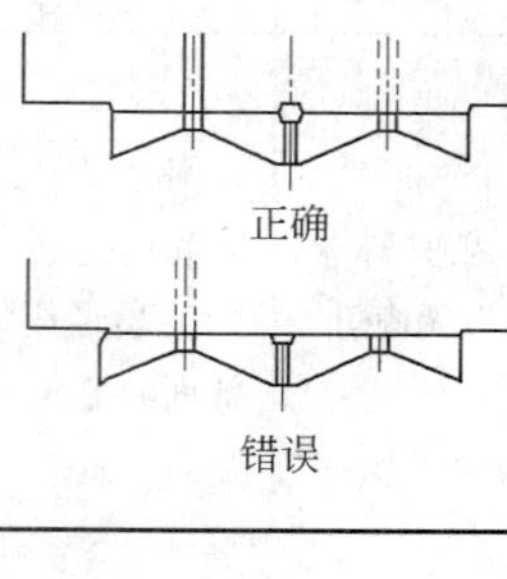

续表 4－11

检查项目		说 明	检查和修整工具	备 注
5	轴承座 a 的确认 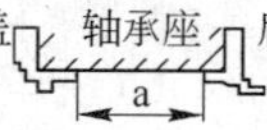 	如图“a”比轴承组合宽度大时，外圈不能完全控制。轴承只有 2 列、3 列负载，使轴承寿命缩短		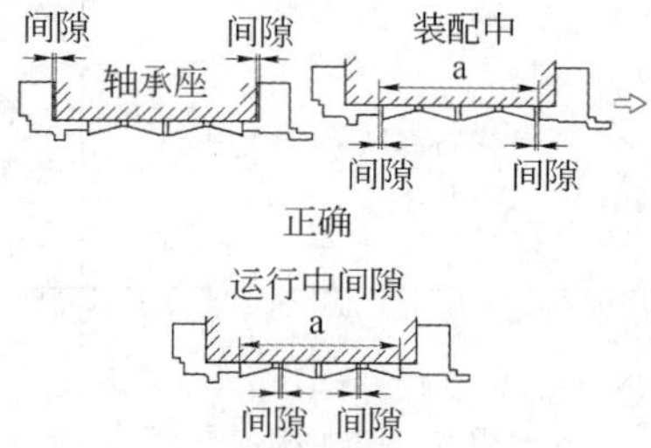
6	润滑孔的阻塞	如果油孔，喷嘴或螺纹被堵塞、有杂质，运转时阻塞润滑油，导致润滑不良。尤其油气润滑时，由于通过微小的喷嘴孔进行润滑，应仔细检查		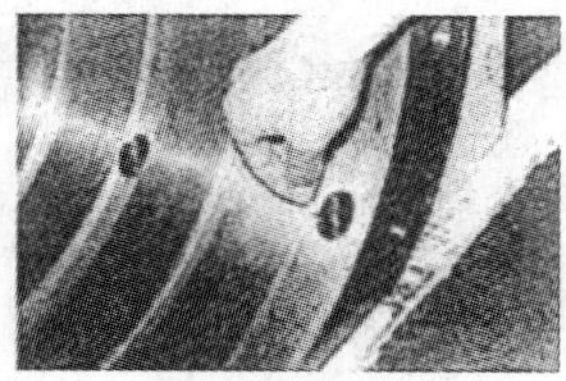 检查润滑孔杂质
7	检查油雾喷孔的阻塞（油脂润滑不必）			
8	检查螺纹毛刺、异物			

D 密封及端板的准备和检查

密封及端板的总装配图见图 4－47，检查表见表 4－12；前、后盖装配图见图 4－48 和图 4－49。

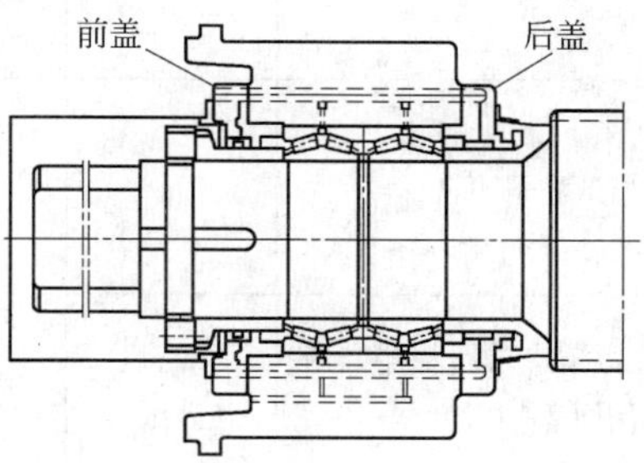

图 4－47 总装配

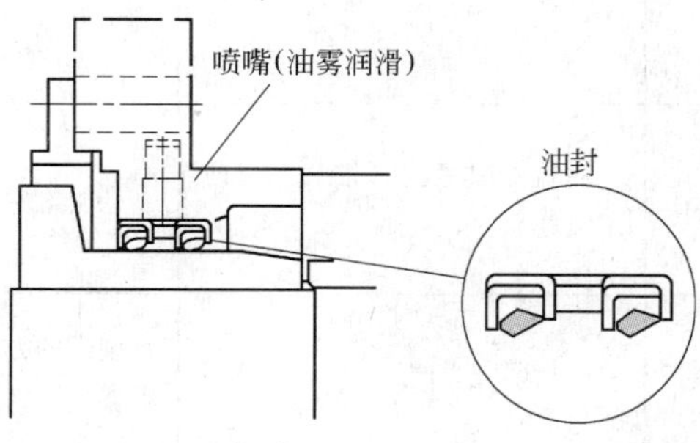

图 4－48 前盖（外侧）装配

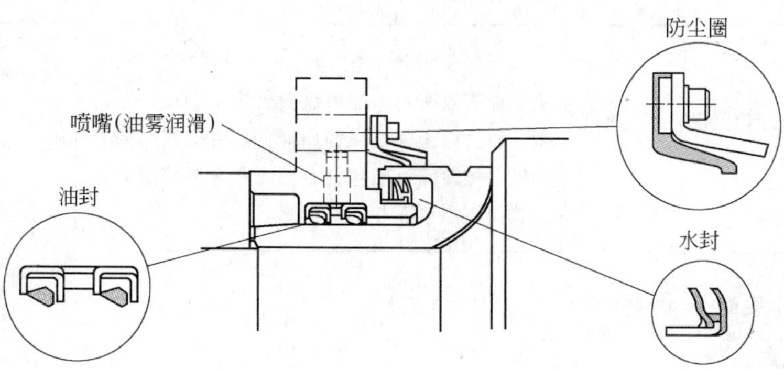

图 4－49 后盖（内侧）装配

表 4-12 密封及端板的准备及检查表

检查项目		说　明	检查和修整工具	备注
1	密封圈唇部缺陷	密封圈唇部在运输期间相当敏感，必须检查密封唇口的损坏		
2	密封圈变形和破损	密封圈在运输期间易变形和损坏，必须检查它们没有变形和破损		
3	密封圈配合面有无异物、擦伤和毛刺	如果前后盖的密封圈配合面上有毛刺、伤痕或杂质，可能导致密封损坏。将其彻底清除	油石	
4	密封圈滑动面的粗糙度（补充环等的密封圈滑动面）	粗糙的密封唇口接触面会加速密封唇口的磨损，并最终导致润滑油泄漏。这些表面应该良好地精加工到1.5～3.0μm。如果表面是螺旋状加工槽，运行时润滑剂可能由于泵吸作用被排出	油石	
5	后盖的喷嘴孔（油气润滑时不需要）	杂质集中在喷嘴孔时会导致润滑不良		
6	密封装配方向	装配的方向应当注意。如没注意到装配方向的错误，密封性能差。见剖面2-1	油石 砂纸	
7	前后盖的油孔、喷嘴有无毛刺	前后盖的油孔、喷嘴有毛刺可能损伤密封		
8	检查密封圈有无弹簧，弹簧中有无异物	采用弹簧设计的密封圈，如没有装入弹簧，就不能有效密封。如果盘簧聚集了杂质，密封效果将会由于弹性减弱而降低。再次使用的密封圈在弹簧间可能包含有油污和金属碎屑，因此弹簧应当被拆去仔细清洗		

4.4.1.2 装配和拆卸

A 密封装配

密封装配步骤见表4-13和图4-50～图4-52。

表 4－13 密封装配步骤表

安装过程		装入顺序图	装配部件	注意事项	工具
1	安装1号密封（油封）	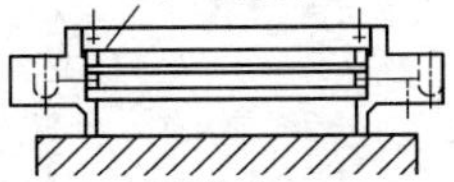	（例）油封：密封安装方向（后盖）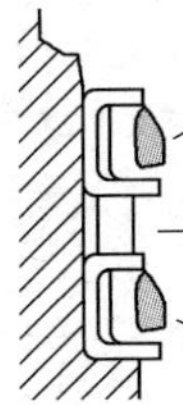密封主要唇口应面对外侧	• 在密封唇部和外周涂油或润滑脂润滑； • 不要直接锤打密封，如图示那样使用一个合适的夹具或夹板沿圆周方向将其逐渐敲入； • 在装配好1号密封后，用塞尺确认它与法兰接触良好； • 然后，再装配2号密封； • 检查并确保密封朝向正确； • 在两个密封间填充满润滑脂（即使是油气润滑也填满润滑脂）	• 木质或塑料锤 • 夹具或木板 • 塞尺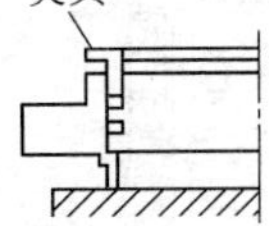
2	安装2号密封（油封）				
3	装配3号密封（水封）	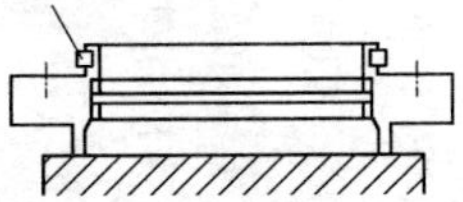		• 在密封唇部和内周涂油或润滑脂润滑； • 背向后盖，将3号密封圈装入到后盖上； 在两个唇口之间填满润滑脂（即使是油气润滑也填满润滑脂）	• 木质锤 • 夹具或木板 • 测隙规
4	装配4号、5号密封（密封等级）	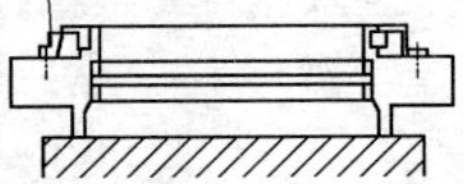	防尘圈用内六角螺栓装配在后盖上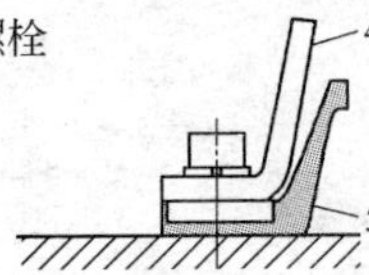装配密封之前，在密封摩擦面薄涂一层润滑脂（如果是油气润滑也涂润滑脂）	• 用螺栓把4号、5号密封拧在一起，但此步不要把螺栓旋紧，以便随后定位； • 在轴承安装到轴承座后再安装4号、5号密封以防止密封损坏并加快安装	内六方扳手

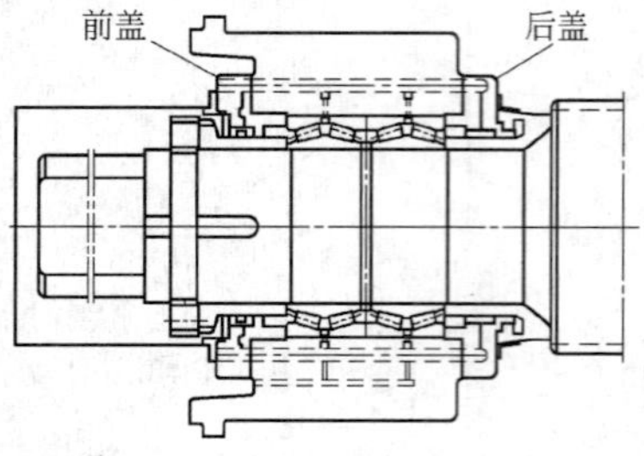

图 4 - 50　装配轴承

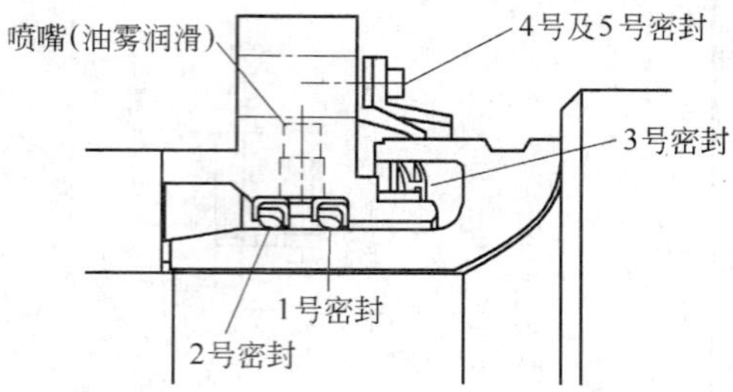

图 4 - 51　后盖装入图

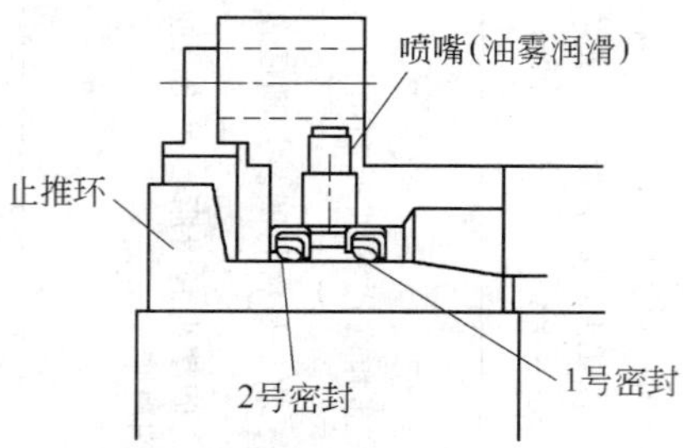

图 4 - 52　前盖装入图

B　装配轴承

装配轴承步骤见表 4 - 14。

C　拆卸轴承

轴承拆除程序与安装程序相反。与安装中一样，拆除操作应在一清洁的环境中进行。另外，在拆除轴承之前，应清洗掉轴承座的氧化铁皮。轴承拆除需要如图 4 - 53 所示的吊具和夹具，或其他装置如底盘式压力机，以使拆卸方便。

4.4.1.3　维护和检查

一个轴承在经过一段时间使用之后，由于材料工作表面的疲劳，最终达到其使用寿命。为能延长正常的疲劳寿命，同时防止轴承在工作时失效，有必要应用适当的检查和维护方法。

轴承任何不正常的现象都可以通过检查噪声、温度和振动来发现。因此维护人员应该熟悉这些正常工作条件下的特点，在操作期间尽量不时地检查。

建立一个有规律的检查间隔时间，如噪声检查，一个金属棍就可以作为听诊器。

A　日常维修及检查（轴承装入轴承座中）

重新润滑：1）润滑油：当轧辊移出机架运到轧辊加工车间时，应重新润滑轴承，把旧的润滑油污清除后再涂抹新润滑油；2）油雾：打开旋塞并注满油槽（或原油）。油面应当维持在最低位置滚子中心位置左右。

废旧润滑油检查：1）润滑油：在重新润滑时应收集废油，检查它的变质及污染。当润滑油中有铁屑时，轴承应当拆卸下来详细检查。旧润滑油同样可通过乳化程度判断水的渗入。如果润滑油乳化程度快，卸下密封圈，检查看是否有漏水的缺陷；2）油雾：同样的，收集用过的油做检查，如果油中有铁屑，卸下轴承检查。

表 4－14　轴承装配步骤表

	安装过程	装入顺序图	装配部件	注意事项
1	后盖安装	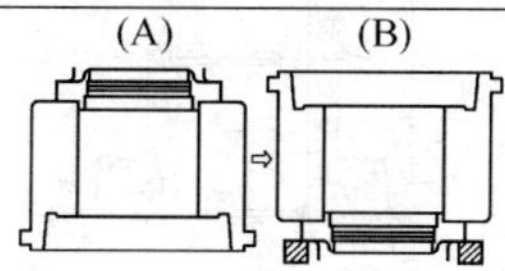		（1）将后盖安装在轴承座上，之间加（约1mm厚）的垫片； （2）将后盖辊身侧向下放置在平台上； （3）在轴承座孔上涂油脂或油防止磨蚀
2	单列外圈安装	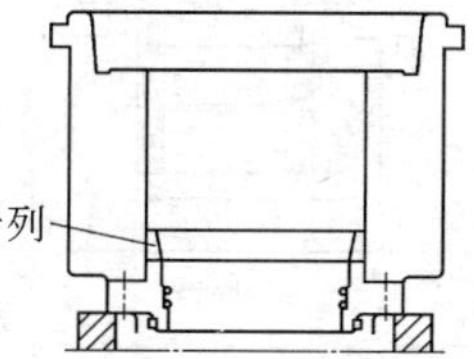	 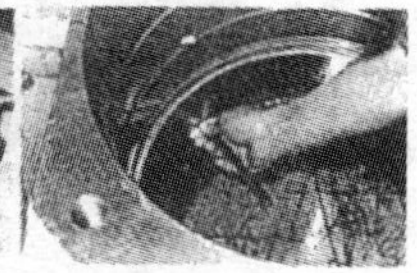	（1）用吊钩和行车吊（或用手）列编号1（VG－10－1）的单列外圈，根据负荷位置装入轴承座，负荷位置应与外圈表示的①－④记号中的同一记号的外圈4列相组合。每次定期检查，按照①→②→③→④的顺序； 注意：装配时注意小心保持水平。不要直接锤击而用黄铜冲头捶击圈盘； （2）在装配后，用塞尺检查轴承座肩部和外圈之间是否紧密贴合
3	内圈隔圈安装	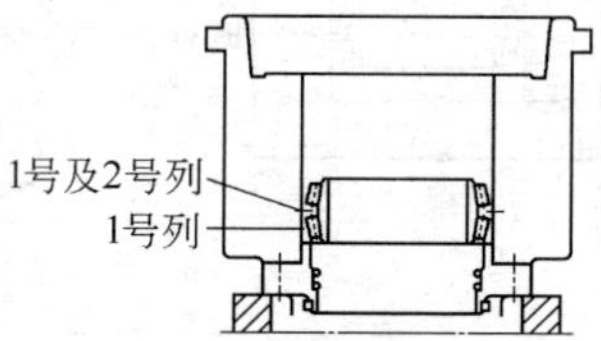		（1）油脂润滑轴承：内圈、滚子和保持架间填充油脂（对于销形保持架的滚子，销孔中同样须填充油脂）；油雾润滑轴承：内圈、滚子和保持架间填充油雾油（对于销形保持架的滚子，销孔中同样须填充油雾油）； （2）安装列编号1－2（VG－10－1～2）的外圈隔圈； （3）用悬吊夹具对齐最初装入的列编号1（VG－10－1）的单列外圈的列编号，将内圈列编号1侧装入下方；
4	双列内圈安装	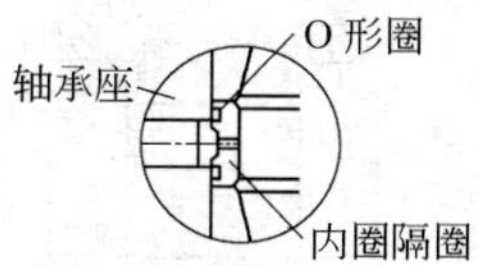如采用油雾润滑		（4）油雾润滑轴承在外圈安装O形圈隔圈喷油嘴时，不可截断O形圈。确保O形圈外径和轴承座内孔有过盈配合。假如O形圈太松，垫圈会从轴承座内孔滑落而起不到作用。相反，如果O形圈太大不能装入，少量截短O形圈，然后用黏结剂连接切口

续表 4－14

安装过程		装入顺序图	装配部件	注意事项	
5	双列外圈安装	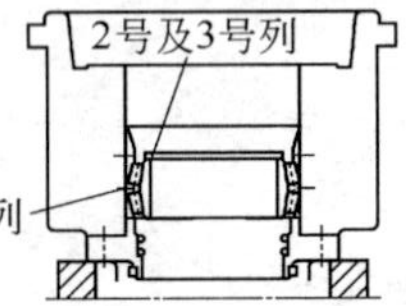		（1）双列外圈：首先将装好的单列外圈与负荷位置对齐，再用悬吊工具将列编号2（VG－10－2）的一侧装入下方； （2）内圈隔圈将带挡边的一侧向下覆盖在内圈上	
6	内圈隔圈安装				
7	外圈隔圈安装	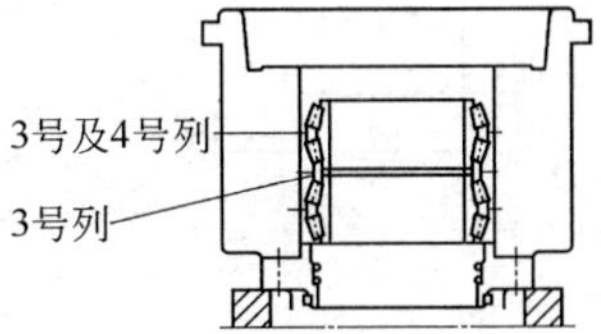		（1）油脂润滑轴承：内圈、滚子和保持架间填充油脂（对于销形保持架的滚子，销孔中同样须填充油脂）；油雾润滑轴承：内圈、滚子和保持架间填充油雾油（对于销形保持架的滚子，销孔中同样须填充油雾油）； （2）安装列编号3－4（VG－10－3～4）的外圈隔圈； （3）用悬吊夹具将列编号3－4(VG－10－3)的双列内圈的列编号3一侧装入下方 （油雾润滑的轴承参考以上3步的4项）	
8	双列外圈安装				
9	单列外圈安装	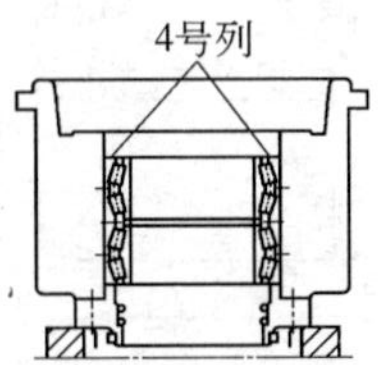	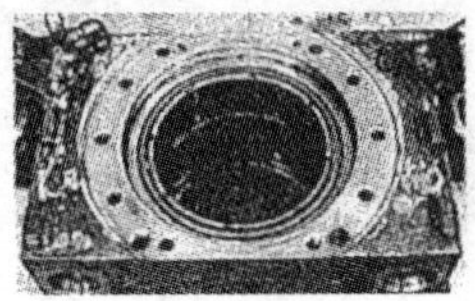	将列编号4的单列外圈与装好的外圈负荷位置组合再装入	
10	前盖试装	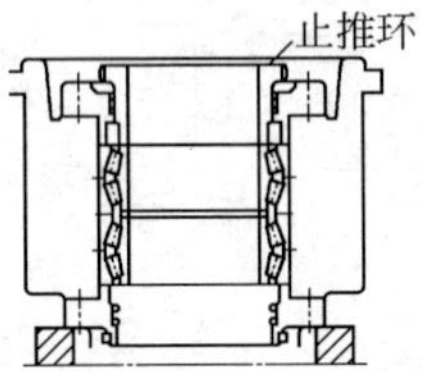		（1）把止推环放入，盖上前盖（参考，止推环可以是（A）或（B）设计）； （2）暂时用4个螺栓在轴承座上固定前盖	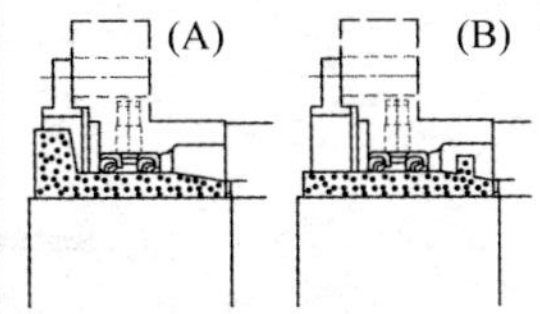

续表4－14

<table>
<tr><th colspan="2">安装过程</th><th>装入顺序图</th><th>装配部件</th><th>注意事项</th></tr>
<tr><td>11</td><td>十字轴安装</td><td>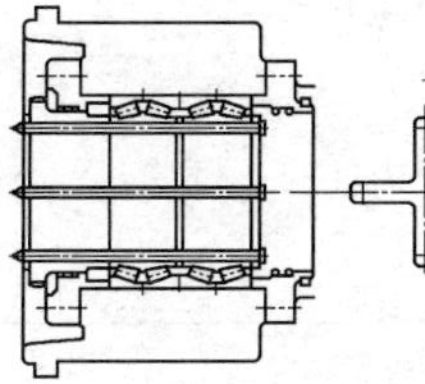
</td><td></td><td>（1）把轴承座置于水平，然后如图安装十字轴；
（2）边紧固前盖的螺栓，边用十字轴左右转动轴承；
（3）轴向移动十字轴确定轴承轴向游隙；
（4）移去十字轴
注意：轴承垂直安装时，第一和第三列滚子下落，内圈上浮，导致内部游隙与规定游隙不一致的情况</td></tr>
<tr><td>12</td><td>前盖与轴承座游隙确认</td><td>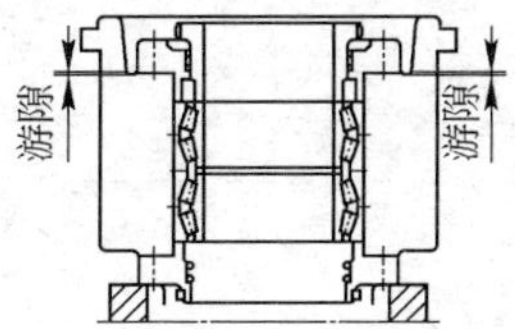
</td><td>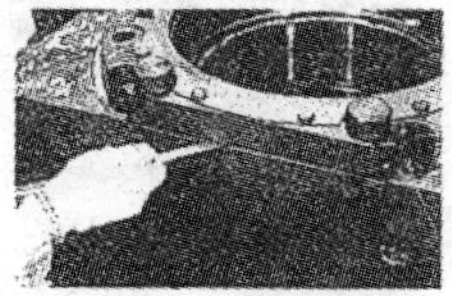</td><td>（1）用塞尺测定前盖和轴承座之间的间隙；
（2）拆下四个临时螺栓并移走端板</td></tr>
<tr><td>13</td><td>垫片安装</td><td></td><td></td><td>根据如上测定的间隙选择垫片组件见下述要求。在轴承座正面安装垫片组件。注意不要把垫片组件上下安反
<table><tr><th>间隙/mm</th><th>总垫片厚度/mm</th><th>垫片组合/mm</th></tr><tr><td>0.95</td><td>1.0</td><td>1.0</td></tr><tr><td>1.0 1.25</td><td>1.5</td><td>1.5</td></tr><tr><td>1.35 1.65</td><td>2.0</td><td>2.0</td></tr><tr><td>1.75 2.0</td><td>2.5</td><td>1.0+1.5</td></tr><tr><td>2.1 2.4</td><td>3.0</td><td>1.0+2.0</td></tr><tr><td>2.5 2.8</td><td>3.5</td><td>1.5+2.0</td></tr><tr><td>2.9 3.2</td><td>4.0</td><td>2.0+2.0</td></tr><tr><td>3.3 3.6</td><td>4.5</td><td>1.0+1.5+2.0</td></tr><tr><td>3.7 4.0</td><td>5.0</td><td>1.0+2.0+2.0</td></tr><tr><td>4.3 4.5</td><td>5.5</td><td>1.5+2.0+2.0</td></tr></table></td></tr>
</table>

续表 4 – 14

<table>
<tr><th colspan="2">安装过程</th><th>装入顺序图</th><th>装配部件</th><th colspan="2">注意事项</th></tr>
<tr><td rowspan="2">14</td><td rowspan="2">前盖安装</td><td rowspan="2">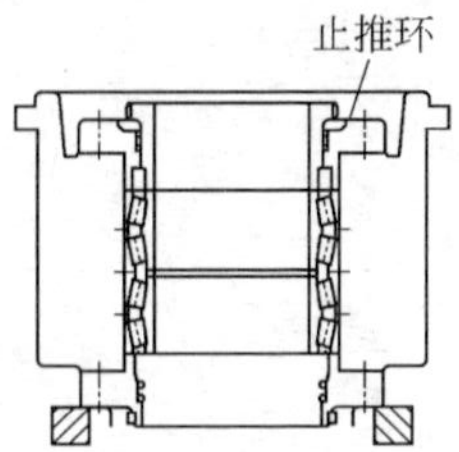</td><td rowspan="2"></td><td>安装止推环并再次安装前盖</td><td rowspan="2"></td></tr>
<tr><td>拧紧所有前盖螺栓
注意：要均匀地拧紧螺栓。对角紧固螺栓</td></tr>
<tr><td>15</td><td>热压补充环</td><td>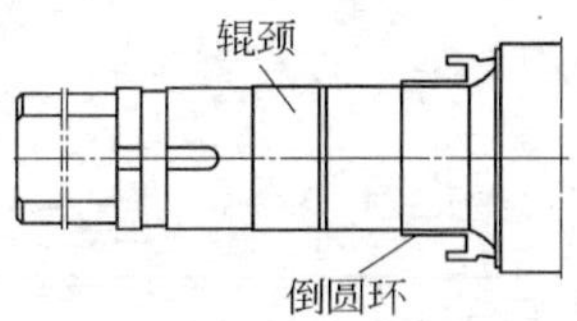</td><td></td><td>通过热膨胀的方法来压下安装补充环；
通过塞尺确定补充环与辊肩表面充分接触（左上图）
注意：如果设计有○形圈，在装配之前，不要忘记在补充环上面安装○形圈（左下图）</td><td></td></tr>
<tr><td>16</td><td>辊径表面涂油</td><td></td><td></td><td>在辊颈上面涂上一些耐压添加剂和耐高温类型的油脂或油</td><td></td></tr>
<tr><td>17</td><td>轴承座安装</td><td></td><td></td><td>用快速拆装设备自动安装</td><td></td></tr>
</table>

续表 4－14

<table>
<tr><th colspan="2">安装过程</th><th>装入顺序图</th><th>装 配 部 件</th><th>注 意 事 项</th></tr>
<tr><td>18</td><td>半环安装</td><td>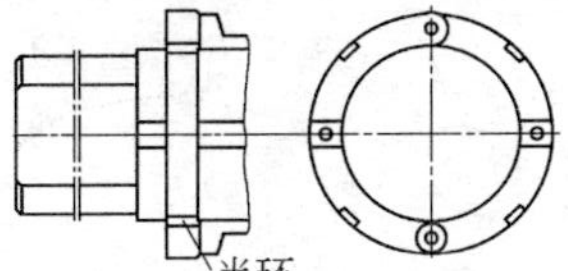
</td><td></td><td>（1）首先用锁紧螺母在辊颈上面安装止推环；
（2）安装两个半环，并把上面的槽对准辊颈上面的键槽。插入键之后，用弹簧垫圈把它们固定在一起</td></tr>
<tr><td>19</td><td>压紧螺母安装</td><td>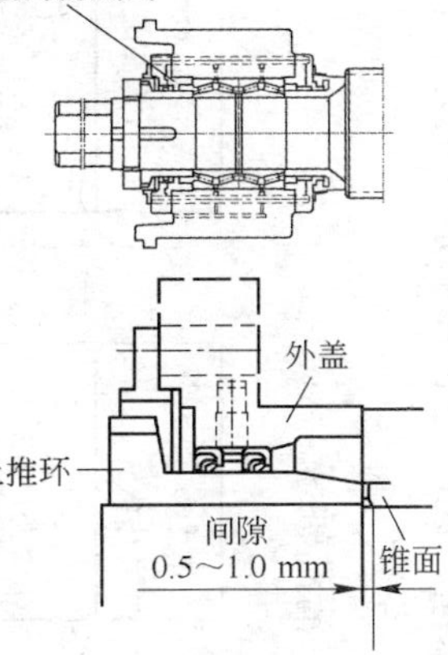
</td><td></td><td>（1）旋紧锁紧螺母（使用左图所示的紧固装置）；
（2）确定轴承座非常容易转动；
（3）回退螺母在轴承内圈侧面及止推环之间确保有 0.5～1.0mm 的间隙，通过固定螺栓固定锁紧螺母
<table><tr><th>螺母螺距/mm</th><th>确保 0.5～1mm 轴向间隙螺母回退角</th></tr><tr><td>3</td><td>60°～120°</td></tr><tr><td>4</td><td>45°～90°</td></tr><tr><td>5</td><td>36°～70°</td></tr><tr><td>6</td><td>30°～60°</td></tr></table></td></tr>
<tr><td>20</td><td>防尘圈紧固</td><td></td><td>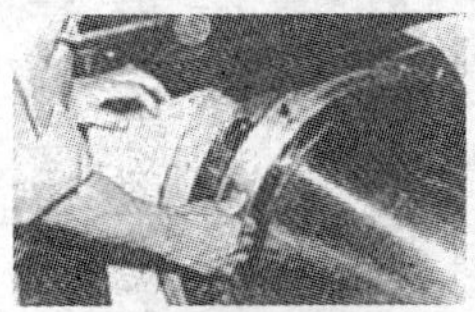</td><td>在轴承座装配到辊颈之后，将临时紧固的防尘圈（第 4 和第 5）螺栓紧固</td></tr>
<tr><td>21</td><td>轴承座保管</td><td></td><td></td><td>预装好不用时，轴承座装配件应用塑料薄膜或其他合适的材料遮盖以防粉尘污染。在贮存期间，防尘圈（第 4 和第 5）不应拧得太紧。所以应跳过第 20 项程序，使用时再紧固</td></tr>
</table>

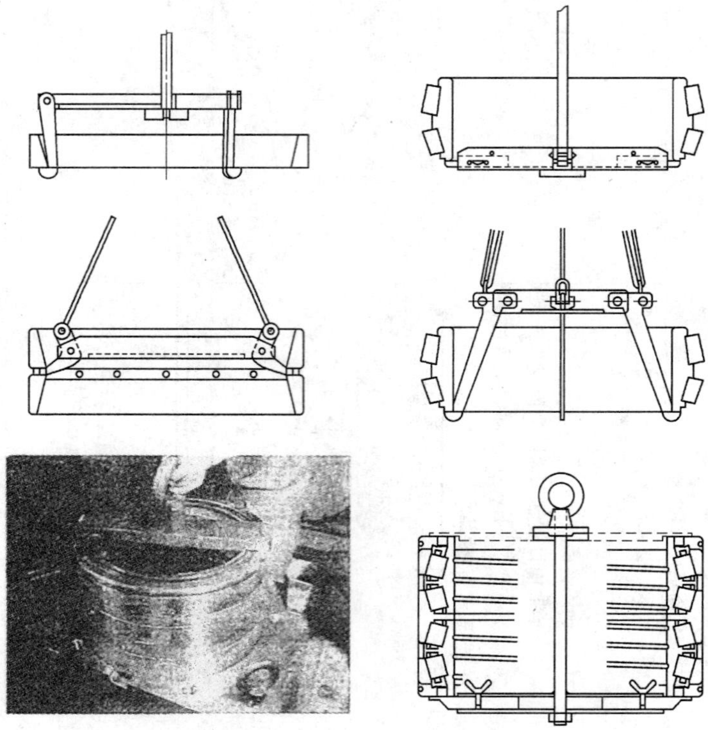

图 4－53　轴承吊具夹具

密封检查：检查密封唇部的杂质或损坏。

密封唇口接触面检查：检查止推环及补充环的密封滑动面有无异常磨损或其他缺陷，并按规定修整。

B　定期检修

除了日常检查外，不管轴承是否出现异常现象，应当定期从轴承座卸下进行检查。检查的频率取决于轧机的工作情况，不过在工作一年后至少每三个月进行一次检查。根据轴承的工作情况，可以降低检查频率，如果轴承的工作情况良好，每六个月检查一次即可。

（1）在轴承座移出轧辊前，应先清除像氧化铁皮这样粘在轴承座上的杂质。

（2）按照拆卸程序移出轴承座，此时确认轴承是否正确放置，如负荷区域位置、排号、检查号等。

（3）任选下面两种方法之一清洗轴承：

方法A

第一步 清洗（溶解清洗）	→	第二步 清洗（热水洗）	→	终洗（煤油洗）
水(90%)+碱性去污剂(10%) 溶解温度 80～90℃		水温： 80～90℃		煤油(室温)

方法B

粗洗	→	精洗
煤油		煤油

如果液体可以用压缩气体吹净，并且在清洗时用手旋转轴承部件，那清洗效果会更好。

（4）检查保持架、外圈和内圈是否规则，如发现不规则就返修。

（5）清洗完毕后，相同序号的部件应当放在一起，以免在重新装配时混淆。

（6）检查和维修轴承部件（按照4.4.1.1小节）。

如果外圈严重腐蚀，用500号砂纸或油石修理；如果圈盘滚道上出现油污或局部剥落，用500号油石砂将转角处打磨光滑。在打磨前可用一个微型磨具磨圆；滚子外表面的油污和剥落可用类似的方法处理；检查内圈跑道；销式保持架，移除可移式销（螺纹）和滚子，通过旋转保持架及滚子装配件来检查滚道；笼式保持架，通过滚子和内圈滚道工作条件来判断。

C　通常应注意的问题

（1）没有必要通过垫圈研磨来调整轴向间隙。如果轴向间隙增大到需要调整的程度时，比较困难，因为目前制造的轴承足够耐磨而消除了重新调整的可能。轴承圈变形通常在磨损前发生，除非减小变形，否则轴向间隙通过垫圈研磨来调整是无意义的。

（2）后盖如此设计以便移动相邻的单圈盘。后盖内圆直径应当大于轴承圈的内圆直径，如图4－54a所示，如果小，端盖会出现如图4－54b所示的槽。

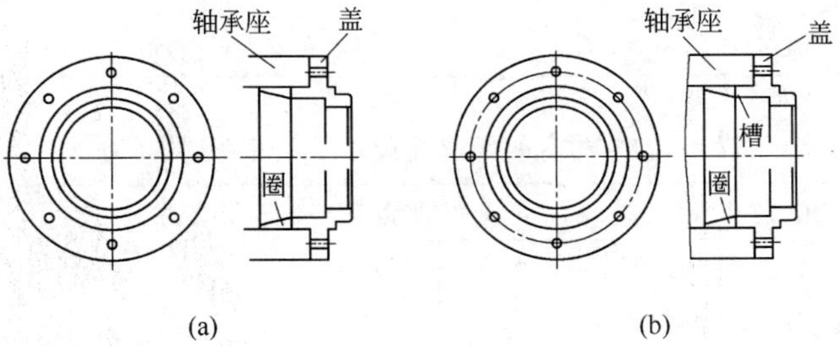

图4－54　末端板设计易于圈盘拆卸

（3）在空载运行时的振动会影响轴承寿命，为消除这种影响，机架与轴承座间的间隙保持一个最小值，在下面推荐的范围内。另外，对于传动系统，应当采用万向接轴，而不是齿式联轴器或滑块式联轴器。轴承座与机架间隙的建议范围见表4－15。

表4－15　轴承座与机架间隙的建议范围　mm

辊身直径	轴承座与机架的间隙	
	最小值	最大值
250～340	0.30	0.40
360～380	0.35	0.45
400～450	0.40	0.60
550～650	0.55	0.75
700～800	0.70	0.90

4.4.1.4 轴承座和辊颈的偏差标准

为保证良好的轴承功能，推荐表4-16~表4-19所列尺寸。

表4-16 推荐轴承座孔尺寸（米制系列轴承） μm

轴承外径/mm		轴承座孔标准公差		装配间隙		最大轴承座孔不圆度	允许的最大轴承座孔
以上	以下	以上	以下	以上	以下		
120	150	+25	+57	25	75	75	+150
150	180	+50	+100	50	125	100	+250
180	250	+50	+120	50	150	150	+300
250	315	+50	+115	50	150	150	+300
315	400	+50	+110	50	150	150	+300
400	500	+50	+105	50	150	150	+300
500	630	+50	+100	50	150	150	+300
630	800	+75	+150	75	225	200	+450
800	1000	+75	+150	75	250	250	+500
1000	1250	+100	+170	100	300	300	+600
1250	1600	+125	+215	125	375	350	+750

表4-17 推荐轴承座孔尺寸（英寸系列轴承） μm

轴承外径/mm		轴承座孔标准公差		装配间隙		最大轴承座孔不圆度	允许的最大轴承座孔
以上	以下	以上	以下	以上	以下		
—	304.8	50	75	25	75	150	+150
304.8	609.6	100	150	49	150	150	+300
609.6	914.4	150	225	74	225	250	+450
914.4	1219.2	200	300	98	300	300	+600
1219.2	1524.0	250	375	123	350	350	+750

表4-18 推荐辊颈外径尺寸（米制系列轴承） μm

轴承外径/mm		标准辊颈直径公差		轴承孔及辊颈间装配间隙		允许的最小辊径
以上	以下	以上	以下	以上	以下	
80	120	-150	-120	100	150	-300
120	180	-175	-150	125	175	-350
180	250	-200	-175	145	200	-400
250	315	-250	-210	175	250	-500
315	400	-300	-240	200	300	-600
400	500	-300	-245	200	300	-600
500	630	-300	-250	200	300	-600
630	800	-400	-325	250	400	-800

表 4-19 推荐辊颈外径尺寸（英寸系列轴承） μm

轴承外径/mm		标准辊颈直径公差		轴承孔及辊颈间装配间隙		允许的最小辊径
以上	以下	以上	以下	以上	以下	
101.6	127	-125	-100	100	150	-300
127	152.4	-150	-125	125	175	-350
152.4	203.2	-175	-150	150	200	-400
203.2	304.8	-200	-175	175	225	-450
304.8	609.6	-250	-200	200	301	-600
609.6	914.4	-325	-250	250	401	-800

4.4.2 串列轧机轴承的安装说明

4.4.2.1 准备和检查

A 轴承处理的注意事项

（1）直到安装前才可以打开轴承的包装。

（2）保持清洁的环境以预防轴承受到污物和杂质的影响。

（3）要小心处理轴承，不要对它施加大的冲击载荷。

（4）确定轴承部件有相同的检查编号，并且它们根据列编号合适地装配。

（5）在轴承检查之后，清洗干净，然后再安装好。

B 轴承安装的准备工作

（1）测量和控制辊颈和轴承座孔的直径、圆柱度和圆度。用油或砂纸把划痕和锈除去。

（2）把轴承座孔和润滑孔、辊颈及周围部件清洗干净。

C 轴承处理所需的设备

（1）安装和拆卸时，准备好特殊的设备和吊环螺栓（M8）。

（2）安装和拆卸时，准备好用黄铜或塑料锤子以维持轴承座中轴承的水平或调整倾斜的轴承。

4.4.2.2 UR、UF 轧机：水平辊/轴承安装

A 上/下辊的操作侧/传动侧：径向轴承的安装

步骤 1（见图 4-56）：

（1）把径向轴承座的外侧面向下放置在支撑垫木上。

（2）用油涂轴承座孔的表面。

（3）仔细检查列编号为 4 的外平挡圈的上下两端，把它装入轴承座。

（4）检查平挡圈和轴承座之间的每个接触情况保证紧密贴合。

（5）装配列编号为 4 的滚子、保持架和列编号为 3、4 的外圈，利用吊环螺栓将保持架提起。

（6）把这个装配件装入轴承座时，按外圈面上负荷区的标记（见图 4-55）调整负荷区域位置。

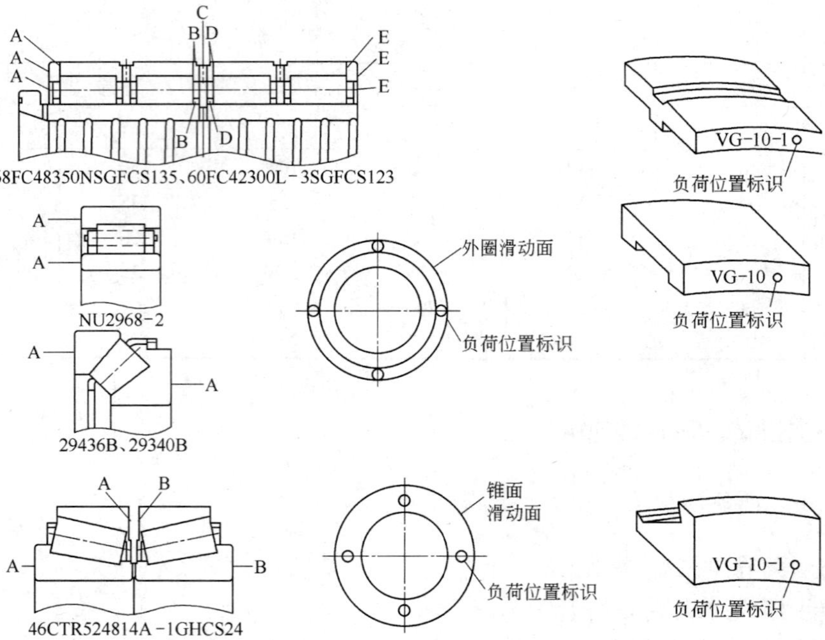

图 4－55 外圈负荷位置标识记号

径向轴承，图号 68FC48350NSGFCS135、60FC42300L－3SGFCS123，

外置轴承编号 NU2968－2

VG－10　　－1

检查编号　　列编号

位置　　示例

A　　VG－10－1

B　　VG－10－2

C　　VG－10－2、3

D　　VG－10－3

E　　VG－10－4

止推轴承，编号 29436B、29340B

VG－10　　－1

检查编号　　列编号

位置　　示例

A　　VG－10－1

立辊轴承，图号为 46CTR524814A－1GHCS24

VG－10　　－1

检查编号　　列编号

位置　　示例

A　　VG－10－1

VG－10－2

步骤 2（见图 4－57）：

（1）以同样的方法把列编号为 3 的滚子/保持架和列编号为 2、3 的外平挡圈提起来。

（2）把这个装配件安装到已提前装配好的外圈跑道里。此时，为了避免滚子和外圈跑道之间产生划痕，应把滚子推到中心位置。

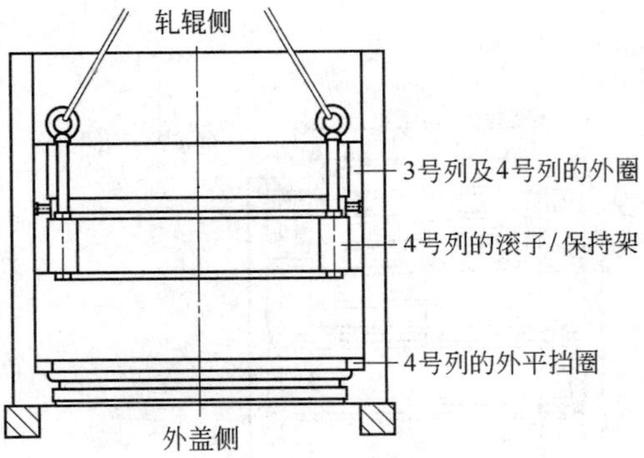

图4－56　步骤1装配图示

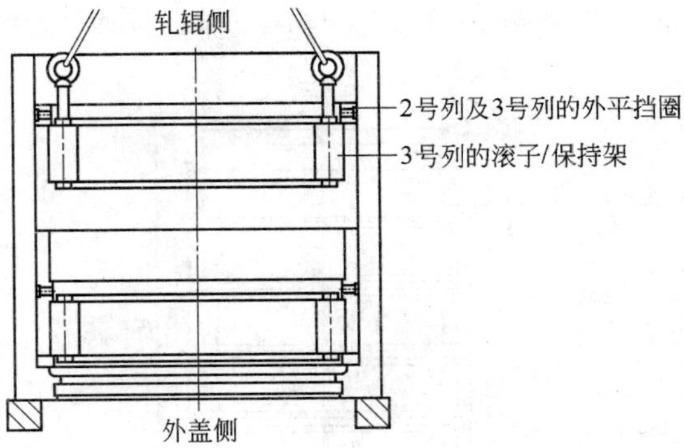

图4－57　步骤2装配图示

步骤3（见图4－58）：

（1）装配列编号2滚子/保持架和列编号1－2的外圈，和前面程序一样用吊环螺栓提升。

（2）把此装配件装入轴承座时，按外圈面上负荷区标记调整负荷区域位置。

步骤4（见图4－59）：

（1）用同样的方法提升列编号1的滚子/保持架和列编号1的外平挡圈。

（2）把此装配件装入已提前装好的外圈跑道。此时，为了避免滚子和外圈跑道之间产生划痕，应把滚子推到中心位置。

（3）上面的操作都完成了，在滚子上涂抹或喷油。

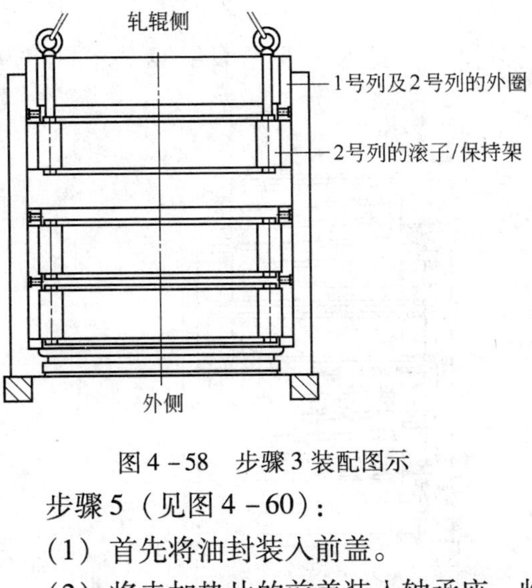

图4－58　步骤3装配图示

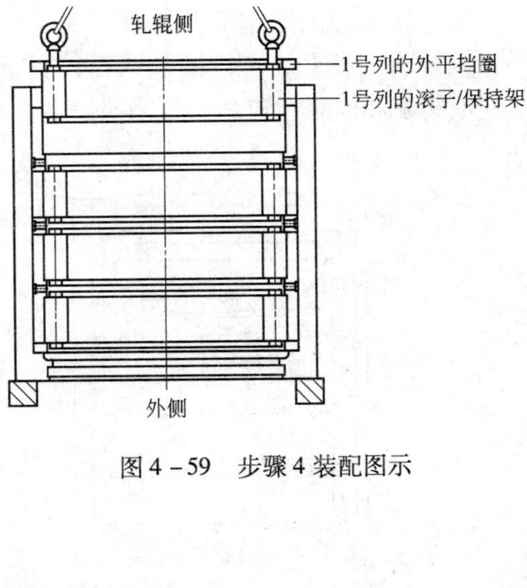

图4－59　步骤4装配图示

步骤5（见图4－60）：

（1）首先将油封装入前盖。

（2）将未加垫片的前盖装入轴承座，临时拧紧四条螺栓。

（3）用塞尺测量前盖和外平挡圈的轴向间隙（S）。

（4）按照公式 $S'=S+0\sim0.05(\mathrm{mm})$，调整垫片厚度（$S'$）。

（5）松开螺丝，把前盖从轴承座移走。

步骤6（见图4－61）：

（1）首先给内圈跑道涂抹油。

（2）把列编号1.2内圈装入已提前装好的外圈装配件。此时，要把滚子推入外圈跑道，以避免滚子和内圈跑道之间划伤的发生。

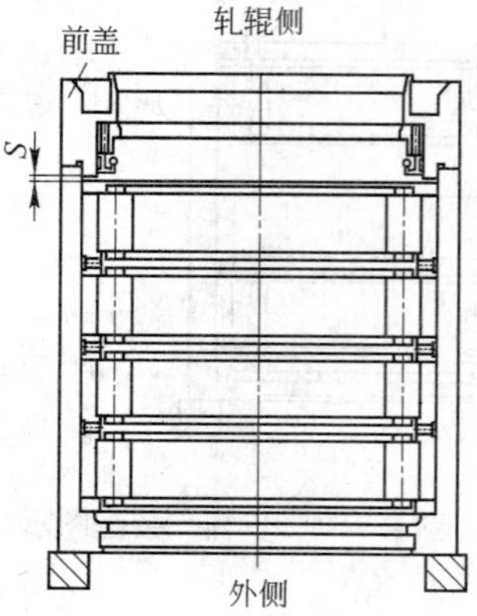

图 4－60 步骤 5 装配图示

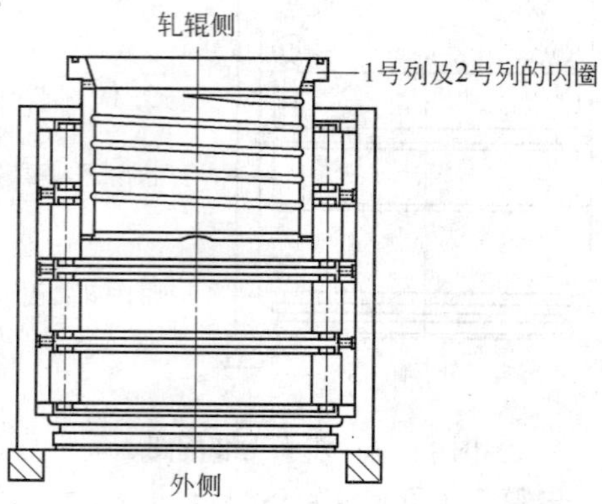

图 4－61 步骤 6 装配图示

步骤 7（见图 4－62）：

（1）将厚度已合适调整的调整垫片放在外平挡圈上。

（2）将带 O 形圈的前盖再次放入轴承座，并拧紧所有螺丝。此时，用油涂抹油封唇口。

步骤 8（见图 4－63）：

（1）在支撑木上放置轴承座（轧辊侧面向下）。

（2）预先在内圈跑道上涂油。

（3）将列编号 3.4 内圈放入已提前装好的外圈里。此时，要把滚子推入外圈跑道，以避免滚子和内圈跑道之间划伤的发生。

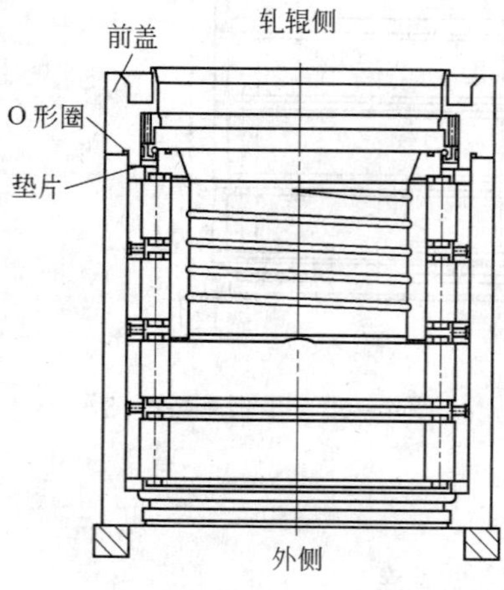

图 4－62 步骤 7 装配图示

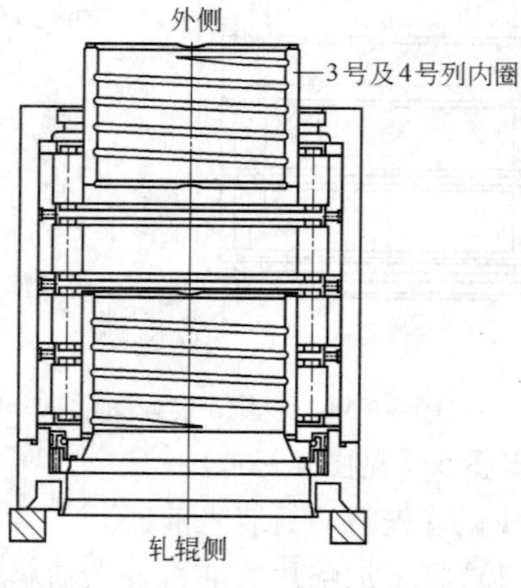

图 4－63 步骤 8 装配图示

B 上辊操作侧：止推轴承装配

步骤 1（见图 4－64）：

（1）把上辊止推轴承座放在支撑木上，并在止推轴承孔表面涂抹油。

（2）把外圈安装入未装弹簧的止推轴承座。检查轴承座和外圈每一个接触面。在外圈跑道上涂抹油。

（3）在涂油状态下装配其余轴承部件。

（4）用提升工具提升此装配件，并安装到止推轴承座。

（5）旋转两个内圈几次，以获得滚子间稳定的接触。

步骤 2（见图 4－65）：

（1）把弹簧盘装入止推轴承座。此时，弹簧盘必须以弹簧孔向上安装。

（2）把弹簧装入弹簧盘。

（3）把端盖放在止推轴承座上。

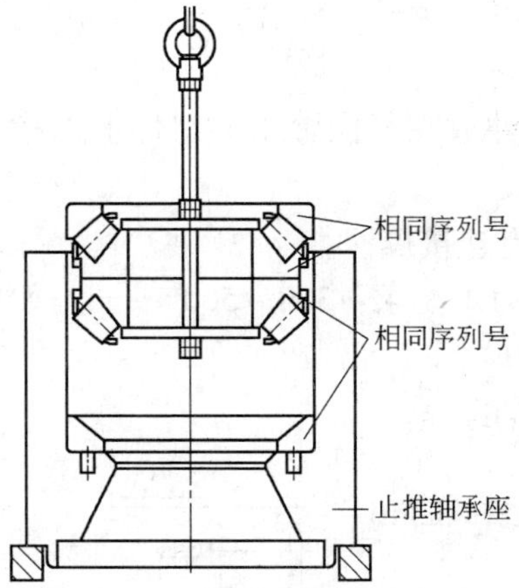

图 4－64　步骤 1 装配图示

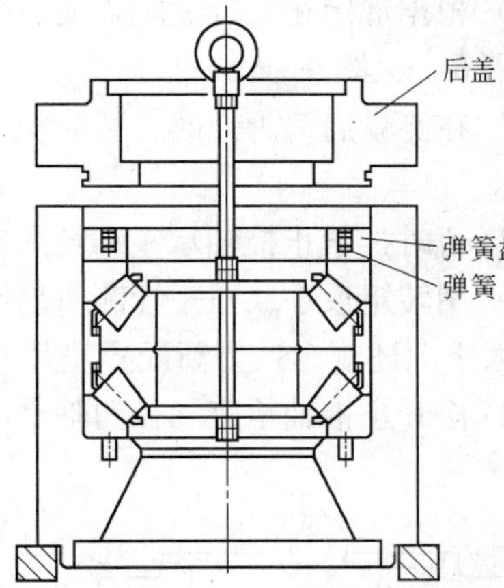

图 4－65　步骤 2 装配图示

步骤 3（见图 4－66）：

（1）根据规定扭矩拧紧端盖的四个螺栓。

（2）用塞尺测量弹簧盘和端盖间轴向间隙（S）。

（3）按公式 $S' = S + A$　A：0.037 ~ 0.063（mm）/目标值 = 0.05（mm）调整垫片厚度（S'）。在垫片厚度 0.05mm 时，能采用 100kN 的预载荷。

步骤 4（见图 4－67）：

（1）拆卸所有螺丝、端盖、弹簧盘和轴承组件。

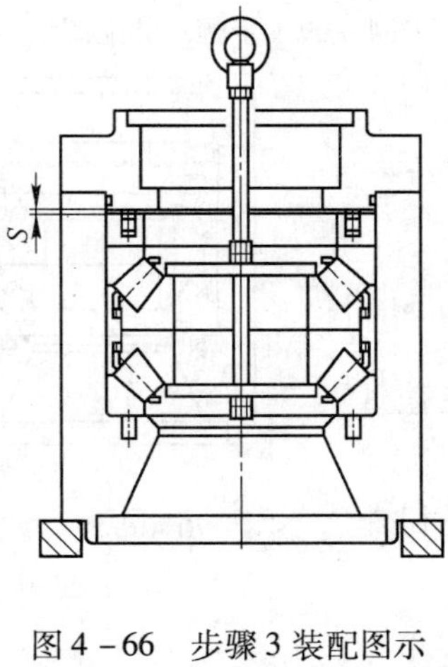

图 4－66　步骤 3 装配图示

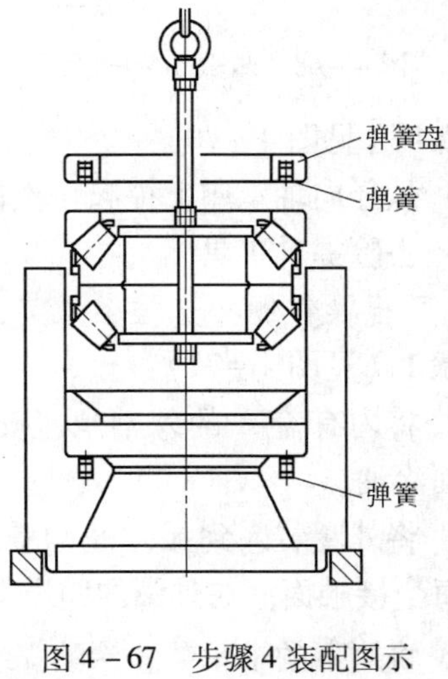

图 4－67　步骤 4 装配图示

（2）把弹簧装入止推轴承座底部弹簧盘。

（3）重新把轴承组件装入止推轴承座。

（4）弹簧孔面向下，安装弹簧盘。此时弹簧必须放入弹簧盘孔（最好把弹簧涂抹上润滑脂）。

步骤5（见图4－68）：

（1）把适当的垫片放入弹簧盘。

（2）把装有O形圈的端盖放在止推轴承座上。

（3）根据规定扭矩拧紧端盖所有螺栓。

步骤6（见图4－69）：

（1）在测量启动力矩时，暂时把止推轴承座组件放在径向轴承座组件上以稳定止推轴承座。

（2）暂时拧紧止推轴承座和径向轴承座之间所有连接螺栓。

（3）用转矩扳手或扭矩计测量启动力矩。启动力矩要求：300～500N·m。如果测量的结果大于上述规定，重新配置垫片厚度。

（4）松开止推轴承座和径向轴承座之间所有连接螺栓。

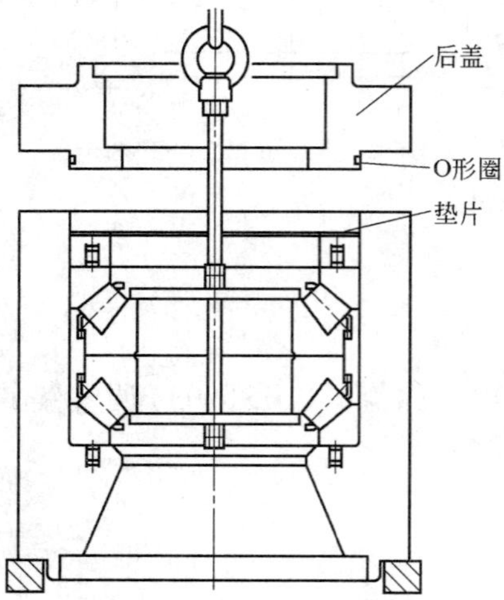

图4－68 步骤5装配图示

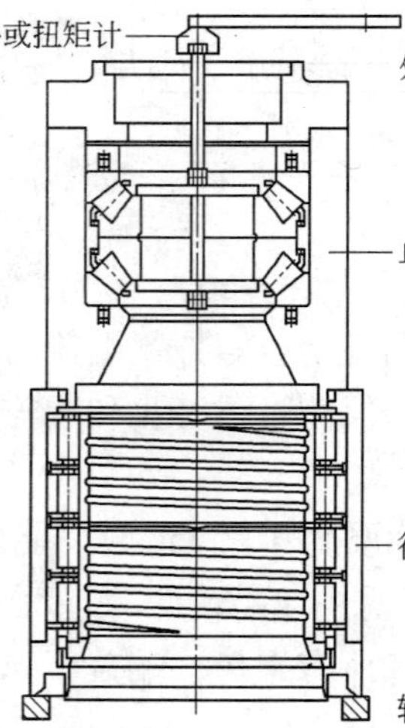

图4－69 步骤6装配图示

步骤7（见图4－70）：

（1）从径向轴承座上提起止推轴承座并放在支撑木上。

（2）去除提升工具。

C 下辊操作侧：止推轴承装配

步骤1（见图4－71）：

（1）将内有盖A的外轴承座安放在支撑木上并在盖A的孔表面涂油。

（2）将外圈装入到无弹簧的盖A中。检查轴承座和外圈之间每个接触面。在外圈的跑道上涂一层油。

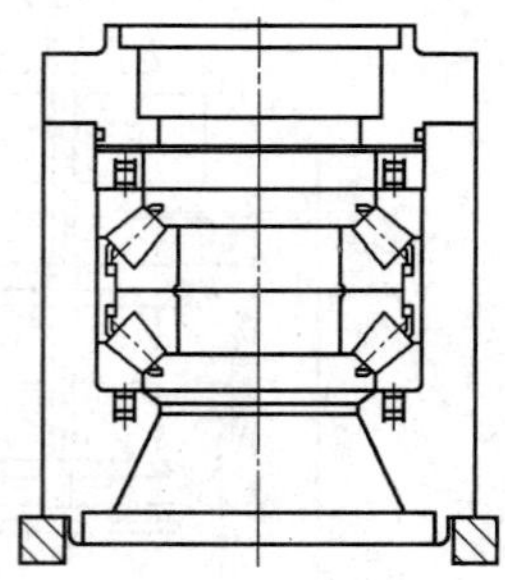

图4－70 步骤7装配图示

（3）将剩下的轴承装置涂油安装。

（4）用起重机将这些部件吊起，然后把它们安装到止推轴承座里。旋转两个内圈几次，以保证滚子的良好接触。

步骤2（见图4－72）：

（1）将没有弹簧的盖B安装在盖A上（然后，没有必要再紧固螺栓）。

（2）用塞尺测量盖A和盖B的轴向间隙（S），在盖B外侧的两个槽。

（3）按照后述的公式调整间隙的厚度，$S' = S + (0 \sim 0.025)(mm)$。目标：0mm。然而，一定不可预加负荷（仅在有弹簧时才能预加负荷）。

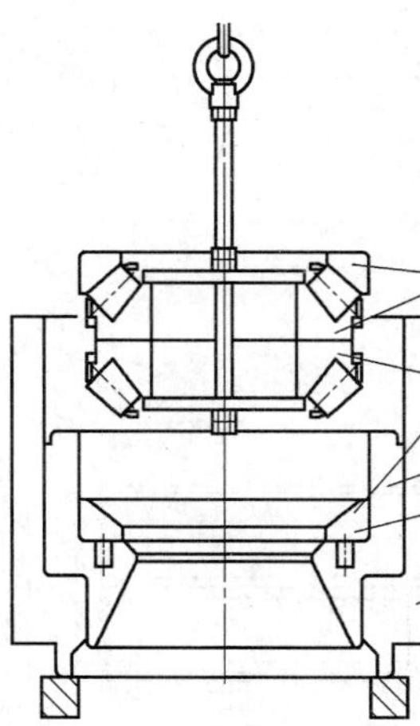

图4－71 步骤1装配图示

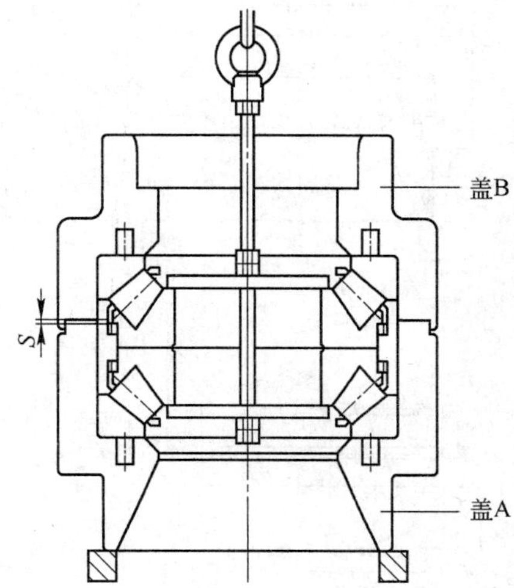

图4－72 步骤2装配图示

步骤3（见图4－73）：

（1）移走盖B和轴承组件。

（2）弹簧装入盖A的弹簧孔中。

（3）重新将轴承装配件装入到盖A中。

（4）根据测量间隙在盖A上放置垫片。重新将盖B放在盖A上。同时，弹簧必须放在盖B的孔中（最好在弹簧上涂一层润滑油）。

步骤4（见图4－74）：

（1）对角固定盖B上的所有螺栓。

（2）最后，确认是否在下侧外圈与盖A之间或上侧外圈与盖B之间的间隙（间隙值：大约0～0.025mm）。

D 上辊传动侧：外置轴承的装配

步骤1（见图4－75）：

（1）将外侧轴承座装到支撑木上，并在轴承座孔的表面涂油。

（2）将外圈、滚子、保持架的装配件安装到外侧轴承座内。

步骤2（见图4－76）：

（1）预先将油封圈装入到挡盖中。

（2）把无垫片的盖安装在外侧轴承座上，暂时紧固四个螺栓。

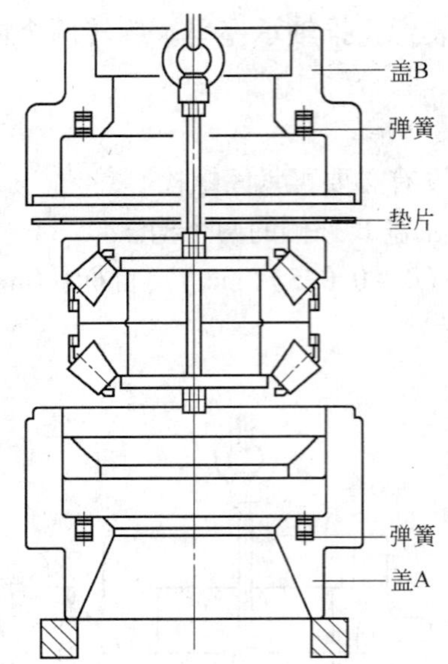

图 4－73 步骤 3 装配图示

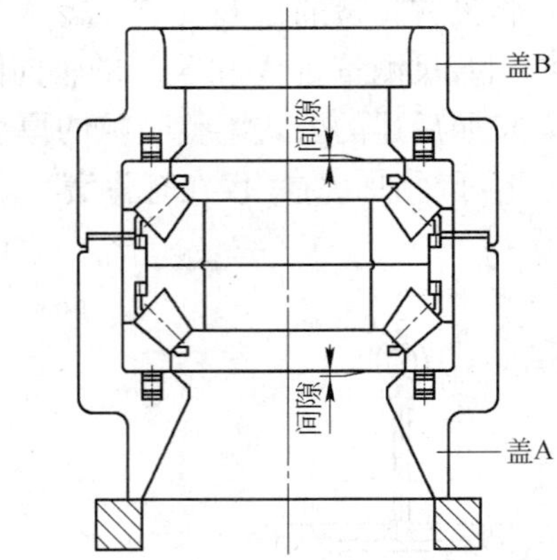

图 4－74 步骤 4 装配图示

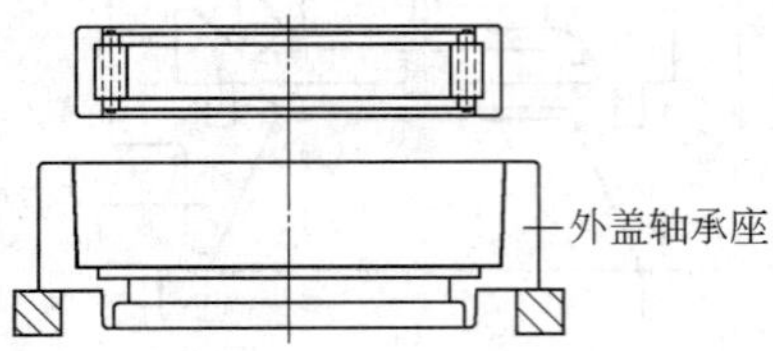

图 4－75 步骤 1 装配图示

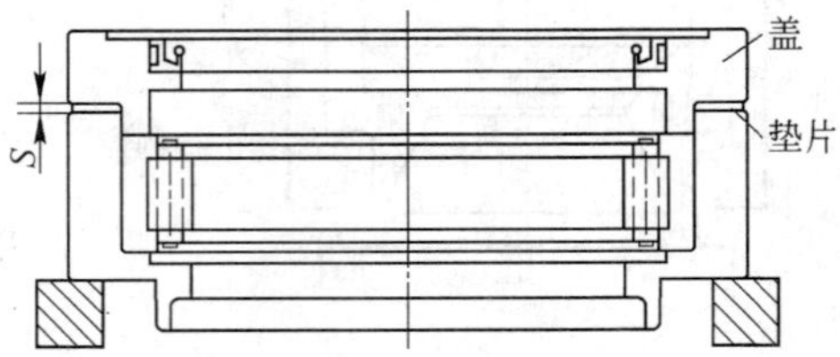

图 4－76 步骤 2 装配图示

(3) 用塞尺测量盖和外侧轴承座的轴向间隙（S）。

(4) 按照下面的公式调整垫片厚度（S'）。$S' = S + (0 \sim 0.025)$（mm）。

(5) 拆卸螺栓和盖板。

(6) 重新将调整好的垫片和盖安装到外侧轴承座上。根据规定扭矩拧紧所有的螺栓。然后在油封唇口和滚子上涂油。

E 上辊/下辊－操作侧：径向轴承座和止推轴承座的安装

步骤 1（见图 4－77）：

(1) 将止推环置于内圈上。

(2) 把油封放入径向轴承座内。

步骤 2（见图 4－78）：

(1) 将止推轴承座部件装入已提前装好的径向轴承座里。

(2) 在止推轴承内圈孔表面和止推环的表面涂油。

(3) 紧固连接径向轴承座和止推轴承座的所有螺栓。同时，注意密封唇口不能翻转，应预先在密封唇口涂油。

步骤 3（见图 4－79）：

(1) 将丝圈装入止推轴承座中。同时保证键的位置（在丝圈上配置）应对应于键槽（在止推环侧面配置）。

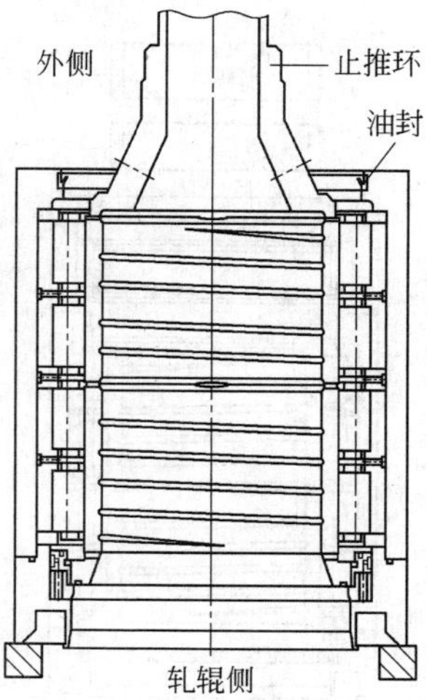

图 4－77　步骤 1 装配图示

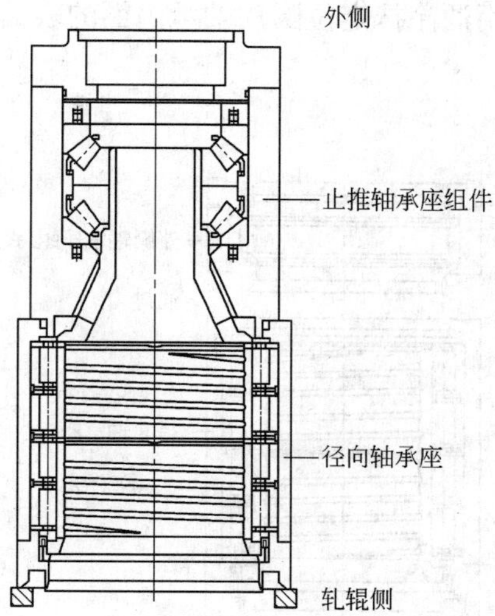

图 4－78　步骤 2 装配图示

（2）将垫板放在端盖上，紧固所有的螺栓。

步骤 4（见图 4－80）：

（1）在端盖上安装油封和垫板，紧固所有的螺栓。

（2）把螺纹套安装到丝圈上。

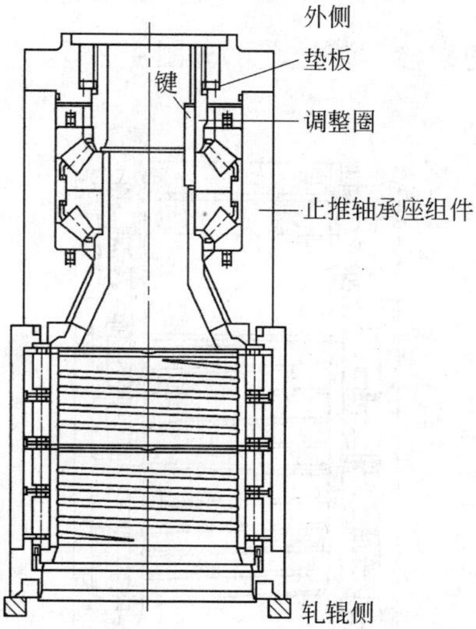

图 4－79　步骤 3 装配图示

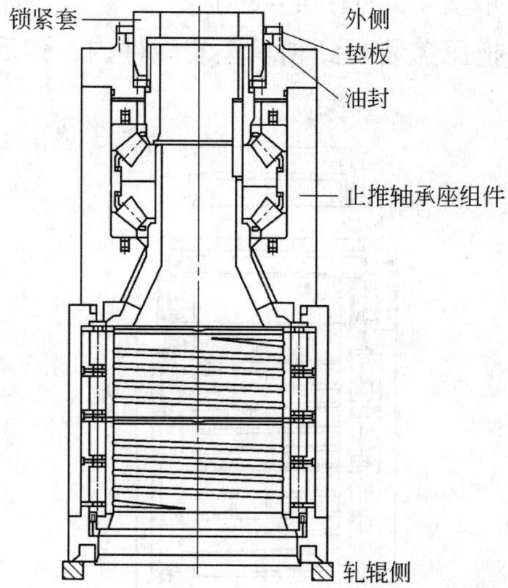

图 4－80　步骤 4 装配图示

F　上辊—传动侧：径向轴承座和外侧轴承座的装配

步骤 1（见图 4－81）：

（1）把油封放入径向轴承座内。

（2）把外侧轴承座的装配件放在已提前装好的径向轴承座上，并紧固所有的螺栓。同时，注意不要把密封唇翻转，提前用油涂密封唇口。

步骤 2（见图 4－82）：

用油涂抹定位圈和轴承内圈的表面。把定位圈和轴承内圈装配到轴承座装配件。

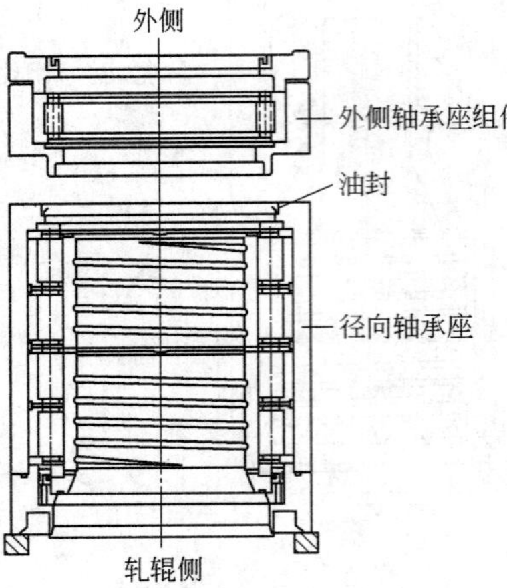

图 4-81 步骤 1 装配图示

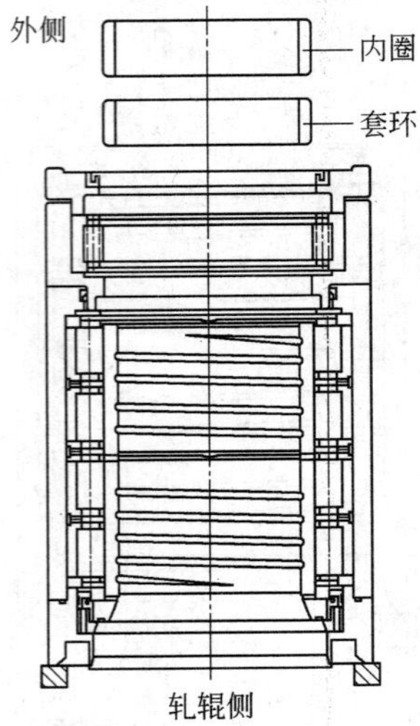

图 4-82 步骤 2 装配图示

步骤 3（见图 4-83）：

（1）用油涂密封唇口和螺纹套唇口的滑动面。

（2）把螺纹套装配到轴承座装配件内，同时，注意不要把密封口翻转。

步骤 4（见图 4-84）：

把压盖装配到轴承座装配件内，然后紧固所有的螺栓。装配图示见图 4-85。

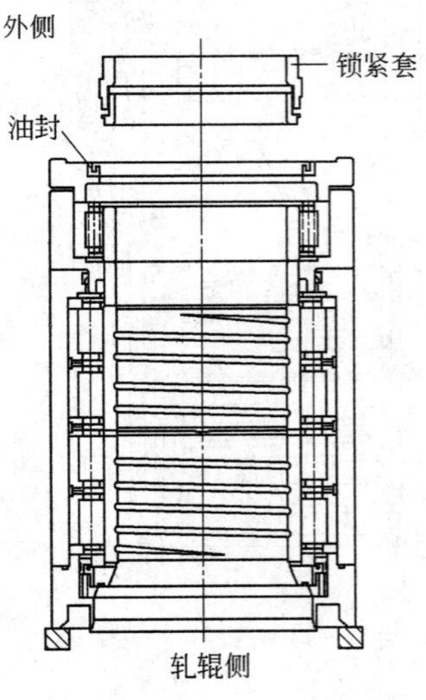

图 4-83 步骤 3 装配图示

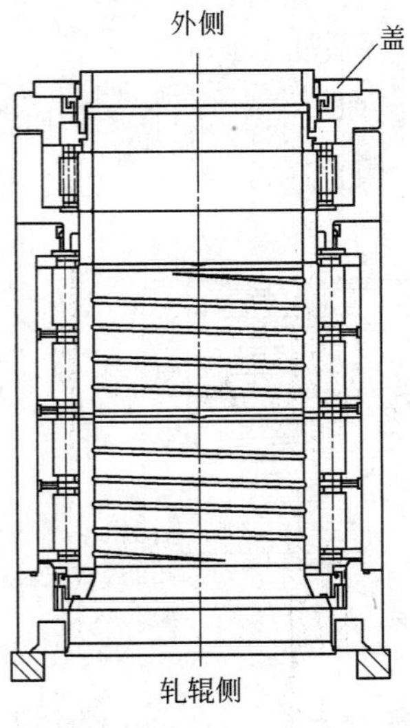

图 4-84 步骤 4 装配图示

4.4.2.3 UR、UF 轧机：水平辊/轴承座的装配

当紧固螺纹套时，在螺纹套端面和半环之间，按下面调整轴向间隙：

在操作侧：无轴向间隙（尽可能紧固螺纹套）。

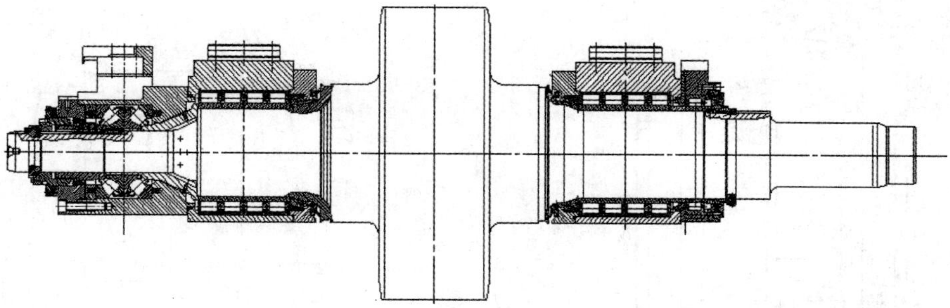

图 4－85 装配图示

在传动侧：轴向间隙是 0.3～0.7mm（松开轴承座螺母）。

4.4.2.4 UR、UF 轧机：立辊/轴承的装配

步骤 1（见图 4－86）：

（1）先在油槽中把辊加热到 80～100℃。

（2）把列编号为 2 的外圈放在支撑环上。

（3）从油槽中提起立辊，然后立刻擦干立辊孔表面的油。

（4）把立辊放在列编号为 2 的外圈上。

（5）立刻把列编号为 1 的外圈装配到立辊里。

步骤 2（见图 4－87）：

（1）把支撑环放在列编号为 1 的外圈上，然后，把支撑木放在支撑环上。

（2）另一个立辊作为重物放置在支撑木上，使外圈和立辊肋之间为 0 间隙。

（3）等待冷却。

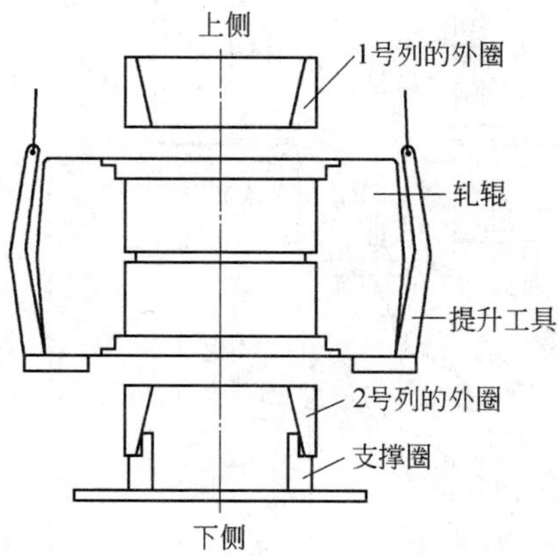

图 4－86 步骤 1 装配图示

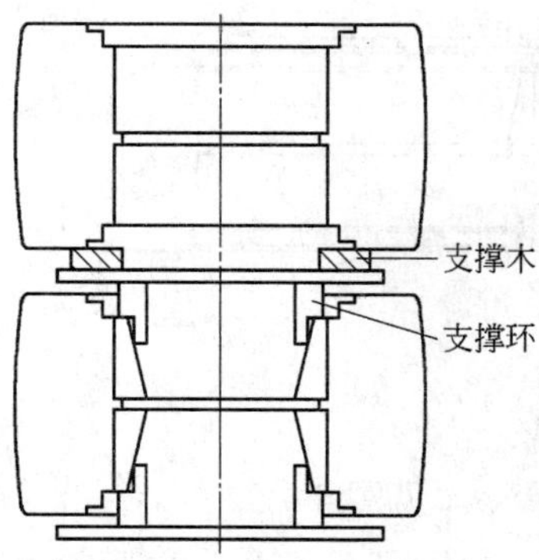

图 4－87 步骤 2 装配图示

步骤 3（见图 4－88）：

在温度冷却之后，把油封装入立辊内。同时，注意每个油封的方向。然后用黄铜或塑料锤通过木板轻轻地敲打油封。

步骤 4（见图 4－89）：

（1）在下侧的轴和盖装配后，把这个装配件（下侧面朝下）放在支撑木上。

（2）把垫片放在盖上，并将油涂在轴上。

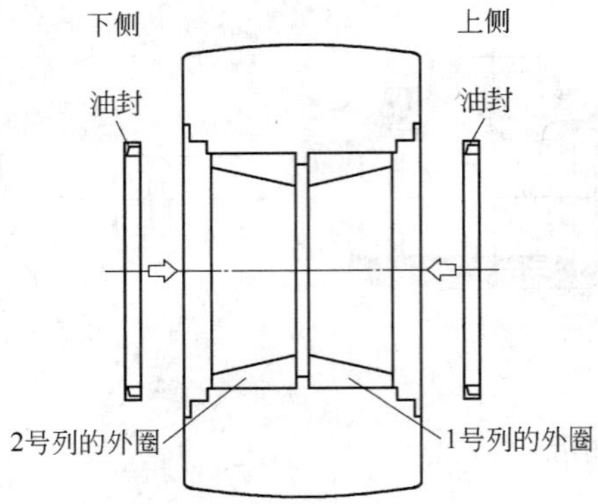

图 4－88 步骤 3 装配图示

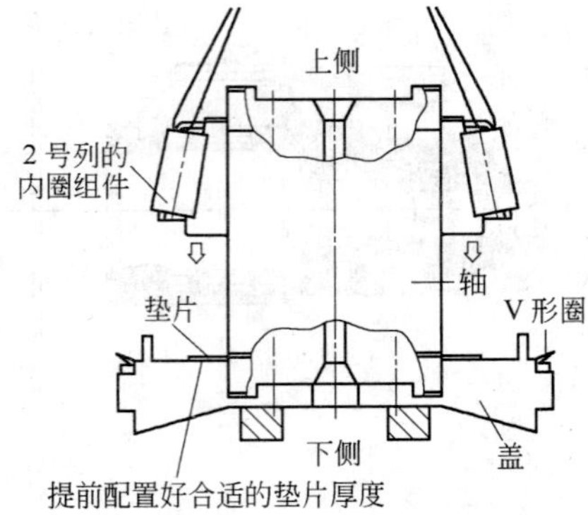

图 4－89 步骤 4 装配图示

（3）把 V 形圈放在盖上。

（4）然后，把列编号 2 的内圈组装装入到轴上。

步骤 5（见图 4－90）：

（1）把立辊（底端面朝下）放在支撑木上。

（2）把列编号为 1 的内圈装配件装入到立辊里。

（3）提起此装配件。

步骤 6（见图 4－91）：

把立辊的装配件放入到轴装配件中。提前用油涂滚子、外圈跑道、油封唇口和 V 形圈唇口。

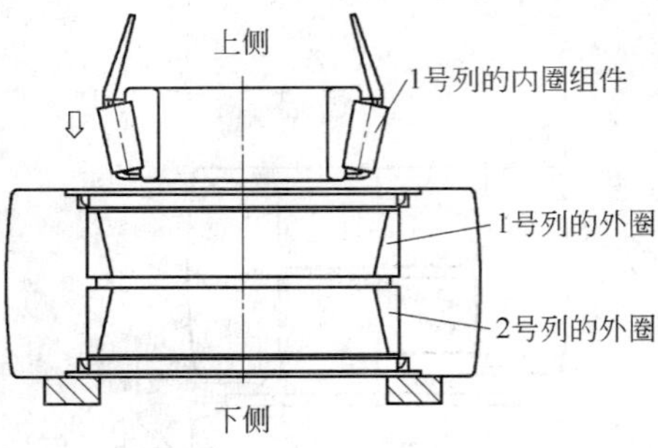

图 4－90 步骤 5 装配图示

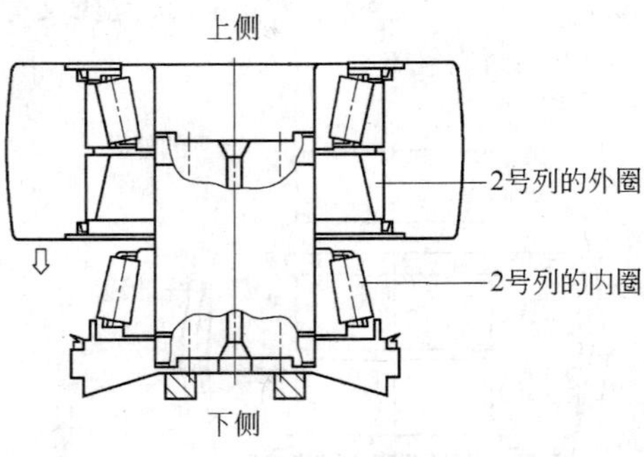

图 4－91 步骤 6 装配图示

步骤 7（见图 4－92）：

（1）为使两个盖之间的距离（X）达到规定的技术要求，在盖厚度（C_1，C_2）检测结果及内圈宽度（B）的检测数据的基础上，可以正确地设置垫片的厚度（S_1，S_2）。

（2）把正确设置的垫片厚度放在列编号为 1 的内圈上。

（3）把上侧带有 V 形圈的盖放入到轴装配件中，并同样地紧固盖上的所有螺栓。

（4）检测两个盖之间的距离（X），以确定在规定的技术要求内的尺寸。如果检测结果（X）在规定的技术要求之外，再次重新设置垫片厚度。

（5）检测上端盖和轴端面之间的轴向间隙（S）。

（6）以下列等式为基础调整垫片厚度（S'）：$S' = S - (0 \sim 0.050)$mm。

步骤8（见图4－93）：

（1）移走所有螺栓及上端盖。

（2）把垫片放在轴上。

（3）在规定扭矩的基础上紧固上端盖的所有螺栓。

（4）最后，确认距离（X）是否达到了规定的技术要求。

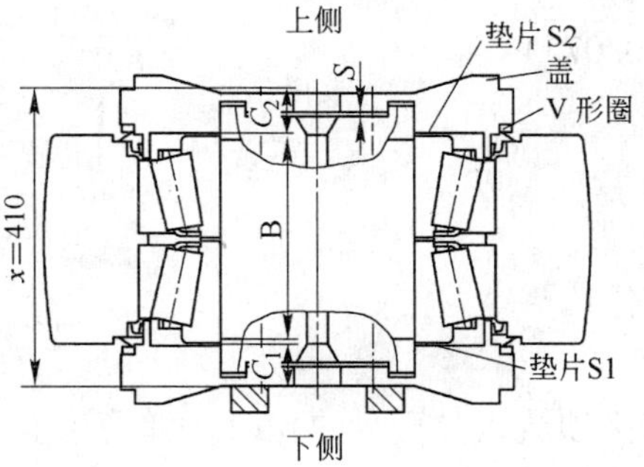

图4－92　步骤7装配图示

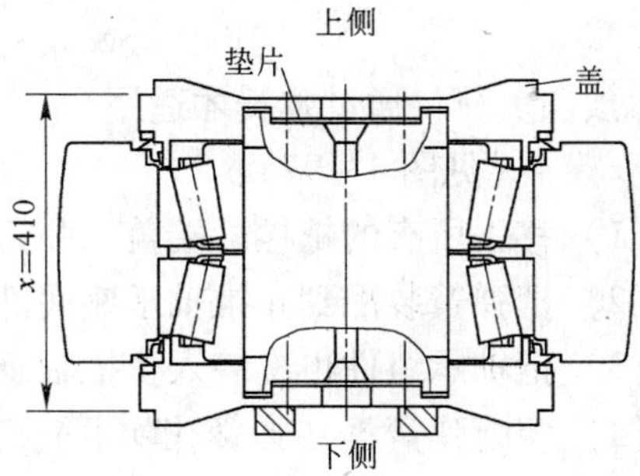

图4－93　步骤8装配图示

4.4.2.5　E轧机：轴承的装配

上辊－操作侧：止推轴承的装配。

步骤1（见图4－94）：

（1）把上辊的止推轴承座放在支撑木上，并用油涂止推轴承座孔的表面。

（2）把外圈装配到无弹簧的止推轴承座里。检查轴承座和外圈之间的每个接触面。用油涂外圈的跑道。

（3）装配其余轴承装置（涂油状态）。

（4）用提升工具提起此装配件，并装入止推轴承座。

（5）转动两个内圈若干次，以到达滚子的平稳接触。

步骤2（见图4－95）：

（1）把弹簧盘装配到止推轴承座内。此时，弹簧盘须以弹簧孔端朝上装配。

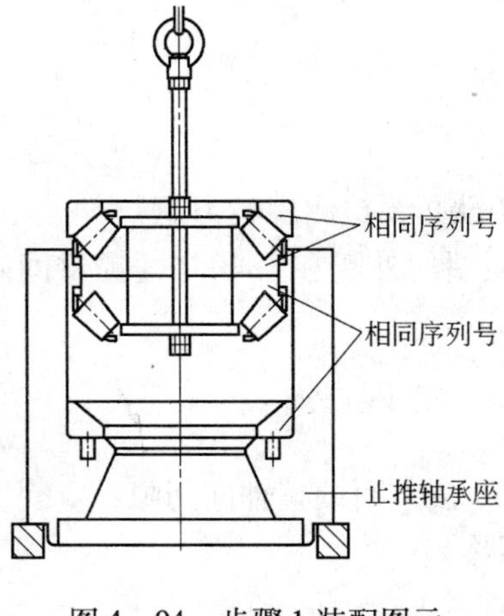

图4－94　步骤1装配图示

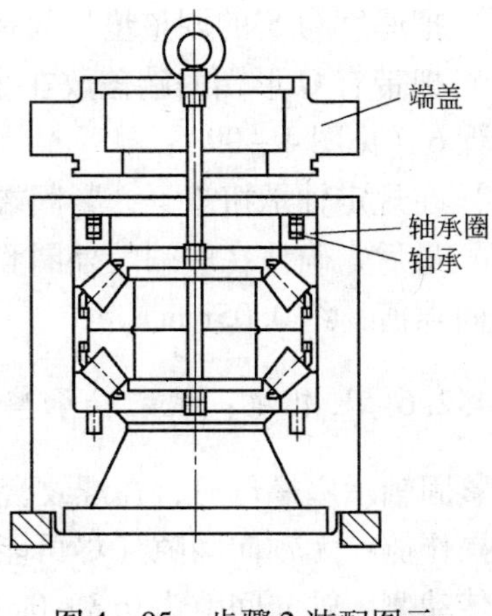

图4－95　步骤2装配图示

（2）把弹簧装配到弹簧孔内。

（3）把端盖放在止推轴承座上。

步骤3（见图4－96）：

（1）在固定扭矩的基础上，紧固端盖的四个螺栓。

（2）通过塞尺，检测止推轴承座和端盖之间的轴向间隙（S）。

（3）在下面公式的基础上，调整垫片厚度（S'）。

$$S' = S - (0.025 \sim 0.075)$$

（预加负荷仅通过弹簧才适用）

步骤4（见图4－97）：

（1）移去所有的螺栓、端盖、弹簧盘及轴承组件。

（2）把弹簧装配到止推轴承座底部的弹簧孔内。

（3）把轴承组件再次装入止推轴承座内。

（4）装配弹簧盘（弹簧孔朝下）。同时，弹簧必须放入弹簧盘的孔内（弹簧涂上干油更好）。

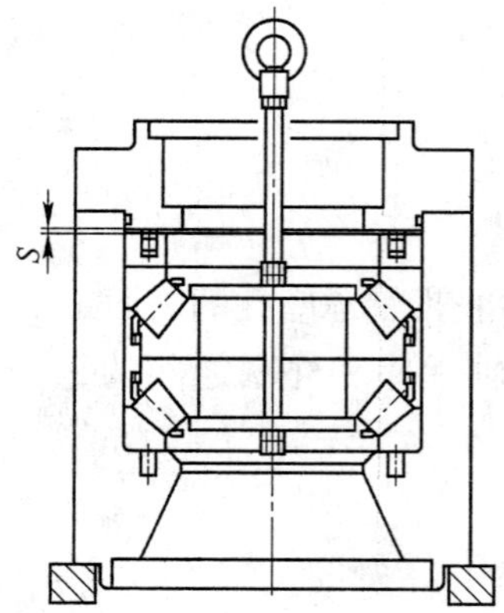

图4－96 步骤3装配图示

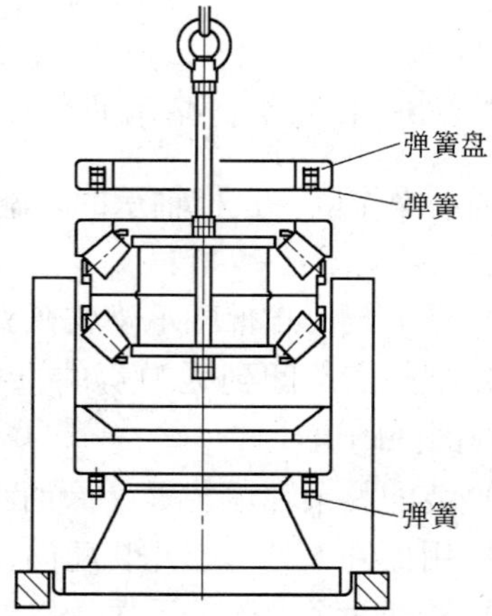

图4－97 步骤4装配图示

步骤5（见图4－98）：

（1）把厚度为S'的调整垫片放在弹簧盘上。

（2）把带有O形圈的端盖放在止推轴承座上。

步骤6（见图4－99）：

（1）在规定轴承扭矩下，紧固端盖的所有螺栓（没必要检测旋转力矩）。

（2）最后，确认在底端的外圈和盖A之间或在顶端的外圈和盖B之间提供间隙是否有效（间隙值：约0.05mm）。

4.4.2.6 E轧机：装配轴承座到轧辊上

当紧固轴承座螺母时，在螺纹套端面和半环之间，按下面调整轴向间隙：

在操作侧：无轴向间隙（尽可能地紧固轴承座螺母）。

在传动侧：轴向间隙为0.3～0.7mm（松开连接螺栓）。

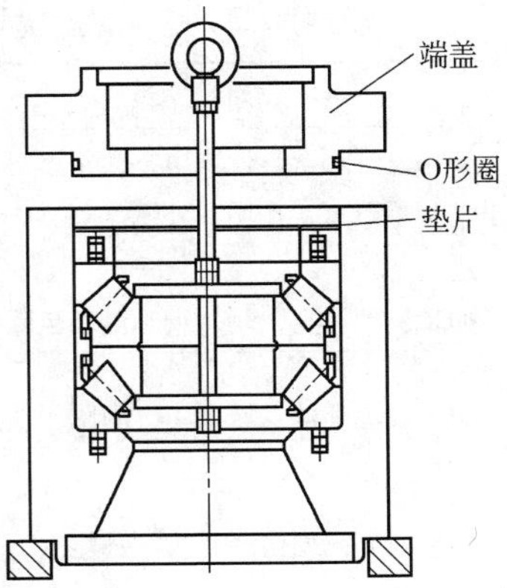

图 4－98　步骤 5 装配图示

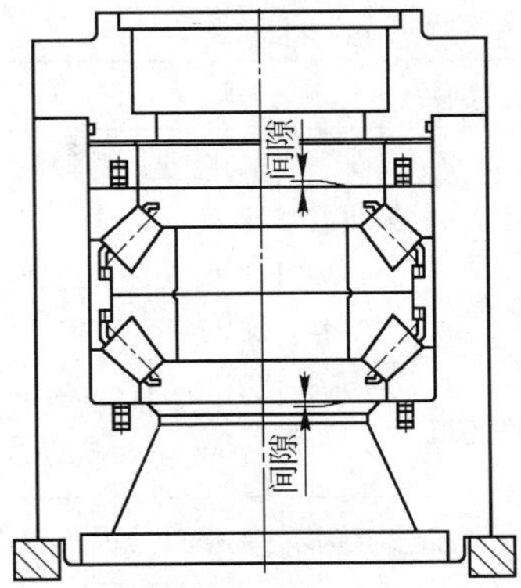

图 4－99　步骤 6 装配图示

轴承装配见图 4－100。

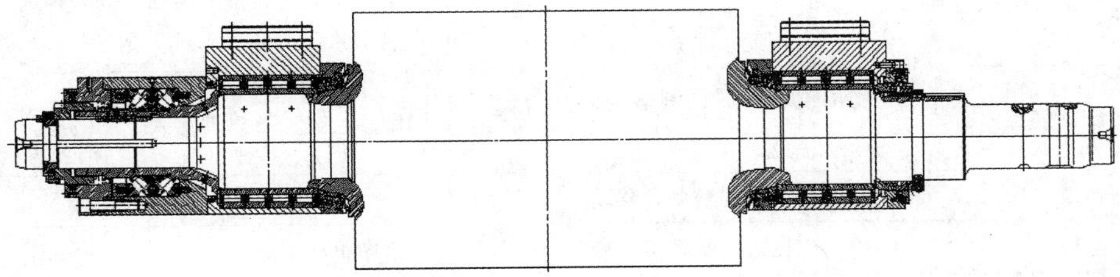

图 4－100　装配图示

4.4.2.7　轴承的维修和检查

滚子和跑道表面滚动接触，不可避免地在运行一段时期后会产生疲劳。为了延长轴承的疲劳寿命及预防运行期间不可预计的故障，有必要正确地维修和定期检查。

A　大修

在运行一段时期后，把整个轴承从轴承座中移出，拆卸并冲洗，然后检查轴承的状况。此时，用煤油冲洗轴承两遍（预冲洗和最终冲洗）。大修检查项目见表 4－20。

表 4－20　大修检查项目表

检查项目	检 查 点	对　　策
检查轴承检查编号、列编号及负荷区域号	检查轴承检查编号、列编号及负荷区域号的正确装配	
检查外圈外表面和轴承座孔表面	检查摩擦腐蚀的状况	如果摩擦腐蚀严重，用 500 号砂纸或油石去除，正确检测和控制轴承座的内径公差
检查外圈跑道	检查滚子接触印迹是否正常； 检查是否出现任何剥落，并检查其程度； 检查是否出现任何污点，并检查其程度	如果发现剥落，用微型修磨机打圆剥落的边缘，然后用油石平滑表面。重装配外圈以便在无负荷区域中重新定位修复位置； 如发现污点，用砂纸或油石去除。如污点严重，重新装配油杯，以便在无负荷点中重新定位修复位置

续表 4－20

检查项目	检查点	对　策
检查滚子的滚动接触面	检查是否出现任何剥落，并检查其程度； 检查是否出现任何污点，并检查其程度	如果发现剥落，原则上，滚子不可使用。如果剥落不严重，按照和外圈修理方式一样，能使用； 如果发现污点，用砂纸和油石去除
检查内圈跑道	检查是否在通过轧辊和保持架之间的间隙有剥落	如果发现剥落，原则上，内圈不能用
检查滚子端面和内圈的肋面	检查是否出现任何划痕或划伤，并检查其程度	如果划痕或划伤严重，它不能用
检查内圈孔表面和辊颈的表面	检查是否出现任何磨损	如果磨损严重，用 500 号砂纸或 500 号油石修理，正确地检测和控制辊颈的外直径公差
检查腐蚀	检查是否出现任何磨损腐蚀	用砂纸或油石修理腐蚀。如果腐蚀严重，检查油中的含水量和油封状况
检查布氏硬度	当出现剥落时，剥落的碎片可能引起渗入	用砂纸或油石修理渗入
检查保持架	检查保持架的松度和移动	
检查油封	检查密封唇口的磨损和硬化	定期更换油封

拆卸和检查的间隔：推荐在运行 6 个月后，做第一次大修；
此时，以改变负荷位置方式重新装配外圈。依据轴承的状况，延长到一年的间隔是可能的

B　日常检查

当工作辊为了重新修磨需从轴承座上拆卸下来时，应检查下列情况（无需拆卸轴承）：

（1）轴承内部是否有剥落碎片，并且也检查在剩余的油中是否有剥落碎片。如果发现剥落碎片，立即拆卸轴承做深入检查。

（2）检查油封的状况，看是否有磨损或硬化出现。

（3）剩余油是否有乳化现象。如发现乳化，应检查密封圈是否损坏。

5　冷热锯与冷床

5.1　热锯

5.1.1　设备布置和技术参数

热锯位于主轧跨串列轧机机后延伸辊道末端，主要用于将轧件进行倍尺分段、取样或切尾。技术参数：

锯片转速	$n=1500\text{r/min}$
伞齿轮传动比	$i=1$
锯片前进速度	10～300mm/s
回退速度	450mm/s
锯片直径	1650～1800mm

5.1.2　设备组成

热锯由摆动机构、锯片旋转传动机构和锯片夹紧机构组成，配合锯机使用的有可升降的锯台。热锯结构示意见图5－1。

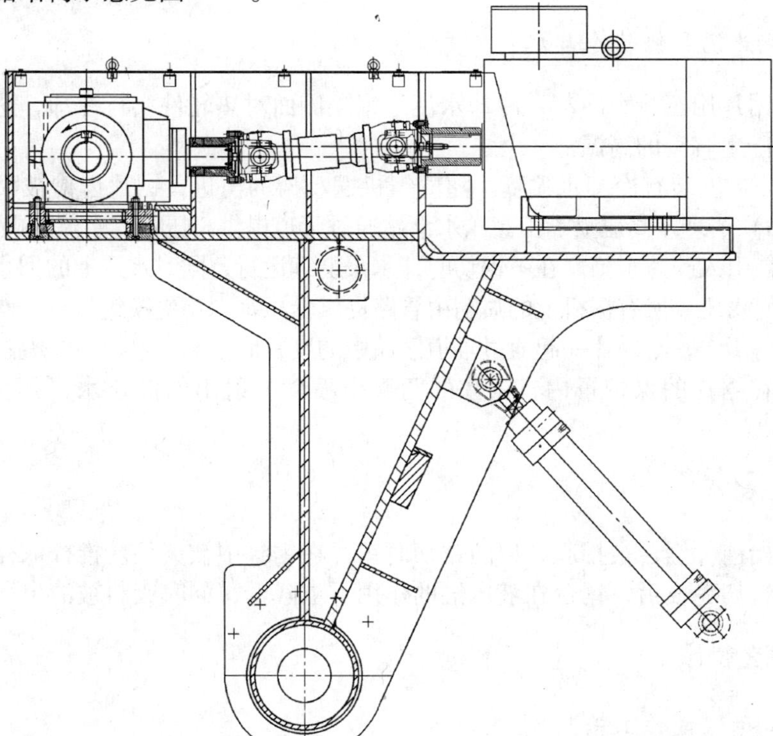

图5－1　热锯结构示意图

5.1.2.1 摆动机构

摆动机构由一个液压缸驱动，液压缸则由比例阀来控制。当锯切时电机负载大，进给速度会减慢。

通常进给速度在 10 ~300mm/s 之间变动。完成每一次锯切动作，油缸都要经过一个完整的行程。锯切开始之后，锯片以最大允许速度（启动行程）接近轧件，并在接近轧件前减速，以预定速度开始锯切（工作行程）。锯切在电动机高负载（大面积接触）的情况下，速度会减小。摆式锯回退速度为 450mm/s。

5.1.2.2 锯片传动

锯片由一台三相鼠笼式电动机通过万向接轴、安全离合器和伞齿轮系统驱动。伞齿轮箱底部有冷却水箱，对箱体进行冷却。

锯片盘用来确定锯片的中心位置，并有 6 个安装螺栓固定预装在锯片盘上。锯片盘的凸缘与锯片紧密接触，可增加锯片的刚度。预装好的锯片最终由 1 个液压螺母夹紧、2 个定位销定位。

锯片三分之二的区域由锯片保护罩包围着，可有效保护操作人员的安全。

锯屑的大部分也被保护罩收集起来并运走。

5.1.2.3 循环润滑油

润滑油站提供给伞齿轮工作所必需的润滑油，除起到润滑作用外，还可以带走热量（流量 15L/min）。

5.1.2.4 热锯和锯片冷却水

齿轮箱和锯片用工业水冷却，冷却水流经锯摆侧面对热轧件实行冷却，这样，就会防止伞齿轮系统产生有害的高温。

锯片保护罩内安装有冷却水喷嘴，随着锯机摆动架的前进，锯片齿槽被喷出的高压水（压力约 10MPa）清理。高压喷嘴由高压水泵站通过管道提供高压水，水流由电气设备控制。同时，高压水被引入碎片水槽。在不锯切时，水泵继续运行，同时水泵上的回水阀打开，水泵不会产生任何水压。所有锯机上的喷嘴由管路提供低压水。当更换锯片时，水流必须被关闭。冷却水和高压水，与碎片一起通过辊道区域中的废料溜槽和/或碎片水槽流入水池。

水嘴安装在锯片的保护罩内，锯片的两侧由喷嘴喷射出的高压水（压力为 10MPa）来清理。

5.1.2.5 锯台

在锯切开始前，锯台被抬起，以防锯切时锯片在锯缝中被夹住。推杆取样夹把废料推进废料溜槽。锯切完成后，锯台在液压缸的作用下被降低，同时废料被清出。

5.1.3 热锯工艺操作

5.1.3.1 热锯操作工艺制度

（1）轧件头尾如有轧制和冶炼缺陷，必须锯切干净，缺陷部位尺寸超过 1200mm 时，需分2次或2次以上锯切。

(2) 热锯正常情况下，锯切速度选择：钢是红色或暗红色，速度给定“500”。如果钢已看不见颜色最好不要锯切，让冷锯完成切尾。

(3) 推动器长度选择：推动器原位到定位的长度为770mm，根据规格设定参数（770 − H宽度 − 10）×10mm。

(4) 锯切长度控制：根据轧制品种设定锯切分段长度，从而给定倍尺长度值。倍尺长度给定值必须“ >4500”。

(5) 自动操作过程中将“手动 − 自动”按钮选择到“自动”，钢过来后必须在辊道上停住，辊道电流数字显示为“0”后，方可按下锯循环，并密切监控热锯锯切界面的设备信号、数据及电流。如果电流强度不低于650A时，锯将自动停止（正常锯切过程中，电流强度不高于480A）。

5.1.3.2 锯片更换工艺技术操作

A 热锯锯片检查

(1) 在CP5/1操作台上 按下“锯片装置停止”按钮，将“自动 − 手动 − 检修”按钮选择到“检修”；在CP5/1操作台上，释放LD − HS2操作台；悬挂禁止操作牌；在LD − HS2热锯操作台上，手动打开锯片罩，关闭高压冷却水。

(2) 打开锯片保护罩后关闭液压阀台阀门。

(3) 如有下列情况之一，必须更换锯片：

1) 锯片直径小于1650mm；

2) 锯片连续断齿2个以上；

3) 锯片有裂纹，长度超60mm；

4) 锯片有椭圆，瓢曲现象；

5) 锯片磨损严重，影响型钢质量。

B 锯片拆卸步骤

(1) 确保液压泵快速连接接头与液压螺母接头清洁，并连接。

(2) 向右旋转快速接头星形套，液压螺母单向阀打开，压力释放。

(3) 用起重机上吊具夹住锯片。

(4) 旋转梅花形卡环。

(5) 打开液压泵泄流阀使油回到油箱，压力被完全释放，拆卸液压泵高压软管。

(6) 把锯片和锯片盘放置锯片架上。

C 锯片安装

(1) 把预装好锯片用起重机吊起，放到锯片毂上，直至梅花形卡环可以转动。

(2) 旋转梅花形卡环，打开锯片夹。

(3) 将液压泵的快速接头与液压螺母接头连接起来。

(4) 关闭液压泵泄流阀，用油泵向液压螺母供油，用17MPa夹紧力锁紧液压螺母。

(5) 压力达到后，向左旋转快速接头星形套，液压螺母单向阀关闭。

(6) 打开液压泵泄流阀，液压泵压力释放。

(7) 拆除高压软管，把液压螺母盖子盖上。

（8）打开阀台上液压阀门，关闭锯片保护罩。

5.1.3.3 热锯取样

（1）根据工艺要求，按下“取样”按钮，可以切换取样或不取样（不取样即分段）。如果是分段，可在轧件中间取样，按下“取样”按钮可以完成取样；如果是整支钢上冷床，可以取尾部样，手动操作完成取样。

（2）取样长度：红检样取样长度为100～300mm，小规格型材取上限。力学性能试样长度为500～600mm，每一批次取一次性能试样；如果有特殊要求，另行规定。

5.2 冷锯

5.2.1 设备布置

冷锯布置在编组台架下游和1号堆垛床上游的冷锯辊道间。冷锯将层料型钢锯切为成品的长度，型钢长度由定尺机确定。同时可对型钢切头和切尾，切头（切尾）的最大长度为1000mm。

在锯片的前、后设置有液压夹紧装置，以便在锯切期间夹紧型钢。锯切台设有升/降装置。

在锯机前、后的翻转台将切头和切尾倒入废料斗后，升起到原位。

5.2.2 技术参数

冷锯：

锯片直径	最小1650mm，最大1800mm
锯片轴速度	$n = 1500\text{r/min}$
锯片的圆周速度	120～130m/s
锯滑架的进给速度	10～300mm/s
切割速度	10～30mm/s
回程速度	450mm/s
锯滑架的总行程	3050mm
切割后部分长度：	
在固定冷锯和定尺机之间	最小6m，最大24m
定尺精度	±5mm

夹紧装置：

夹紧通道高	最大260mm

5.2.3 设备组成

冷锯（1台固定，1台移动），由摆动机构、锯片旋转传动机构和锯片夹紧机构组成，配合锯机使用还有定尺机。设备示意见图5-2。

5.2.3.1 锯机滑车

锯机滑架设置有导轮装置。支撑滚轮固定在底座上，滑车设有道轨在支撑滚轮上运

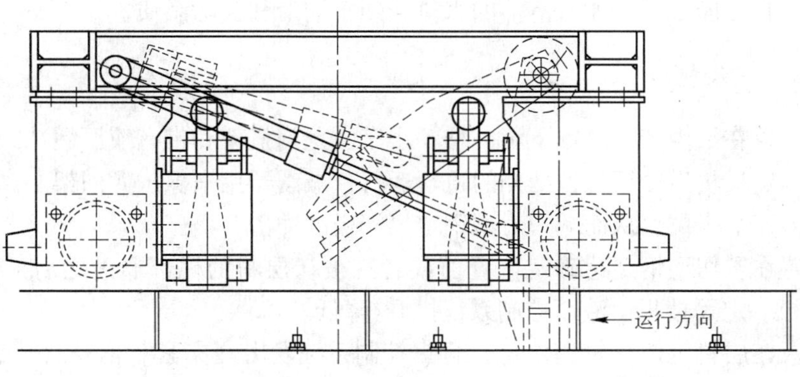

图5－2　冷锯示意图

动；侧导轮由锯机底座支撑固定，它们导引滑车沿可更换的钢轨运动。侧导向间隙由偏心轴来调整。锯机滑车横向进给运动由比例阀控制的液压油缸（内置传感器）来执行。送进时，电动机负载大时可降低进给速度。

5.2.3.2　锯片驱动

锯片由三相鼠笼式电动机通过万向接轴、安全联轴器、伞齿轮箱来驱动。

锯片轮毂上设有定位销以保证锯片的对中及动平衡。锯片由液压螺母夹紧和螺栓固定。

锯片上部2/3的区域用锯罩包围以有效保护锯片。

锯切产生的大部分锯屑也被保护罩收集，然后运走。

5.2.3.3　稀油循环润滑

一个稀油润滑站提供伞齿轮装置所需要的润滑油，除了润滑外，还能带走轴承摩擦引起的热量。

5.2.3.4　冷却与清洗

锯机滑架和锯片采用工业用水冷却。锯片由安装于锯片罩上的喷嘴喷淋。冷却水流量可调，由电磁装置监控。

喷溅水喷嘴布置在锯罩内侧。喷嘴能根据锯片的直径调整。锯片的齿间隔利用高压（10MPa）水通过这些喷嘴来喷射清洁。

5.2.3.5　夹紧装置

在锯片前后布置有液压夹紧装置，以便在切割期间夹紧型钢。

每次夹紧型钢之前，在锯台上物料被抬高，高于辊面8mm，以减小型钢锯缝夹紧锯片的范围（减小锯片的侧面摩擦力）。

横跨在辊道的两上夹紧梁下方的耐磨板带有橡胶块使其具有减震功能并可补偿被切割层料的微小不平度。

夹紧装置拉杆外的伸缩式套筒可避免拉杆的机械损伤，并防止氧化渣及锯屑进入拉杆与导向套间。在导向轴衬中通有清洁的水流，用于润滑和去除杂质。

5.2.3.6 定尺机

定尺机布置在沿生产线冷锯下游。移动小车由龙门机架和带有液压缓冲或减震器的定尺挡板组成，定尺机沿冷锯辊道两侧的道轨运行，减震器用来保护龙门架。

层料在低速下定位，从而减小对型钢定尺挡板的冲击。

定尺装置在被切型钢到达确定位置前或者在被切层料的尾部通过之后（在层料间隙处）落下挡板。定尺挡板由液压控制系统提升/降低。

定尺挡板在层料定位（辊道停止）且锯控制系统发出“夹紧”信号后升起。

定尺小车的移动通过变频交流电机驱动车轮执行，定尺机的固定通过安装于机架上的4套夹轨器执行，夹轨器由液压缸驱动。

在运行的车架上设有一个中间油箱接收一些额外由液压缓冲器系统产生的泄漏液压油。安装于小车顶部的油泵从中间油箱中抽走额外的液压油。油面始终处于自动监控状态。

5.2.4 冷锯操作工艺制度

5.2.4.1 锯切支数

冷锯可以单支锯切，也可以成排锯切。成排锯切时，成排支数视品种、规格而确定，部分产品锯切支数见表5-1。

表5-1 冷锯成排锯切支数表

产品规格	成排支数
HW200×200	≤7
HW250×250	≤5
HN250×125	≤5
HN300×150	≤4
HN350×175	≤4
HN400×200	≤2
HN450×200	≤2
HN500×200	≤2

5.2.4.2 锯切速度

（1）小规格和不对称端面的型材，快速进锯，一般取70~120mm/s。

（2）钢种较硬或规格较大时，中速进锯，一般取50~100mm/s。

（3）成排锯切时的进锯速度，一般取30~80mm/s。

5.2.4.3 冷锯岗位工艺技术操作

（1）接班人员必须提前15分钟到达岗位，了解上一班生产情况、设备运行情况和本班的生产安排；了解上班异常情况的原因及处理结果；对各操作按钮、公共设施、安全装置、报警装置、技术通知单等情况进行确认；发现问题及时处理，必要时与调度人员联系。

（2）检查锯片的磨损情况及废料斗是否需要清理。

（3）对过钢批号、支数等交接确认。

（4）手动对各操作按钮、设备动作进行确认。

（5）交接班必须是岗位交接、现场交接、实物交接、对口交接和重点项目交接。

（6）固定冷锯启动前，操作人员必须按本班工艺要求在图 5－3 所示“H 型钢固定冷锯区操作监控界面”输入正确的工艺参数。

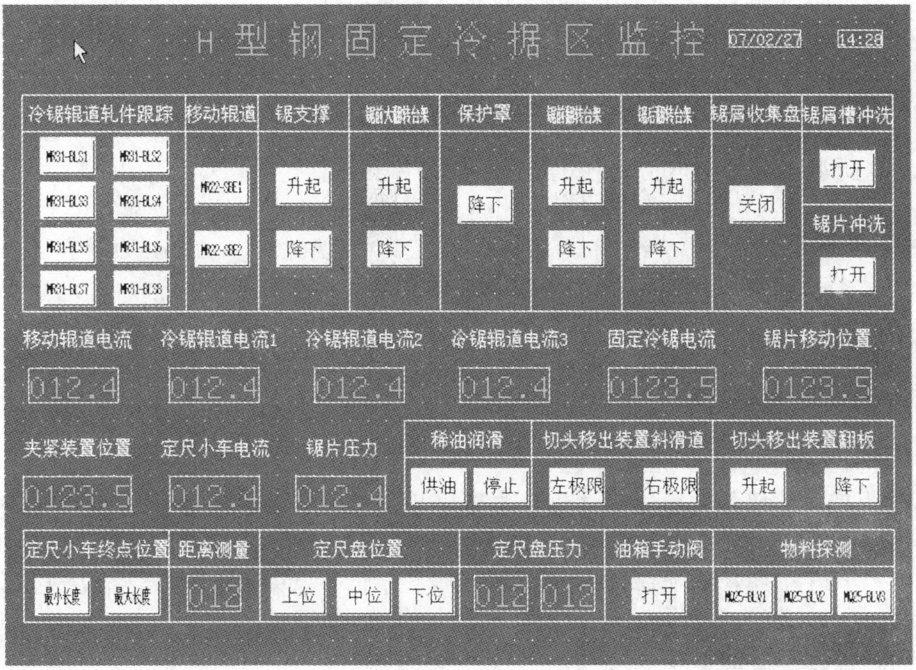

图 5－3 H 型钢固定冷锯区操作监控界面

5.2.4.4 冷锯启动前的准备

冷锯启动前的准备事项如下：

（1）内部条件：选择“H 型钢固定冷锯监控”界面，确认各项显示均正确，传动系统状态指示灯已为浅绿色，液压系统、稀油系统已准备好，指示灯为浅绿色。

（2）外部条件：冷锯区域确信无人，区域送电已完成。

5.2.4.5 冷锯的自动操作

（1）切割前，检查各设备是否正常，HMI 画面的各数据是否正常、按钮选择是否到位（参与自动的模式选择按钮均选在自动模式）。

（2）在 CP41 操作台上将“自动－手动－检修”按钮选择到“自动”。

（3）在 CP4/1 操作台上按下“固定锯锯片装置启动”按钮启动固定冷锯；从左到右，

启动辊道的开始传送按钮。

(4) 开始冷锯的自动传送、固定锯和移动锯的切割方式。自动过程，操作者可根据主操作台 CP4/1 上的 HMI 轧制画面监控传输切割过程情况。在自动过程中，设备动作没有满足预设条件件都将产生中断信号，在中断信号产生时，操作人员要根据显示信息判断产生中断的原因，及时与调度人员联系，采取合理处理办法处理该问题。

5.2.4.6 冷锯的手动操作

冷锯的手动操作步骤如下：

(1) 在 CP4/1 操作台上将“自动－手动－检修”按钮选择到“手动”。

(2) 在 CP4/1 操作台上按下“固定锯锯片装置启动”按钮启动固定冷锯，然后按下“锯循环”按钮，可以完成手动锯切过程。

(3) 在 CP4/1 操作台上将“自动－手动－检修”按钮选择到“手动”；然后对 CP4/1 操作台上关于固定冷锯的各种按钮进行操作，可以完成固定辊道、翻转台、夹紧装置、锯前支座、高压水、定尺小车、废料开关等装置的单独操作。

(4) 在 LD－CS2.1 锯操作台上，操作工通过手动操作，可以完成翻转台、夹紧装置、锯前支座、坑盖、高压水、定尺小车的各种装置及废料开关等装置的单独操作。

(5) 在 LD－CS2.2 操作台上，操作工通过手动操作可以完成固定冷锯稀油干油润滑系统的各项操作。

5.2.4.7 冷锯锯片的更换操作

冷锯锯片的更换操作步骤如下：

(1) 在 CP4/1 操作台上按下“锯片装置停止”按钮，将“自动－手动－检修”按钮选择到“检修”。

(2) 在 CP4/1 操作台上按下“初始化”使各个设备到初始位置；关闭高压冷却水开关；关闭液压泵。

(3) 悬挂禁止操作牌。

(4) 在 LD－CS2.1 操作台上手动打开切屑裙板和锯片罩子。

(5) 卸开高压水分配器。

(6) 拧开快速锁紧的锁紧螺母。

(7) 通过快速锁紧螺母从锥形齿轮轴上推动锯片毂。

(8) 转动卡口连接；将锯片毂连同锯片从齿轮轴上提起，放置到锯片搁架的悬挂锥台上。将新预装的锯片毂/锯片挂在吊车上，安装剴锯片主轴上，直到卡口圈能够再次转动。

(9) 转动卡口连接。

(10) 卸开吊车的专用吊具。

(11) 拧紧快速锁紧螺母。

(12) 拧紧锁紧螺母。

(13) 根据锯片直径调整高压水分配器。

(14) 关闭锯片罩和切屑裙板。

（15）锯片尺寸如改变，须在冷锯监控画面上更改锯片尺寸及工艺参数。

（16）手动启动高压冷却水、低压冷却水阀门；开启液压泵。

（17）在 CP4/1 操作台上启动锯片电动机。

5.3 H 型钢的控制冷却

5.3.1 提高 H 型钢性能的途径

H 型钢作为结构用材料，广泛应用于高层建筑、工业厂房、码头、桥梁、地下巷道等大型工程。根据这些工程结构的设计要求，H 型钢应具备以下性能：良好的可焊性；高的抗拉强度和屈服强度；高的抗疲劳强度；良好的抗断裂韧性；均匀的材料强度和韧性。

提高 H 型钢性能的冶金途径主要有：

（1）提高 H 型钢的强度，可以通过增加含碳量使珠光体增加，从而达到提高材料抗拉强度的目的。但为了使材料不因含碳量的提高而损害材料的可焊性和抗断裂强度，一般碳含量的上限为 0.2%。

（2）向钢中添加合金元素，如硅、锰、铬、镍等，利用合金元素在铁素体中的固溶强化作用，也可显著提高金属材料的强度。但合金元素的加入也会使材料的可焊性变差，一般认为加入的合金元素总量应限制在 1.5% 以下。

（3）通过热处理，借助马氏体转变，可提高材料的强度和硬度。

（4）通过冷加工变形，提高金属晶体的位错密度，从而提高强度。

（5）铌、钒、钛等合金元素的沉淀强化作用对铁素体晶粒直径的影响和终轧温度有关，终轧温度越低，晶粒直径越小，沉淀硬化作用越大，尤其是铌和钒。而其沉淀硬化可使金属材料的屈服强度提高，同时可以降低金属的脆性转变温度。金属的韧性很大程度上取决于硫的含量和硫化物夹杂的种类。要使钢材具有良好的韧性，硫含量应控制在 0.0029% 以下，同时要控制硫化物和氧化物的形状。

（6）通过再结晶，尤其是加入有利于晶粒细化的元素，如铌、钛、钒等，均可促使晶粒细化，使屈服强度提高，韧性改善，对铌来说，最大加入量为 0.03% ~0.04%。

（7）对 H 型钢来说，控制轧制和控制冷却是提高性能的主要手段。

H 型钢、工字钢和角钢等型钢由于形状比较复杂，成形过程基本确定，道次变形变化不大，因而大多采用控制轧制温度及轧后控制冷却工艺。

不进行控制冷却时，轧制过程中及终轧时 H 型钢断面温度分布规律一般是：腿部中心及腰腿连接处（*R* 部）温度高，腿端及腰部中心温度低。这种温度不均匀分布将引起室温下 H 型钢翘曲变形和内部产生残余应力。腿部和腰部温差大，残余应力大。实测和数值模拟结果表明，在冷却过程中最大温差达 150℃；用盲孔法测定 H 型钢残余应力，腿部拉应力最大值为 293.01MPa，腰部压应力最大值为 300.26MPa。

5.3.2 控制冷却的理论基础

5.3.2.1 控制冷却技术的发展

在轧钢生产中，常常采用控制轧制和控制冷却工艺作为钢的强化手段。这是一项简化工艺、节约能源的先进轧钢技术。它能通过工艺手段充分挖掘钢材潜力，大幅度提高钢材综合性能，给生产企业带来巨大的经济效益。它具有形变强化和相变强化的综合作用，既能提高钢材强度，又能改善钢材的韧性和塑性。

钢的强化可以通过添加合金元素或者热轧后进行再加热处理来完成。但这些措施既增加了成本，又延长了生产周期，在性能上，多数情况是在提高了强度的同时降低了韧性，焊接性能变坏。

近20年来，控制轧制、控制冷却技术得到了国际冶金界的极大重视，冶金工作者全面研究了铁素体-珠光体钢各种组织与性能的关系，将细化晶粒强化、沉淀强化、亚晶强化等规律应用于热轧钢材生产，并通过调整轧制工艺参数来控制钢的晶粒度、亚晶强化的尺寸与数量。由于将热轧变形与热处理有机地结合起来，所以获得了强度、韧性都好的热轧钢材，使碳素钢的性能有了大幅度的提高。然而控制轧制工艺一般要求较低的终轧温度或较大的变形量，因而会增大轧机负荷，为此，控制冷却工艺应运而生。热轧钢材轧后控制冷却可改善钢材组织状态，提高钢材性能，缩短钢材的冷却时间，提高轧机的生产能力，还可以防止钢材在冷却过程中由于冷却不均而产生的钢材扭曲、弯曲，同时还能减少氧化铁皮。

控制冷却钢的强韧化性能取决于轧制条件和水冷条件所引起的相变、析出强化、固溶强化以及加工铁素体回复程度等材质因素的变化，尤其是轧制条件和水冷条件，对相变行为的影响很大。

5.3.2.2 连续转变曲线及控制冷却的转变产物

等温转变曲线又称TTT曲线，反映了过冷奥氏体等温转变的规律。但在连续冷却转变过程中，钢中的奥氏体是在不断降温的条件下发生转变的，而且转变速度不同，其转变产物也有所不同。过冷奥氏体连续冷却转变曲线——CCT曲线，就是在连续冷却条件下，以不同的冷却速度进行冷却，测定冷却时过冷奥氏体转变的开始点（温度和时间）和终了点，把它记录在温度-时间图上，连接转变开始点和终了点，便得到连续冷却曲线。图5-4为共析钢的CCT曲线，在该图上也画上了该钢的TTT曲线，以做比较。

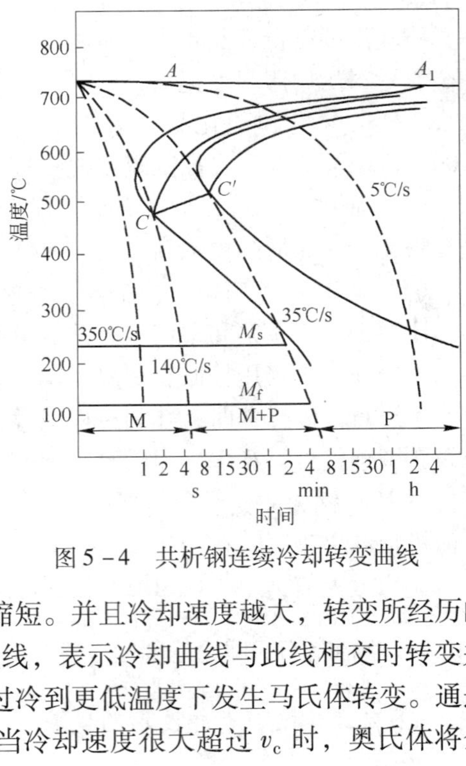

图5-4 共析钢连续冷却转变曲线

当连续冷却速度很小时，转变的过冷度很小，转变开始和终了的时间很长。若冷却速度增大，则转变温度降低，转变开始和终了的时间缩短。并且冷却速度越大，转变所经历的温度区间也越大。图5-4中的CC'线为转变中止线，表示冷却曲线与此线相交时转变并未最后完成，但奥氏体停止了分解，剩余部分被过冷到更低温度下发生马氏体转变。通过C和C'点的冷却曲线相当于两个临界冷却速度。当冷却速度很大超过v_c时，奥氏体将全部被过冷到M_s点以下，转变为马氏体。

因此，当冷却速度小于下临界冷却速度v_c'时，转变产物全部为珠光体P；冷却速度大

于上临界冷却速度 v_c 时，转变产物为马氏体 M 及少量残余奥氏体 Ar。冷却速度介于 v_c' 和 v_c 之间时，转变产物为珠光体、马氏体加少量残余奥氏体。

5.3.2.3 控制冷却的目的

H 型钢等复杂断面的型钢轧后控制冷却的目的主要是：

（1）加快轧后冷却速度，提高冷床能力，利于高速轧制；

（2）防止（或减轻）H 型钢冷却后产生翘曲及扭转等变形，有利于减小矫直力；

（3）降低 H 型钢内部的残余应力；

（4）提高 H 型钢的强度，改善组织状态。

5.3.3 型钢的控制冷却方式

目前常见的几种控制冷却方式有：层流冷却、穿水冷却、喷射冷却、喷雾冷却。各种冷却方式对流换热系数分别为：层流冷却 4000 ~ 6000W/(m^2 · ℃)，穿水冷却 2000 ~ 22000W/(m^2 · ℃)，喷射冷却 5000 ~ 8000W/(m^2 · ℃)，喷雾冷却 233 ~ 17500W/(m^2 · ℃)。

H 型钢一般采用喷射冷却或喷雾冷却两种方式，其共同的优点是可喷射到需要冷却的部位，并且可以对喷射水量（冷却能力）进行控制。喷射是靠水压使水雾化，而喷雾是用气体使水雾化，用低压空气使水雾化时，气流对传热几乎没有影响，同时空气使水滴和轧件接触均匀。喷雾冷却的冷却能力大，可以在较大范围内改变传热系数，对于控制冷却温度而言是个比较方便的办法，因此生产中多选用喷雾冷却方式。

5.4 冷床

冷床设备布置位于热锯后。

5.4.1 技术参数

冷床技术参数见表 5－2。

表 5－2 冷床技术参数

冷床形式		步进式
冷床有效尺寸		17m × 86.4m
冷床输入辊道	驱动形式 辊面速度	齿轮马达和联轴器单独传动 $v = 0 \sim 10$m/s
步进冷床主体	升降液压缸 传送部分 水平行程 垂直行程 最大承载	ϕ140/ϕ100 × 680　32MPa ϕ100/ϕ70 × 480　32MPa 400/560/700mm 230mm 1755N/m^2
移出装置	升降高度 移出距离 液压缸	200mm 最大 5100mm ϕ100/ϕ70 × 400　32MPa
冷床输出辊道	驱动形式 辊面速度	通过齿式电机和联轴器单独传动 $v = 0 \sim 6$m/s

5.4.2 设备组成

该冷床由输入辊道、步进机构、移出机构和输出辊道组成。冷床可分为9个单元，根据轧件长度的不同，各单元可实现单独运行（单动）或组合运动（联动）。

5.4.2.1 输入辊道

由辊道电机单独驱动，辊子轴线方向与轧件输送方向有一夹角（1°），从而使轧件输入的同时向辊道非驱动侧横移，最终使轧件靠近辊道一侧对齐，以便步进机构移送。

5.4.2.2 步进机构

步进机构（见图5-5）由升降机构和平移机构组成，升降机构由液压缸驱动四连杆机构，连杆机构的升降摆臂末端装有托轮，托轮支承步进机械动梁框架实现垂直升降；平移机构由液压缸（内置位移传感器）驱动连杆拖动步进机械动梁框架沿托轮及侧导向轮（框架上设有平移道轨及侧导向板）做一定步距的平移运动。升降及平移机构使动梁实现矩形轨迹的步进动作，将轧件由输入辊道运送到输出侧的移出机构。步进机构设置有冷却水喷雾装置（喷嘴），以加速轧件的冷却速度并减小冷却变形。

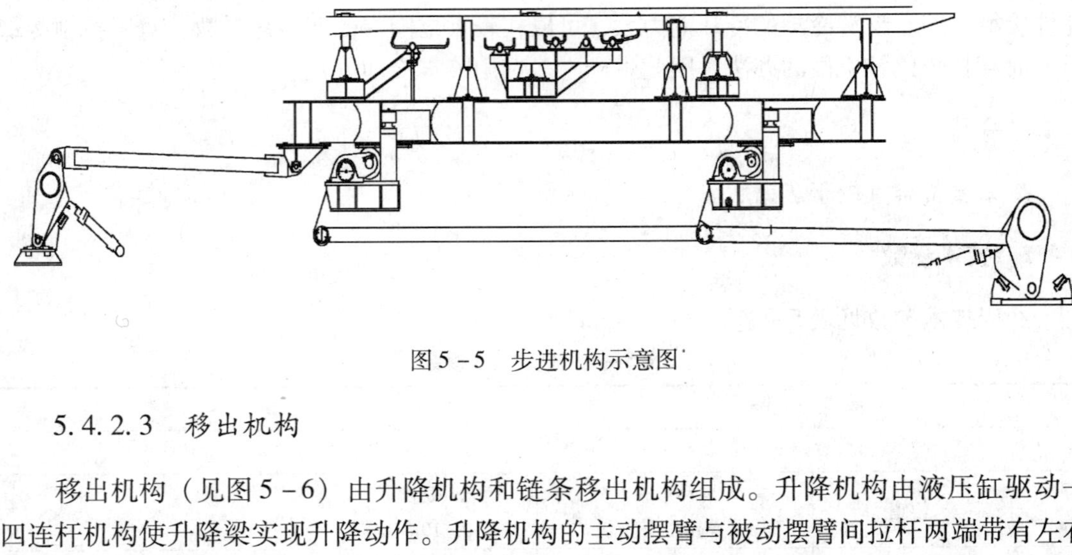

图5-5 步进机构示意图

5.4.2.3 移出机构

移出机构（见图5-6）由升降机构和链条移出机构组成。升降机构由液压缸驱动一四连杆机构使升降梁实现升降动作。升降机构的主动摆臂与被动摆臂间拉杆两端带有左右旋螺纹，通过拉杆的转动可调节距离，从而使每个单元间及各单元的动梁达到高度和动作的一致，以便于移钢小车顺利移钢。链条移钢机构各单元由一套齿轮马达驱动4套链轮、链条装置，拖动移钢小车从步进梁上将轧件移送到输出辊道上；移钢小车由装有滚动轴承的4套车轮支撑在可升降道轨上。移出装置区域兼有缓冲功能，当后续工序不能顺利运行时，可存放4支钢材。

5.4.3 冷却工艺制度

（1）轧件在冷床上分布：轧件长度取决于该轧件品种规格的工艺定尺长度规定。轧件最长不大于80m，同一批号的轧件在冷床上应沿14m宽度跟踪逐排分布。冷床步距的

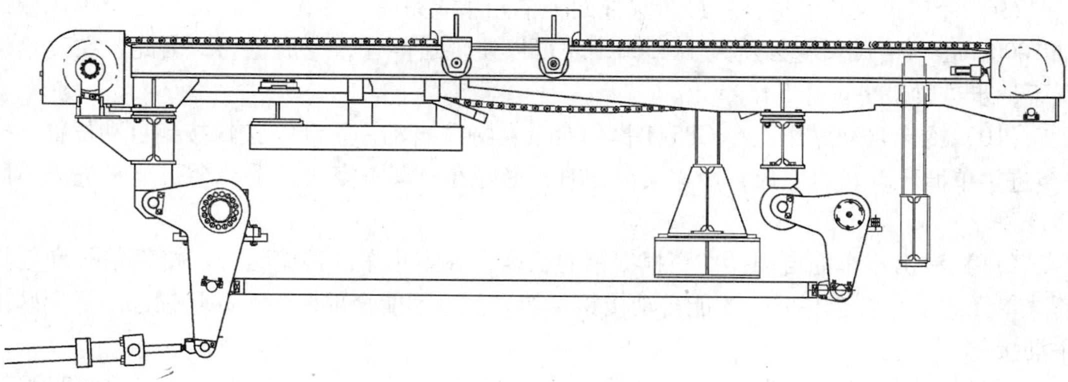

图5-6 移出机构示意图

选择与轧件的高度相关，当轧件高度 $H \geqslant 320$mm 时，步距选择 720mm；当 200mm $< H \leqslant$ 320mm 时，冷床步距选择 560mm；当 $H < 200$mm 时，冷床步距选择 400mm。换批号时，两个批号之间留有一个空步，每批号第一根轧件必须另起一排从头排布。

（2）冷却方式：雾化冷却。

（3）雾化冷却能力，主要考虑以下因素：

1）轧机轧制节奏；2）冷床步距；3）冷却时间；4）允许矫直温度。

（4）轧件下冷床温度必须低于 80℃。

5.4.4 冷床岗位工艺技术操作规程

冷床岗位工艺技术操作规程如下：

（1）操作人员提前 15 分钟到达岗位，了解上班生产情况的原因及处理结果；对各操作按钮、公共设施、安全装置、报警装置及各类报表、技术通知单等情况进行确认。

（2）操作人员要认真核对本班所生产产品的规格、品种及批号，如有问题，及时与调度联系。作好当班的设备运行情况记录。

（3）接班后，操作人员首先要观察操作台各种按钮及信号灯显示是否正常，若不正常及时与调度联系处理。

（4）冷床启动前，操作工根据本班的生产情况将本班生产工艺参数输入以上 H 型钢步进冷床、液压系统、水冷却系统的监控画面，操作工也可以在生产期间按生产品种进行必要的修改。

（5）当轧件进入冷床面后，操作工要观察落料情况及轧件的对齐分布情况，当轧件头部弯曲度过大而不能通过矫直机时，应通过火焰切割及时做分段、掉头等处理。

（6）接到换号准备信号时，准备换钢坯批号；接到换号信号时，操作工要看准本批号最后一支轧件进入床面后，及时让冷床空一步距，同时给出钢口回信号，并通知挂牌工。

（7）冷床发生事故不能正常生产时，应立即发出停车信号，并迅速通知有关人员及时处理。

（8）根据轧件在冷床上的分布，及时调整冷却水量，必须保证轧件出冷床温度小于 80℃。

(9) 冷床倍尺长度选择：最少选择四个单元才能完成“单循环”。每多一个单元依次加1000。由于倍尺长度必须大于4500，才可以使辊道停住，完成锯切。因此，在过钢情况下，步进梁最少选择5个单元。

(10) 冷床自动操作：在CP5/1操作台上，将“自动－手动”按钮按到自动位置，按“步进梁单循环”可以完成；步进梁前进时，最好在自动下完成，手动会引起步进梁不同步现象。

(11) 移出小车的自动操作：根据钢的长度，确定小车的接钢信号。接钢信号和倍尺所选单元的信号灯全亮时，才能自动接钢。如果信号不能全部探测，并且钢已出探测区需手动接钢。

(12) 如果小车有位置故障，需标定，按“标定”按钮，直到数字全部为“2300”。标定信号灯亮。

(13)“降下小车”按钮有“清零”小车功能。注：小车在自动运行中，遇事故手动干预后，打到自动，会继续动作，完成没有走完的程序，如果打到手动时按“降下小车”按钮后，小车不会继续动作。

(14) 冷床步进梁前进时大于步距±5mm会报故障“步进梁前进故障”，后退时同样。

5.4.5 稀油站和液压站操作规程

(1) 稀油站温度低于10℃时，开加热器加热至20℃，再启动循环泵。

(2) 稀油站温度在35℃时，“热锯准备好”，具备启动锯片条件。

(3) 热锯工作时，稀油站温度最佳温度在35～45℃之间。

(4) 稀油温度高于60℃时，系统会停锯。因此，如果温度高于55℃，需手动打开冷却水。

(5) 稀油温度表：西———→40℃———→35℃———→60℃→东

　　　　　　　　↑　　　　↑　　　　↑

　　　　　　关加热器　开加热器　温度高停锯

(6) 冬季由于温度低，如果长时间停锯片，等到第一次启动锯片时，温度会急剧上升，报故障，所以第一次启锯片需经常观察油温情况。

(7) 液压站启泵时，需先启“循环泵”，后启“高压泵”，在启动高压泵时，需等第一台高压泵频率稳定后，再启第二台，逐个启动；停泵时可以连续停泵。

(8) 液压站温度低于20℃时，需开加热器；高于20℃可停加热器，温度高于45℃冷却水会自动投入，温度低于40℃会自动停冷却水。

(9) 在没有特殊情况，不需释放压力时，不必按“压力释放”按钮。“压力释放”的操作对管道寿命有影响。

6 矫　　直

6.1 H 型钢矫直综述

H 型钢经过万能轧机轧制和冷床冷却后，其平直度和断面形状往往达不到标准或用户的要求，可能存在腿部内并、外扩、波浪、扭转及侧弯等缺陷，所以需要用辊式矫直机对其进行矫直。矫直方案通常采用大变形方案，即对具有不同原始曲率的 H 型钢先经过几次剧烈的反弯（大变形），以消除原始曲率的不均匀度，形成单值曲率，然后按照矫直单值曲率轧件的方法加以矫直，使反弯曲率接近或等于弹复曲率，最终使残余曲率为零，将 H 型钢矫直。

由于辊式矫直机固有的缺点，H 型钢头尾有相当于节距一半的一段无法矫直（称为矫直盲区），用户对平直度要求较高时，应把此段剪掉或用压力矫直机进行补矫。弯曲程度很大的部分（称为死弯）不能强行矫直，否则会产生矫裂甚至矫断。此外，还需注意的是，型钢经过矫直后，其尺寸会发生一定的变化，比如其腰部宽度会增加。

由于 H 型钢断面结构特点，目前 H 型钢的连续矫直只能采用平式辊矫直，即采用矫直辊直接压弯刚度较小的腰部来带动整体弹塑性弯曲的方式，达到矫直的目的，如图6－1所示。由于腿部的刚度较腰部的刚度大很多，矫直时产生腰部（表面）相对于腿部的凹陷，如图 6－2 所示，故确定矫直辊的压下量时应考虑增加这个凹陷量。

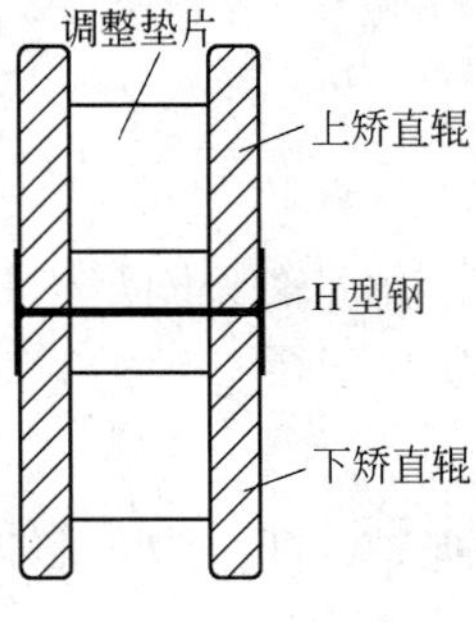

图 6－1　矫直辊与型钢的横向相对位置示意图

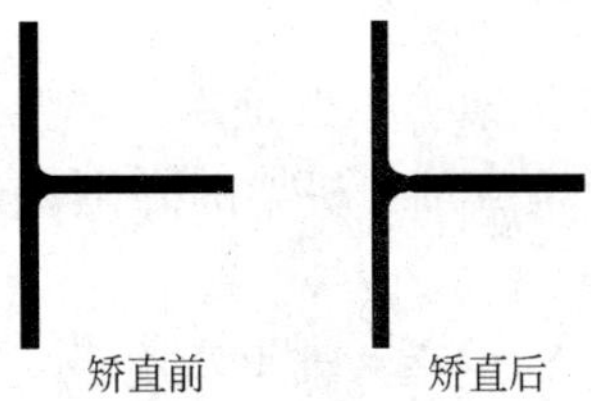

图 6－2　矫直前后 H 型钢断面形状对比

6.2 矫直原理

具有单值原始曲率 $1/r_0$ 的轧件，经过矫直机适量的反向弯曲后（反弯曲率为 $1/\rho$），可以变得平直，即残余曲率为零（$1/r=0$）。

多数轧件的原始曲率是多值的，其大小和方向是不定的，因此，不可能用一种反弯曲率将轧件一次矫直。曲率方程如下：

$$\frac{1}{\rho_y}=f\left(\frac{1}{r_0}\right) \tag{6-1}$$

由于曲率方程的非线性变化规律，不同方向、不同数值的原始曲率，经过同一曲率的弹塑性弯曲后，其残余曲率有趋向一致的特性，即残余曲率的差值具有收敛性。有加工硬化的轧件，其残余曲率的差值也具有这种收敛性，只是收敛速度要慢一些。利用轧件的这一特性，使轧件经过多次交变的弹塑性弯曲，其残余曲率逐渐趋向一致，形成单值残余曲率，然后再加以矫直。多辊矫直机就是利用这一原理矫直轧件的。

6.3 矫直机设备

水平矫直机位于冷床输出辊道后，层料收集床矫直辊道前。

6.3.1 技术参数

水平矫直机：

矫直轴数量	8
辊间距	1400/1250/1100mm
矫直轴垂直调整行程	615～865mm
矫直轴轴向调整范围	±25mm

入/出口侧水平调整垂直导向辊：

直径	300mm
高度	300mm
行程	450mm

出口侧垂直调整水平导向辊：

直径	400mm
高度	600mm
行程	150mm

6.3.2 设备组成

（1）机架。机架是钢板焊接结构件，用于支撑4套下矫直轴和固定包括轴承座在内的4套上矫直轴。机架的外围辅助设备有入口和出口辊以及下矫直轴的垂直和轴向调整系统。

（2）轴承座。轴承座用于支撑垂直可调上矫直轴的轴承组件。与机架窗口接触的滑动面设有耐磨滑板。支撑轴承和轴向调整装置采用稀油集中润滑。

（3）矫直轴。操作侧轴承装配（特别是径向圆柱滚子轴承）通过特殊密封圈和润滑脂盒来防止氧化铁皮进入。驱动侧轴承装配是用一列径向圆柱滚子轴承和带轴向可调螺纹衬套的二列轴向滚动轴承来支撑。矫直辊装配轴套通过液压螺母和弹簧分离的卡口式固定盘夹紧。

所有的矫直轴采用齿轮马达单独驱动。上下矫直轴由可调伸缩的万向连接轴与齿轮箱连接。

（4）垂直调整系统。垂直调整系统位于机架和轴承座上。AC齿轮马达驱动蜗轮传动装置，由滚动轴承支撑的铜螺母蜗杆带动两个连接轴进行调整。滚动轴承支撑的蜗杆通过弧形齿联轴器连接。

操作侧的平衡液压缸用来消除垂直方向的间隙。

(5) 轴向调整系统。AC 齿轮马达带动小齿轮驱动螺环（特殊黄铜），通过导向装配键的螺纹调整轴套把旋转运动转变为水平运动。轴向调整使矫直辊的轴向调整简便容易，从而纠正次要的弯曲。另外，轴向调整能补偿少量装配误差。

(6) 进口立导卫辊。进口装置用来把矫直型材导入矫直机，它由一对水平液压驱动和可调整的立辊组成。调整垂直辊以适用于不同型钢。

(7) 出口立导卫辊。它将型钢导出矫直机，由一对水平液压驱动辊、可移动的立辊和一个垂直可调整的下水平辊组成。

6.4 矫直工艺

根据轧件材质、规格和尺寸的不同，要达到矫直轧件的目的，需要反复弯曲的次数也不同，因而辊式矫直机的辊数也有很大的区别。最少 5 辊，最多可达到 29 辊。首钢长钢 H 型钢矫直机为 8 辊（见图 6－3）。

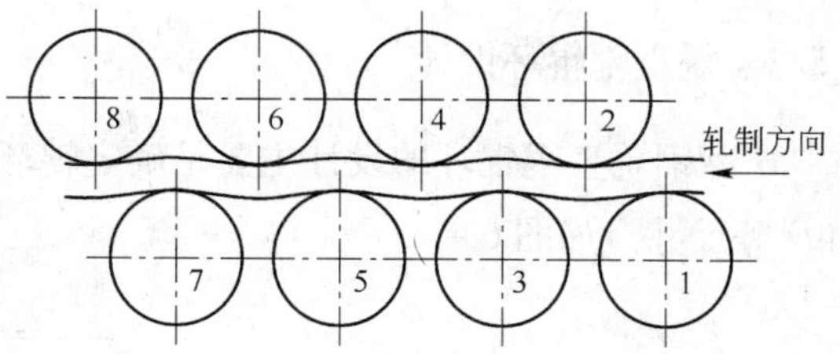

图 6－3 八辊矫直机示意图

在辊式矫直机上，按照每个辊子使轧件产生的变形程度和最终消除残余曲率的不同方法，有很多矫直方案。这里介绍大变形矫直方案和小变形矫直方案。

6.4.1 大变形矫直方案

大变形矫直方案的基本思想是采用较大的反弯曲率，使轧件经过几次剧烈的反弯后，原始曲率的不均匀性得以迅速消除，形成单值曲率，然后用矫直单值原始曲率的方法加以矫直。这种方案的优点是可以用较少的矫直辊获得较高的矫直质量。但若过分增大轧件的变形程度，则会增加轧件内部的残余应力，影响产品质量，增大矫直机的能量消耗。

6.4.2 小变形矫直方案

小变形矫直方案是矫直机每个辊子的压下量都可以单独调整的矫直方案。矫直机上每个辊子的反弯曲率的确定原则是，只消除进入本辊时最大的原始曲率（或前一辊上产生的最大残余曲率），使之变平。随着弯曲次数的增加，残余曲率将逐渐减小，直至小于规定值。由于轧件的最大原始曲率大多难以预先确定，所以这种小变形方案只能在某些矫直机上部分地实施。

小变形矫直方案的优点是总变形曲率小，矫直轧件时需要的能量也少；缺点是需要的辊数较多。

在实际生产中，多辊矫直机常将大变形与小变形两种矫直方案结合起来使用：前几个辊子采用大变形，后几个辊子采用小变形。

6.5 矫直机设计特点

6.5.1 矫直辊

矫直辊设计得好坏直接关系到矫直产品的产量、质量和矫直作业率。在设计矫直辊时，主要考虑因素为：

（1）矫直辊的直径和辊型圆角的大小。

（2）矫直机的操作是否安全。

（3）钢材矫直缺陷的消除。

H 型钢的矫直方法采用平矫，其矫直辊的设计比较先进，采用组合式辊环，上下矫直辊的辊环一样。每个矫直辊由两片辊环加上其间厚度不等的调整垫片等装配而成。这样矫直辊的设计主要是进行辊环的设计，并且产品规格相近、圆角半径相等的 H 型钢其矫直辊辊环可以共用，从而节约了辊环，降低了成本，且便于管理。

6.5.2 矫直辊辊环设计

H 型钢矫直辊辊环的设计主要是确定辊环宽度 B，圆角半径 R_1、R_2，辊环的内外径 d 和 D 等尺寸，如图 6－4 所示。

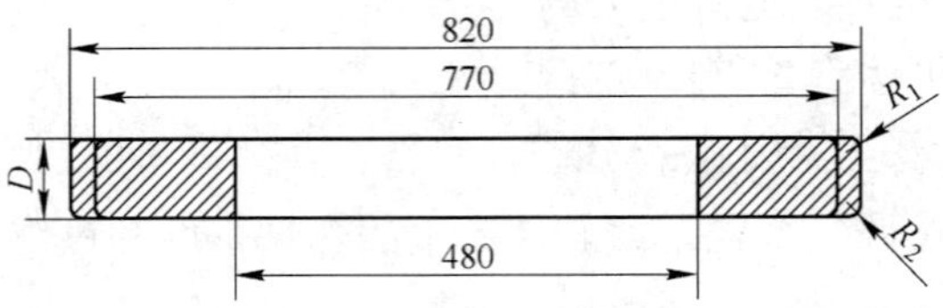

图 6－4 矫直辊辊环图

（1）辊环宽度。每片辊环宽度 B 主要依据产品腰部宽度的不同以及考虑矫直稳定、满足矫直强度要求来确定。在轧制中型 H 型钢时，B 值一般在 80mm 左右。在配置辊环时，主要考虑：加垫片组成的矫直辊辊型宽度比 H 型钢腰部内宽小 2～3mm。

（2）辊环圆角半径。每片辊环两侧的圆角半径 R_1、R_2 可以相同，也可以不同，要比 H 型钢的圆角半径大 3mm。根据国家标准 GB/T 11263—2005，各类 H 型钢的圆角半径只有 8mm、13mm、18mm、22mm 四种，因此减少了辊子的套数，大大提高了辊子的共用性。

（3）辊环的内外径。H 型钢矫直辊辊环的内径 d 为 ϕ480mm，外径 D 为 ϕ770～820mm。

6.5.3 矫直辊压下量分配

矫直辊压下量的大小取决于矫直前钢材的弯曲程度、钢质和钢温及其规格形状等因素。一般调整原则是：对同钢质同内宽而腿部宽的钢材、对同规格而钢质硬的钢材、对同规格同钢质而弯曲程度大的钢材、对同规格同钢种的低温钢钢材，其压下量均需加大。不同矫直辊其压下量的调整，按 2 号、4 号、6 号、8 号辊的压下量沿钢材前进方向逐渐减少的原则进行。

7 液压润滑系统

H 型钢生产线液压系统主要由加热炉区、开坯机区、万能轧机、万能轧机换辊和堆垛打包以及冷床区 5 个大型液压系统和多个小型液压系统及多个干（稀）油、油气润滑系统组成。

7.1 开坯机液压系统

7.1.1 系统设备组成及功能要求

开坯机液压系统由液压泵站、循环冷却泵、回油过滤器、蓄能器站（两组）、5 组液压阀台，各阀台相应的执行元件及管路附件组成，见图 7－1。液压泵站输出的压力油通过每个液压阀台中各自相应的液压阀件来控制相应的液压执行机构（液压缸或马达），从而达到原理图中要求的压力与速度。严格按照原理图中相应的管号来连接相应的液压执行元件。柱塞泵出口的油路压力调定为 13MPa，每个液压阀台各油路的工作压力见液压原理图。回路中设有测压排气接头，可测量系统的压力状态和排除混入系统的空气。液压系统工作时的正常油温约为（40 ±5)℃。液压系统安装于室内。

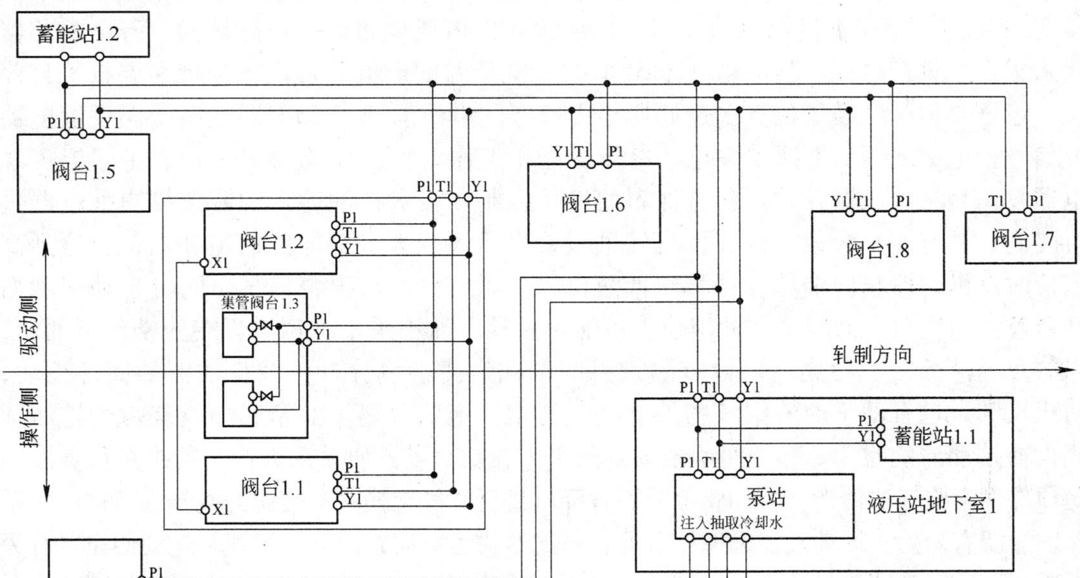

图 7－1 开坯机液压系统布置示意图

液压泵站由主泵供油回路、循环冷却油温控制回路和过滤回路、油箱及附件等部分组成。主泵站是整个液压系统的动力源。由 4 台并联运行的压力控制（DR）A4VSO 系列斜盘式变量柱塞泵组成，其中 3 台工作，1 台备用。4 台泵之间可互为备用，以适应维护保养的灵活性。所有液压泵的出口并联，用溢流阀统一控制。当泵的出口压力小于调定恒压力时，全排量输出压力油，即定量输出。当输出油液的压力达到调定压力时，液压泵自动调节其出口流量，以保持该恒定压力，满足系统的要求，从而使系统能获得较高的效率。液压泵的输出恒压值可根据需要在调压范围内无级调定。三台主泵提供的最大流量为 1080L/min。主泵与电机采用钟罩式连接，使其成为液压泵电机组。为减少液压泵装置的震动与噪声，液压泵装置底下装有减震器，液压泵吸油口装有补偿装置，液压泵的压力油口接有高压软管，回油口接有低压软管。在每台主泵的出口均设置有各自的电磁溢流安全阀、单向阀，在每台主泵的吸油口设置有各自的可发讯手动球阀。安全阀的设定压力高于主泵设定压力 1.0～2.0MPa，对主泵进行安全保护，同时又使主泵能无负荷启、停。出口单向阀用于备用泵和工作泵的隔离。液压泵启动状态为电磁溢流阀得电卸荷启动，待电机运转正常后电磁溢流阀断电升压工作。在每台柱塞泵的吸油管路上均装有开闭发讯球阀，用于开闭吸油管路。开闭发讯球阀用于维护保养和主泵运转联锁。可做到系统不停机工况下维修。此开闭发讯球阀具有电接点，如果吸油管路的球阀未打开，柱塞泵则停止运转并不能启动（传到控制室的信号使液压站自锁），避免液压泵因误操作损坏。循环油温控制回路和过滤回路由循环电机泵组（自带安全阀）、单向阀、冷却器、电子温度继电器、电磁水阀、水过滤器、双筒回油过滤器、止回阀等组成。液压泵流量 $Q=550$L/min，出口压力由回路阻力来确定。安全阀设定压力为 1MPa，对液压泵和过滤器进行保护。系统工作油温为（40+5）℃，由电磁水阀及电子温度继电器控制冷却水的通断。油液温度可以就地观测到。当油温高于 45℃时，电子温度继电器发讯，电磁水阀的电磁铁得电，电磁水阀打开，冷却器投入工作，进行冷却。当油温高于 55℃时，电子温度继电器发讯，进行高温报警且停止主液压泵运行，需要检查水过滤器是否堵塞。当油温低于 25℃时，电子温度继电器发信号，电磁水阀的电磁铁失电，冷却器停止工作。当油温低于 15℃时，电子温度继电器发信号，加热器开始工作。油箱的液位控制由设置在油箱上的液位控制继电器进行控制，共有四个液位。低液位时发讯报警提示维护人员立即给油箱补油；当达到高液位时发讯，停止向油箱注油；超低液位时发讯，并发出报警信号，同时自动切断循环泵及主泵电机，并保证在此液位下不能再启动。油箱采用不锈钢焊接的密封型油箱，以防止油液的二次污染。内设有隔板将吸油侧和排油侧分开，减少油液的面部搅动，防止紊乱，也有助于油液中脏物的沉淀及油中气泡的分离。油箱底部设有两个排油球阀供换油和清洗时用。在油箱两端设置两个人孔盖，以方便系统大修时的维护保养。油箱顶部设有空气滤清器，使油箱的液面升降时进行空气交换并对交换的空气进行过滤。系统的过滤有两处：回油过滤和循环过滤，过滤器均为双筒式回油过滤器。过滤器设置有旁通阀，在冷启动和流量冲击时立即响应以限制滤芯压差，并且在滤芯堵塞时能处理全流量以减少滤芯的压溃和疲劳的可能性。两筒体间连有一压力平衡管路。以减小切换动作时的压力冲击。标准的过滤器中压差装置提供关于是否需要滤芯更换的准确而可靠的指示，压差装置在机械上与旁通阀无关并在旁通阀开启之前发出信号。过滤器有转换球阀确保在更换过滤器时的连续过滤，就不用停下主机，更换滤芯方便可靠。过滤器设有排气口和沉淀排油口。

7.1.2 液压泵站设备主要参数及规格

开坯区液压泵站设备主要参数见表7－1。

表7－1 液压泵站设备主要参数

序号	液压泵站配置	主要技术参数	数量	备 注
1	使用介质	HLP（ISOVG46）		NAS6级
2	动力电源	AC 380V，50Hz		
3	电磁铁工作电压	DC24V		
4	系统压力	13MPa		
5	系统流量	360×3L/min		
6	系统过滤要求	回油过滤器名义精度10μm；循环过滤器名义精度5μm		
7	恒压变量柱塞泵	A4VSO250DR/30R－PPB13N00；p＝13MPa，Q＝250mL/r	4台	用三备一
8	主泵电机	Y2－315S－4－B35，110kW，n＝1500r/min	4台	用三备一
9	循环过滤冷却螺杆泵电机组	SNH660R44U12.1W2－Y180L－4B35；p_{max}＝1.0MPa，Q＝550L/min	1组	
10	板式冷却器	BR0.35－10m²，进水量10～15m³/h，工作温度：－30～170℃	1台	水质达到软化水标准，pH值接近7
11	油箱	6m³	1个	
12	蓄能器	SB330－32A1/111A9－330A，32L，p_2＝13MPa，p_0＝10.8MPa	1组	每组4个

7.1.3 液压阀站技术参数

开坯机区阀台1主要控制开坯机的上、下辊保持板液压缸（4个）、锁紧螺母装置液压缸（1个）、下辊轴向调整液压缸（2个）、上辊操作侧、传动侧平衡装置液压缸（2个，其控制原理见图7－2）等，其中控制开坯机上、下辊保持板液压缸的阀有电磁换向阀、液控单向阀、单向节流阀，控制的液压缸收缩后可以卡紧轧辊轴承座，防止轧制时轧辊轴向窜动；控制锁紧液压螺母装置液压缸的阀有电磁换向阀、液控单向阀、单向节流阀，控制液压缸的动作可实现开坯机操作侧与传动侧主传动的分离；控制下辊轴向调整液压缸的阀有比例换向阀、球式换向阀，控制液压缸的动作可实现下轧辊的轴向调整即孔型调整；控制上辊操作侧平衡装置液压缸的阀由液控单向阀、电磁换向阀、溢流阀、单向阀、伺服阀等组成并配套有保压蓄能器，控制液压缸的动作可平衡上轧辊及托架的重力，消除压下丝杠与螺母的间隙。

开坯机区液压阀台2主要控制开坯机的上、下辊接轴托架液压缸（2个）、防卡钢装置液压缸（2个）等，其中开坯机的上、下辊接轴托架液压缸的控制阀有比例换向阀、球式换向阀，控制液压缸的动作可在换辊时支撑万向接轴，同时方便轧辊的装入和离开；防卡钢装置液压缸的控制阀有电磁阀、溢流阀等，轧制时给液压缸以一定的力，当轧制力超

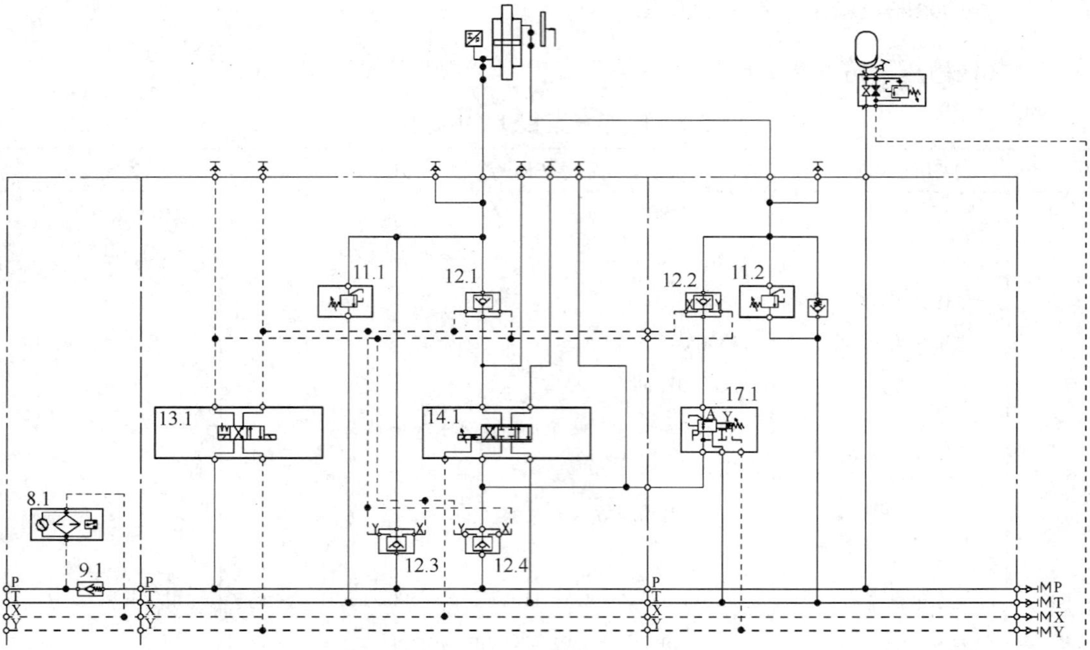

图7－2　开坯机上辊平衡装置原理

过给定值时，防卡钢液压缸自动卸荷。

开坯机区阀台3主要控制开坯机的换辊装置横移液压缸（1个）、换辊平移平台移动装置液压缸（1个）等，其中开坯机换辊装置液压缸的控制阀有电液换向阀、液控单向阀，控制液压缸的动作可方便换辊，实现快速换辊；平台移动装置液压缸的控制阀由电液换向阀、电磁换向阀、液控单向阀等组成，控制液压缸的移动可实现成套轧辊步进式的装入和退出。

开坯机区阀台4、5主要控制开坯机机前、机后的翻钢机横移装置液压缸（2个）、翻钢机翻转装置液压缸（2个）、翻钢机夹紧装置液压缸（2个）、侧导位横移装置液压缸（4个）以及机前、机后开关装置液压缸（2个）等。其中翻钢机横移装置液压缸的控制阀有比例换向阀、电磁换向阀、液控单向阀，控制液压缸的移动使翻钢机处于不同的孔型位置；翻钢机翻转装置液压缸的控制阀有比例换向阀、背压阀、电磁换向阀、液控单向阀，控制液压缸的伸出可实现翻钢机的翻转，实现立轧；翻钢机夹紧装置液压缸的控制阀有比例换向阀、球式换向阀、比例减压阀、流量计，夹紧缸伸出夹紧型钢防止翻转时型钢掉落；侧导位横移装置液压缸的控制阀有比例换向阀、电磁换向阀、溢流阀、单向阀、液控单向阀，横移装置液压缸成对使用，液压缸的移动可调整各孔型导板的位置使型钢进入预定孔型；机前、机后开关装置液压缸的控制阀由电液换向阀、比例顺序阀、液控单向阀、单向节流阀、减压阀等组成，控制液压缸的动作可打开或关闭不同区域的辊道。

开坯机区阀台6主要控制万能轧机机前开关液压缸（1个），机前开关装置液压缸的控制阀有电液换向阀、比例顺序阀、液控单向阀、单向节流阀、减压阀，控制液压缸的动作可打开或关闭不同区域的辊道。

7.2 万能轧机辅助、冷锯、打包装运区液压系统

7.2.1 系统的设备组成及要求

万能轧机外围辅助、冷锯、打包装运区液压系统由液压泵站、循环冷却液压泵站、回油过滤器、蓄能器站（2组）、10组液压阀台、各液压阀台相应的执行元件及管路附件组成。液压泵站输出的压力油通过每个液压阀台中各自相应的液压阀件来控制相应的液压执行机构（液压缸或马达），从而达到原理图中要求的压力与速度。严格按照原理图中相应的管号来连接相应的执行元件。柱塞泵出口的油路压力调定为13MPa，每个液压阀台各油路的工作压力见液压原理图。回路中设有测压排气接头，可测量系统的压力状态和排除混入系统的空气。液压系统工作时的正常油温约为40℃±5℃。液压系统多安装于室内。

液压泵站由主泵供油回路，循环冷却油温控制回路和过滤回路、油箱及附件等部分组成。主泵站是整个液压系统的动力源。由10台并联运行的压力控制（DR）A4VSO系列斜盘式变量柱塞泵组成，其中9台工作，1台备用。10台泵之间可互为备用，以适应维护保养的灵活性。液压泵的输出恒压值可根据需要，在调压范围内无级调定。9台主泵提供的最大流量为3240L/min。液压泵流量 $Q=850L/min$，出口压力由回路阻力来确定。系统其他装置与功能同开坯机液压系统（详见7.1.1）。

7.2.2 液压泵站设备主要参数及规格

万能轧机辅助、冷锯、打包装运区液压泵站设备主要参数见表7-2，系统布置见图7-3。

表7-2 液压泵站设备主要参数

序号	液压泵站配置	主要技术参数	数量	备　注
1	使用介质	HLP（ISOVG46）		NAS6级
2	动力电源	AC 380V，50Hz		
3	电磁铁工作电压	DC24V		
4	系统压力	13MPa		
5	系统流量	360×9L/min		
6	系统过滤要求	回油过滤器名义精度10μm 循环过滤器名义精度5μm		
7	恒压变量柱塞泵	A4VSO250DR/30R-PPB13N00 $p=13MPa$，$Q=250mL/r$	10台	用九备一
8	主泵电机	Y2-315S-4-B35，110kW，$n=1500r/min$	10台	用九备一
9	循环过滤冷却螺杆泵电动机组	SNH660R54U12.1W2-Y180L-4B35 $p_{max}=1.0MPa$，$Q=850L/min$	1组	
10	板式冷却器	BR0.35-35m²B，进水量15~20m³/h，工作温度：-30~170℃	1台	水质达到软化水标准，pH值约为7
11	油箱	15m³	1个	
12	蓄能器	SB330-32A1/111A9-330A，32L，$p_2=13MPa$，$p_0=10.8MPa$	1组	每组4个

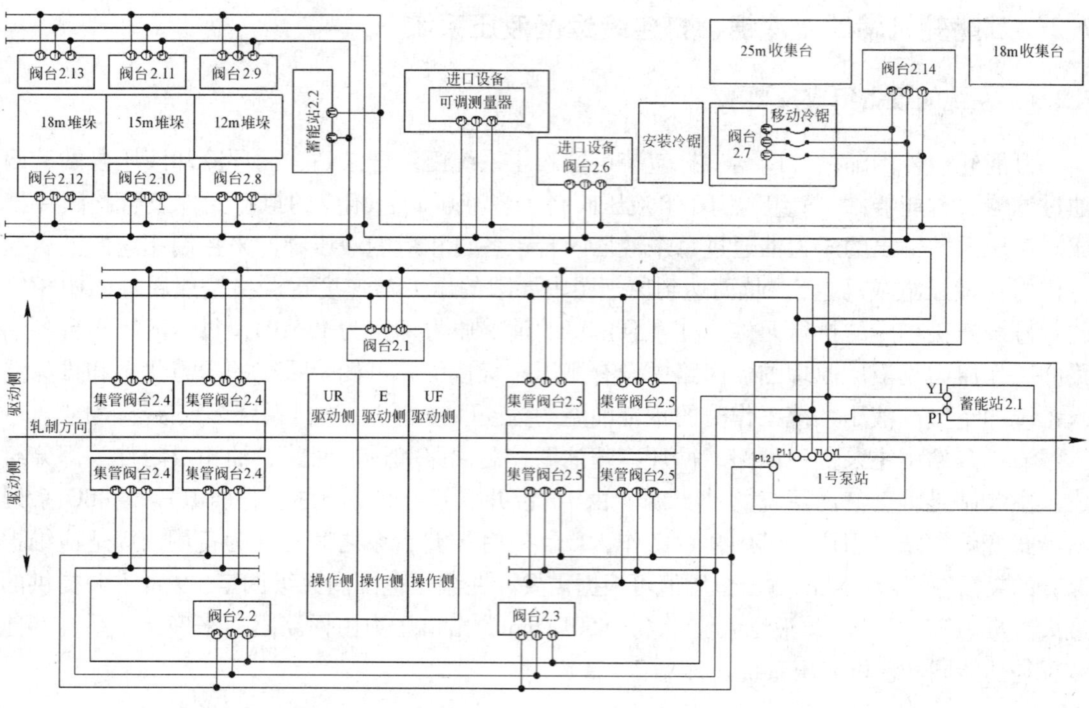

图7－3 万能轧机换辊、对中、冷锯、堆垛打包装运区液压系统布置示意图

7.2.3 液压阀站技术参数

万能轧机外围辅助、冷锯、打包装运区液压系统阀台1主要控制E轧机移动液压缸（1个），控制其完成要求动作的液压控制阀由比例换向阀、电磁换向阀、电磁球阀组成。该液压缸主要控制E轧机轴向移动，可以推动轧机换孔型。

万能轧机外围辅助、冷锯、打包装运区液压系统阀台2主要控制UF、E轧机换辊装置液压缸（2个，其控制原理见图7－4），由比例换向阀、电磁换向阀、电磁球阀、插装阀组成，换辊装置液压缸的动作用于轧机换辊。

万能轧机外围辅助、冷锯、打包装运区液压系统阀台3主要控制UR轧机换辊装置液压缸（1个，其控制原理见图7－4）、轧机换辊侧移装置液压缸（1个）、轧机锁紧装置液压缸（24个），其中UR轧机换辊装置液压缸的控制阀由比例换向阀、电磁换向阀、电磁球阀、插装阀组成，换辊装置液压缸的动作用于轧机换辊；轧机换辊侧移装置液压缸的控制阀由比例换向阀、插装阀组成，换辊侧移液压缸的动作用于快速换辊；轧机锁紧装置液压缸的控制阀有电磁换向阀、液控单向阀、单向节流阀等，轧机锁紧装置液压缸用于换辊时固定轧辊。

万能轧机外围辅助、冷锯、打包装运区液压系统阀台4（8套）主要控制轧机对中装置液压缸（8个，其控制原理见图7－5），由比例换向阀、电磁阀、液控单向阀、溢流阀、单向阀组成并配套蓄能器站，对中液压缸成对使用，推动导板至正确孔型位置。

万能轧机外围辅助、冷锯、打包装运区液压系统阀台5（3套）主要控制堆垛入口小车升降液压缸（8个）、层料提升装置液压缸（19个）、层料分离装置升降液压缸（19个）、层料分离装置横移液压缸（3个）、层料对齐装置升降液压缸（19个）、层料对齐装

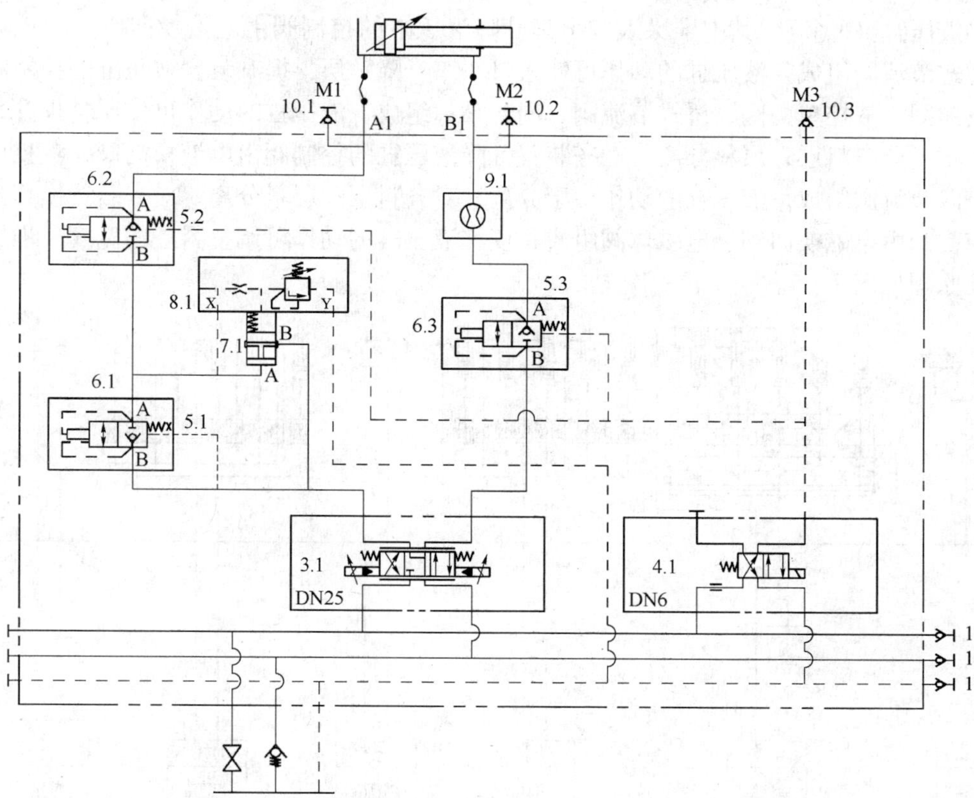

图 7－4　万能轧机 UR、E、UF 换辊装置原理

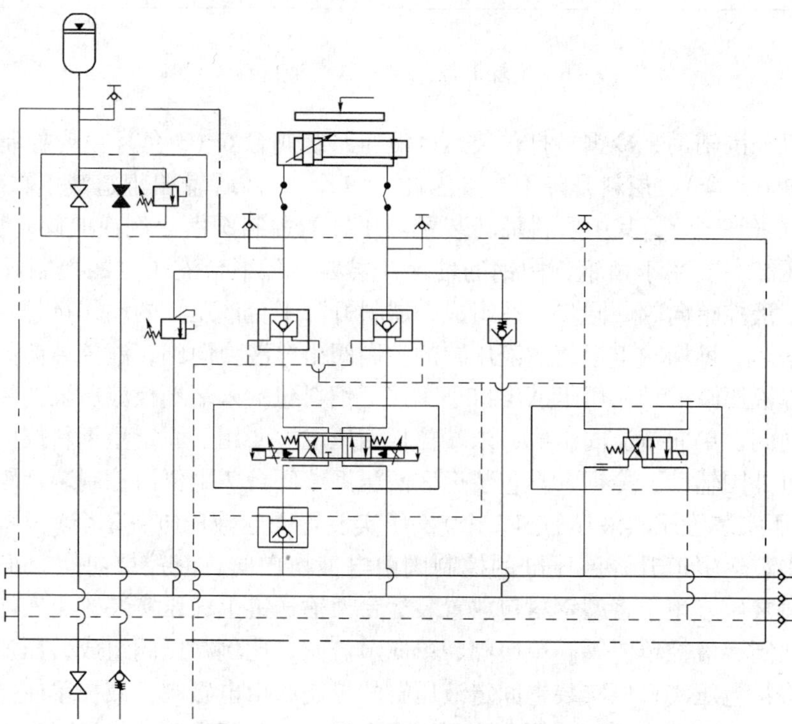

图 7－5　万能轧机对中装置原理

置横移液压缸（3 个）。其中堆垛入口小车升降液压缸的控制阀由电液换向阀、液控单向阀、桥式节流阀组成，液压缸的动作可使入口小车升降；层料提升装置液压缸的控制阀由电液换向阀、液控单向阀、桥式节流阀、同步马达组成，液压缸的动作可使层料提升装置升降，用于分离料层；层料分离、对齐装置升降液压缸的控制阀由电液换向阀、液控单向阀、单向节流阀组成，液压缸的动作用于分离、对齐料层；层料分离、对齐装置横移液压缸的控制阀由电磁换向阀、电磁球阀组成，横移液压缸的动作可调整料层的宽度。堆垛液压系统原理见图 7－6。

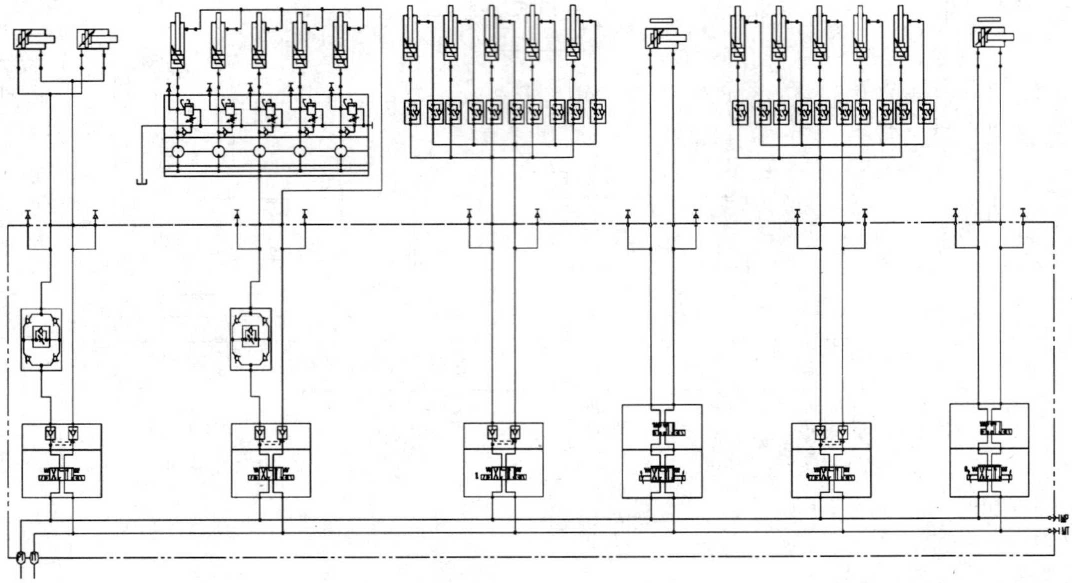

图 7－6 堆垛 1 号、2 号、3 号液压系统原理

万能轧机外围辅助、冷锯、打包装运区液压系统阀台 6（3 套）主要控制堆垛层料翻转装置液压缸（8 个）、层料升降平台液压缸（19 个）、堆垛输出辊道液压缸（3 个）、末端挡板液压缸（19 个），其中层料翻转装置液压缸的控制阀由比例换向阀、提动阀组成，翻转装置液压缸主要用于角钢、槽钢的堆垛；层料升降平台液压缸的控制阀由电液换向阀、电磁阀、液控单向阀、同步马达组成，层料升降平台液压缸的动作行程根据型钢规格传输给电磁吊车；堆垛输出辊道的液压缸的控制阀由电液换向阀、液控单向阀、桥式节流阀组成，升降液压缸的动作用于从出口小车接型钢料包；末端挡板液压缸的控制阀由电磁阀、液控单向阀、单向节流阀组成，末端挡板液压缸主要用于固定型钢料层的位置。

万能轧机外围辅助、冷锯、打包装运区液压系统阀台 7 主要由控制装运辊道升降液压缸（3 个）、压实装置压实液压缸（2 个）、压实装置固定液压缸（2 个）、移动辊道液压缸组成。其中装运辊道升降液压缸的控制阀由电液换向阀、液控单向阀、桥式节流阀组成，装运辊道液压缸用于将型钢料包放置装运台架输送链上；压实装置压实液压缸的控制阀由电磁换向阀、液控单向阀、单向阀、单向节流阀、比例减压阀组成，压实装置液压缸以一定的力将料包压实；压实装置固定液压缸的控制阀由电磁阀、液控单向阀、单向节流阀组成，压实装置固定液压缸与压实液压缸配合用于料包压实前的位置固定。

万能轧机外围辅助、冷锯、打包装运区液压系统阀台 8 主要控制轧机机后辊道开关装置液压缸（1个），由电液换向阀、单向减压阀、液控单向阀、单向节流阀、单向阀、溢流阀组成，控制液压缸的动作可打开或关闭不同区域的辊道。

万能轧机外围辅助、冷锯、打包装运区液压系统阀台9主要控制固定冷锯锯切进给液压缸（1个，其控制原理见图7－7）、夹紧装置液压缸（2个）、锯支撑液压缸（2个）、锯前后翻转台液压缸（4个）、大翻转台液压缸（1个）、锯片保护罩液压缸（1个）、坑盖液压缸（1个），其中锯滑车液压缸的控制阀由伺服比例阀、液控单向阀、单向溢流阀、单向阀组成，锯滑车液压缸的动作用于锯机的进给运动；夹紧装置液压缸的控制阀由电液换向阀、液控单向阀、桥式节流阀、比例减压阀组成，夹紧装置液压缸的动作用于在锯切前将型钢料层固定；锯支撑液压缸的控制阀由电液换向阀、液控单向阀、单向节流阀组成，锯支撑液压缸的动作可使锯台升降，减少夹锯力，防止锯片卡死；锯前后翻转台液压缸的控制阀由电磁阀、液控单向阀、单向节流阀组成，锯前后小翻转台液压缸的动作用于将切头、切尾导入废料收集装置；大翻转台液压缸的控制阀由电液换向阀、液控单向阀、单向节流阀组成，大翻转台液压缸的动作用于将大的切头、切尾导入废料收集装置；锯片保护罩液压缸的控制阀由电磁阀、液控单向阀、桥式节流阀组成，锯片保护罩液压缸的动作用于保护锯片和更换锯片；坑盖液压缸的控制阀由电磁阀、液控单向阀、单向节流阀组成，坑盖液压缸的动作用于换锯片时的站立平台用。

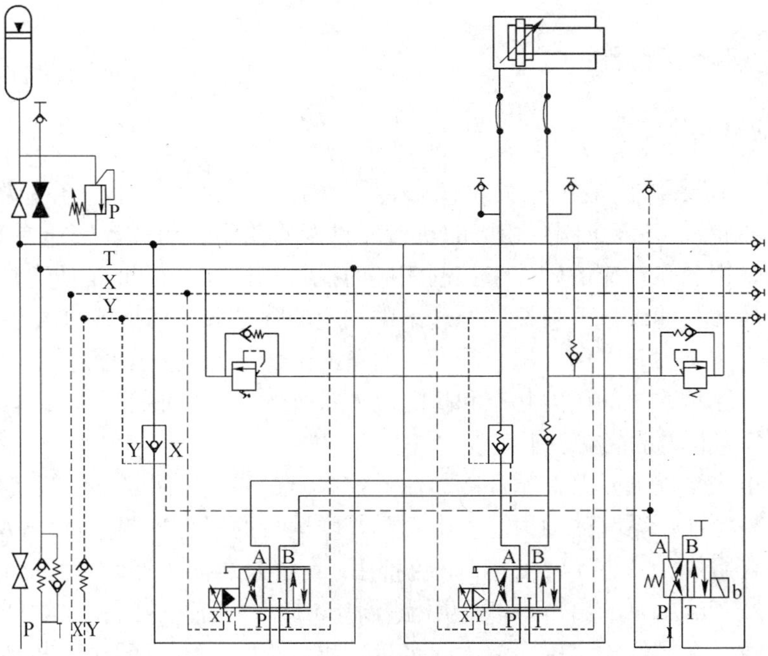

图7－7　固定冷锯锯切进给液压原理

万能轧机外围辅助、冷锯、打包装运区液压系统阀台10主要控制定尺机的定尺挡板液压缸（2个）、定尺机滑道夹紧液压缸（4个），其中定尺挡板液压缸的控制阀由电液换向阀、单向减压阀、液控单向阀、桥式节流阀、比例减压阀组成，定尺挡板液压缸的动作用于定尺挡板的升降；滑道夹紧液压缸的控制阀由电磁阀、液控单向阀组成，滑道夹紧液压缸的动作用于固定定尺小车的位置。定尺机液压系统原理见图7－8。

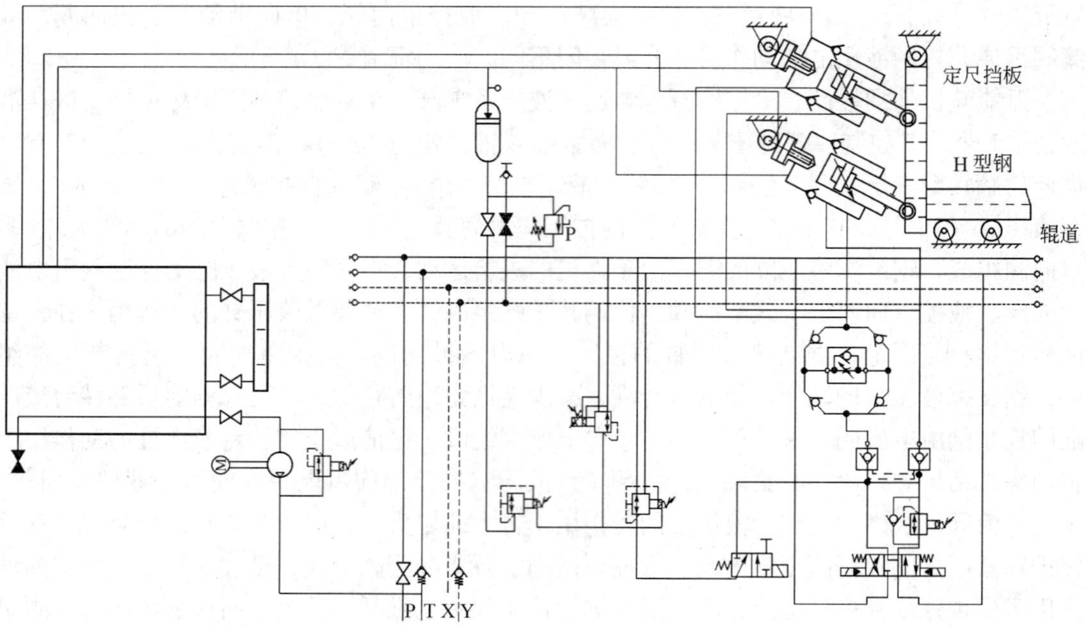

图7-8 定尺机液压系统原理

7.3 万能轧机液压系统

7.3.1 系统的组成及要求

万能轧机液压系统由液压泵站、循环冷却泵站、回油过滤器、蓄能器部分、进口UR、E、UF控制台、各液压阀台相应的执行元件及管路附件组成。液压泵站输出的压力油通过每个阀台中各自相应的阀件来控制相应的执行机构（液压缸或马达），从而达到原理图中要求的压力与速度。严格按照原理图中相应的管号来连接相应的执行元件。柱塞泵出口的油路压力调定为30MPa，每个阀台各油路的工作压力见液压原理图。回路中设有测压排气接头，可测量系统的压力状态和排除混入系统的空气。液压系统工作时的正常油温约为40℃±5℃。液压系统安装于室内。

液压泵站由主泵供油回路，循环冷却油温控制回路和过滤回路、油箱及附件等部分组成。主泵站是整个液压系统的动力源。由6台并联运行的压力控制（DR）A4VSO系列斜盘式变量柱塞泵组成，其中5台工作，1台备用。6台泵之间可互为备用，以适应维护保养的灵活性。所有液压泵的出口并联，用溢流阀（18.1）统一控制。当泵的出口压力小于调定恒压力时，全排量输出压力油，即定量输出。当输出油液的压力达到调定压力时，液压泵自动调节其出口流量，以保持该恒定压力，满足系统的要求，从而使系统能获得较高的效率。液压泵的输出恒压值可根据需要，在调压范围内无级调定。5台主泵提供的最大流量为900L/min。液压泵流量 $Q=850$L/min，出口压力由回路阻力来确定。系统其他装置与功能同开坯机液压系统（详见7.1.1）。

7.3.2 液压泵站设备主要参数及规格

万能轧机液压泵站设备主要参数见表7-3，系统布置见图7-9。

表 7-3 液压泵站设备主要参数

序 号	液压泵站配置	主要技术参数	数 量	备 注
1	使用介质	HLP (ISOVG46)		NAS6 级
2	动力电源	AC 380V, 50Hz		
3	电磁铁工作电压	DC24V		
4	系统压力	30MPa		
5	系统流量	360×5L/min		
6	系统过滤要求	回油过滤器名义精度 10μm 循环过滤器名义精度 5μm		
7	恒压变量柱塞泵	A4VSO125DR/30R-PPB13N00 $p=30$MPa, $Q=125$mL/r	6 台	用五备一
8	主泵电机	Y2-315S-4-B35, 110kW, $n=1500$r/min	6 台	用五备一
9	循环过滤冷却螺杆泵电机组	SNH660R54U12.1W2-Y180L-4B35 $p_{max}=1.0$MPa, $Q=850$L/min	1 组	
10	板式冷却器	BR0.35~20m^{2}B, 进水量 15~20m^3/h, 工作温度: -30~170℃	1 台	水质达到软化水标准, pH 值接近 7
11	油箱	6m^3	1 个	
12	蓄能器	SB330-32A1/112A9-330A, 32L, $p_2=13$MPa, $p_0=10.8$MPa	1 组	每组 2 个

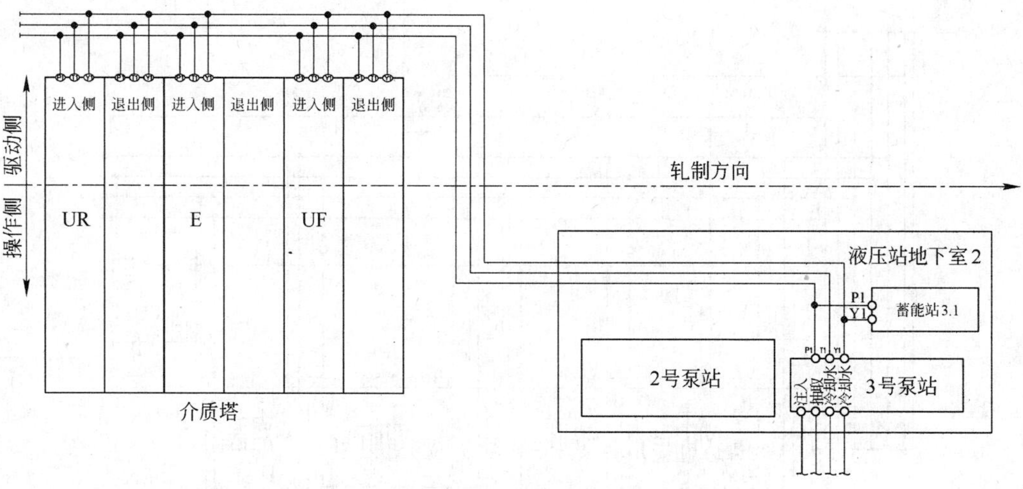

图 7-9 万能轧机液压系统布置示意图

7.3.3 液压阀站技术参数

万能轧机液压系统主要控制 UR、E、UF 轧机，其各分系统的工作原理见图 7-10~图 7-12。

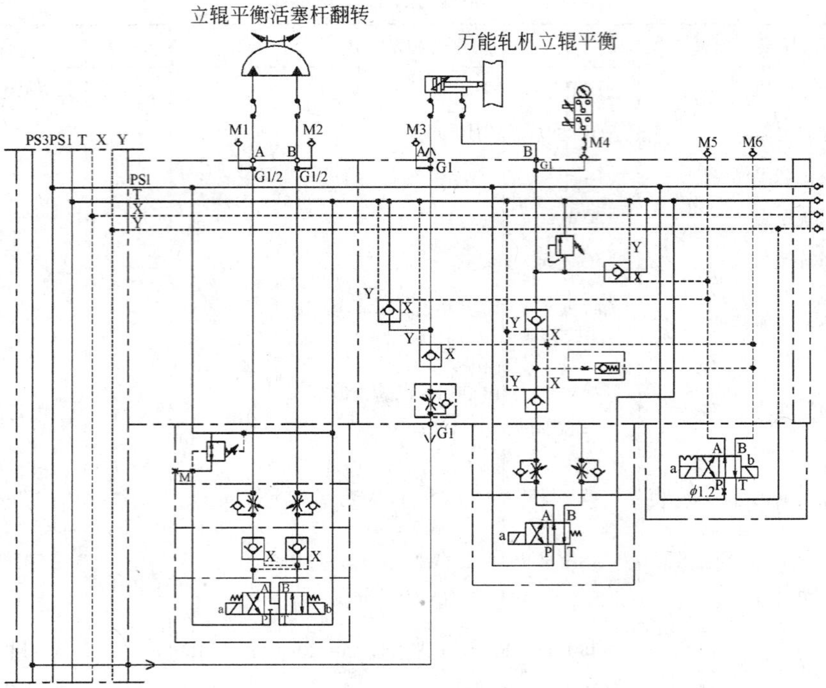

图 7－10　万能轧机立辊平衡活塞杆翻转、立辊平衡液压系统工作原理

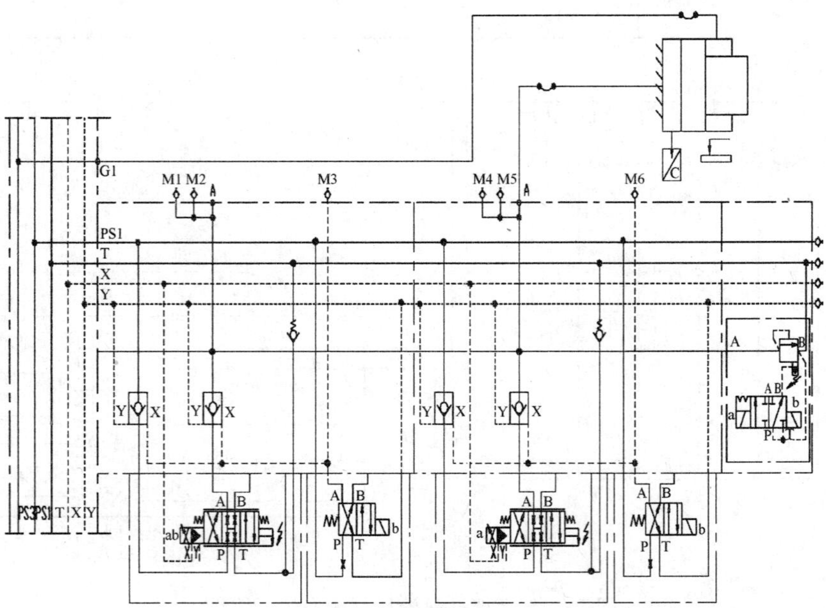

图 7－11　万能轧机辊缝调整液压系统工作原理

UR、UF 轧机阀台主要控制液压锁紧螺母液压缸（8 个）、下接轴托架液压缸（4 个）、轧辊压下液压缸（12 个）、立辊旋转固定液压缸（4 个）、立辊平衡缸（4 个）、上辊接轴托架液压缸（2 个）、水平辊平衡缸（6 个）、下辊轴向调整液压缸（2 个）、轧机

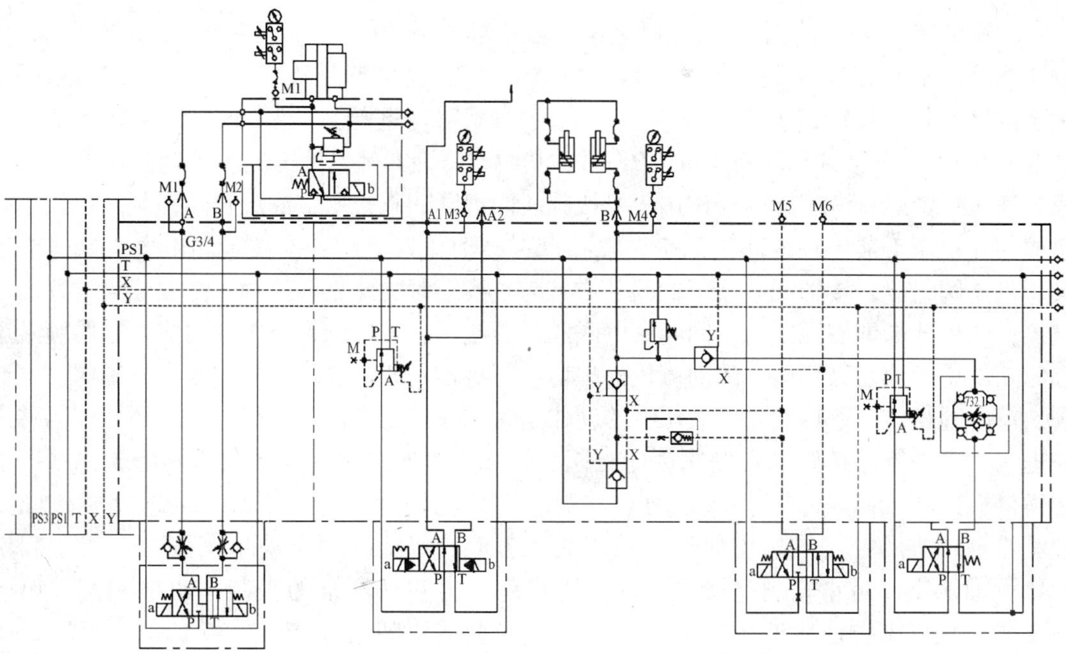

图 7－12 万能轧机机架预紧、上辊平衡液压系统工作原理

换辊用缸（2 个）、轧机地脚锁液压缸（4 个）、轧机牌坊连接液压缸（8 个）、固定轴承座液压缸（8 个），其中液压锁紧螺母液压缸的控制阀由电磁阀、单向节流阀、电磁球阀、溢流阀组成，液压锁紧螺母液压缸的动作用于机架牌坊的预紧；下接轴托架液压缸的控制阀由电磁阀、液控单向阀、单向节流阀组成，下接轴托架液压缸的动作是为了换辊时支撑万向接轴，方便轧辊的移出与进入；轧辊压下液压缸的控制阀由伺服阀、液控单向阀、单向阀、电磁阀、电磁溢流阀组成，轧辊压下液压缸的动作用于调整孔型；立辊旋转固定液压缸的控制阀由电磁阀、液控单向阀、单向节流阀、减压阀组成，立辊旋转液压缸的动作用于机架与立辊轴承座的连接；立辊平衡缸的控制阀由电磁阀、单向节流阀、液控单向阀、单向阀、溢流阀组成，立辊平衡缸用于消除压下缸与立辊轴承座之间的间隙；上辊接轴托架液压缸的控制阀由比例阀、单向减压阀、电磁球阀组成，上辊接轴托架液压缸的动作用于换辊时支撑上辊万向接轴，方便上轧辊的移出与进入；水平辊平衡缸的控制阀由电磁阀、桥式节流阀、减压阀、单向阀、液控单向阀、溢流阀组成，水平辊平衡液压缸用于抵消上水平辊的自重，消除水平辊轴承座与压下缸之间的间隙；下辊轴向调整液压缸的控制阀由电磁阀、比例阀、溢流阀、液控单向阀组成，下辊轴向调整液压缸的动作用于调整上下辊孔型；轧机换辊用缸的控制阀由电磁阀、液控单向阀、单向节流阀组成，轧机换辊用缸用于操作侧机架与换辊装置的连接；轧机地脚锁液压缸的控制阀由电磁阀、单向减压阀、电磁球阀、单向节流阀、溢流阀组成，地脚锁液压缸的动作用于固定操作侧机架牌坊；轧机牌坊连接液压缸的控制阀由电磁阀、液控单向阀、单向节流阀组成，轧机牌坊连接液压缸用于操作侧与传动侧机架的连接；固定轴承座液压缸的控制阀由电磁阀、减压阀、电磁球阀、溢流阀组成，固定轴承座液压缸用于固定操作侧轴承座，防止轧制时孔型

变化。

E轧机液压阀台主要控制液压锁紧螺母液压缸（4个）、轧辊压下液压缸（6个）、接轴托架液压缸（2个）、轧机地脚锁液压缸（4个）、上接轴托架液压缸（1个）、水平辊平衡缸（4个）、轴承座固定液压缸（4个）、轧机牌坊连接液压缸（4个）、轧机换辊液压缸（1个）、下接轴托架液压缸（2个），其中液压锁紧螺母液压缸的控制阀由电磁阀组成，液压锁紧螺母液压缸的动作用于机架牌坊的预紧；轧辊压下液压缸的控制阀由伺服阀组成，轧辊压下液压缸的动作用于调整孔型；接轴托架液压缸的控制阀由电磁阀、节流阀、单向阀组成，接轴托架液压缸的动作是为了换辊时支撑万向接轴，方便轧辊的移出与进入；轧机地脚锁液压缸的控制阀由电磁阀、节流阀、减压阀、单向阀组成，地脚锁液压缸的动作用于固定操作侧、传动侧机架牌坊；下接轴托架液压缸的控制阀由电磁阀、节流阀、单向阀组成，下接轴托架液压缸的动作是为了换辊时支撑万向接轴，方便轧辊的移出与进入；水平辊平衡缸的控制阀由电磁阀、桥式节流阀、单向阀、减压阀组成，水平辊平衡液压缸用于抵消上水平辊的自重，消除水平辊轴承座与压下缸之间的间隙；固定轴承座液压缸的控制阀由电磁阀、减压阀、节流阀组成，固定轴承座液压缸用于固定操作侧轴承座，防止轧制时孔型变化；轧机牌坊连接液压缸的控制阀由电磁阀、单向阀组成，轧机牌坊连接液压缸用于操作侧与传动侧机架的连接；轧机换辊液压缸的控制阀由电磁阀、单向阀、节流阀组成，控制下接轴托架液压缸的阀由电磁阀、单向阀、节流阀组成，接轴托架液压缸的动作是为了换辊时支撑万向接轴，方便轧辊的移出与进入。

7.4 热锯、矫直机、冷床区液压系统

7.4.1 系统的组成及要求

热锯、矫直机、层料收集台架、冷床区液压系统由液压泵站、循环冷却泵站、回油过滤器、蓄能器站、7组阀台、各阀台相应的执行元件及管路附件组成。液压泵站输出的压力油通过每个阀台中各自相应的阀件来控制相应的执行机构（液压缸或马达），从而达到原理中要求的压力与速度。按照原理图中相应的管号来连接相应的执行元件。柱塞泵出口的油路压力调定为27MPa和13MPa，每个液压阀台各油路的工作压力见液压原理图。回路中设有测压排气接头，可测量系统的压力状态和排除混入系统的空气。液压系统工作时的正常油温约为40℃ ±5℃。液压系统安装于室内。

液压泵站由主泵供油回路，循环冷却油温控制回路和过滤回路、油箱及附件等部分组成。液压泵站是整个液压系统的动力源。高压由10台并联运行的压力控制（DR）A4VSO125系列斜盘式变量柱塞泵和2台低压并联运行的压力控制（DR）A4VSO250系列斜盘式变量柱塞泵组成，其中10台工作，2台备用。10台（DR）A4VSO125或2台（DR）A4VSO250泵之间可互为备用，以适应维护保养的灵活性。系统其他装置及功能同开坯机液压系统（详见7.1.1节）。

7.4.2 液压泵站设备主要参数

液压泵站设备主要参数见表7－4，系统布置及工作原理见图7－13～图7－15。

表 7-4 液压泵站设备主要参数

序 号	液压泵站配置	主要技术参数	数量	备 注
1	使用介质	HLP（ISOVG46）		NAS6 级
2	动力电源	AC 380V，50Hz		
3	电磁铁工作电压	DC24V		
4	高压系统压力	25MPa		
5	低压系统压力	13MPa		
6	高压系统流量	$Q_1=180\times 9$L/min		
7	低压系统流量	$Q_2=360\times 1$L/min		
8	系统过滤要求	回油过滤器名义精度 10μm 循环过滤器名义精度 5μm		
9	高压恒压变量柱塞泵	A4VSO125DR/30R - PPB13N00，$p=27$MPa，$Q=125$mL/r	10 台	用九备一
10	低压恒压变量柱塞泵	A4VSO250DR/30R - PPB13N00，$p=13$MPa，$Q=250$mL/r	2 台	用一备一
11	主泵电机	Y2 - 315S - 4 - B35，110kW，$n=1500$r/min	12 台	用十备二
12	循环过滤冷却螺杆泵电机组	SNH660R54U12.1W2 - Y180L - 4B35，$p_{max}=1.0$MPa，$Q=850$L/min	1 组	
13	板式冷却器	BR0.35 - 35m^2B，进水量 15 ~ 20m^3/h，工作温度：-30 ~ 170℃	1 台	水质达到软化水标准，pH 值接近 7
14	油箱	18m^3	1 个	
15	蓄能器	SB330 - 32A1/112A9 - 330A，32L，$p_2=27$MPa，$p_0=24$MPa	1 组	每组 4 个

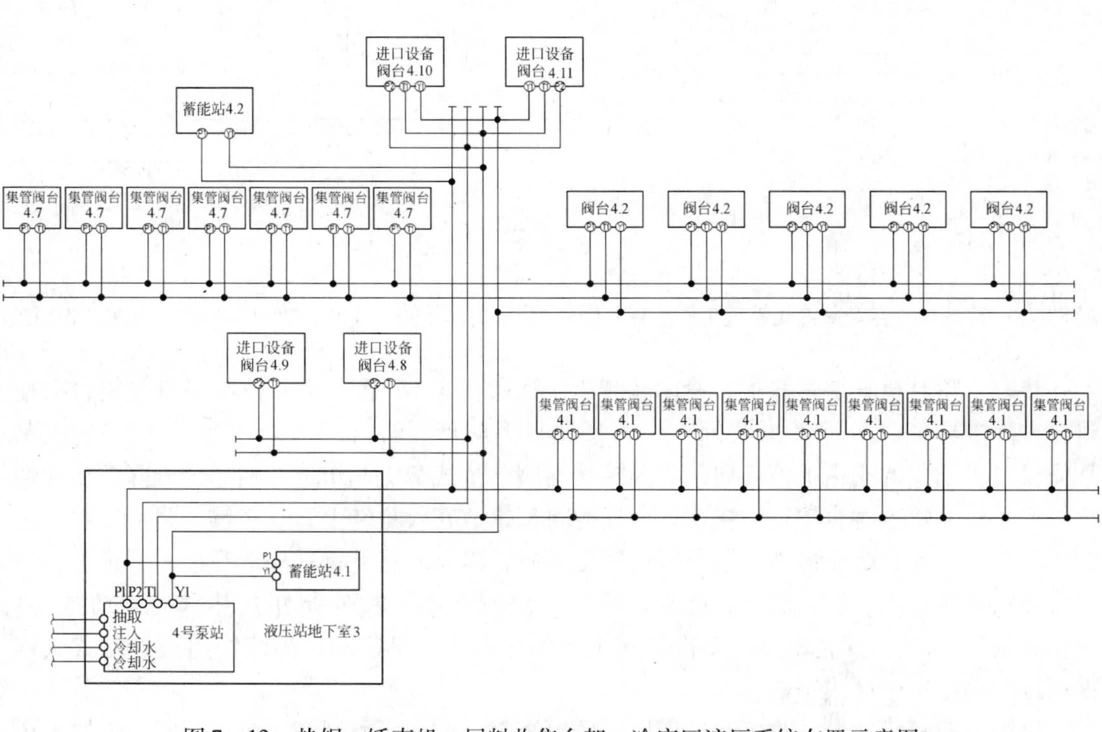

图 7-13 热锯、矫直机、层料收集台架、冷床区液压系统布置示意图

7.4.3　液压阀站技术参数

热锯、矫直机、层料收集、冷床区液压系统阀台 1（9 套）主要控制冷床步进梁升降液压缸（9 个，见图 7－14），控制其完成要求动作的阀由电液换向阀、液控单向阀、桥式节流阀组成，步进梁升降液压缸的动作用于步进梁的升降。

热锯、矫直机、层料收集、冷床区液压系统阀台 2（5 套）主要控制冷床步进梁平移液压缸（9 个，见图 7－15）、冷床出口移出装置液压缸（18 个，见图 7－15），其中控制冷床平移装置液压缸的阀由比例换向阀、电磁阀、液控单向阀、溢流阀、单向阀组成，冷床平移液压缸的移动行程用于根据不同型钢规格平移不同的步距；控制冷床出口移出装置液压缸的阀由电液换向阀、液控单向阀、桥式节流阀组成，冷床出口移出装置液压缸缩回时用于将型钢从步进梁上接下，伸出时将型钢放在冷床输出辊道上。

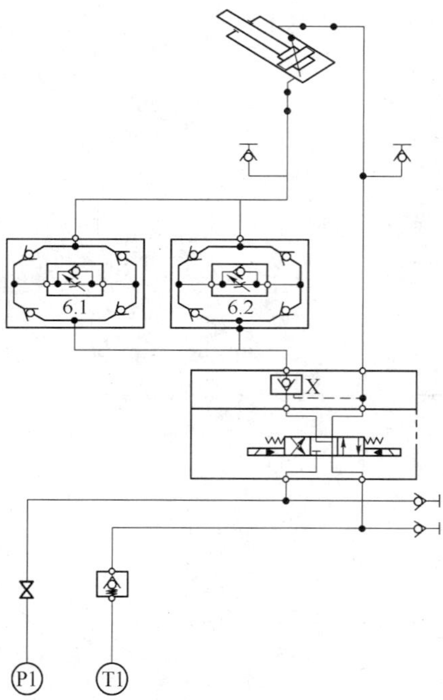

图 7－14　冷床步进梁升降液压系统工作原理

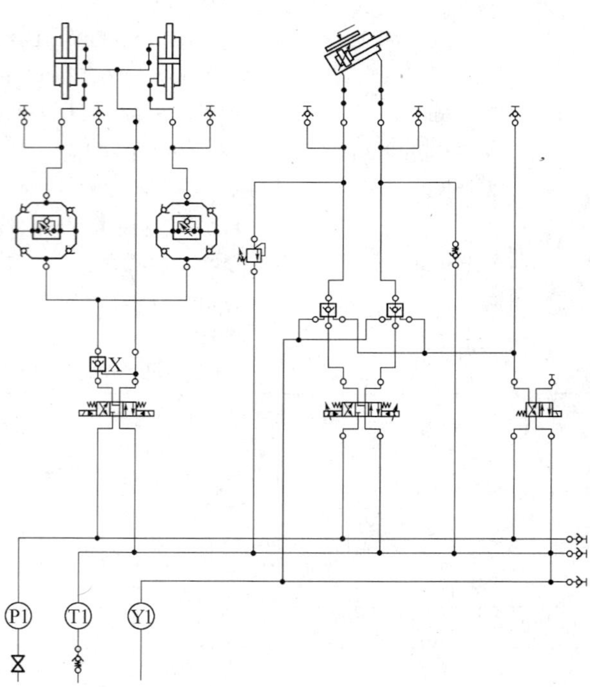

图 7－15　冷床步进梁平移及型钢输出液压系统工作原理

热锯、矫直机、层料收集、冷床区液压系统阀台 3（7 套）主要控制层料收集台架输送链升降液压缸（14 个，见图 7－16）、收集链升降液压缸（14 个，见图 7－16），控制其完成要求动作的阀由电液换向阀、液控单向阀、桥式节流阀组成，输送链升降液压缸伸出时用于将型钢从矫直辊道上接起，缩回时将型钢放在收集链上；收集链升降液压缸伸出时将收集链升起，防止型钢料层与层料辊道相碰，缩回时将型钢料层放在层料辊道上。

热锯、矫直机、层料收集、冷床区液压系统阀台 4 主要控制摆式热锯的锯切缸（1 个，见图 7－17），其完成要求动作的阀由比例换向阀、平衡阀、溢流阀组成，摆式热锯锯切缸的动作用于摆式锯的进给。

热锯、矫直机、层料收集、冷床区液压系统阀台 5 主要控制摆式热锯的锯台支撑液压

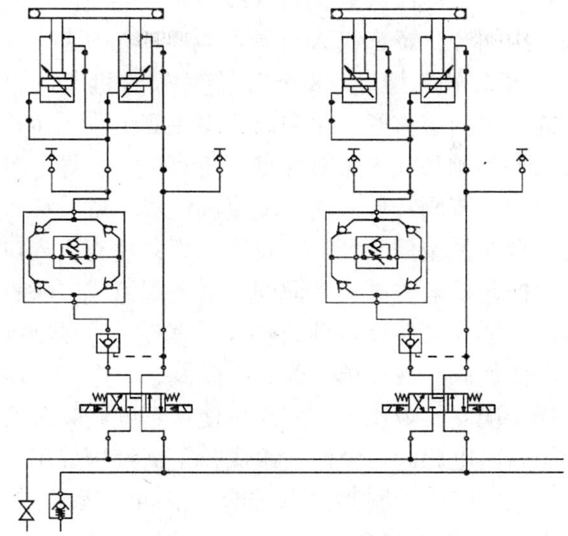

图 7－16 层料收集台架液压原理

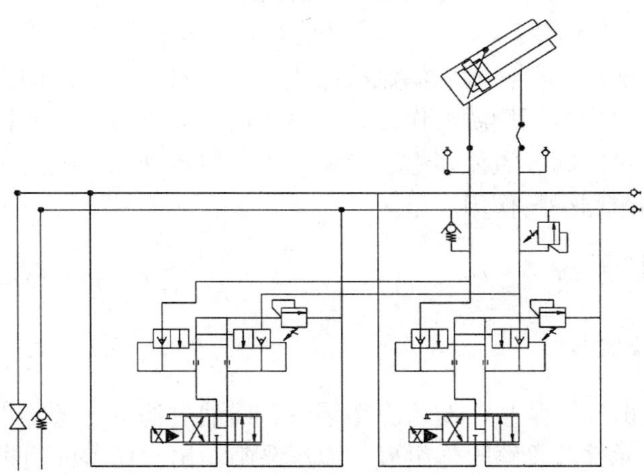

图 7－17 热锯锯切进给液压原理

缸（2 个）、锯片保护罩液压缸（1 个），推杆式取样夹推杆液压缸（1 个）、侧导位液压缸（1 个）、切头取样液压缸（2 个），其中锯台支撑液压缸的控制阀由电液换向阀、液控单向阀、桥式节流阀组成，锯台支撑液压缸的动作用于锯切时升起锯台，防止夹锯；控制锯片保护罩液压缸的阀由电磁阀、液控单向阀、单向节流阀组成，锯片保护罩液压缸的动作用于保护锯片和换锯片用；推杆式取样夹推杆液压缸的控制阀由比例换向阀、电磁球阀组成，推杆式取样夹液压缸的动作用于锯切时限制型钢摆动，并将切尾、样品推至切头取样板上；侧导位液压缸的控制阀由电磁阀、液控单向阀、单向节流阀组成，侧导位液压缸伸出时侧导位板直立，对型钢起导向作用并限制锯切时型钢摆动，侧导位液压缸缩回时侧导位板放下，使推杆将切尾、样品推至切头取样板上；切头取样液压缸的控制阀由电磁阀、液控单向阀、单向节流阀组成，切头取样液压缸伸出时使取样缸滑至取样板上，缩回时将切尾导入废料收集装置。

热锯、矫直机、层料收集、冷床区液压系统阀台6主要控制矫直机入口导卫水平液压缸（2个）、升降液压缸（1个），矫直机入口操作侧立辊液压缸（1个）、传动侧液压缸（1个）、平衡缸（4个）、液压锁紧螺母（8个），其中矫直机入口导卫水平液压缸的控制阀由电磁阀、液控单向阀、单向节流阀、单向阀、溢流阀组成，矫直机入口导卫水平液压缸成对使用，推动导板使型钢顺利进入矫直孔型；矫直机入口导卫升降液压缸的控制阀由电磁阀、液控单向阀、单向节流阀、单向阀、溢流阀组成，矫直机入口导卫升降液压缸的动作用于调整上卫板的位置，使型钢顺利进入矫直孔型；矫直机入口操作侧立辊液压缸的控制阀由比例阀、液控单向阀、电磁阀、单向阀、溢流阀组成，矫直机入口操作侧立辊液压缸与传动侧立辊液压缸一同作用使型钢顺利咬入矫直辊，并对型钢起侧矫的作用；传动侧立辊液压缸的控制阀由比例阀、液控单向阀、电磁阀、单向阀、溢流阀组成，矫直机入口传动侧立辊液压缸与操作侧立辊液压缸一同作用使型钢顺利咬入矫直辊，并对型钢起侧矫的作用；平衡缸的控制阀由电磁阀、溢流阀组成，平衡液压缸用于消除压下蜗轮蜗杆之间的间隙；液压锁紧螺母液压缸的控制阀由电磁阀、单向节流阀、单向顺序阀、单向阀、液压动力包、溢流阀组成，液压锁紧螺母液压缸的动作用于固定矫直辊，防止矫直中窜动。

热锯、矫直机、层料收集、冷床区液压系统阀台7主要控制矫直机出口操作侧立辊液压缸（1个）、传动侧液压缸（1个），其中矫直机出口操作侧立辊液压缸的控制阀由比例阀、液控单向阀、电磁阀、单向阀、溢流阀组成，矫直机出口操作侧立辊液压缸与传动侧立辊液压缸一同作用对型钢起侧矫的作用；出口传动侧立辊液压缸的控制阀由比例阀、液控单向阀、电磁阀、单向阀、溢流阀组成，矫直机出口传动侧立辊液压缸与操作侧立辊液压缸一同作用对型钢起侧矫的作用。

7.5 加热炉区液压系统

7.5.1 系统的组成及要求

加热炉液压系统由液压泵站、循环冷却泵站、回油过滤器、蓄能器部分、5个控制阀台及阀台相应的执行元件及管路附件组成。液压泵站输出的压力油通过每个阀台中各自相应的阀件来控制相应的执行机构（液压缸或马达），从而达到原理图中要求的压力与速度。严格按照原理图中相应的管号来连接相应的执行元件。柱塞泵出口的油路压力调定为14.5MPa，每个阀台各油路的工作压力见液压原理图。回路中设有测压排气接头，可测量系统的压力状态和排除混入系统的空气。液压系统工作时的正常油温约为（40±5）℃。液压系统安装于室内。

液压泵站由主泵供油回路，循环冷却油温控制回路和过滤回路、油箱及附件等部分组成。主泵站是整个液压系统的动力源。由7台并联运行的压力控制PV系列斜盘式变量柱塞泵组成，其中6台工作，1台备用。7台液压泵之间可互为备用，以适应维护保养的灵活性。六台主泵提供的最大流量为1620L/min。系统其他装置与功能同开坯机液压系统（详见7.1.1节）。

7.5.2 液压泵站设备主要参数及规格

加热炉区液压泵站设备主要参数见表7-5，系统布置见图7-18。

表 7-5 液压泵站设备主要参数

序号	液压泵站配置	主要技术参数	数量	备 注
1	使用介质	HLP（ISOVG46）		NAS6 级
2	动力电源	AC 380V，50Hz		
3	电磁铁工作电压	DC24V		
4	系统最高压力	16MPa		
5	系统流量	$Q=270\times6$L/min		
6	系统过滤要求	回油过滤器名义精度 10μm 循环过滤器名义精度 5μm		
7	恒压变量柱塞泵	PV270R1K1T1NFWS，$p=16$MPa，$Q=20$mL/r	7 台	用六备一
8	主泵电机	Y315M1-435，$p=132$kW，$n=1500$r/min	7 台	用六备一
9	循环过滤冷却螺杆泵电机组	NSN210-54 Y180M-2，$p_{max}=1.0$MPa	1 组	
10	板式冷却器	TL150-KCCL	1 台	水质达到软化水标准，pH 值接近 7
11	油箱	12m^3	1 个	
12	蓄能器	AS55P330CG0	1 组	每组 4 个

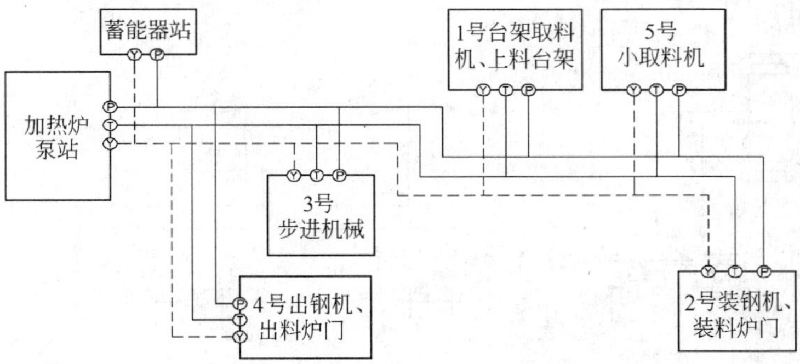

图 7-18 加热炉区液压系统布置示意图

7.5.3 液压阀站技术参数

加热炉区阀台 1 主要控制台架取料机配套液压缸（4 个）、上料台架液压缸（2 个），其中控制台架取料机液压缸的阀由换向阀、液控单向阀、单向节流阀组成，台架取料机液压缸伸出时将取料机顶起从上料台架上接上异型坯，缩回时将异型坯放在加热炉输入辊道上；控制上料台架液压缸的阀由换向阀、单向节流阀等组成，上料台架液压缸用于型钢在半向不倒翁台架取料机上的移动。

加热炉区阀台 2 控制装钢炉门液压缸（2 个）的升降和装钢机液压缸的升降（4 个），其中控制炉门升降的主要有平衡阀、比例阀，装钢炉门液压缸的动作用于炉门的开启与关闭；控制装钢机液压缸升降的有电磁换向阀、液压锁、单向节流阀等，装钢机液压缸伸出时将异型坯从加热炉输入辊道上拖起，缩回时将异型坯放在步进梁上（见图 7-19）。

加热炉区阀台 3 控制步进机械的前进和后退以及上升和下降（4 个），其中控制步进机械前进和后退的有比例阀、补偿器、安全阀，步进机械平移液压缸的动作用于异型坯在加热炉内的移动；控制步进机械上升和下降的有比例阀、插装阀、安全阀等，步进机械升降液压缸的动作用于防止动梁移动时异型坯与固定梁相摩擦（见图 7-20）。

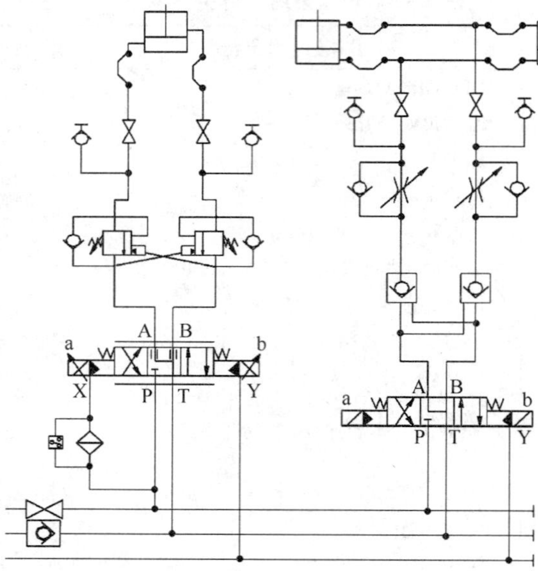

图 7－19 炉门升降缸、装（出）料机升降缸液压系统工作原理

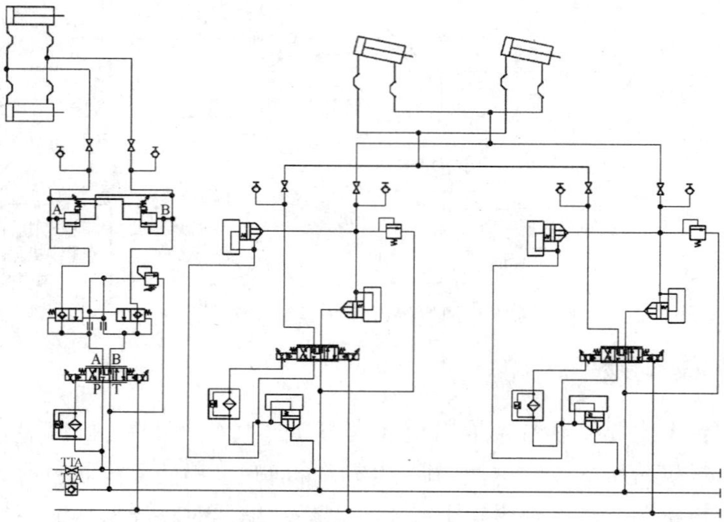

图 7－20 步进梁平移、升降缸液压系统工作原理

加热炉区阀台 4 控制出料炉门液压缸（2 个）的升降和出钢机液压缸的升降，其中控制出料炉门升降的控制阀主要有比例阀、平衡阀，出料炉门液压缸的动作用于炉门的开启与关闭；控制出钢机液压缸升降的控制阀有电液换向阀、液压锁、单向节流阀等，出钢机液压缸伸出时将异型坯从固定梁上拖起，缩回时将异型坯放在加热炉输出辊道上。

加热炉区阀台 5 控制小取料机的配套液压执行机构（8 个），其中小取料机平移液压缸的控制阀主要有比例换向阀、平衡阀和同步液压马达，小取料机平移液压缸的动作用于将升降机上的异型坯运送到上料台架上；小取料机升降液压缸的控制阀有比例换向阀、平衡阀和同步马达等，小取料机升降液压缸伸出时将异型坯从升降机上拖起，缩回时将异型坯放在上料台架上。

7.6 稀油集中润滑系统

7.6.1 稀油润滑系统的发展及工作原理

随着生产技术的发展，机械化、自动化程度不断提高，润滑技术也同样由简单到复杂，不断发展，形成了目前集中润滑系统。集中润滑系统具有明显的优点，因为压力供油有足够的供量，因此可保证数量众多、分布较广的润滑点及时得到润滑，同时将摩擦副产生的摩擦热带走；摩擦表面的金属磨粒等机械杂质，随着油的流动和循环被带走并冲洗干净，达到润滑良好、减轻摩擦、降低磨损，减少易损件的消耗、减少功率消耗、延长设备使用寿命的目的。集中润滑系统的维护管理比较复杂，调整比较困难，每一环节出现问题都可能造成整个润滑系统的失灵，甚至停产。

H 型钢厂齿箱稀油润滑站的工作原理基本是一样的，由润滑泵把润滑油从油箱吸出，经单向阀、双筒过滤器和列管式冷却器（或板式换热器）送到机械设备的各润滑点（如果不带冷却器，则经过滤器直接送往润滑点）。油泵的公称压力为定值，通过减压阀调整出口压力。在出口处设置安全阀，当油泵出口压力超过减压阀设定压力时，安全阀自动开启，多余的油液经安全阀流回油箱。目前 H 型钢厂电动机轴承润滑系统（见图 7－21）用 68 号机械油，齿箱润滑系统用 32 号机械油。

7.6.2 H 型钢厂齿箱润滑系统

7.6.2.1 齿箱润滑系统的组成及工作原理

开坯机齿箱润滑系统主要给开坯机齿轮箱和压下装置供给润滑油，三机架齿箱润滑系统主要给三架轧机主电动机齿箱供润滑油（见图 7－22）。润滑站工作时，工作油泵的吸油管将润滑油从油箱内吸出，送入清除机械杂质的双筒网式过滤器，经过过滤后，油液沿管路送到冷却器进行降温。按润滑要求的油温送到各润滑部位。润滑油在摩擦表面形成一层油膜，使相对运动副得到润滑并带走运动副间磨损的金属微粒后，再回到油箱，经过油箱的过滤、沉淀、散热以后再由工作油泵吸出。这样就构成了循环系统。油箱上装有一只油位讯号器，控制三个液位点。当液位高于高液位设定时报警，应停止往油箱中加油；当液位低于低液位设定时报警，此时应向油箱中加油；油位处于高位和低位之间且稳定时，为正常运行状况；当油位达到最低液位时，报警并停主机。油箱上装有电子温度继电器控制油箱温度，当油箱温度高于某一设定值时。电加热器自动断电，停止加热，保证油箱内的油温保持在一定的范围内。油箱上装有两台泵，一用一备，泵本身设有安全阀，泵的出口设有单向阀和压力表，可保证随时显示泵口压力。当系统压力低于设定值时，备用泵自动启动。当系统压力达到设定值时，备用泵自动停止。当备用泵启动后，系统压力继续下降，降到某一设定值时报警，发出压力过低信号并停主机。停机时一定要先停主机，延迟一定时间后再停油泵。当压力高于某一设定值时发出压力高信号，由压力控制装置控制管道内油液的压力。本装置采用 SPL 双筒滤油器，网片式滤芯。在过滤器的进出口有压差发讯装置，当压差达到 0.15MPa 时，压差装置发出报警信号，此时应手动转动过滤器换向阀。切换工作筒到备用筒，取出原工作滤芯进行清洗后，然后放回过滤器进行备用。在过滤器的出油口装有一台 GLL 列管式冷却器，根据系统出口温度的变化来决定冷却器是投入工作还是不投入工作，使系统的出口油温保持在规定的范围内。同时在冷却器的进水口装有一只电磁水阀，根据出油口温度的变化控制水阀的开停，保证适宜的供油温度。润滑油是采用管护套电加热器来加热的，这样，设备在运行中也可以对电加热器进行维修。油液应在流动状态下进行加热。在冬季宜先对油进行加热，达到25℃时，才允许启动油泵；当油温接近35℃时，才允许向系统供油。电加热由油箱上的电子温度继电器控制。

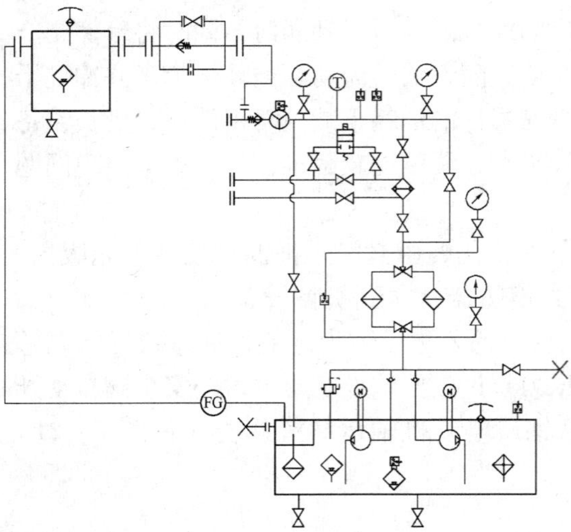

图 7-21 1500kW 电动机轴承润滑系统示意图

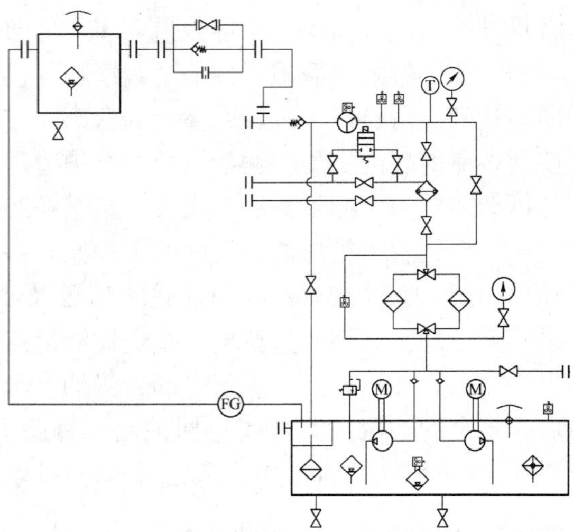

图 7-22 三机架人字齿箱润滑系统示意图

7.6.2.2 齿轮稀油润滑站技术参数

齿轮稀油润滑站技术参数见表 7-6 和表 7-7。

表 7-6 万能轧机齿轮润滑站技术参数

名称		单位	数值	备注	名称		单位	数值	备注
公称流量		L/min	240		油泵	型号	HSNH280-43N		2台
公称压力		MPa	0.4			公称流量	L/min	242	
供油温度		℃	35~38			公称压力	MPa	1	
工作介质		VG320（矿物油）			电动机	型号	Y160M-4 B3		2台
油箱容积		m^3	6			功率	kW	11	
双筒过滤器	型号	SPL-65C				转速	r/min	1450	
	过滤精度	mm	0.05			电压	V	AC380	
	过滤面积	m^2			冷却器	型号	GLL5-40/0.63		
	允许压差	MPa	0.30			冷却面积	m^2	40	
电加热器	型号	HRY4-380/4				进油温度	℃	50	
	功率	kW	4×6			进水温度	℃	≤32	
	电压	V	380			供水压力	MPa	0.2~0.3	
	数量		6			冷却水耗量	m^3/h	22	

表 7-7 开坯机齿轮润滑站技术参数

项　目	单位	数值	项　目		单位	数值
公称供油流量	L/min	105	工作介质		VG320 矿物油	
油站出口压力	MPa	0.4	齿轮泵	型号	CB-B125	
供油温度	℃	35~38		流量	L/min	125
油箱容积	m^3	2.5		压力	MPa	1.6
过滤精度	μm	50		轴功率	kW	6.50
回油温度	℃	50	电动机	型号	Y112M-4V1	
冷却面积	m^2	12		功率	kW	4
冷却水进水压力	MPa	0.2~0.3		转速	r/min	1440
冷却水耗量	m^3/h	11.25	电加热器	型号	HRY4-380/3	
冷却器进水温度	℃	≤32		功率	kW	3×6
过滤器前后初始压差	MPa	≤0.05		电压	V	380

7.6.3 H 型钢厂电动机轴承润滑系统

7.6.3.1 H 型钢厂电动机轴承润滑系统的组成及工作原理

电动机轴承润滑系统由高压润滑系统和低压润滑系统组成（见图 7-23）。低压润滑系统主要由两套立式齿轮泵装置、油箱、过滤器、冷却器、安全阀、阀门和管路组成。高压系统（轧边机没有）主要由高压柱塞泵装置、高压溢流阀、单向阀、压力开关和高压管路组成。其工作原理为在主机启动前，先启动低压泵，当低压泵运行稳定后，再启动高压泵；高压泵的润滑油从低压管路吸入并运送到动静压轴承，当压力达到一定值时，使静止的轴和轴承之间楔入足够的油膜，主轴将在压力油作用下浮起，此时即可开动主机运转，由低压泵供油润滑。

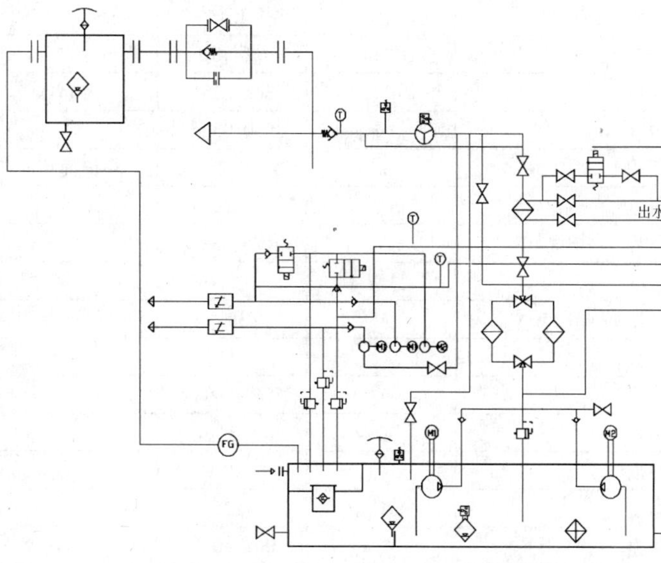

图 7-23 3500kW 主电动机轴承润滑系统示意图

电机齿轮润滑系统的低压系统设有两台齿轮泵，正常情况下，一台泵工作，一台备用，遇到意外，低压系统压力降到低于第一压力调定值时，备用油泵投入工作，保证向轴承继续供送润滑油；压力达到正常值时，备用泵停止工作。此时如果系统压力继续下降到第二压力调定值时，报警器将发出压力过低事故信号。滤油器采用双筒网式过滤器，一筒工作，一筒备用，在进出口处接有双针压力表（在仪表板上），当压差超过 0.15MPa 时，人工换向，使备用筒工作，取出原工作筒中滤芯进行清洗后再装入筒内备用。油箱中设有电加热器，用来加热润滑油，加热温度可进行自动控制，油温低于某一设定值时，加热器自动进行加热；当温度高于某一设定值时，加热器自动停止工作。该温度的控制是由装于油箱上的电接点双金属温度计进行的。油箱上还设有液位计，可直接看到液位的高低。油箱上同时装有油位信号器，当油位过高或过低时有信号发出。冷却器用于冷却油液，当供油温度高于 45℃时，可打开冷却器水阀，冷却润滑油；当供油温度下降到 38℃时，关闭进水阀，将油温控制在一定的范围内。

7.6.3.2 技术参数

1500kW 电动机（轧边机）轴承润滑站技术参数见表 7－8。

表 7－8 轴承润滑站技术参数

名称			单位	数值	备注
工作介质				68 号机械油	
公称流量			L/min	16	
系统压力			MPa	0.4	
供油温度			℃	40±3	
齿轮泵装置	型号			CB－B16	
	流量		L/min	16	
	电动机	压力	MPa	0.4	
		型号		Y90S－4 V1	
		功率	kW	1.1	
		转速	R/min	1440	
双筒过滤器	型号			SPL－25C	
	过滤精度		mm	0.05	
	过滤面积		m^2	0.2	单筒面积
	允许压差		MPa	0.30	
加热器	型号			HRY6－380/2	
	功率		kW	2	
	电压		V	380	
	个数			3	
冷却器	型号			GLC2－3/0.63	
	冷却面积		m^2	3	
	进油温度		℃	50	
	进水温度		℃	≤32	
	进水压力		MPa	0.2～0.3	
	冷却水耗量		m^3	1.5	

7.6.3.3 3500kW 电动机（开坯机、UR、UF）轴承润滑站技术参数

3500kW 电动机（开坯机、UR、UF）轴承润滑站技术参数见表 7－9。

表 7－9 轴承润滑站技术参数

项目			单位	数值	项目		单位	数值
低压系统	泵型号		CB－B40		过滤器	型号	SPL－40	
	流量		L/min	40		过滤精度	μm	25
	供油压力		MPa	0.2～0.4		切换压差	MPa	0.30
	供油温度		℃	30～40		过滤面积	m^2	
	电动机	型号	Y100L1－4V1		冷却器	型号	GLL3－5/0.63	
		功率	kW	2.2		冷却面积	m^2	5
		转速	r/min	1500		冷却水压力	MPa	0.2～0.3
		电压	V	AC380		冷却水耗量	m^3/h	3
高压系统	泵型号		5MCY14－1B			冷却水温度	℃	≤32
	流量		L/min	5	电加热器	型号	HRY4－380/4	
	供油压力		MPa	18		功率	kW	4×3
	电动机	型号	Y100L－4B35			电压	V	380
		功率	kW	2.2		个数		3
		转速	r/min	1430	油箱容积		m^3	1.6
		电压	V	AC380	工作介质		68 号机械油	

7.7 干油集中润滑系统

7.7.1 干油润滑系统的发展及应用

在 H 型钢厂的机械设备中，除了广泛采用稀油润滑外，许多摩擦副还采用了润滑脂（简称干油）润滑。如初轧机轴承，万能轧机机架与窗口的平面摩擦，矫直机矫直辊轴承，辊道轴承，冷、热锯平台升降和翻转机构，加热炉步进机械等处，有的采用单独分散的润滑方式（由人工定期用加脂枪向润滑点或油杯添加润滑脂）；有的因摩擦副数量多（如高温、点多、量大），则必须采用干油集中润滑系统定期加润滑脂。

自动干油集中润滑系统由自动干油润滑站、两条输脂主管、各润滑点的输脂支管、（在主管与支管之间相连的）分配给油器、相关的电控装置、控制测量仪表等组成。自动干油集中润滑系统按供脂管路布置分为流出式（端流）与环路（回路）式两种。根据润滑的机组布置特点、运转工艺要求、润滑点分布及数量等不同的具体情况，可分别选择相适应的润滑系统，以满足不同机组对润滑的要求，即在一定的时间内（规定的润滑周期），自动地供给每个润滑点足够数量、性能（品种规格）符合要求的润滑脂。

7.7.2 H 型钢厂干油润滑系统的组成及工作原理

首钢长钢 H 型钢厂集中干油润滑系统采用流出（端流）式自动干油润滑系统，流出

式自动干油集中润滑系统，可供给更多的润滑点和润滑点分布区域较大的范围。尤其是面积长条形（如万能轧机中的辊道组）的设备，如图 7－24 所示。

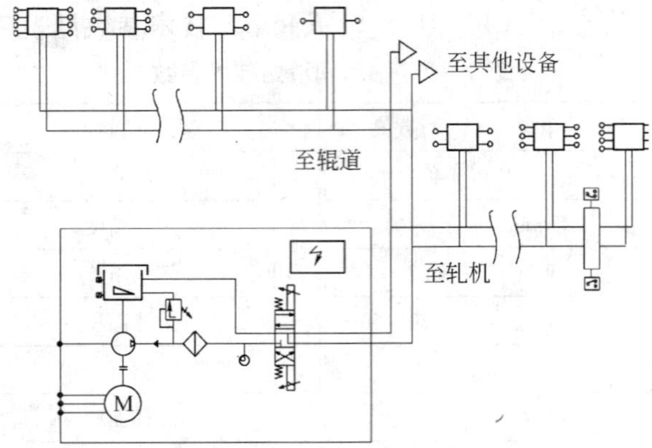

图 7－24　H 型钢厂干油集中润滑系统工作原理图

由电动干油站供送的压力润滑脂经换向阀，通过干油过滤器沿输脂主管经给油器从输脂支管送到润滑点（轴承副）。当所有给油器工作完毕后，输脂主管内的压力迅速提高，这是装在输油主管末端的压力操纵阀，在润滑脂液压力的作用下，克服了弹簧阻力，使滑阀移动，推动极限开关接通电信号，使电磁换向阀换向，转换输脂通路，由原来的输脂主管供脂改变为由另一输脂主管供脂。与此同时，操作盘上的磁力启动器的电路断开，电动干油站的电机停止工作，干油柱塞泵停止往系统内供脂。按照加脂周期，可以预先设定规定的间隔时间，在电气控制箱上的启动控制器使电动机启动，油站的柱塞泵即按照电磁换向阀已经换向的通路向输脂主管压送润滑脂。当润滑脂沿主管 2 输送时，另一条主管 1 中的润滑脂的压力卸压，多余的润滑脂经过电磁换向阀内的通路返回到贮油筒内。电磁换向阀的作用是使油站输送的压力润滑脂由一条输脂主管自动转换到另一条输脂主管。在电磁换向阀的阀体内，滑阀的两伸出端分别与各自的电磁感应线圈组成的磁铁的铁芯相连接。工作时，只能一个电磁铁接电吸引铁芯，使滑阀移动，然后切断其线圈的电流。电磁铁不是长时间处于接电状态，这样可以减少电磁铁发热，延长寿命。

7.8　油气润滑系统

油气润滑是近年来发展起来的一种润滑装置，它与油雾润滑相似，但又不同于油雾润滑。油气润滑是以压缩空气流动把油沿管路输送到轴承，因此不再需要凝缩。凡是能流动的润滑油都可以输送，不受黏度的限制（目前 H 型钢厂使用 460 号人工合成齿轮油）。空气输送的压力较高，约 0.4MPa 左右。正常运行时，轴承副内保持一定的润滑油液体，所以给油量可根据实际消耗量而定，因此润滑油是根据德国 SMS 公司提供的程序间隙补给，而空气才是连续供给。由于润滑点较多，要把油气混合体均匀地分别输送到各个轴承，在管路中设置有油气路分配器。该套设备由德国瑞波斯（REBS）公司制造，由德国 SMS 公司供货。目前油气润滑在 H 型钢厂主要是使用在万能轧机轧辊轴承上（见图 7－25）。

7.8.1　油气润滑系统的工作原理

利用压缩空气在管道内的流动，带动润滑油沿管道内壁不断地流动，把油气混合体输

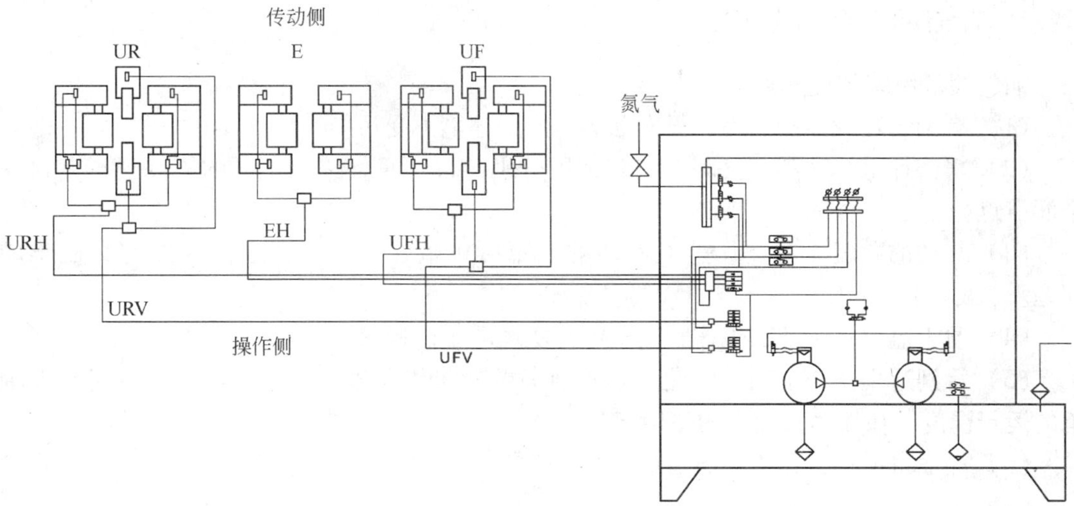

图 7 - 25　H 型钢万能轧机轴承油气润滑点分布示意图

送到润滑点。压缩空气以恒定的压力连续不断地供给，而润滑油则必须使用油泵作为输油的动力源，还要采用步进式给油器分别对各个润滑点供给所需要的油量。油和气在进入润滑点之前必须先进入油气混合器，在油气混合器里，流动的压缩空气把油吹成油滴，附着在管壁上形成油膜。油膜随着气流的方向沿管壁流动，在流动过程中油膜层的厚度逐渐减薄，但并不凝聚。供油是间断的进行，间断时间和每次的供油量都可以根据实际消耗的需要进行调节。油气混合体在进入各个摩擦副之前还要进行分配。按照各个摩擦副的需要量均匀地分配供给。油气混合体沿管路进入摩擦点，实际起润滑作用的是油，油积聚在摩擦点，如果泄漏量微小，耗油量亦微小，根据耗油量逐次补油，所有供油都是间断进行的，供气是连续进行的。空气的消耗量决定于润滑点的密封状况，因此要在润滑点（轴承箱）保持 40kPa 的压力。如果轴承的密封是良好的，空气的消耗就决定于喷嘴的直径。

7.8.2　油气润滑系统的组成

油气润滑系统基本上由供油部分、供气部分和油气混合三部分组成：

（1）供油部分。供油部分有油箱，油泵，步进式给油器等主要元件，都是根据系统的供油量选定的。油泵设计为两台，一台工作，另一台备用，通过电子监控装置启动或停止。油泵的排量一般都较低，因此耗油量比较少。油泵的压力较高，步进式给油器的工作压力一般在 2 ~ 4MPa。步进式给油器由片式给油器组合而成，有多种规格的排油量可供选择。

（2）供气部分。供给的压缩空气应该是清洁而干燥的，必须先经过油水分离及过滤。当油气润滑系统启动时，压缩空气由电磁阀接通，经过减压，使排出的气压为 0.3 ~ 0.4MPa，并在排气管线上装有压力监视器，以保证工作中有足够的气压。

（3）油气混合部分。油和气在混合器中要使油能很好地雾化成油滴，均匀地分散在管道内表面，油气混合亦有多种规格的供油量可供选择。如果供给的润滑点在两个以上，油气混合物还必须经油气分配阀均匀地和适量地供给每个润滑点。

7.8.3 油气润滑系统的优点

油气润滑系统的优点如下:

(1) 有利于环境保护。因为没有油雾,周围环境不受污染。

(2) 精密计量。油和空气两个成分都可分别准确计算,按照不同的需要输送到每一个润滑点。

(3) 与油的黏度无关,凡是能流动的油都可以输送。它不存在高黏度雾化困难的问题。

(4) 便于监控。系统的工作状况很容易实现电子监控。

(5) 特别适用于滚动轴承,尤其是重负荷的轧机辊颈轴承,气冷效果好,可降低轴承的运行温度,从而延长轴承的使用寿命。

(6) 耗油量微小,仅为耗脂量的5% ~10%。

8 产品缺陷的分析与调整

为了便于区别各类缺陷和分析其产生的原因，按工艺流程，钢材缺陷分为钢质缺陷、轧制缺陷和精整缺陷三大类。

8.1 钢质缺陷

（1）夹杂

夹杂是指H型钢的断面上有肉眼可见的分层，在分层内夹有呈灰白色或白色的杂质，经低倍或高倍检验可知，这些杂质通常为耐火材料、保护渣等。

造成夹杂的原因是在出钢过程中有渣混入钢液，或在铸锭过程中有耐火材料、保护渣混入钢液。夹杂会破坏H型钢的外观完整性，降低钢材的强度，使钢材在使用中开裂或断裂。

（2）结疤

结疤是一种存在于H型钢表面的鳞片状缺陷。结疤有与H型钢本体连在一起的，也有不连为一体的。造成结疤的主要原因是浇注过程中钢水的喷溅。局部、个别的结疤可以通过火焰清理挽救；但面积过大、过深的结疤，对钢材性能影响很大，一般只好判废。

（3）裂纹

H型钢裂纹主要有两种：一种为腰部的纵向裂纹；另一种为腿端的横向裂纹。腰部的纵向裂纹来自浇注（连铸）中形成的内部裂纹，腿端的横向裂纹来自钢坯或钢锭的脚部裂纹。这两种裂纹都会破坏钢材本身的完整性和强度。

8.2 轧制缺陷

8.2.1 尺寸缺陷

尺寸问题通常在样品检测处确定，尺寸样品在热锯处从轧件上提取，然后检验和测量样品。轧辊更换后，试轧件是最关键的，因为它可以确定由轧辊标定产生的误差。

（1）腹板厚度：测量的腹板厚度和目标腹板厚度之差。

（2）翼缘厚度：测量的翼缘厚度和目标翼缘厚度之差。

腹板和翼缘厚度尺寸，测量值和目标值不一样，这是辊缝不同导致的结果。对辊缝进行偏移或调整，就可以补偿这些厚度问题。为了调整辊缝，可以使用偏移画面来补偿标定和磨损中的误差并修改一个机架的所有孔型的设定值。另一个方法是改变实际轧制图表的设定值，即改变某一特定孔型的具体设定值。注意不要扰乱翼缘/腹板的关系，否则会导致翼缘或腹板的波浪。

（3）翼缘厚度不等（边对边，见图8－1）。翼缘厚度边对边不等可以通过调节立辊偏移来进行补偿。当翼缘厚度大于允许偏差时，可将翼缘厚度超差一侧立辊调近一点，或将翼缘薄的一侧调远一点。

（4）翼缘厚度不等（对角，见图8－2）。这个偏差是在万能机架的上辊和下辊作准备和标定时不正确的对中而引起的。如果翼缘厚而长，在厚翼缘的方向上轴向调整UR机架。如果翼缘薄而长，可在厚翼缘的方向上轴向调整UF机架。

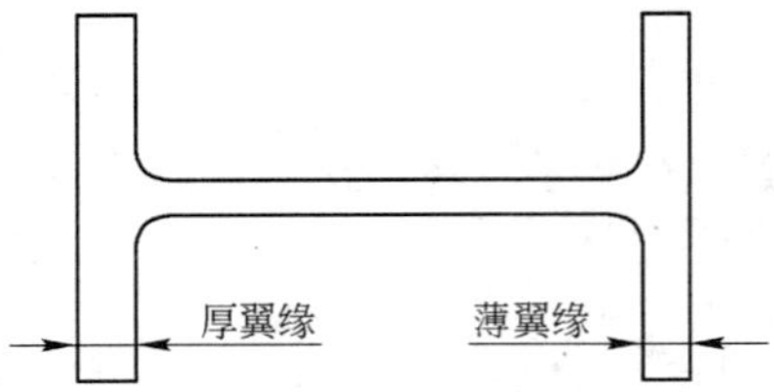

图8－1 翼缘厚度不等（边对边）

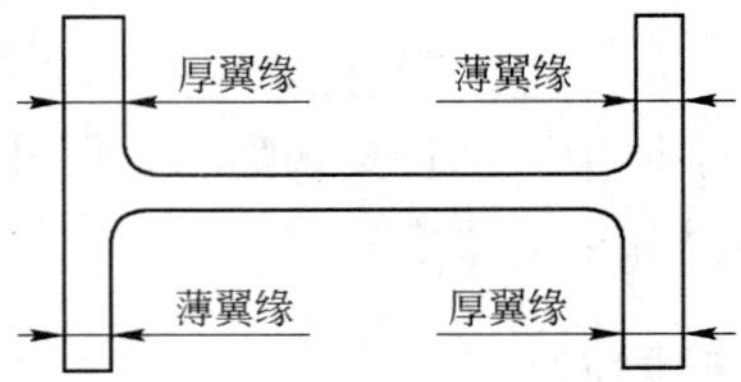

图8－2 翼缘厚度不等（对角）

（5）腹板斜度（一边厚一边薄，见图8－3）。腹板斜度是沿着腹板的厚度测出来的，特别是宽的断面。它通常是UF机架的水平辊不平行而导致的。该误差可以通过调节UF的水平度来纠正。但是，这个问题通常与所说的钩头联系在一起，所以必须同时考虑在输出侧做了哪些调整。

（6）腹板偏心/不在正中（见图8－4及图8－5）。腹板不在正中可通过调节UR前面的升降辊道的高度来纠正，如果下部翼缘长，应提升辊道；如果上部翼缘长，应降低辊道。控制腹板中心偏移的主要因素是轧边机架。有时候腹板偏心是由UR轧制线的误差引起的。如果UR水平辊的轧制线与立辊轧制线不在一条线上，较厚的上翼缘或下翼缘就会出现在UF面前，就会引起上翼缘或下翼缘更多的延伸。这就需要通过调整UR轧制线来加以纠正，通常以2mm的增量进行调整。由于轧制线调整会导致翘头或扎头，必须考虑UF的输出侧问题。还应注意，像许多轧制缺陷一样，这个问题的出现也可能源于BD机架的规格断面尺寸。

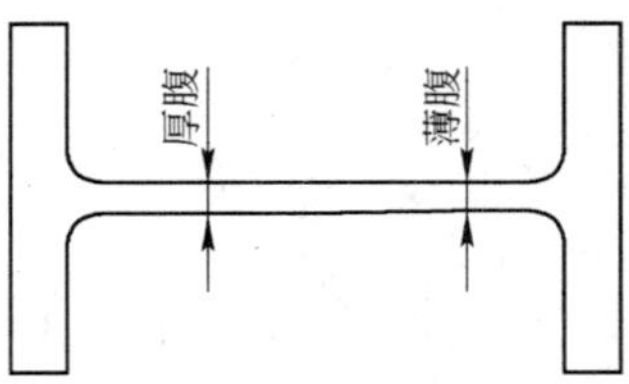

图8－3 腹板斜度（一边厚一边薄）

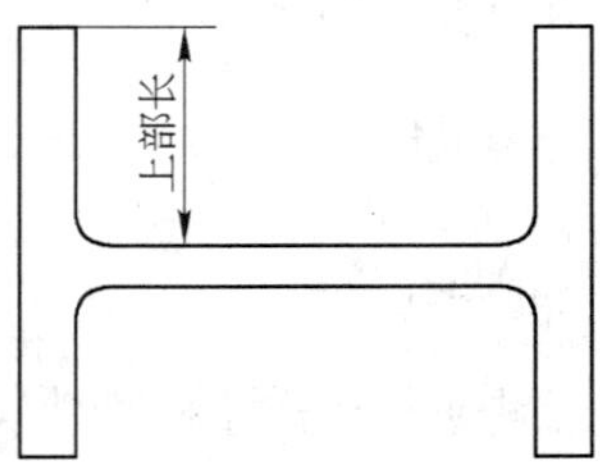

图8－4 腹板偏心/不在正中

（7）腹板成对角定中心。这个误差可能是串列轧机中的上辊和下辊没有正确对中而引起的结果（见图8－6）。首先，腹板成对角定中心时产生的任何误差必须加以纠正，如果问题仍然存在，就要进行轧边辊的轴向找正的调整。轧边机上辊应在短翼缘的方向上，调节翼缘长度之差的一半。

8.2.2 几何尺寸缺陷

（1）上部宽（见图8－7）。在轧件的上下部之间存在冷却差别时会发生上部宽。由于轧件在串列轧机内轧制，冷却水收集在腹板上，特别是在轧机机架之间，再加上辊道是

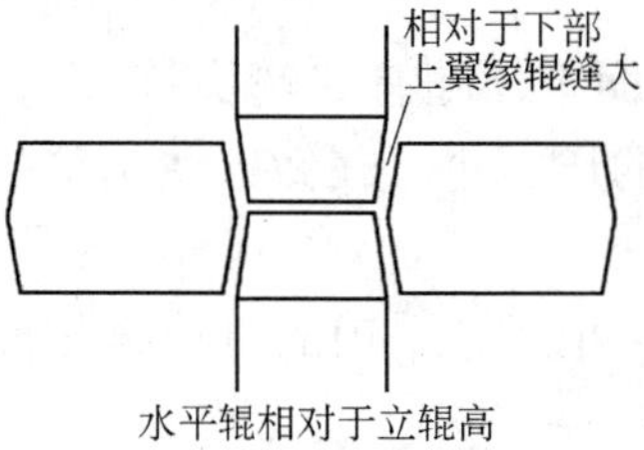

图 8－5 腹板中心与翼缘中心不对称

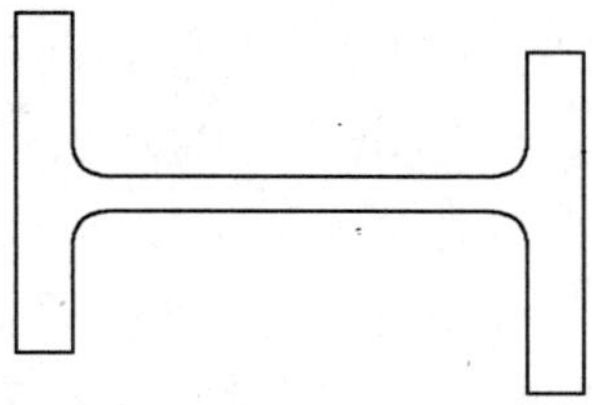

图 8－6 腹板成对角定中心

热的，这就在轧件的上下部之间产生了一个不同的热断面。在轧件离开精轧机架之后，轧件的下部就比上部有更多的热要散发，所以下部要发生更多的收缩。这就会导致产品在冷床上变形。

（2）下部宽（见图 8－8）。尽管与上部宽有较少的共同点，但是这个缺陷也是由上下部之间不同的温度断面引起的，必须注意保证在较低的温度下，轧制负荷不要达到危险的高度，并保证成品的机械性能不受影响。

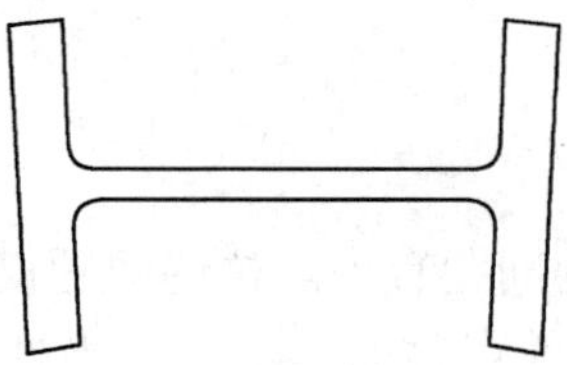

图 8－7 成品轧件上部宽

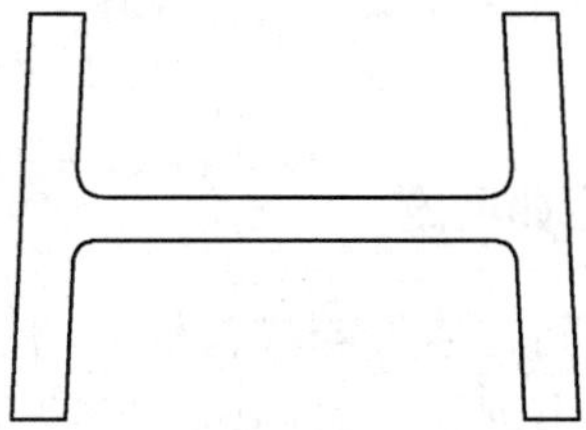

图 8－8 成品轧件下部宽

（3）碟形（凹形）腹板（见图 8－9）。如先前提到的，这个缺陷与上部宽缺陷相似，但是引起的原因不同。碟形腹板是在热锯处形成的，是由于锯条旋转带来向下的力引起的，缺陷一般仅仅局限于锯切的位置。在冷床上加以观察，就会判别是哪种缺陷。

降低锯切的速度就会减少缺陷。锯切时，锯片处的轧件温度越高，这种缺陷就越容易出现。

锯片状况不好，也会产生这个问题，通常伴有严重的锯切毛刺。在此情况下，要尽快更换锯片。

（4）弓形（凸形）腹板（见图 8－10）。腹板弯曲与碟形腹板相似，实际上都是热锯引起的并位于切口附近。切割时用了太多的水，导致腹板弯曲。要解决这个问题，就要保证在锯条处让尽量少的冷却水落到轧件上。

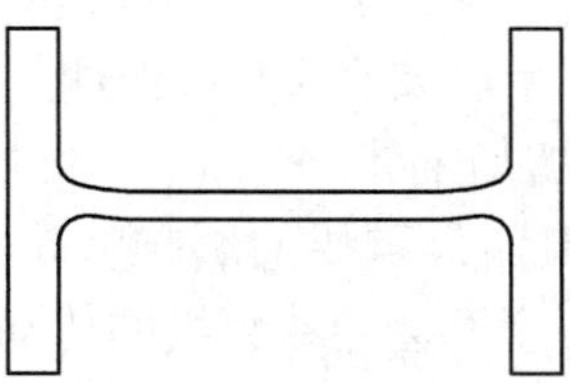

图 8－9 成品轧件腹板凹形

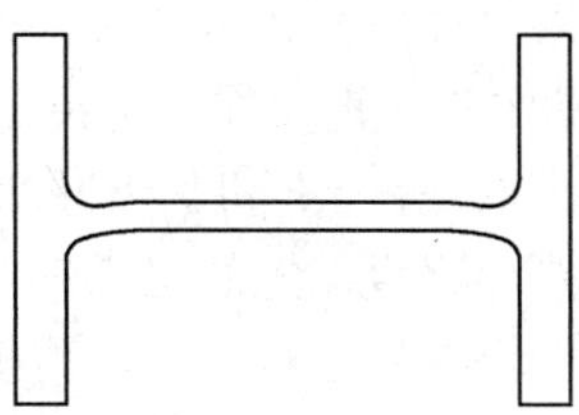

图 8－10 成品轧件腹板弓形

（5）凹形翼缘（见图 8－11）。凹形翼缘一般与精轧道次中太小的翼缘压下量有关，相对于腹板的压下量而言。该缺陷有时候在翼缘的外表面上伴随有“箭头符号”，要消除这个缺陷，可对 UF 的立辊增加压下量，或者减少腹板的压下量。在做这些调整之前，对轧制力的观察是至关重要的。

（6）凸形翼缘（见图 8－12）。凸形翼缘与凹形翼缘相反，采用的调节也相反，例如增加 UF 腹板的压下量及减少翼缘的压下量。

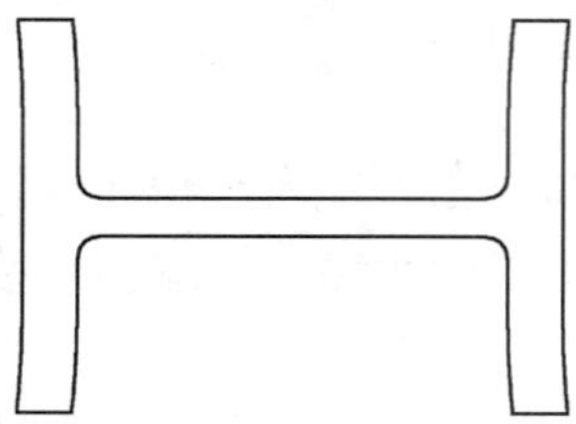

图 8－11　成品轧件翼缘凹形

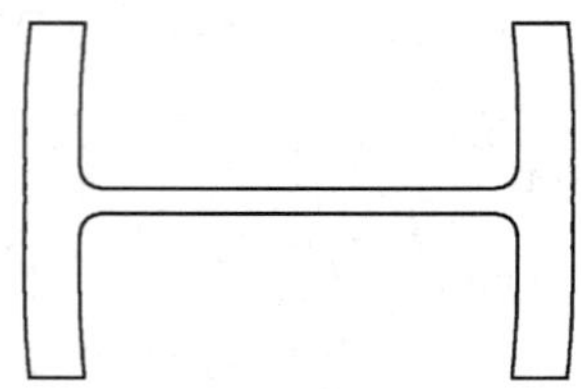

图 8－12　成品轧件翼缘凸形

没有用于凹形翼缘或凸形翼缘的规定公差，可接受性主要取决于产品的最终使用场合。有关凹形翼缘或凸形翼缘对于偏方形翼缘的程度，公差是建议接受影响产品的适宜性的基础。

8.2.3　弯曲问题

弯曲问题通常与最初标定的误差有关或与机械设备的问题有关。这些问题仅能在观察轧件离开串列轧机时确定。前端的缺陷（例如钩头）在矫直时极难消除。当这些缺陷发生时，受影响的材料在一定长度上必定成了废品。应在冷锯处进行多次切头，直到可进行调整时为止。某些弯曲问题可以用压力矫直机进行矫正。要特别注意断面、规格及质量变化。

8.2.3.1　头部侧弯

头部侧弯（见图 8－13）是一个通常影响轧件前面 1.8～4.6 米长的缺陷。当轧件离开 UF 机架时，在最后一道上的作用最为显著。这个缺陷的产生是由于轧件上的一侧对于另一侧的压下量不等，结果一侧比另一侧的延伸多，这就导致头部急弯。发生不等的压下量是因为 UR 和/或 UF 辊缝的误差所致。

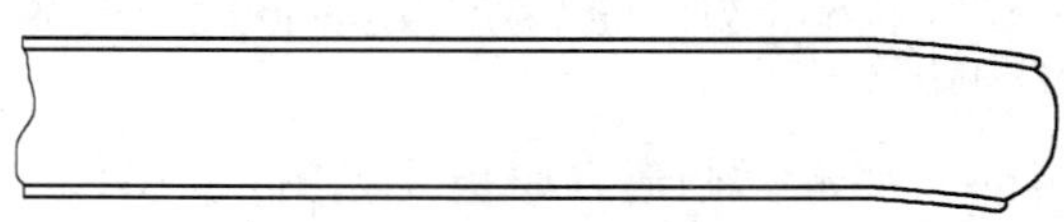

图 8－13　头部侧弯

对 H 型或 HP 型钢，也就是说翼缘比腹板长，对输出侧最重要的影响将是立辊辊缝的误差。如果轧件向操作侧钩头，这是因为传动侧延伸比操作侧的多。要消除这种钩头，或是在 UF 操作侧立辊增加或是在传动侧立辊减少翼缘压下量。要在 UF 操作侧立辊增加翼缘压下量，或是在 UF 机架上减小辊缝或是在 UR 机架上增加辊缝。

对于翼缘比腹板短的工字钢或宽翼缘工字钢，对输出侧最重要的影响将是 UR 和 UF 机架中水平辊缝的平行误差。腹板厚度或辊缝中的任何斜度都会导致腹板的传动侧和操作侧上的不同延伸。由于腹板是工字钢的最关键的部分，对输出侧的影响远比翼缘大，所以，输出侧的调节要通过倾斜 UF 或 UR 辊来进行。根据腹板的宽度，小的调整即可纠正这种钩头。小到0.2mm的调整量，就可对薄腹板工字钢做出足够的纠正。在哪里调和在哪个机架上调，取决于轧制条件：有没有成品翼缘厚度问题？腹板是否有斜度或是平行？传动侧和操作侧之间在压下量上是否有足够的差异？

8.2.3.2 翘头和扎头

翘头和扎头（头部上翘或下弯，见图8－14）的原因与钩头类似，即它们是由一侧对另一侧不同的延伸引起的，但是在翘头或扎头的情形中，钩头是在相反的平面中。此误差可通过调节UR的轧制线来纠正，目的是在它们进入精轧机架时，增加或减少上翼缘和下翼缘的厚度。在进行这种调节之前，必须考虑腹板的定中心问题。

8.2.3.3 整个断面成浪形

整个断面成浪形（边对边，见图8－15）这个缺陷可能是由损伤的工作辊引起的。例如，当一个翼缘或一个弯斜废品被轧入万能轧机时，就会发生浪形。辊子每转一转发生一次额外的压下，当轧件进入UF机架中轧制时会产生“弹跳”，导致轧件以轧辊每转的“频率”产生一个波浪。这个缺陷有时可以通过增加翼缘的精轧压下量来减轻或消除。在某些情形中，将某个水平辊转动180°，把可能发生在两个辊子上的缺陷分开，这样就可以减轻这个问题并继续轧制，否则必须更换轧辊。

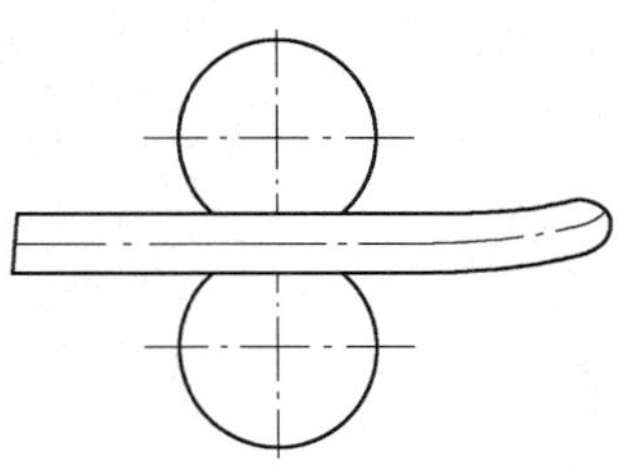

图8－14 头部上翘或下弯

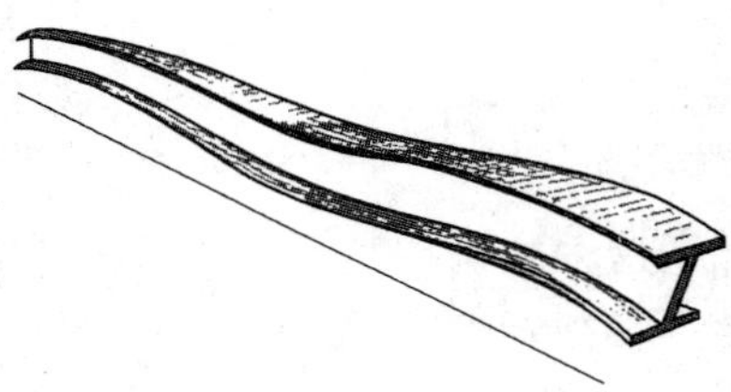

图8－15 断面波浪形（边对边）

8.2.4 其他轧制缺陷

由于轧制图表中的误差，或者为轧机弹跳（在轧制过程中如有一个大的轧制分力时，辊缝的量就会增加）所做的允许量的误差，可能导致产生压下缺陷。在任何道次都可能产生像腹板中间浪或翼缘波浪这样的缺陷。如果它们产生在中间道次，有时候就会被轧去。但是，这是一种非常危险的情形，因为这种波浪会干扰导卫的位置并可能导致一个弯曲废品。如果缺陷出现在最后一个道次，或者在前面的一个道次中没有被轧去，这个轧件将是废品。这些缺陷仅能在UF机架后面的操作室或冷床上才可以看到。当发生此类缺陷时，生产必须停止，边调整、边试轧以纠正这个问题。最大的可能是，这些缺陷发生在一次轧制，一次规格改变或一次材质改变的第一根轧件上。

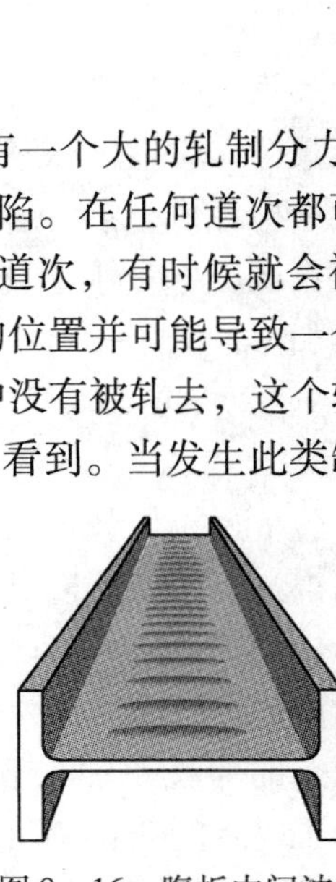

图8－16 腹板中间波浪

8.2.4.1 腹板中间波浪

当腹板的压下率比翼缘大时，会发生腹板中间波浪（见图8－16）。这会导致腹板要比翼缘延伸得多。由于翼缘限制了腹板的伸长，多出的长度只能在翼缘之间被压制成波纹。这种缺陷在 H 型和 HP 型上比在 W 型（宽翼缘型）上更普遍。

如果这种缺陷在最后一道上出现，很可能就是 UF 或 UR 辊缝上的误差。必须对辊缝进行修改，要增加翼缘压下量相对于腹板压下量的量。增加 UF 水平辊辊缝或减少 UF 立辊辊缝，即可达到此目的。换一种方式，在 UR 辊缝上进行相反的程序也行。决定采用哪一种调整和用什么样的量，必须基于样品的测量结果和测得的轧制力数据。

如果缺陷出现在中间道次，就应考虑改变目标尺寸。腹板目标厚度大于标称值，并且翼缘目标宽度小于标称值，常可解决这个问题。如有必要，为了让整个腹板压下量大于先前的，BD 初轧坯的腹板厚度可以被减少。

8.2.4.2 波浪形翼缘

波浪形翼缘（见图 8－17）正好与波浪形腹板相反。波浪形翼缘的出现正是因为翼缘的压下量远比腹板的压下量要大，缺陷可能以两种形式出现，即所谓的“翼缘波浪”和“边浪”。对于翼缘波浪，缺陷可能是在 UF 机架上产生的，当轧件放在冷床上沿着长的方向看，可清楚地看出波浪来。对于边浪，从侧面看翼缘，缺陷就更容易看出来。这是因为翼缘上的波浪已经被精轧辊矫直了，因此多余材料被强压进翼缘长度的无目标的延伸。这种缺陷主要出现在 W 型（宽翼缘型）钢上。

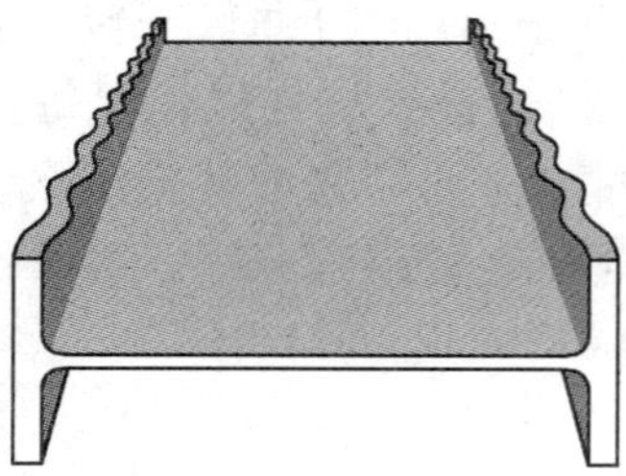

图 8－17 翼缘波浪

如果这种缺陷在最后一个道次上出现，如同浪形腹板，很可能就是 UF 或 UR 辊缝上的误差。必须对辊缝进行修改，就是要增加腹板压下量相对于翼缘压下量的量。增加 UF 立辊辊缝或减少 UF 水平辊辊缝，即可达到此目的。换一种方式，在 UR 辊缝上进行相反的程序也行。决定采用哪一种调整和用什么样的量，必须基于样品的测量结果和测得的轧制力。

如果缺陷为边浪，出现在中间道次，就应考虑改变目标尺寸。腹板目标厚度小于标称值，并且翼缘目标宽度大于标称值，常可解决这个问题。如有必要，为了让整个翼缘压下量小于先前的，BD 初轧坯的腹板厚度可以增加。

8.2.4.3 腹板过拉伸

腹板过拉伸（见图 8－18）也是由于翼缘相对于腹板来说过度的压下量引起的，然而浪形翼缘出现在工字钢上，腹板趋向于出现在柱子或通用的承重桩柱上。由于过度的翼缘延伸，腹板由于压下量的关系被拉长得超出了它的伸长率。对于 W 型（宽翼缘型）腹板，常常限制了翼缘的伸长率，所以翼缘就起浪；但是，对于 H 型或 HP 型，翼缘的质量（重量）在比例上远远大于腹

图 8－18 腹板过拉伸

板，结果，腹板被过拉伸并可能超过屈服点，在腹板中拉开一个口子。腹板过拉伸的解决办法类似于浪形翼缘。

8.2.4.4　热弯曲波浪

这种影响与轧制波浪非常相似，但是，冷却弯曲波浪的原因是非常特殊的，它是由翼缘和腹板的精轧温度的差异（热翼缘—冷腹板）引起的。当翼缘冷却并收缩时就挤压腹板，导致腹板变形成为一种弯曲波浪形状态，通常是一种大间距的波浪。

热弯曲波浪是由腹板和翼缘之间冷却率的差异引起的。这种缺陷通常在轧件到达冷床并开始冷却之前是不会出现的。由于翼缘相对于腹板来说温度较高，翼缘比起腹板还要进一步收缩，导致腹板被翼缘强行压缩，引起腹板变形弯曲。

某些产品比起其他产品更倾向于多发这种缺陷。宽翼缘工字钢，其翼缘厚度对腹板厚度的比率高，是一个突出的问题。

在最后一个道次上，确保翼缘压下量比腹板压下量足够大，才能减少热弯曲浪的出现。同样，腹板对翼缘厚度比率高的型钢，腹板目标厚度可以比标称的大，翼缘压下量比标称的小。

8.2.4.5　折叠

折叠（见图8－19）是一个术语，用来描述在轧制过程中导致金属在某处被折叠并随后又被轧制的一种缺陷。这种缺陷常常很难在成品上看出来，但是，它实际上是一个“轧入的裂纹”。有时候在后来的道次中，轧件像一个很暗的影子或一条线被轧制时，可以看到这种缺陷，或者在试样上通过轻轻地打磨表面可以被发现。折叠的深度，可以通过打磨样品直到折叠除去，再来测量。

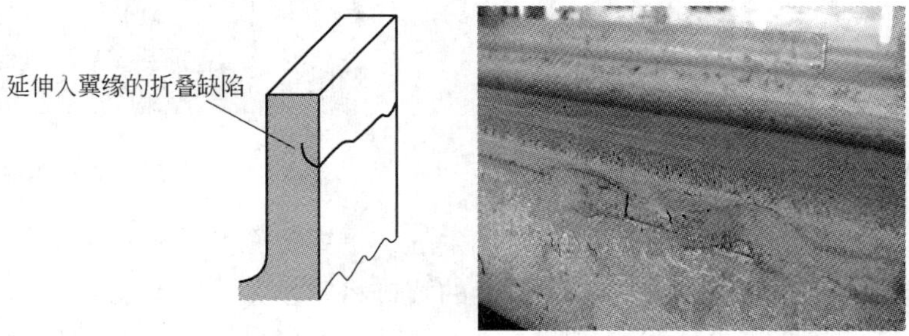

图8－19　折叠

增加加热炉的出炉温度，有时候可以消除折叠，但是，观察特别是在BD机架处，可以确定折叠的原因。改变轧制图表有时候会有所帮助。磨损了的BD工作辊也可能会导致折叠。作为持久稳固的措施，需要修改辊子的孔型设计来彻底消除这个问题。

8.2.4.6　压折

压折（见图8－20）也是折叠的一种。当材料被挤压到轧件的腹板上时会产生压折，或是在BD机架中或是在第一次进入UR机架时形成的，通常在轧制温度太低时会发生，结果材料没有在水平辊上得到正确延伸。

8.2.4.7 孔型未充满

孔型未充满（见图8－21）是没有足够的材料填充到设计的断面时产生的缺陷，通常发生在翼缘的内面和/或翼缘端部。当用大方坯轧制时，常在轧件头尾有一个区域填不满，特别是大型型钢。有必要在热锯处切去这些受影响的区域。如果是沿着整个轧件都填不满，有时候就可以通过增加翼缘的压下量（相对于腹板而言）、改变目标尺寸或者在BD机架上减少腹板的厚度，来减轻这个问题。

图8－20 压折

图8－21 孔型未充满

8.2.4.8 表面痕迹

表面痕迹缺陷主要有：1）表面导卫划痕；2）轧辊缺陷（裂纹）引起的凸块（见图8－22和图8－23）。

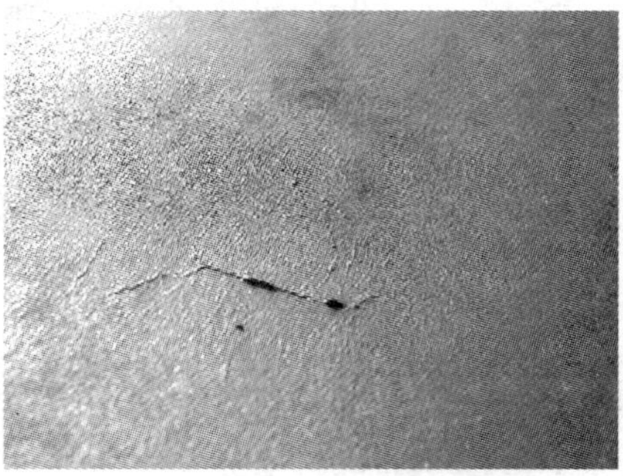

图8－22 翼缘面上的凸块（立辊）

图8－23 万能精轧机上轧辊裂纹

这个缺陷是由某个接触很强硬的导卫产生的，贯穿整个产品长度的导卫痕迹位置表明哪个导卫可能导致这个缺陷，比如上腹板上的痕迹将暗示某个上腹板导卫有问题。在轧制过程中加以观察，就会精确地判断是哪个导卫导致这个问题，常常是与轧件有接触的导卫在轧制产品时可以见到“火花”。如果缺陷可能严重影响产品的销售，就有必要采取去掉或调节导卫的步骤。擦痕的外观可以显示轧制过程中发生的时间，如果擦痕的外观暗淡，就已经经过了几道轧制且在UF最后一道之前就有了。如果擦痕光亮，那么缺陷就是在最后一道轧制时发生的。有时候控制导卫的位置，就可以把问题减轻，例如，如果轧件升起后碰到上导卫，就可以采取步骤减少提升高度，这样就可以减少或消除导卫痕迹。导卫痕迹常常是由输出侧问题引起的，特别是钩头或拱形。

8.2.4.9 轧辊磨损造成的痕迹

轧辊磨损造成的痕迹（突起）见图8－24、图8－25。

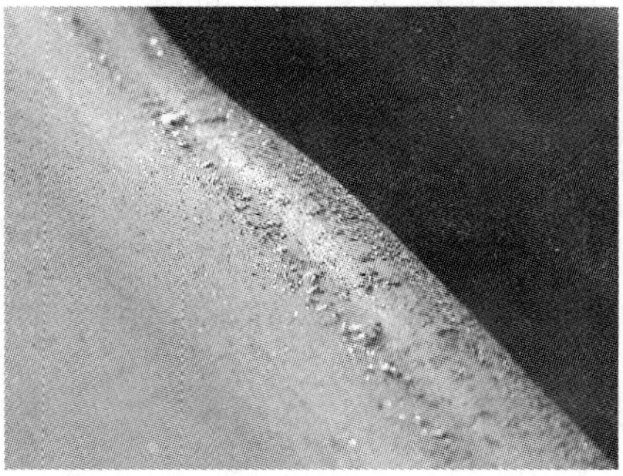

图 8－24　立辊磨损造成的突起

图 8－25　万能精轧机水平辊磨损后形成的腹板麻面和突起

8.2.4.10　张力过大

当产品在万能轧机之间拉伸时，会发生张力过大现象。这通常会导致产品中部的翼缘高度比两端的要小。最好的轧制状态是使用非常小的张力。要纠正张力过大，就要减少张力偏差，直到整个产品的尺寸稳定为止。还要检查确定辊子的所有直径数据是正确的。检查串列轧机主传动电机的电流值，也可确定是否是速度引起的问题。

8.2.4.11　挤压

当轧件在万能轧机之间被推压时，就会发生挤压现象。这种情况通常会导致轧件的中间翼缘高度比两端的要高。要纠正这种挤压现象，就要增加张力的偏移量，直到整个轧件的尺寸稳定为止。还要进行相关检查以保证所有辊子的直径数据是正确的。

8.3　精整缺陷

精整缺陷有如下 4 种。

（1）矫裂。

H 型钢矫裂主要出现在腿腰结合部。造成矫裂的原因：一是矫直压力过大或重复矫直次数过多；二是被矫钢材存在表面（如裂纹、结疤）或内部缺陷（如成分偏析、夹杂），使局部强度降低，一经矫直即造成开裂。

（2）矫痕。

H 型钢矫痕是指由于矫直辊上粘有氧化铁皮或其他金属杂物，在矫直时这些氧化铁皮或杂物在钢材表面形成等间距出现的凹坑。

（3）扭转。

H 型钢扭转，指断面沿某一轴线发生旋转，造成形状歪扭。原因是矫直机各辊轴向错位、形成力偶，使钢材扭转。

（4）弯曲。

H 型钢弯曲主要有两种类型：一种是水平方向的弯曲，俗称镰刀弯；另一种是垂直方向的弯曲，也成上下弯或翘弯。此种弯曲主要是由矫直机零度不准，各辊压力选择不当造成的。

下篇

电气控制

9 工厂供配电系统

9.1 电压等级及主要负荷计算

高压受电电压为10kV，低压交流系统配电电压为0.38/0.22kV，直流主传动直流电压为DC950V和850V。电气设备安装总容量为28000kW，其中直流主传动电动机装机总容量为12000kW。

主要电气设备如表9－1所示。

表9－1 H型钢主要电气设备简表

序 号	设备名称	装机容量	单位/台
1	整流变压器	6000kVA	3
2	整流变压器	2500kVA	1
3	动力变压器	2000kVA	3
4	动力变压器	1600kVA	8
5	直流电动机	3500kW	3
6	直流电动机	1500kW	1
7	谐波滤波装置	9.6MVA	3
8	高压配电柜		32
9	低压配电柜		76
10	变频柜		110
11	直流传动柜		26
12	PLC柜		15

9.2 高压供配电

供配电设计根据德国SMS提供的配电室布局和计算负荷，结合国内实际进行设计，全厂设置1个高压配电室，5个低压配电室。

采用3路高压线路供电，编号为101、102、103；电源引自首钢长钢220kV变电站，2路常用，1路热备用。高压配电系统采用单母线分段供电方案，正常生产时，两段母线分别独立供电，101段带4台主传动电动机的整流变压器，103段带11台动力变压器，102段热备用；101段母线所带整流变压器采用D/d.y接法，一定程度上抑制了3、5、7次谐波。在联结整流变压器的101段母线上还装设了专门的滤波装置，采用电感、电容串接的高压高次谐波滤波器消除5、7、11次谐波，除起滤波作用外，还兼顾无功补偿的需要。具有结构简单、设备投资少、运行可靠性较高、运行费用较低等优点。高压供配电系统参见图9－1。

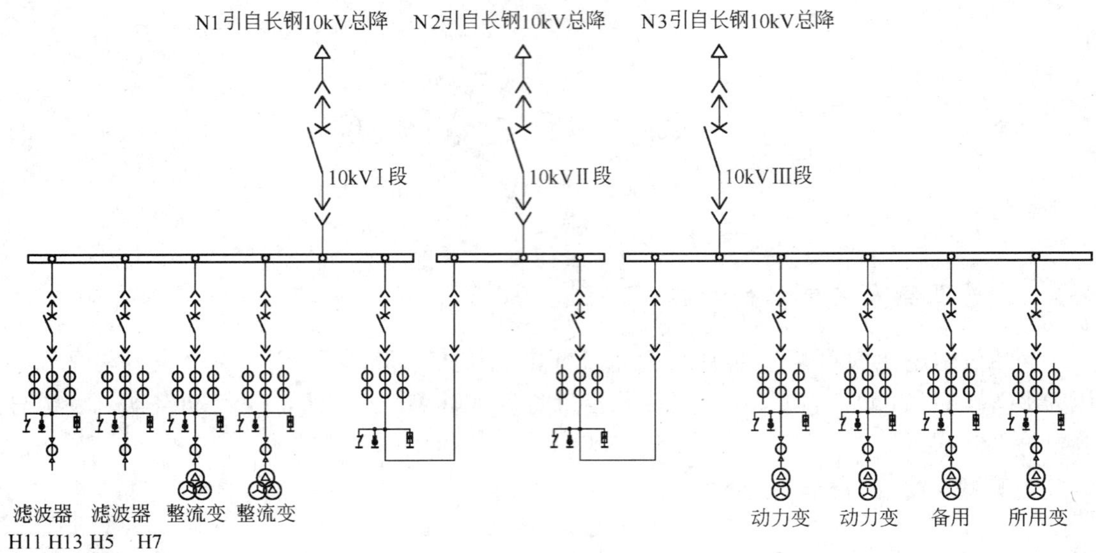

图9－1 高压供配电系统图

9.3 高压配电柜的选型和特点

高压配电柜选用上海天正电器公司生产的 KYN28－12（GZS1）系列金属铠装移开式开关设备，配用高开断能力和低截流值的 ZN63 型真空断路器作为主开关，结构先进、合理、紧凑，性能优越，安全可靠，同时具有“五防”联锁功能，满足 IEC298、GB3906 等技术标准要求。

KYN28A－12（GZS1）中置式铠装移开式金属封闭开关设备（也称为 GZS1 户内交流金属铠装移开式开关设备）是参考瑞士 ABB 公司技术，在广泛吸收国内外同类产品优点的基础上研制开发的新型户内开关柜，采用中置式结构，具有较高的技术性能指标，适用于 3～12kV 三相交流 50Hz 户内单母线或单母线分段的配电系统，并对电路实行控制、保护和监测。该产品由柜体和中置式可抽出部件（即手车）两大部分组成。

KYN28－12 型号含义：

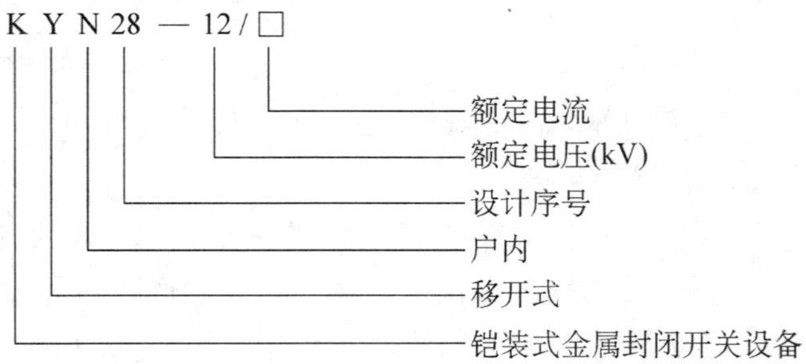

9.4 开关柜结构特点

9.4.1 外壳与隔板

开关柜的外壳和隔板是由覆铝锌钢板经 CNC 机床加工，并采取多重折边工艺，使整个柜体不仅具有精度高和很强的抗腐蚀与抗氧化作用，而且由于采用多重折边工艺，使柜体比其他同类设备柜体整体重量轻，机械强度高。柜体采用组装式结构，用拉铆螺母和高强度螺栓联接而成，这样使加工生产周期短，零部件通用性强，占地面积少，便于组织生产。开关柜被分隔成手车室、母线室、电缆室和继电器仪表室（低压室），每一隔室外壳均独立接地。开关柜的柜门采用喷塑工艺，使其表面抗冲击、耐腐蚀，并且美观。

9.4.2 手车

手车骨架采用钢板经 CNC 机床加工后铆接而成。手车与柜体绝缘配合，机械联锁，安全可靠，操作灵活。手车根据用途可分为断路器手车、电压互感器手车、计量手车等等。各类手车的高度与深度统一，相同规格的手车能互换。手车在柜内有隔离/试验位置和工作位置，每一位置均设有定位装置，以保证联锁可靠，必须按联锁防误操作程序进行操作。各种手车均采用螺母丝杆摇动推进、退出，操作轻便灵活。手车需要移开柜体时，用一只专用转运车就可以方便抽出，进行各种检查、维护；而且采用中置式放置，整个手车体积小，检查、维护极为方便。

9.4.3 开关柜内的隔室

开关设备主要电气元件都有其独立的隔室，即断路器手车室、母线室、电缆室，继电器仪表室。各隔室防护等级都达到 IP2X。除继电器室外，其他三隔室都分别有其泄压通道。由于采用了中置式形式，电缆室位置大大增加，因此设备可接多路电缆。

9.4.3.1 断路器隔室

在断路器室安装了供断路器手车滑行的导轨。手车能在工作位置与试验/隔离位置之间移动。活动帘板由金属板制成，安装在手车室的后壁上。手车从隔离/试验位置移动至工作位置过程中，装在母线小室 A 和电缆联接小室（电缆室）内的静触头盒上的静触头前的活动帘板自动打开；反方向移动手车，活动帘板自动闭合，把静触头盒封闭起来，从而保障了操作人员不触及带电体。手车在开关柜的门关闭情况下操作，通过观察窗可以看到手车在柜内所处的位置，同时也能看到手车上的 ON（用以使断路器合闸）/OFF（用以使断路器分闸）按钮和 ON/OFF 机械位置指示器以及储能/释能状况指示器。

9.4.3.2 可抽出式断路器手车

车架是由钢板拼成的，手车上装有真空断路器和其他辅助设备。带有弹簧触子系统的一次动触头由臂杆装在断路器的出线端子上，断路器操纵机构的控制按钮和分合闸文字指示等均设在手车面板上，以方便操作。手车进入开关柜内到达隔离/试验位置时，手车外壳与开关柜接地系统可靠接通，仪表保护和控制线路也通过二次插头与开关柜联通。手车移至工作位置时，接通除断路器外的一次回路。

9.4.3.3 母线隔室

母线从一个开关柜引至另一个开关柜，通过分支母线和静触头盒固定。主母线与联络母线为矩形截面的圆角铜排。用于大电流负荷时，需要用两根矩形母线。全部母线用热缩套管覆盖。扁平的分支线通过螺栓接线与静触头盒主母线相连接。母线穿越开关柜隔板处用绝缘套管支撑，如果柜内出现内部故障电弧，能防止母线贯穿熔化，保证事故不致蔓延到邻柜，并避免主母线因电动力的作用而变形。

9.4.3.4 电缆隔室

电缆隔室的后壁可安装电流互感器、电压互感器和接地开关，电缆室内也能安装避雷器。移开手车和水平隔板后，施工人员就能从正面进入开关柜安装电缆。在电缆室内设有特定的电缆连接导体，可并接1~6根单芯电缆，同时在其下部还配制可拆卸的金属封板，以确保现场施工的方便。

9.4.3.5 仪表隔室

仪表隔室内可装继电保护元件、仪表、带电监察指示器以及特殊要求的二次设备。控制线路敷设在空间足够的线槽内，并有金属盖板；左侧线槽是为控制小母线的引进和引出预留的，开关柜自身内部的二次线敷设在右侧。仪表隔室的侧板上还留有小母线穿越孔位，以方便施工。

9.4.4 防止误操作、联锁、装置

开关柜具有可靠的联锁装置，为操作人员与维护人员提供可靠的安全保护，其作用如下：

（1）手车从工作位置移至隔离/试验位置后，活动帘板将静触头盒隔开，防止误入带电隔室。检修时，可用挂锁将活动帘板锁定。

（2）断路器处于合闸状态时，手车不能从工作位置拉出或从隔离/试验位置推至工作位置；断路器的手车已充分锁定试验位置或工作位置操作。

（3）接地开关仅在手车处于隔离/试验位置及柜外时才能操作，当接地开关处于合闸状态时，手车不能从隔离/试验位置退至工作位置。

（4）手车在工作位置时，二次插头被锁定不能拔开。

9.4.5 其他装置

9.4.5.1 压力释放装置

在手车室、母线室和电缆室的上方均设有压力释放装置，当断路器或母线发生内部故障电弧时，伴随电弧的出现，开关柜内部气压升高，顶部装配的压力释放金属板将自动打开释放压力和排泄气体，以确保操作人员和设备的安全。

9.4.5.2 二次插头与手车的位置联锁

开关柜上的二次线与手车的二次线的联络是通过二次插头来实现的。二次插头的动触头通过一个尼龙波纹管与手车相连，二次静触头座装设在开关柜断路器隔室的右上方。手车只有在试验/隔离位置时，才能插上和解除二次插头，手车处于工作位置时起机械联锁作用，二次插头被锁定，不能解除。断路器手车在二次插头未接通之前仅能进行分闸，由

于断路器手车的合闸机构被电磁锁定，所以无法使其合闸。

9.4.5.3 带电显示装置

开关柜内设有带电显示装置。该装置由高压传感器和可携带式显示器两部分组成。传感器安装在母线或馈线侧，显示器的插接口安装在开关柜低压隔室上，当需检测 A、B、C 三相是否带电时，可将携带式显示器的插头插入 L1、L2、L3 接口，如果显示器动作，则表示母线或馈线侧带电；反之，则说明不带电。显示器同时也能作为相序检测器或电光指示器，其作用也是检测高压侧是否带电。

9.4.5.4 防止凝露和腐蚀的装置

为了防止在高湿度或温度变化较大的气候环境中产生凝露带来的危险，在断路器和电缆室内分别装设加热器，以便在上述环境中正常运行并防止腐蚀现象发生。

9.4.6 接地装置

在电缆室内单独设立有 5mm×40mm 的接地铜排能贯邻相邻的开关柜，并与柜体良好接触。此接地排供直接接地元器件使用。同时由于整个柜体用敷铝锌板相拼联，这样使整个柜体都处在良好接地状态之中，确保运行操作人员及柜体安全。

虽然开关设备设计有保证开关设备各部分操作程序正确的联锁，但是操作人员对开关设备各部分的推入和退出，仍应严格按操作规程和本技术文件的要求进行，不应随意操作。

开关柜在运行中，操作人员除应遵守有关规程外，还应注意以下操作程序方面的问题。

9.4.6.1 无接地开关的断路器柜的操作

（1）将断路器可移开部件装入柜体：断路器小车准备由柜外推入柜内前，应认真检查断路器是否完好，有无漏装部件，有无工具等杂物放在机构箱或开关内，确认无问题后将小车装在转运车上并锁定好。将转运车推到柜前，把小车升到合适位置，将转运车前部定位锁板插入柜体中隔板插口并将转运车与柜体锁定之后，打开断路器小车的锁定钩，将小车平稳推入柜体内，同时锁定。当确认已将小车与柜体锁定好之后，解除转运车与柜体的锁定，将转运车推开。

（2）小车在柜内操作：小车在转运装入柜体后，即处于柜内断开位置，若需将小车投入运行，首先使小车处于试验位置，应将辅助回路插头插好，若通电则仪表室面板上试验位置指示灯亮，此时可在主回路未接通的情况下对小车进行电气操作试验；若想继续进行操作，首先必须把所有柜门关好，用钥匙插入门锁孔把门锁好，并确认断路器处于分闸状态。此时可将手车操作摇把插入中面板上操作孔内，顺时针转动摇把，直到摇把明显受阻并听到清脆的辅助开关切换声，同时仪表室面板上工作位置指示灯亮，然后取下摇把。此时，主回路接通，断路器处于工作位置，可通过控制回路对其进行合、分操作。若准备将小车从工作位置退出，首先应确认断路器已处于分闸状态，插入手车操作摇把，逆时针转动，直到摇把受阻并听到清脆辅助开关切换声，小车便回到试验位置。此时，主回路已经完全断开，金属活门关闭。

（3）从柜中取出小车：若准备从柜内取出小车，首先应确定小车已处于试验位置，然后解除辅助回路插头并将插头扣锁在手车架上，此时将转运车推到柜前（与把小车装入柜内时间相同），然后将手车解锁并向外拉出。当手车完全进入转运车并确认转运车锁定，解除转运车与柜体的锁定，把转运车向后拉出适当距离后，轻轻放下停稳。如小车要用转运车运输较长距离时，在推动转动小车过程中要格外小心，以避免运输过程中发生意外事故。

（4）断路器在柜内的分、合闸状态确认：断路器的分合闸状态可由断路器的手车面板上分，合闸指示牌及仪表室面板上分合闸指示灯两面判定。若透过柜体中面板观察玻璃窗看到手车面板上绿色的分闸指示牌，则判定断路器处于分闸状态，此时如果辅助回路插头接通电，则仪表室面板上合闸指示灯亮。

9.4.6.2 有接地开关的断路柜的操作

将断路器手车推入柜内和从柜内退出手车的程序，与无接地开关的断路柜的操作程序完全相同。仅当手车在柜内操作过程中和操作接地开关过程中，要注意如下事项：

（1）手车柜内操作。当准备将手车推入工作位置时，应确认接地开关是否处于分闸状态，否则下一步操作无法完成。

（2）合、分接地开关操作。若要合接地开关，首先应确定手车已退到试验/断开位置，并取下推进摇把，然后按下接地开关操作孔处联锁弯板，插入接地开关操作手柄，顺时针转动90°，接地开关处于合闸状态；若再逆时针转动90°，便将接地开关分闸。

9.4.6.3 一般隔离柜的操作

隔离手车不具备接通和断开负荷电流的能力，因此在带负荷的情况下，不允许推拉手车。在进行隔离手车柜内操作时，必须保证首先将与之相配合的断路器分闸，同时断路器分闸后其辅助触点转换解除与配合的隔离手车上的电气联锁，只有这样才能操作隔离车。具体操作程序同操作断路器手车相同。

9.5 变压器的选型及参数

9.5.1 动力变压器的选型

三相配电变压器选用Dynll型。Dynll型配电变压器的优点：一方面，Dynll型变压器承受单相不平衡负荷能力比Yyno型大得多，更能适应单相负荷增长的需要，而且零序阻抗小，有利于低压侧短路保护的设置；另一方面，Dynll联结的变压器，其一次绕组为三角形接法，3次及3的整数倍次谐波电流在一次绕组内形成环流而不致注入高压电网中去，从而抑制了系统的高次谐波。又由于电力系统中的电压、电流波形畸变，一般正、负两半波对时间轴对称，不含直流分量和偶次谐波，只含奇次谐波。因此采用Dynll联结的配电变压器后，可注入电网的谐波也就只有5、7、11…等次谐波了。

整流设备用的三相整流变压器采用Dy或Yd接线，与Dynll联接的变压器一样，3次及3的整数倍次谐波电流在三角形联结绕组内形成环流而不致注入公用电网，可注入公用电网的也只有5、7、11……等次谐波。

9.5.2 整流变压器的选型

整流变压器采用D/d/y接线，二次侧采用双绕组，增加二次侧的相数。整流变压器二次侧相数越多，整流输出波形的脉动就越小，其低数次的谐波被消去的也就越多。例如整流变压器二次侧为6相时，出现的5次谐波电流为基波电流的18.5%，7次谐波电流为基波电流的12%。如果整流变压器二次侧相数增加到12相，则出现的5次谐波电流降为基波电流的4.5%，7次谐波电流降为基波电流的3%，都近乎是原来的1/4。由此可见，增加整流变压器二次侧的相数对高次谐波的抑制相当有效。

变压器采用S9系列，油箱上取消了储油柜，由波纹油箱的波翅代替油管作为散热元件，可随变压器油体积的胀缩面胀缩，从而使变压器内部与大气隔绝，防止和减缓油质劣化和绝缘受潮，增强运行可靠性。

9.6 高压保护装置

高压保护采用北京德威特600系列产品，主要特点是：

分散式系统；硬件标准化；绝缘性能抗电强度远远高于IEC标准；高可靠性；精度无需调节；全密封金属结构防震机箱；背插式结构；超低功耗设计；开关量输入采用强电；各保护及信号单独出口；遥控投切保护，遥控复归信号，保护定值远程修改；方便的插接端子；开放式系统设计思想；遥控输出；遥信量；遥调量；网络通讯功能配置。

（1）变压器保护用DVP－623微机变压器保护监控装置，主要用于由断路器控制的6～35kV厂（所）用变压器。该装置由监控和保护两套完全独立的系统组成，作为厂（所）用变压器的成套保护、控制、测量和监视报警装置。

功能配置：

1）高压侧两相速断过流保护；

2）低电压闭锁过流保护；

3）高压侧零序电流（接地）保护；

4）低压侧定时限零序电流（接地）保护；

5）低压侧反时限零序电流（接地）保护；

6）低电压保护；

7）过电压保护；

8）瓦斯温度信号输入；

9）过负荷保护；

10）PT断线报警。

（2）线路保护用DVP－631微机线路保护监控装置，适用于6～66kV中性点不接地系统，作为6～66kV馈线保护、控制、测量和监视报警装置。

功能配置：

1）电流保护；

2）三相一次重合闸；

3）低周减载；

4）零序电流保护（单相接地跳闸或选线）；

5）PT 断线报警。

（3）DVP－671/672 微机 PT 监控装置，主要用于电压互感器切换，由监控和保护两套完全独立的系统组成，适用于 N 相接地系统和 B 相接地系统的电压监控。

功能配置：

1）低电压保护；

2）过电压保护；

3）零序电压保护（接地报警）；

4）PT 自动切换。

（4）DVP－651 微机备用电源自投保护监控装置，适用于 6～66kV 母线联络开关，由监控和保护两套完全独立的系统组成，实现备用电源自动投入功能及母联速断过流保护、低电压闭锁过流保护、合环保护、过流后加速保护、连锁跳保护。

功能配置：

1）速断保护；

2）过流保护；

3）失压保护；

4）低压闭锁；

5）合环保护；

6）备自投；

7）连锁跳保护。

9.7 高次谐波的治理

为治理高次谐波，可装设分流滤波器，参见图 9－2。

在大容量的"谐波源"（如大型整流设备）与电网连接处，装设分流滤波器，如图 9－2 所示。滤波器各组的 R—L—C 回路分别对要消除的 5、7、11 等次谐波进行调谐，使之发生串联谐振。R—L—C 回路发生串联谐振时，对谐振频率电流呈现很小阻抗，从而使这些谐波电流被分流吸收而不致注入电网。R5—L5—C5 回路用以吸收 5 次谐波，R7—L7—C7 回路用以吸收 7 次谐波，R11—L11—C11 回路用以吸收 11 次谐波，……，抑制谐波。除上述措施外，还要注意限制接入电网中的整流设备容量，或将"谐波源"与其他负荷分开接线，均有助于抑制谐波。

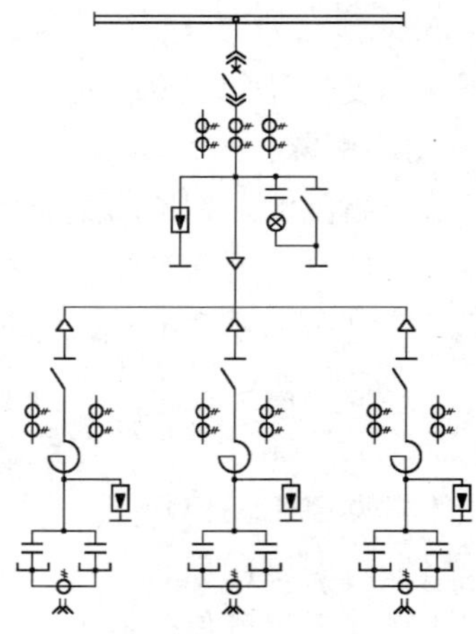

图 9－2 高压分流滤波器

9.8 低压配电系统

H 型钢厂低压 AC380V 配电系统由 4 个低压配电室组成，分别为：

（1）加热炉低压配电室，负责从坯料进厂—入炉辊道—加热炉风机—加热炉液压站—出炉辊道等电气设备；

（2）1 号低压配电室，负责高压水除鳞泵房—除鳞辊道—开坯机机前辊道—开坯机机后辊道—压下电机—高低压稀油润滑站—加热炉区和主轧区行车—开坯机液压站等设备的供电；

（3）2 号低压配电室，负责万能区机前、机后辊道—万能区液压站—万能区高、低压稀油站—堆垛打包区—精整区、成品区行车电源—预装区电源；

（4）3 号低压配电室，负责热锯前后辊道—中压水站—热锯—冷床区—矫直区—收集区—冷锯—冷床区和矫直区液压站的供电。

9.9　外围供水系统的供电

旋流井冲渣泵、提升泵、加热炉净环水、加热炉浊环水、轧机净环水、轧机浊环水、冷床浊环水等在厂房南侧的水泵房端头设置专门的水泵房低压配电室，由高压配电室送一趟高压至水泵房变压器，所有水泵开二备一；另从 3 号低压配电室引一备用电源至水泵房配电室。水泵房还设有专用的柴油发电机组为加热炉净环水系统提供备用。

10 交直流传动系统

10.1 主轧机直流传动系统

H 型钢厂主轧机采用直流电机传动，其中 BD、UR、UF 机架各用一台 3500kW/950V 电动机驱动，E 机架则用一台 1500kW/850V 电动机驱动。直流电动机电枢及磁场控制单元均采用 SIEMENS6RA70 全数字控制器，调速精度低于 0.1%；动态速降低于 3%，恢复时间小于 500ms。

10.1.1 直流传动控制系统的构成

每套直流控制器由 3 台 SIEMENS6RA70 装置构成，其中 2 台用于电枢控制，1 台用于磁场控制。2 台电枢控制器之间采用主从方式完成 12 脉动整流控制，3 台控制器之间都使用了 USS 串行协议交换数据。图 10－1 为主传动控制系统构成示意图，由图可以看出，每个控制器中均有 1 个电流环，转矩换向由各自装置的逻辑换向单元检测控制，在动态电流的不平衡情况下有可能会出现 2 个装置不同时换向的现象，造成两组桥之间会出现故障

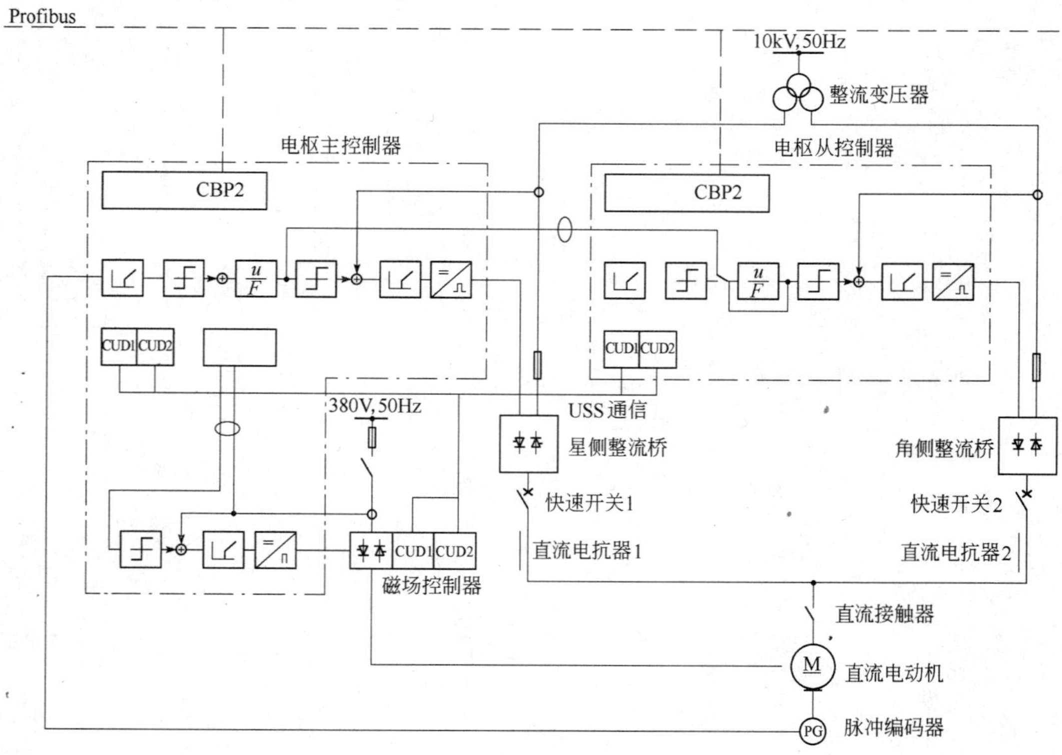

图 10－1　主传动控制系统构成示意图

环流。为保证两个控制器在转矩换向的同时性，每个控制器内部都设置有转矩换向逻辑互锁回路。为满足高水平轧制工艺的需要，主传动系统不但要有良好的动态性能指标，而且启制动时间需要满足快速的轧制节奏要求。

10.1.2 SIEMENS直流传动装置结构及特点

为减少整流装置对电网的谐波以及直流电压的脉动率，电枢回路采用12脉动整流方式，对BD、UR、UF机架使用4组3.5英寸DYNIX晶闸管桥并联，每组由正反向共12只器件组成；对E机架则采用2组整流桥并联运行。电枢整流变压器的两组二次侧绕组在相位上相差30°，它们分别对两组整流桥供电。在12相整流传动系统中，由于两组SIEMENS 6RA70装置的供电电压有30°的相位差，使得两组装置的输出整流电压的交流分量也存在相位差，用平衡电抗器可平衡这个电压相位差，同时平衡电抗器中的电抗作为电枢回路的电感的一部分，还兼有防止在正常情况下出现电流断续、限制直流脉动率等作用。

6RA70 SIMOREG DC MASTER系列整流器以其紧凑和节省空间的结构为特色，由于各个部件容易接近，其紧凑式设计使其特别容易保养与维护。电子板箱包含基本电子板和任何附加板。所有SIMOREG DC MASTER装置均配备一个安装在整流器门上的简易操作面板PMU，面板由一个5位7段显示，状态显示由三个LED和三个参数设置键组成。PMU还具有根据RS232或RS485标准同USS接口的连接器X300。操作面板提供为启动整流器所需进行的调整和设定及测量值显示的所有工具。

OP1S整流器选件操作面板既可以安装在整流器门上，又可外部安装，例如装在柜门上。因此，它可以通过一根5米长电缆连接。如果有一个独立的5V电源可以使用，则电缆可长至50米。OP1S通过X300连接到SIMOREG。OP1S可以作为一个简易的测量仪器安装在控制柜，用来显示一定数量的物理测量值。

通过基本单元上的串行接口，应用适当的软件，用标准的PC机也可以对整流器进行参数设置。这个PC接口可用在启动、停机维护和运行诊断过程中。电枢和励磁的供电频率可以不相同（在45～65Hz范围之内），工作在扩大的频率范围23～110Hz。电枢回路的供电相序不作要求。电枢回路的功率单元由平板式晶闸管和散热器构成（晶闸管组件），其外部是带电的。功率单元的冷却系统通过温度传感器来监控。

SIEMENS装置常用故障信息见表10－1。

表10－1 SIEMENS装置常用故障信息表

F001	电子板电源故障	F022	失磁故障（自定义）
F004	电枢电源中的相电压故障	F023	从控制器故障（仅主控制器）（自定义）
F005	励磁回路故障	F033	过压故障（自定义）
F006	欠电压	F034	主回路快熔熔断故障（自定义）
F007	过电压	F042	测速机故障
F021	励磁控制器故障（自定义）	F053	过流故障（自定义）

10.1.3 直流控制系统操作

（1）上电前检查

1）确认各断路器输入端输出端的相间无短路；

2）确认直流电源输出端无短路；

3）确认所有电源线对地无短路；

4）确认各个断路器均处于分断状态；

5）确认主回路进线侧电源对地无短路（对地电阻大于1MΩ）；

6）确认直流回路输出到电机端对地无短路（对地电阻大于1MΩ）；

7）检查吸收柜内进线快熔是否正常（无熔断）；

8）测量励磁进线对地无短路（对地电阻大于1MΩ）；

9）确认励磁直流回路输出到电机端对地无短路（对地电阻大于1MΩ）。

（2）确认无问题送励磁电源及主回路高压电

（3）辅助电源上电

1）合柜门上交流进线开关，柜内上电指示继电器（AC）会点亮；

2）合柜门上的直流进线开关；

3）合6RA70控制器控制电源，柜内6RA70控制器及励磁控制器PMU面板点亮，显示当前控制器状态；

4）合直流快速开关及风机接触器控制电开关；

5）合直流电源开关；

6）合直流脉冲触发电源开关；

7）合PLC供电电源；

8）合整流柜控制电源；

9）合控制柜风机电源。

（4）励磁及风机上电

1）合电动机风机电源开关；

2）合电抗器和各整流柜风机电源；

3）合励磁电源开关。

（5）风机及励磁运行

1）在励磁柜面板上将“风机”两位开关由“停止”拨到“运行”位置，电机风机运行，电抗器风机运行；然后将四个功率柜内的风机断路器依次合上，功率单元的风机运行；

2）然后在励磁柜面板上将“励磁”两位开关由“分闸”拨到“合闸”位置，然后将旁边“使能”两位开关拨到“合”位置，此时励磁启动。

（6）系统准备好到运行

1）按一下控制柜柜门上的“复位”按钮；

2）在控制柜面板上合直流快速开关（54A，54B），然后将直流接触器开关拨到“合”的位置，可以听到地下室三个设备动作的声音；

3）接触器合闸后到地下室测量一下经济电阻两端电压（正常值为140V左右）；

4）此时，运行前的所有准备工作完成，可以通知操作台允许主电动机运行。

（7）停车

1）操作台在撤除运行指令后，电动机停止，电枢控制器退出运行状态；

2）在控制柜面板上将直流接触器开关拨到“分”的位置，然后分直流快速开关（54A，54B），可以听到地下室三个设备动作的声音。

（8）停励磁和风机

1）在励磁柜面板上将“励磁”两位开关由“合闸”拨到“分闸”位置，然后将旁边的两位开关拨到“分”位置，此时励磁停止；

2）在励磁柜面板上将“风机”两位开关由“运行”拨到“停止”位置，电机风机停止，电抗器风机停止；然后将四个功率柜内的风机断路器依次断开。

（9）停控制回路电源

1）分控制柜风机电源（KKF）；

2）分直流快速开关及风机接触器控制电开关（K54）；

3）分6RA70控制器控制电源（K70），柜内6RA70控制器及励磁控制器PMU面板点亮，显示当前控制器状态；

4）分整流柜控制电源（KZ220）；

5）分PLC供电电源（KPLC）；

6）分直流脉冲触发电源开关（2K24）；

7）分直流电源开关（1K24）；

8）分柜门上的交流进线开关（K380），柜内上电指示继电器（AC）会点亮；

9）分控制柜柜门上的“DC”开关。

10.2 交流辅助传动装置

所有辊道、锯、矫直机、油泵、水泵等均采用变频电动机拖动。控制装置采用了三菱公司的FR－A740和FR－V540系列交直交变频器，该变频器采用了矢量控制方式，具有调速范围广、调速精度高、启动转矩大等特点。整个车间分区域（除加热炉区）采用了直流母线为变频器供电，同时配置有电阻制动单元。

控制设备包括加热炉区辊道、开坯机电动压下、粗轧区和精轧区辊道、热锯冷床辊道、矫直机区、冷床区、冷床锯区、冷锯区、堆垛收集区本体及前后辊道的电气传动、液压站和高压除鳞水站传动等。

（1）FR－A740和FR－V540变频器技术数据

装置容量	0.4～500kW
输入电压	380～480V
输入频率	50/60Hz
输出电压	$0\sim U_e$
输出能力	200%（1min）
启动转矩	200%
输出频率	0～400Hz
允许频率波动范围	+/－5%
分辨率	0.01Hz

载波频率	可编程 2～14kHz
频率给定精度	模拟量：+/-0.2%，数字量：0.01Hz
工作温度	0～50℃，（LD、ND、HD）
存储温度	-40～+65℃
相对湿度	≤90%（无凝露）
海拔高度	1000m 以下
冷却方式	强迫风冷
功率因数	≥0.9

（2）整流装置技术数据

装置容量	3000A，允许并联扩展
输入电压	380V～750V
输入频率	48～52Hz
输出电压	0～U_e
输出能力	150%（1min/10min）
工作温度	0～40℃，每升高 1℃，容量降低 2.5%，直至 55℃
存储温度	-40～+70℃
相对湿度	≤95%（无凝露）
海拔高度	1000m，每升高 100m，容量降低 1%，直至 2000m
冷却方式	强迫风冷

10.2.1 交流变频传动系统概述

日本三菱公司的 FR-A740 和 FR-V540 系列全数字式交流变频矢量控制调速控制系统性能好、可靠性高，可满足各种不同控制功能要求。调速系统具有最佳自优化功能，并提供完备的监控保护和故障自诊断功能，还具有方便快捷的网络通信功能。自动化系统通过网络可以对传动系统进行参数设定和信息交换。

根据机组的工艺及各传动设备电动机的容量，加热炉传动系统采用传统的变频器直接调速方式；轧线传动系统采用公共整流变压器、公共整流单元的直流母线供电、逆变器（改装变频器）调速的形式。

10.2.2 直流母线供电变频调速系统的特点

10.2.2.1 整流单元

整流单元选用大功率二极管整流装置模块，主电路采用三相桥式整流电路，由 6 个大功率二极管单元组成，每个功率单元内安装 2 支反并联的二极管元件，装置按电机额定电流 1.5 倍配置，二极管元件电流储备系数可达 2.5 倍，电压储备系数可达 4.5 倍以上。

二极管元件组成的整流桥模块为北京整流器厂设计制作，功率器件采用国内著名厂家山西永济电机厂元件分厂生产的 3 英寸冷压接二极管元件，散热器采用 ASEA 标准散热器经模块化设计改进制作的功率模块单元。模块采用下部交流进线、下部直流出线结构，顶部安装冷却风机，模块为抽风、负压冷却方式。功率模块中，设置吸收 RC 保护电路、过电压 RC 吸收保护电路和快速熔断器，以及快速熔断器熔断信号保护回路。并对主要监控数据采用全数字化处理，并直接与基础自动化系统联网通信。

本系统中，整流装置共分四个控制区，配备七套整流单元，均采用同一尺寸的功率结构形式。设计中充分考虑装置零部件的通用性和互换性能，以减少用户日后备件的品种规格。

考虑到辊道电动机较大的实际过载能力对装置的要求，整流二极管的技术参数选择：150% 额定电流长期连续；200% 额定电流 1 分钟。

辅助传动系统中再生能量的处理：由于本系统中采用了二极管整流方式，系统结构简单运行稳定可靠，但再生制动所产生的能量不能回馈电网。针对再生能量的处理，系统中采用了两种方式：

（1）通过工艺上合理的运行与制动顺控程序，由运行设备消耗部分再生能量；

（2）通过能耗制动方式，将再生能量通过制动单元、制动电阻释放掉。

制动单元的配备：系统中为每组整流装置配备制动单元 UFS110 五套，制动电阻柜 RUFC11 五台。同一母线上的制动单元采用主从方式控制，从而使制动单元的同时打开，保证了制动单元使用频率的相同，避免出现某一单元可能已经烧毁其他单元尚未触发的问题，确保制动单元的寿命均衡。

10.2.2.2 逆变器（变频器）

逆变器用于将直流母线上的直流电逆变成电压、频率可调的交流电以驱动交流电动机。

本轧线逆变器采用的矢量控制（磁场定向闭环控制）方式用于高动态性能传动系统的频率控制、转速控制和转矩控制，可达到与直流传动相媲美的动态性能。通过电机模型能做到准确地推断和调节转矩电流分量和磁通电流分量。使用脉冲编码器检测速度实际值反馈使装置动态性能更高，调速范围更广，调速精度更高。

三菱变频器基本特性

控制模式：

- V/F 模式——可用于多用途电动机；
- 开环矢量模式——按要求提供转矩，无编码器反馈；
- 闭环矢量模式——应用在高转矩和精确速度要求的场合；
- 自优化——根据电机容量和负载要求自优化参数；
- 速度分布曲线——根据实际需要控制速度分布曲线；
- PID 控制——PID 闭环控制；
- 节能——低负载运行时节能；
- 过载设定——为保护电动机而设计的；
- 飞跃重启动——此功能用于启动仍在旋转的电动机；
- 自由停车——关断 IGBT 的触发信号；
- 急停——按照急停斜率减速停车；
- 三个可调斜坡速度——控制电动机的加/减速；
- 自动 On/Off 关——通过输入控制信号，驱动器可自动启动/停止；

- 自动复位和自动重启；
- 升压——在低速运行时给电动机提供附加电压以补偿低速时力矩；
- 加速/减速的 S 曲线；
- 点动——用于低速时的控制；
- 最小/最大速度设定；
- 预置速度/监视器及控制；

可选件：

- 输入电抗器——用于输入回路的保护及滤波；
- 输出电抗器——用于长距离驱动；
- 直流制动——用于快速减速；
- 密封——符合国际电气制造业协会 Nema1，Nema12 标准；
- 输入装置——断路器，无保险断路器，保险；
- 滤波——对电网谐波的影响降到最低；
- 输出侧接触器——用于变频器并联旁路电容；
- 热继电器——用于电机保护；
- 压力传感器——用于反馈；
- 编码器——用于矢量控制；
- RFI 滤波器——减少谐波对电网的干扰；

10.2.3 直流母线供电变频调速系统的结构

由于本部分传动电动机容量都在 1000kW 以下，适合采用 IGBT 器件的通用变频器 + 交流异步机方案。通用变频器的特点是功率器件采用 IGBT，主回路采用两电平 PWM 工作方式，控制采用 V/f 比控制或矢量控制。

传动控制系统采用具有矢量控制功能的通用变频器，采用整流方式单元及直流母线供电方式（简称 DC/AC）（见图 10－2）。变频器与 PLC 采用 CC－LINK 网络通讯。

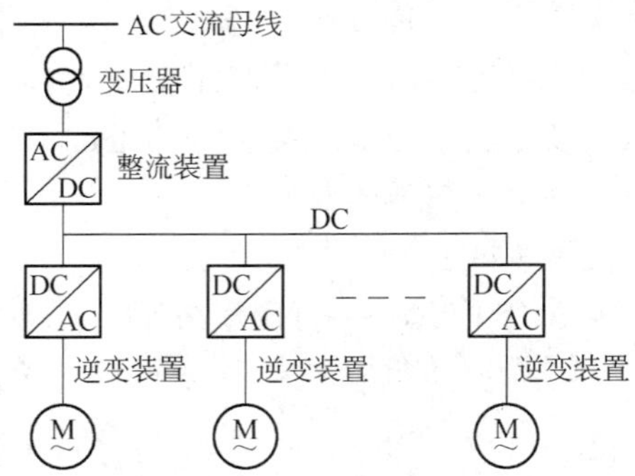

图 10－2 整流装置及直流母线的变频器系统

10.2.3.1 传动柜组成及描述

ZL 整流回馈单元柜的主要电器件为二极管整流桥、进线电抗器、交流进线开关、直流输出保护熔断器、接地保护、过压保护、控制变压器、直流 24V 电源、断路器（辅助回路，模块风机等）、接触器、线路熔断器、中间继电器、电流互感器、显示仪表、按钮及灯等。

ZL 整流单元用于变频器公共直流母线供电电源，适用于公共直流母线上挂有多个变频器且允许存在再生制动的情况。亦可用该整流器完成公共直流母线预充电。

ZL 整流单元包括一个反并联三相二极管整流桥。该整流器为直流母线供电。

10.2.3.2 逆变器柜组成及描述

逆变器柜的主要电器件为 FR－A740 和 FR－V540 逆变器、进线接触器、进线保护熔断器、输出电抗器、24V 电源（编码器专用）、CC－LINK 通讯选项卡、温度巡检仪（电机用）、断路器（电机风机、模块风机、电机加热器、电机抱闸等）、接触器、线路熔断器、中间继电器、按钮及灯等。

粗轧区辅传动电控装置都在 1 号主电室，采用两套整流回馈装置分别供电；精轧区辅传动电控装置都在 2 号东侧主电室，精轧机区采用两套整流回馈装置分别供电；热锯矫直机区辅传动电控装置都在 3 号主电室，采用三套整流回馈装置集中供电；堆垛收集区辅传动在 2 号西侧主电室，采用一套整流回馈装置分别供电。

现场 MCC 柜给每一套传动装置提供一路 AC380V 的交流操作电源。所有逆变装置的直流进线侧均需设置刀熔隔离开关。确保系统可靠运行和统一性。

10.2.3.3 通用变频器共用直流母线原理

在同一个电力拖动系统中的一个或多个传动，有时会发生从电动机端发电得到的能量反馈到传动的变频器中来。这种现象称为“再生能量”。这种情况一般发生在电动机被拖着走的时候（也就是被一个远远高于设定值的速度拖动的时候），或者是当传动电机发生制动时。

传统意义上的 PWM 变频器并没有设计使再生能量反馈到三相电源的功能，因此所有变频器从电动机吸收的能量都会保存在电解电容中，最终导致变频器中的母线电压升高。如果变频器配备制动单元和制动电阻，变频器就可以通过短时间接通电阻，使电能以热方式消耗掉。当然，只要充分考虑到制动时最大的电流容量、负载周期和消耗到制动电阻上的额定功率，就可以设计合适的制动单元，并以连续的方式消耗电能，最终能够保持母线电压的平衡。这种制动单元的工作方式其实就是消耗能量的一种方式。

如果有多个传动变频器通过直流母线互连的话，一个或多个电动机产生的再生能量就可以被其他电动机以电动的方式消耗吸收。这是一种非常有效的工作方式，即使有多个部位的电动机一直处于连续发电状态，也不用再去考虑其他的处理再生能量的方式。在这种方式下，如果还需要一个更快刹车或紧急停止的状态的话，那就需要再加上一个一定容量的制动单元和制动电阻，以便在非常时刻起作用。显然，采用能量回馈装置就可以充分地将直流母线上的多余能量直接反馈到电网中去。

11 自动化系统

11.1 自动化系统概述

11.1.1 自动化系统的分级

H 型钢厂自动化系统为 2 级，目前使用的是现场级和基础自动化级，过程级预留：

Level 2——过程计算机（工厂计算机预留接口）；

Level 1——基础自动化系统；

Level 0——现场级，包括传动、现场仪表、传感器等。

H 型钢自动化系统技术先进、系统可靠、网络开放，采用三菱公司最新 Q 系列 PLC 和西门子 S7-400 系列 PLC，西门子和三菱 PLC 通过 DP-DP COUPLER 通信，其他三菱 Q-PLC 之间通过 MELSEC-H 网连接，液压润滑站 PLC 与轧线 PLC 通过 CC-LINK 网络连接，轧线 PLC 与辅传动及远程 I/O 站采用 CC-LINK 模块，人机界面平台选用 INSPEC 系统和三菱 GOT。工业监控系统和 PLC 之间通过以太网连接。PLC 与传动装置之间采用 CC-LINK 现场总线网通信，生产线传动设备的速度给定从网络下放。整个计算机系统实现网络化，总线化。并预留以太网接口，以便在今后上过程控制计算机。

11.1.2 自动化系统的分区

根据 H 型钢生产线的工艺特点。现将生产线分为五个控制功能区：

加热炉区；开坯机区；万能轧机机组区；热锯、冷床、矫直、冷锯区；堆垛收集区。

按以上分区，基础自动化控制系统由 3 套三菱 Q12HPCPU-PLC（加热炉区域）、8 套三菱 Q25HCPU-PLC（轧线区域）、1 套西门子 S7 CPU416-3 DP PLC（MSC 系统）和 2 套工控机及配套控制软件（TCS 系统）构成，其中 PLC1 与 PLC2 用于二辊开坯机控制主要用于轧制过程中电动压下控制、平衡辊控制、H 型钢的平移翻转控制、开坯机换辊控制以及开坯机前机后辊道控制；PLC3 与 PLC4 用于万能区域设备控制及同 MSC 和 TCS 系统通信等；PLC5 与 PLC6 用于热锯控制、冷床控制和冷锯区控制 PLC7 与 PLC8 用于堆垛收集区的精整控制。

11.2 各区域控制功能描述

11.2.1 加热炉区的控制功能

炼钢厂连铸冷床上的 H 型钢热钢坯经四组热送辊道的输送在链式提升机前定位，再经提升机提到上料台架上。如遇特殊情况，可用行车将坯料直接放置在入炉辊道上，经台架取料机送上入炉辊道，再经称重、测长后送至炉前，由设置在加热炉尾端的装料机依次将钢坯从加热炉炉尾端部送入加热炉内。送入加热炉内的钢坯随步进梁的动作逐渐由加热炉尾端送往炉头端。在运送过程中，钢坯被逐渐加热，至加热炉炉头端即出钢口处，依不同钢种，钢坯被分别加热至所要求的加热温度。设置在出钢口处的出料机将加热好的钢坯从加热炉端部取至炉外出炉辊道上，送至高压水除鳞机除鳞。

控制模式：手动、自动、半自动、检修。

11.2.2 开坯机区的控制功能

出炉辊道将开轧坯料送入高压水除鳞箱。开轧坯料通过高压水（可调压力式喷嘴，压力大约205巴）除鳞，然后坯料被送至可逆式开坯机，轧出串列轧机所用的半成品料。

主要控制机能：压下量控制；速度设定自适应；冲击速降补偿；轧件跟踪；轧件平移定位；轧件翻转定位；换辊控制；设备运行联锁、启/停控制及故障诊断。

控制模式：手动、自动、半自动、检修。

11.2.3 万能轧机区的控制功能

在开坯轧机流程之后，轧件将进入万能串列轧机。

主要控制机能：微张力控制；速度设定自适应；升降辊控制；轧件跟踪；轧件对中定位；轧件冷却控制；换辊控制；设备运行联锁、启/停控制及故障诊断。

控制模式：手动、自动、半自动、检修。

11.2.4 热锯、冷床、冷锯的控制功能

（1）热据用于切尾、分段及取样。在轧件进入冷床前，那些轧制长度比冷床长成品被分成两段。切尾和取样定期进行。

（2）步进冷床。热锯切割后的轧件经冷床输入辊道运送到冷床上，在经过翻转后，在冷床上进行鼓风冷却。通过冷床下的强迫风冷，冷却效果将会提高。通过开/关冷却管道和采用风压控制，冷却速度能够得到调节。一套输出运送装置将轧件从步进梁上翻出并将它们输送到冷床的下床辊道上。为了克服在精整后面区域的中断，2或3支料（根据轧件尺寸而定）能在冷床得到缓冲。

矫直机主要是对冷态轧件，进行线性度的纠正，经过矫直后的轧件应该满足H型钢的型位公差尺寸标准要求。最大的矫直速度约6m/s。咬入速度大约1.5m/s。

（3）冷锯主要是对矫直处理后的轧件进行定尺切割，系统中由两台冷锯同时完成切割工作，一台为固定锯，一台为可移动式冷锯。尺寸的确定通过定尺装置完成。移动锯根据分段长度进行调整。去尾也会完成，可输送的短尾被移走。

控制模式：手动、自动、半自动、检修。

11.2.5 堆垛收集区的控制功能

堆垛收集区主要负责，将冷锯切割后的H型钢按要求分成层料，并将各个层料按预先设定的料层数进行码放。并通过堆垛输出辊道将堆好的料层运送至打包机进行打包处理，再由收集区输入辊道将捆料经收集链、卸载链运到成品区。每一捆产品的宽度、高度及数量是可调的。成品捆形状是矩形或正方形，通过磁性堆垛控制器完成堆垛。

控制模式：手动、自动、半自动、检修。

11.3 主要设备的自动化控制原理

11.3.1 加热炉主要设备的控制原理

加热炉控制系统采用二套三菱公司的 Q 系列过程 CPU（Q12PHCPU），可独自完成燃烧过程控制和坯料运行的设备顺控功能。整个控制系统完成现场数据采集、数据处理、输出控制及报警等功能，操作站实现对过程数据的显示、历史趋势的记录、控制设备的工作状态、报警、显示以及报表的打印等功能。分别通过主控制台实现全自动、半自动或手动操作，通过机旁控制台实现机旁手动操作。

11.3.1.1 顺序控制系统

A 热送辊道

热送辊道接受来自连铸冷床的 H 型钢热钢坯，并将钢坯输送到链式提升机前。辊道电机为变频调速电机，钢坯在链式提升机前的辊道上实现自动定位，辊道末端有固定挡板事故限位。

热送辊道共分四组控制，由连铸冷床至链式提升机方向排序，第一组 1～8 号辊子，第二组 10～29 号辊子，第三组 30～32 号辊子，第四组 33～35 号辊子。其中 18、31、34 号辊子电机带编码器，每个带编码器的辊子两侧各安装一组冷热金属检测器。18 号电机编码器用于坯料测长，31 和 34 号电机编码器用于坯料在链式提升机前辊道上定位，可实现单排和双排料的自动定位，定位精度 ±10mm。

连锁：连铸冷床的移钢机送钢时第一组热送辊道停止运转，移钢动作完成后，离开第一组热送辊道时，第一组热送辊道才可运行。

B 链式提升机

链式提升机将钢坯从链式提升机前的“0 地面”的热送辊道上提升至 5 米平台上的取料机前。

链式提升机由一套电动机、减速机传动，电动机可变频调速。尾部链轮附近安装一个接近开关，感应块遮蔽到接近开关时链条停止运行，再次发送给电信号时电动机启动，链轮转动接近 180°时电动机减速慢转。此时托料板将要托料，当链条运行至托料板将料托起后，电动机慢慢加速到链条快速匀速上升。按行程计算托料板快接近终点前，即感应块靠近接近开关前，电动机减速慢转至感应块遮蔽到接近开关时停止。此时链式提升机运行一个运料周期。待取料机取料后，等待接受下次从辊道取料信号。链式提升机只有在热送辊道停止后才能取料。

C 取料机

取料机将停在链式提升机一定高度托料板上的钢坯抬起放在上料台架上。取料机的升降和平移由液压缸驱动；共 4 套取料托杆单独驱动，由液压系统保证托料杆动作同步。

取料机取料杆有四个位置状态：后低位，前底位，前高位，后高位。后低位为起始等待位，取料杆运行一个矩形轨迹为一个运动周期。每个位置状态各有一个接近开关限位。升降液压缸在取料杆托起和放下钢坯前要减速，做到钢坯轻拿轻放。

连锁：链式提升机托料板在高极限位停止后，取料机才可开始取料动作。取料机取料动作为矩形轨迹，提升缸低位水平缸前进，水平缸前进到前极限位停止后升降缸提升，升降缸提升到高极限位后停止并锁定，水平缸后退，水平缸后退至后极限位提升缸下降，提升缸下降至最低位停止，取料动作完成一个周期。取料动作完成后，上料台架开始动作。依此类推，循环运动，完成钢坯的连续输送。

D 上料台架

当取料机把钢坯放到上料台架上，通过上料台架动梁的水平往复移动，动梁上的拨爪带动钢坯向前移动。当放满8个钢坯后，最前面的钢坯到达上料台架的末端，不再移动。上料台架的平移由液压缸驱动，2套液压缸同时驱动，由液压系统保证其同步。

上料台架有两个位置状态：后位，前位。后位为起始等待位，前位为前进限位。上料台架向前运行到前位后返回起始位，如此反复循环。每个位置状态由主令控制器控制。当上料台架末端的激光传感器检测到有钢坯时，上料台架不能做循环。

E 台架取料机

台架取料机通过托料杆将上料台架最末端的钢坯放在入炉辊道上。台架取料机升降由液压缸驱动，2组液压缸可同时驱动，也可分开驱动，以便托起不同长度的钢坯；平移由可变频调速的交流电机驱动。

台架取料机四个位置状态：后低位，前低位，前高位，后高位。后低位为起始等待位。取料机运行一个矩形轨迹为一个运动周期。升降位置状态各由两个接近开关限位。平移位置由安装在电机轴上的绝对值编码器测量，可实现取料和放料的准确定位。

F 入炉辊道

入炉辊道接受来自上料台架的钢坯，经升降式电子称量装置称重后（称重信号立即送至加热炉PLC)，根据工艺要求将钢坯减速定位于炉前，准备装炉。辊道电动机为变频调速电动机，辊道末端有固定挡板实现事故限位。

入炉辊道共分2组控制，第一组辊道侧面安装有2台冷热金属检测器，用于检测辊道是否有钢坯，可对台架取料机连锁控制。在第二组辊道的第一号电动机上安装有1台增量式编码器，同在一、二组辊道间安装的1台冷热金属检测器配合，用于坯料在入炉辊道上的炉前定位，可实现单排料和错排料，定位精度±20mm。

G 装钢机、出钢机

装钢机和出钢机的结构的控制原理同台架取料机相似。装钢机根据坯料在入炉辊道上的情况，完成坯料的推正以及由入炉辊道至炉内固定梁的运动；出钢机则根据步进梁步进的步数、坯料在炉内的位置，完成坯料的由步进梁至出炉辊道的运动。

H 出炉辊道

出炉辊道只有1组，辊道的外侧安装有1台热金属检测器，用于检测辊道是否有钢坯，可对出钢机连锁控制。根据出炉辊道上是否有钢、坯料的位置、坯料头部是否进入轧机前辊道等情况，由PLC控制出炉辊道工作于：高速、低速、与轧机前辊道同速、正转、反转、停止等各种状态。同时保证在变频器故障的情况下，辊道工作在工频状态，以防止损坏出炉辊道。

I 步进梁

步进梁采用2组液压缸驱动，根据设定的速度曲线可作升降和平移的动作，根据加热好钢坯的出炉情况和入炉辊道上钢坯准备情况，步进梁可自动完成一个步进周期的动作。

步进梁动作包括自动向前周期循环，自动向后周期循环，自动踏步周期循环，同时与进出料设备联锁。本部分是加热炉机械设备控制的核心。

步进梁升降及平移采用比例阀控制，通过对比例阀放大器输入信号的改变和安装在平移液压缸和提升液压缸上的位置变送器的信号反馈，可严格控制缸体运动的速度和行程。另外该系统还具有步进梁步进误差自修正功能，当由位置变送器检测到的实际步进距离与设定的执行步距产生偏差时，该偏差会累加到下一步进周期的修正执行步距中，步进梁按此修正步距执行步进，确保了步进梁步进距离的精确性。控制精度：步进梁每一个循环的前进误差 ±1mm，炉内全行程误差 ±25mm（不包括由机械部分引起的纵向跑偏）。

J 炉内坯料跟踪

钢坯可实现在炉内全程跟踪，当步进梁步距是 650mm(440mm）时，有 42(60）个位置位于炉内步进梁上，还有 2 个位置位于炉内入出炉辊道上。跟踪信息有钢坯序号、钢坯批号、钢坯重量、钢坯长度，钢坯在步进梁上的位置、钢坯在炉内的数量。钢坯跟踪从炉外的辊道称重后开始，经过装钢机上步进梁后，由平移液压缸上的位置变送器传来钢坯位置数据，最终检测到钢坯在炉外出炉辊道上时，结束跟踪。钢坯入炉、出炉，随步进梁前进、后退，均可实现跟踪。

K 水系统检测控制

加热炉水系统包括净环水和浊环水系统。净环水系统共包括热送辊道、入出炉辊道的冷却水，液压站冷却水，步进梁的冷却水等。在其冷却水管道上均装有流量开关，热电偶，就地温度表。任何一个流量开关低流量报警或热电偶高温报警，均会在操作站产生声光报警，提醒操作工及时处理。浊环水系统主要指水封槽水系统。在水封槽上装有液位计，若低水位液位报警，则会自动打开浊环水阀，上水补充，直到高水位液位时，该阀自动关闭。

L 液压站检测控制

液压站有两台循环泵、七台主泵，各有一台备用，主泵启动后循环泵自动启动。油箱设有三个液位报警开关，若“超低限”报警时，泵电动机停止运行；若“低限”报警时，加热器断电，提示维护人员加油及检查管路的漏油状况；若“高限”报警时，表示油位过高，报警提示维护人员检查冷却器是否有漏水现象。油温控制共设四个点，若油温低于 15℃，油温过低，油泵电动机不得启动，加热器工作；若油温低于 20℃，加热器工作，一直到大于 30℃才停止；若油温高于 50℃，电磁水阀得电，冷却水打开，一直到低于 40℃，电磁水阀电磁铁失电，冷却水关闭；若油温高于 60℃为超高温报警，油温过高，报警并延时 30 分钟后停机，以保护液压系统。

11.3.1.2 燃烧控制系统

A 加热炉检测项目

（1）温度检测：加热炉上均热段、下均热段、第二上加热段、第二下加热段、第一上加热段、第一下加热段共 6 个炉温控制段，各段上部 3 支，下部 2 支 S 型热电偶，各段炉温测量采用 2 支热电偶作为炉温检测和控制使用，预热段测温二支 S 型热电偶，空气换热器前后两点温度测量则采用 K 型热电偶。煤气总管设一温度检测，所测量热电偶信号经补偿导线送 PLC 并作为被控信号，参与自动控制和显示。

冷却水系统中的进水总管、水梁和立柱回水管、炉顶隔墙出水、出料炉门和推钢炉门水冷炉门框、炉内缓冲器出水、摄像头出水、助燃风机轴承座出水温度检测采用热电阻。所测量热电阻信号经导线送 PLC 处理并作为被控信号，参与自动控制显示。

（2）流量检测：煤气总管设置一流量测量孔板，各分段空气管道、煤气管道上设置一流量测量孔板，并将其差压信号送往差压变送器上，变换成标准信号 4 ~ 20mA 送往 PLC 处理成流量信号，供显示和控制使用。

由于空气经过预热，为保证流量测量准确性，在冷空气总管设置一测压点，压力信号经就地压力变送器变换成标准信号 4 ~ 20mA，送 PLC 处理至计算机显示，在热风总管上设有一只 K 型热电偶测温点，以上温度、压力信号除显示外还作为各段流量测量的补偿信号。

净环水进水总管采用流量孔板及差压变送器测量，并在计算机上显示、记录、累积，并可就地显示；浊环水进行流量累积和就地显示。

（3）压力检测：热空气总管、煤气总管、氮气总管、净环水进水总管、浊环水进水总管、均热段炉压共 6 点，测量信号经就地压力变送器变换成标准信号 4 ~ 20mA，送往 PLC 内并作为被控信号，参与自动控制。

B 燃烧控制系统功能

加热炉各段温度控制由燃烧程序的 PID 回路控制器去执行。各段温度控制器可有两种功能方式选择：手动，即操作者直接输入加热要求，即输入流量开度；自动，即操作人员输入温度设定值，段温度控制器根据需要增加或减少供热。

在自动方式下，燃烧控制系统各段均采用了双交叉限幅的控制方式，保证无论在动态还是稳态时都能满足一定的空燃配比性能。交叉限幅控制的基本原则是：升温时，空气先行；降温时，煤气先行。采用这种方式，使系统无论在稳态还是在动态时都可获得较好的空燃比性能，同时由于没有过氧燃烧和缺氧燃烧而起到节能降耗的效果。此外，为了安全燃烧，煤气流量设定受可供空气量限制。

C 换热器保护回路

通过调节回路中的助燃风温度设定（热风放散）和换热器前废气温度设定（掺冷风），可以保证换热器安全运行。控制逻辑通常是：首先掺冷风，以达到将高温状态换热器纳入控制范围内；只有在温度继续升高时，热风放散阀才打开。

打开空气预热器出口的热风放散阀，大量地放散热风，是控制热风温度的常规方法，也是生产中保护预热器的重要措施。但此控制方式缺点是会造成风压下降，影响加热炉稳定工作。因此，应采用如下控制方法：热风温度在正常范围内，放散阀全关；热风温度超过正常范围的一个区域内，放散阀处于自动调节状态，进行适量放散；热风温度超过上极限，放散阀全开；热风压力偏低同时热风温度偏高，启动稀释风机，适当减小放散量，作为辅助手段。以上放散方法的优点是对风压、炉膛压力影响小，有利于系统工作；缺点是造成小部分能源浪费，有一定噪声污染，软件稍复杂。另外在烟气温度过高、停止燃烧、操作员要求放散情况下，使放散阀处于全开状态。

D 炉膛压力调节

加热炉炉膛压力过大会向外喷火，炉压过小会吸入冷风，这样既浪费能源也影响整个燃烧控制系统。工艺要求加热炉以微正压方式运行。该回路为常规 PID 压力控制，通过调节烟道闸板的开启度，以调节炉膛压力。该执行机构也为电动方式，作为保护措施，当由于全系统停电，或由于风压低、风机掉电等原因停风机时，利用 UPS 电源强制关闭烟道闸板，以防止因废烟气温度高，烧损无冷空气通过的换热器。

E 助燃空气压力调节

为了保证燃烧控制的稳定，需保证一定的助燃空气压力，采用调节风机入口空气预旋器多叶阀开度的方法，控制进入各段的助燃空气压力保持不变。控制热风压力，必须以满足总的供风量为前提。为此采取如下措施：将总风量信号前馈给风压调节系统，构成前馈反馈系统；同时和放散信号、掺冷风机的启停保持联锁关系。

F 煤气自保护联锁

煤气和助燃空气按比例混合燃烧才能保证加热温度，任何一种燃烧介质低压，都会造成事故。所以在煤气和助燃空气主管道上，分别装有两个压力变送器，在换热器前后各装一个。任何一个低压报警，煤气主关断阀都会自动关闭停炉，以保护加热炉。另外，煤气主关断阀为气动阀，若压缩空气低压，也会切断煤气。

11.3.2 主轧线主要设备的控制原理

11.3.2.1 开坯机主传动

A 功能

BD 机架及对中装置、钳式翻钢机和辊道共同构成了开坯机。开坯轧机是可逆式，BD 机架是二辊式机架，闭式牌坊。换辊时，上下轧辊连同轴承座一起由液压缸从牌坊中拉出。

通常，轧辊配有几个孔型，在利用这些孔型时，在道次与道次之间，对中装置将轧件平移到辊道上，然后轧件被定位在设计好的孔型前。

由于开坯机只有一个 BD 机架，轧件在道次与道次间按轧制程序来翻转，从而获得每一道次的压下。

在换辊时，上、下传动接轴分别由支架使其保持在其位置上。在传动侧，万向接轴头部通过平颈和梅花接轴接合。为了保证换辊，梅花传动接轴必须固定在竖直位置上。

轧机减速机和正齿轮通过润滑油系统润滑，润滑监测通过压力和流量开关/监测器进行。现场阀台从液压系统中为机架上的各种液压阀供油。干油系统为压下接轴、齿轮和机架上各种干油点提供干油。

B 控制顺序

当满足以下条件时，可以自动运行：

（1）机架已标定；

（2）对中装置辅传运行没有任何问题；

（3）运行备妥；

（4）钳式翻钢机运行备妥；

（5）介质站（液压、稀油、干油、开式和闭式冷却水）已接入，而且没有错误/故障信号；

（6）开坯机中没有轧件；

（7）轧制所需的数据（轧制程序、辊系）已经由操作员从 HMI 上设置。

C 开坯机轧制顺序

前提条件：所有轧制的参考值，如孔型数、是否翻钢、对中装置位置、上辊压下位置、咬钢速度和轧制速度等，由操作员从 HMI 上设置。

顺序：

（1）在前一个坯料轧制最后一个道次时，可以要求从加热炉中出料，但要保持坯料间的时间间隙。

（2）前一个坯料的最后一个道次的轧制如第步骤 21 所述。

（3）下一个坯料进入 BD 轧机上游对中装置区域时，要满足下列条件：

1）BD 轧机前的对中装置必须打开，让下一个坯料进入，而且传动侧对中装置必须在辊道外侧。

2）BD 轧机前的钳式翻钢机必须在其初始位置（辊道外侧）。

（4）使 BD 轧机前的相关辊道速度达到进料速度，同时使对中装置定位，这样以便坯料在进入轧机前达到其入口速度（辊子压下还没达到新的设定点，对中装置还没有达到其正确位置，BD 轧机后的钳式翻钢机不在初始位置，辊道外侧）。

操作员可以通过以下几步操作，协助坯料进入 BD 轧机进行第一道次的轧制：

1）在轧制第 1 道次前，选择设定点以增加 BD 轧机上游相关辊道组的入口速度。

2）坯料进入 BD 后（轧机负载），重新设置设定点，最后接受入口速度，而且由于时间滞后要加上一定的补偿。

（5）如果需要翻钢，用对中装置在下一道次之前使坯料定位以便翻钢。

（6）主传动加速到道次入口速度，并且在相关辊道组后达到入口速度，需要满足下列条件：

1）翻钢（如果需要）已完成；

2）对中装置（BD 前和 BD 后的）已定位；

3）辊子已根据第一道次的设定点进行了调整；

4）BD 后的钳式翻机在其初始位置上（辊道外侧）。

（7）坯料进入到 BD 轧机轧辊。

（8）当轧机负载信号出现时，BD 轧机（主传动）要加速到轧制速度，相关辊道组（长度取决于轧件的长度）提前和滞后而引起该加速度要有一定量的补偿。

（9）当 BD 轧机（入口侧）前的光电传感器（1/0 临界）变暗时，速度计时器开始计时。当计时器计时完毕时，BD 轧机（主传动）和参与辊道组（注意，减速率是不同的）减速度同时初始化。取决于轧制速度和减速距离，在 BD 轧机前用其他光电传感器来启动计时是可以的。主传动速度只要减到其爬行速度就可以了，而轧件会被减速直到轧件尾部停在 BD 轧机后约 0.8m 的位置（取决于下一道次的入口速度）。坯料放置点可由操作员通过按钮控制（在 BD +/－后放置）。如果不需要翻钢，则在最后一个道次完成后，这一步是没有必要的。

（10）当 BD 卸载时（通过轧机负载信号复位），以下几步同时发生：

1）在道次轧制前给坯料定位（BD 轧前和后的对中装置），除非不需要翻钢；

2）上辊压下到其新的设定位置（辊缝）；

3）BD 轧机前的钳式翻钢机移到了新的翻钢位置以接应下一根轧件；

4）轧件定位。

通过轧机的第一个道次，在 BD 轧机后不需要翻转时，第一个和最后一个道次可以省略，轧件直接出轧机，进入到万能轧机。

（11）BD 轧机后坯料定位时，需执行以下步骤：

1）如果需要翻钢，按轧制程序进行；

2）由对中装置将轧件平移到下一个道次入口（BD 轧机前和后）；

3）在下一个孔型入口定位坯料，对中装置（BD 轧前和后）移至其新的设定位置。

（12）BD 轧机后相关辊道组到入口速度的加速度（轧制方向逆转），操作员可以执行以下步骤协助坯料进入 BD：

可以设置一个设定值以提高辊道的入口速度（入口速度的设定点乘以这个设定点），也可以在轧件进入 BD 轧辊后（BD 带载）复位设定点，并且接受考虑了时间迟滞的轧辊入口速度。

（13）上辊定位时（新辊缝设定），主传动和 BD 轧机前相关辊道（入口侧，取决于轧件长度）逆转其运行方向，而且要逆着物料方向加速到轧机入口速度（轧制方向的逆方向）。

（14）进入到 BD 轧机轧辊。

（15）轧机带载信号出现，BD 轧机（主传动）和相关辊道组加速到轧制速度的加速度（考虑时间提前和滞后）Vroll（取决于轧件的长度）。

（16）当 BD 轧机后光电传感器（在轧制方向上，在入口侧可看到）变暗（1/0 临界）时，速度计时器开始计时。计时结束时，BD 轧机速度和相关辊道组的同步减速度被初始化（注意，减速率是不同的）。取决于轧制速度和减速距离，在 BD 轧机前用其他光电传感器来启动计时是可以的。主传动速度只要减到其爬行速度就可以了。而轧件会减速直到轧件尾部停在 BD 轧机后约 0.8m 的位置（取决于下一个坯料的入口速度）。坯料放置点可由操作员通过按钮控制（在 BD +/-后放置）。

（17）当 BD 卸载时（通过轧机带载信号复位），以下几步同时发生：（在道次轧制前给坯料定位（BD 轧机前和后的侧导卫），除非不需要翻钢）

1）上辊压下到其新的设定位置（辊缝）；

2）BD 轧机前的钳式翻钢机移到了新的翻钢位置以夹住下一根轧件；

3）轧件定位。

（18）BD 轧机前坯料定位时，需执行以下步骤：

1）如果需要翻钢，按轧制程序进行；

2）由对中装置将轧件平移到下一个道次入口（BD 轧机前和后）；

3）在道次孔型定位坯料，侧导卫（BD 轧前和后）移至其新的设定位置。

（19）BD 前相关辊道组到入口速度的加速度（轧制方向逆转）。

操作员可以通过以下步骤协助坯料进入 BD：

可以设置一个大于 1 的设定值以加速辊道的入口速度（入口速度的设定点乘以这个设定值），也可以在轧件进入 BD 轧辊后（BD 负载）重新设定设定点，并且接受考虑了时间迟滞的轧辊入口速度。

（20）关于上辊的定位（新辊系辊缝），主传动逆转其运行方向和 BD 轧机后相关的辊道组（送料侧，取决于轧件长度），并在物料轧制的方向上加速到轧机入口速度（轧制方向的逆向）。

（21）以下步骤和最后一个道次同时发生：

BD 轧机前传动侧对中装置移动到其最开始位置（辊道外侧）。

（22）最后一个道次轧制完成后（BD 轧机无负荷），进行以下的步骤：

1）上辊被压下到其设定位置以便进行下一个坯料的第一个道次轧制；

2）若需要翻转，坯料则被定位于 BD 后，如第 9 步骤中所述，先翻转，然后运送到切头锯的方向上；

3）BD 前的钳式翻钢机移动到其辊道外侧的初始位置；

4）BD 前的操作侧对中装置移动到其起始位置以运送下一个坯料。

（23）若 BD 轧机后的对中装置区域没有使用，则同时进行以下步骤：

1）BD 后的对中装置移至其初始位置以便将第 1 道次完成后的下一根坯料送出；

2）BD 后的钳式翻钢机移至其初始位置以便翻转下一根轧件。

操作员可以用自动停止 LDT 来干涉自动运行过程，也可以通过反复激活自动启动/重新启动 LDT 来恢复自动运行。用 LDT 恢复自动运行须满足以下前提：

3）不得有完整道次和完整坯料的显示；

4）不得有手动干预存在。

D 速度选择—速度设定点

每个道次的轧机速度（咬入速度和轧制速度）可分别由轧制程序表给出。轧制程序表速度主要用于决定考虑补偿时的马达速度设定点和每个轧辊的当前磨损直径减少量。

辊道的原始速度（进料速度和考虑了提前和滞后而产生补偿的轧制速度）由轧制程序表来计算和接收。

操作员可以在任何时候通过选择器来干涉自动运行并校正轧制速度。也就是说，若发生故障，操作员可以通过来选择一个速度设定点并将轧件重新送进轧辊。这种情况下，计算得出的设定点复位，自动运行干涉信号由灯信号传出。通过 LDT 自动启动/重新启动动作，主传动便可回到自动模式，即回到自动运行模式。这个步骤会在进入轧机时自动进行。

在轧制间隙时间内，辊子以爬升速度旋转是为了避免轧辊一侧的温度变得比另一侧低。经过一段长时间的空载后，轧机将被一个可调计时器停止（先关闭冷却水再停止主传动，坯料轧制完成后或可调冷却水关闭后计时器便启动）。主传动的重新启动由光电传感顺序自动执行。

E 减小道次间隙时间

为达到小的间隙时间（停顿时间），道次转换时机架是带负荷的（电流、电流增量和轧制力），而且光电传感器要和轧机配合工作（或光电传感器连接在轧机上）。

用 BD + 前的放料点和 BD – 前放料点或 BD + 后放料点及 BD – 后放料点按钮，可以手动校正轧件的位置。这也是为了防止坯料（头部或尾部）与机架靠近。

在正常模式下，工作辊道可以在轧件定位后马上逆转。由于压下行程较短，所以当坯料进入轧辊时，就视为上辊已经达到设定点。例外情况是：若要更换道次、坯料翻转或参考辊缝已经设定，则必须先完成相关运行。

由于BD的电动压下比轧辊的液压定位要慢，所以需要一个计时器来为相关辊道组的延时计时。

在安全模式开始时，必须等到所有受控的位置传动信号轧制备妥，也就是说，已经达到设定位置。在所有传动到定位前，无论在哪种模式下，主传动都不会逆转（安全模式）。

F 坯料的模拟轧制

轧制开始时，轧辊更换或维修后，可逆式轧机功能可以用模拟轧制操作来进行测试。模拟开始后，必须装载轧制程序。主传动和辅传必须要信号备妥。

模拟模式下，轧机的所有传动（主传动、辊道、辅传）都按当前的轧制程序运行，所有传动、PLC和HMI都必须经过测试。

在BD前辊道上放置一个虚拟坯料，这样模拟轧制就开始了。这根虚拟坯料要通过整个轧机。同时，安装的跟踪传感器（负荷信号等）都以移位寄存器形式受到控制并被精确计时。可逆运行由移位寄存器目录向前或向后模拟。辅传在轧制道次间按轧制程序运行。这样，整个轧制程序在开坯机内就完成了测试。

G 万向连接轴定位

（1）启动

1）在HMI上，通过LDT“启动换辊”（启动换辊顺序）或

2）在HMI上，通过KDT“启动万向连接轴定位”；

（2）以给定的速度运行主传动（爬行速度）；

（3）定位接近开关（1/0临界转化）随后的偏差，脉冲计数；

（4）随脉冲计数功能（计数器读数），主传动被减速到定位速度；

（5）随脉冲计数功能（计数器读数），主传动停止以便主轴（梅花接轴）定位在相对于轧制方向（SBE－01得电）为90°的位置上。

H 联锁条件

BD主传动只有在满足以下条件时才会启动：

（1）换辊已经完成，上辊和下辊已在轧机内，而且已按下了确认按钮；

（2）上辊接轴托架已经压下（线性传感器，基本位置）；

（3）下辊接轴托架已经压下（线性传感器，基本位置）；

（4）轴承座压板已经关闭（接近开关）；

（5）操作侧和传动侧的辊子平衡系统在工作状态（压力开关、线性传感器）；

（6）轧制力不处于计算状态，上限值（通过压力传感器估计而得），该值允许主传动被切断，例如，发现废品后空转轧机；

（7）上辊和下辊平行定位，即其倾斜没有超过允许限制值（上辊压下系统的脉冲传感器、平衡系统的线性传感）；

（8）防卡钢装置还没有起作用（压力开关）；

（9）下辊没有做轴向调整（线性传感器）；

（10）齿轮的闭路润滑稀油系统启动，而且没有错误/故障信号；

（11）液压系统启动，而且没有错误/故障信号；

（12）干油系统启动，而且没有错误/故障信号；
（13）传动没有受阻；
（14）“快停”或“紧急停”还没有动作。

11.3.2.2 万能轧机主传动

A 微张力控制概述

微张力控制一般用在轧件断面大、机架间距小的区域，如粗轧、中轧区域等。

轧件在两相邻机架间连轧时，当通过前后两机架的金属秒流量失去平衡时，则金属轧件不产生张力就产生压力。通过调整各机架轧制速度来改变金属轧件秒流量，就可以达到张力控制的目的。

B 控制原理

可通过测量电机的电流和转速（用转速判断是否弱磁运行），经计算后获得电机所承受的力矩。由于电机力矩为正常轧制力矩与轧件张力力矩之和，因此张力力矩可以通过电机输出力矩的差值来求得。

一个机架的正常轧制力矩是指在不受任何其他机架推拉的情况下，用来改变轧件形状（包括克服自身摩擦）的输出力矩。在轧件进入下游机架之前检测本机架的负载电流，计算出轧制力矩。在下游机架咬钢并稳定运行后，再测算一次电机输出力矩，两次测量值之差即为下游机架与本机架之间的张力值。电流减少表明下游机架在拉钢轧制，即存在正张力；电流增加则表明本机架在推钢轧制，即存在负张力。

通过改变本机架的速度，可改变本机架与下游机架的推拉关系，从而将本机架的负载力矩调整到其正常轧制力矩的96%左右，形成微张力轧制。例如，假定轧件由 n 号机架进入 $n+1$ 号机架后，n 号机架的电流下降了，则可通过提高 n 号机架的速度，将其轧制力矩调整到其正常轧制力矩96%左右。速度改变的幅度可通过改变PID调节器参数来调节。同时，通过自动级联控制，所有上游机架的速度均作相应改变，以维持相互间已有的速度关系。

C 张力控制目标值

实际的控制系统是使机架间保持一个微小的张力值。所需的张力值与轧件材质、温度、尺寸以及其他一些因素有关。这些因素对于控制系统来说往往是未知的。实际的张力控制基准取自轧制程序管理计算机。张力力矩一般控制在正常轧制力矩的10%以内，典型值为6%。需要说明的是，为了使系统工作稳定，采用带死区的PID调节方法。比如，设定张力力矩为6%，死区为2%，那么，在张力力矩相差4%～8%以内时，不对电动机速度作调节。

D 微张力控制过程

任一特定机架的微张力控制过程分为两个阶段：力矩检测阶段及速度调整阶段。力矩检测阶段始于轧件头部到达下游机架前的一定距离，结束于下游机架咬钢前的瞬间。在此阶段系统对机架电机负载电流进行多次采样并将其结果取平均值，计算出力矩并加以记忆。

速度调整阶段始于下游机架咬钢动态速降恢复后，延续到下一机架电流检测阶段开始为止。在此阶段，系统将上述力矩记忆值叠加HMI设定的张力百分数，并依此为目标，对该机架（并通过级联对上游所有机架）的速度进行 PID 闭环调节。机架间距及轧件速度限制了可用于张力调整的时间。须等待下一机架张力调整完成之后，本机架才开始张力调整。随着轧件头部穿过轧线，控制系统将依此检测及调整操作台所选张力机架的张力。同一时刻，只允许有一个机架的张力控制在进行。

微张力控制产生的速度修正信号将一直保留到本根钢轧制结束。当系统的速度设定自适环节接通时，该修正信号的一部分将被送去修改对应机架的压缩率。因此，当最初几根钢轧过之后，压缩率的设定值将逐渐趋于合理，此时所需的修正量就很小了。

E 级联速度控制

级联速度控制是为了使系统自动或人工手动调整某一机架的速度时，不影响其他机架已有的速度关系。

连续轧制要求全线各机架间保持严格的速度关系。一旦轧机的孔型确定之后，各机架间的速度关系就确定了；此时，只要确定其中任一机架的速度，其他各机架的速度便随之确定，这个机架就称之为基准机架。级联速度控制将以该基准机架为基点逆轧制方向（或顺轧制方向）进行。

级联控制的方向是根据具体情况来确定的。一般说来，基准机架的选择应尽量靠近下游机架，最好为轧线的末机架。这主要是基于成品质量的考虑。根据级联原理，对于任一机架速度的调整（自动地或人为地），使级联方向上所有机架产生同样比例的速度变化，级联方向上的最后一架同时受到级联上游所有机架速度调整的影响，因而速度波动最大。经验表明，轧线末架轧机速度的稳定性直接影响成品的质量。本方案的级联控制方式为：以轧线末机架为基准机架的逆轧制方向级联控制。

级联速度控制包括级联速度设定和自动级联调节两项功能。

（1）级联速度设定。级联速度设定使用程序表方式。操作人员可通过键盘或鼠标器设定孔型、辊径、减速机速比等参数，计算机通过这些参数自动计算出各机架出口线速度之比，然后再通过速比计算出各机架的速度。

（2）自动级联调节。自动级联调节是指当修正某一机架的速度时，对级联方向上游机架的速度自动作相应比例的调整，保持上游机架间原有的速度关系不变。这里所说的修正是微张力控制、人工微调等产生的速度修正。

11.3.2.3 轧件跟踪

物料跟踪是生产控制系统的“心脏”，并且它提供了用于其他应用模块的信息，反映沿着工艺区域的材料运动状态，即对从连铸来的钢坯进入钢坯库开始进行跟踪，通过加热炉区、轧机区、打捆码垛直至成品出库为止，以每块钢坯、每捆垛成品作为单位进行物料跟踪，实时向其他功能模块提供信息。同时，人工可对跟踪进行修正。物料跟踪的功能是：

①反映从加热炉到打捆码垛区的物料运动状态；

②提供轧机跟踪区人工修正的方式或设定启动条件；

③向其他应用模块提供关于跟踪情况的信息。

整个生产区域分为几个跟踪段，与生产计划和单个的钢坯捆或垛相对应，按组进行跟踪。例如，一个跟踪组可以是一个工作订单，一个跟踪项目可以是一根钢坯或一个捆，根据来自于生产控制设备的自动化信号，沿生产区域的跟踪项目画面作相应的变换，实时反映物料移动情况。当钢坯捆或垛通过两个跟踪段之间的边界时，跟踪画面及时刷新，通过在生产计划号中加顺序号来创建钢坯捆或垛的标识号。通过设置在机架前、后的热金属检测器信号或机架电动机咬钢时的冲击电流信号，作为轧件的跟踪信号，实时监控轧件头、尾的位置。

全线下列控制功能：微张力控制、热锯控制、冷床输入辊及轧件运输顺序控制、冷床输出辊道一直到收集链的控制等需要了解轧件头、尾的位置。同时，通过对轧件的位置跟踪，还可以判断轧制过程中出现的堆钢等故障。

11.3.2.4 串列式轧机前后的对中装置（推床）

A 设备简述

串列式轧机前后各有一个对中装置。每一个对中装置包括两个安装在辊道上的正好相对的对中板。为了有所区别，我们根据对中板的位置进行区分，即：相对于串列式轧机，相对于传动侧（DS）和操作侧（OS）。每一个对中板由两台液压缸驱动。液压缸安装在传动侧和操作侧上，并直接定位对中板。

B 对中板的功能

对中板的功能是：1）相对于轧制线水平辊的位置调节轧件（有多个孔型的轧辊），将轧件从一个孔型移动到下一个孔型（仅在二辊模式下）；2）在轧制过程中对轧件起导卫作用。

对中板还有下列功能选项：矫直功能（矫直轧件尾端）；轧制道次之间进行调节以使其与轧件宽度匹配。

两个对中板的液压缸动作要同步。

如果是二辊式轧制，串列排列的两个对中板需要同步监测，旨在当发生调整错误时停止主传动（允许短行程和附加偏移量）。调整保护可在手动或自动模式下工作。

万能轧制不需要调整保护。轧件宽度只反映对中板的位置（适当考虑短行程和附加偏移量的补偿）。

按轧制模式（万能或二辊式），除短行程外，也要用到附加偏移量。

如果是二辊式轧制，出口侧板的开度比入口侧板的开度大，因为在轧制过程中轧件有宽展。

如果是万能轧制（预设），允许立辊压下，出口对中板的开度比入口对中板的开度小。

11.3.2.5 升降辊道位置控制

A 功能

串列式轧机后前、后布置有工作辊道，用于运送轧件，见图11-1。

万能轧机前后的每一个工作辊道的前12个辊是提升辊，用于调节辊道的高度与不同的轧件高度匹配。

两个工作辊道上高度可调的部分被分成两个组（与辊道分成开关组不同）：

组1：万能轧机前、后的前5个辊子的高度平行可调；

组 2：后 7 个辊子的每一个辊子都通过旋转节与组 1 连接，并有一定斜度，倾斜角度取决于组 1 的移动长度（行程）。

组 1 的高度由两个马达通过分配齿轮机构和螺旋千斤顶调节。

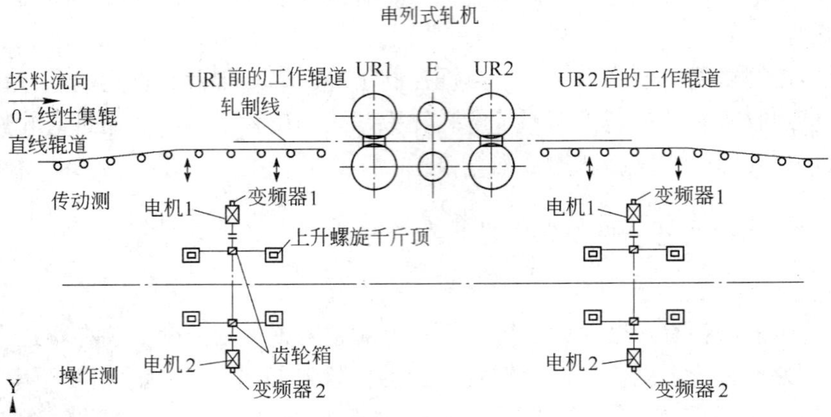

图 11－1 串列万能轧机区域控制示意图

B 控制

自动控制平台上的选择开关在自动位置上；将 LDT 切换到自动启动释放操作模式。

（1）高度调节控制：轧制道次完成后，需要进行高度调节。最后道次完成后，高度调节将被设置为新轧件的翼缘宽度。高度设定式为

$$h_{WRT} = \frac{b_F}{2} - K_C + CL_o + K_S$$

式中 h_{WRT}——工作辊道上边缘到轧制线的距离；

b_F——轧件的翼缘宽度；

K_C——轧制启动的爬升距离（轧件下边缘和辊道上边缘之间的额外间隙，约 7.5mm，可由操作人员调节）；

CL_o——轧制线和轧件几何中心之间的偏移量（对于 H 型钢，通常为 0）；

K_S——轧制期间的安全补偿（轧件底边缘和辊道上边缘之间的间隙，约 10mm，可由操作员调节）。

（2）道次之间。

高度调节在当前道次结束前启动。启动指令为入口机架的“轧机无负荷”信号（电枢电流，轧制力或热金属检测器），如下：

1）奇数道次。万能轧机 UR 无负荷，开始对 UR 前的工作辊道进行调节。因此，UR 前的工作辊道高度的调节是根据轧制程序表匹配 UR 轧辊辊缝。

2）偶数道次。万能机架 UF 无负荷，开始对 UF 后的工作辊道进行调节。因此，UF 后的工作辊道高度的调节需要结合轧制程序表中 UF 辊缝校正。

C 总述

轧件出料高度，除最后道次之外，与进料高度是相同的。即，UF 后的相关的工作辊道，首道次轧件的高度也是第二次道次的高度。这意味着工作辊道在自动模式下无负荷时，要不时地调节高度。

D 监视

每一辊道在上升过程中进行实际测量监控。要及时对卡钢或传感器故障做出反应。在提升过程中，实际数值的变化会引起电动机关闭并发出错误警报。除了卡钢情况外，移动时间必须受到监控。如果没有在预计的时间内到达预计的终止点，电动机也将关闭并且发出错误警报。

E 校正

辊道的高度根据轧制线进行校正。在轧机机架上有一个所谓的“参考边”，参考边到轧制线的距离是不变的，恒为 -210mm。在调试过程中，参考边的高度将变为辊道框架的辅助参考点。为了标定测量传感器，辊道上边缘必须根据辅助参考点调节，然后设为 -210mm。

F 联锁条件

只有当机械终点位置上的方向明确时（上终点位置向下，下终点位置向上），才可能启动提升传动，工作辊道的高度只能在最大工作速度之外的低速下进行调节而不论其转向如何，也就是说：从原位降低，从工作行程限定位置提升。

G 高度调节的原理

在 Levle2 或轧制程序计算机出现故障时，上升的高度可按下列分节中的公式计算。

a 万能模式

（1）轧件起始高度（第一道次）

$$s = h_{轧制线} - \frac{b_{翼缘}}{2} - k_{上升} - i_{参考} \tag{11-1}$$

式中 $h_{轧制线}$——轧制线的高度；

$b_{翼缘}$—— 轧件的最大翼缘高度；

$k_{上升}$——上升的尺度；

$i_{参考}$——参考尺寸，固定辊道上部和厂房地面高度之间的距离。

（2）道次之间

$$s = h_{轧制线} - \frac{d_{EUW腰部} - d_{EUW翼缘} - a}{2} - k_{安全} - i_{参考} \tag{11-2}$$

式中 $d_{EUW腰部}$——使用中的轧辊轧槽底部 E 侧边的腰部直径；

$d_{EUW翼缘}$——使用的轧辊轧槽底部 E 侧边的翼缘直径；

a——轧制程序的腰部厚度；

$k_{安全}$——安全补偿（入口的安全补偿是实际中的后续轧件的爬行富余量约 8.0mm）；

$i_{参考}$——参考尺寸，固定辊道上部和厂房地面高度之间的距离。

（3）导槽

$$s = h_{轧制线} - k_{轧制线} - b_{翼缘} - k_{几何} \times d_{腰部} - k_{上升} - i_{参考} \tag{11-3}$$

式中 $h_{轧制线}$——轧制线的高度；

$k_{轧制线}$——轧制线的高度的更正，轧机中心上升；

$b_{翼缘}$——首道次轧件的翼缘宽度；

$d_{腰部}$——首道次轧件的腰部厚度；

$k_{几何}$——考虑首道次轧件的几何形状（0.5…1.0 之内区域同等）；

$k_{上升}$——爬行余量；

$i_{参考}$——参考尺寸，固定辊道上部和厂房地面高度之间的距离。

（4）道次之间

$$s = h_{轧制线} - k_{轧制线} - \frac{d_{EUW腰部} - d_{EUW翼缘} - a}{2} - k_{安全} - i_{参考} \quad (11-4)$$

式中 a——根据轧制程序的工作辊隙；

$k_{安全}$——安全补偿（入口的安全补偿是实际中的后续轧件的爬行富余量约10.0mm）。

b 二辊式模式

（1）起始高度（第一道次）

$$s = h_{轧制线} - \frac{d_{UUW常规} - d_{UUW导槽}}{2} - k_{上升} - i_{参考} \quad (11-5)$$

式中 $d_{UUW常规}$——万能轧机下辊的名义直径；

$d_{UUW导槽}$——万能轧机底部轧辊的轧槽直径；

$k_{上升}$——上升（约7.5mm）。

（2）道次之间

$$s = h_{轧制线} - \frac{d_{额定} - d_{导槽}}{2} - k_{安全} - i_{参考} \quad (11-6)$$

式中 $k_{安全}$——安全补偿（入口的安全补偿是实际中的后续轧件的爬行富余量约10.0mm）。

11.3.2.6 热锯自动控制原理

热锯区域控制见图7－2。

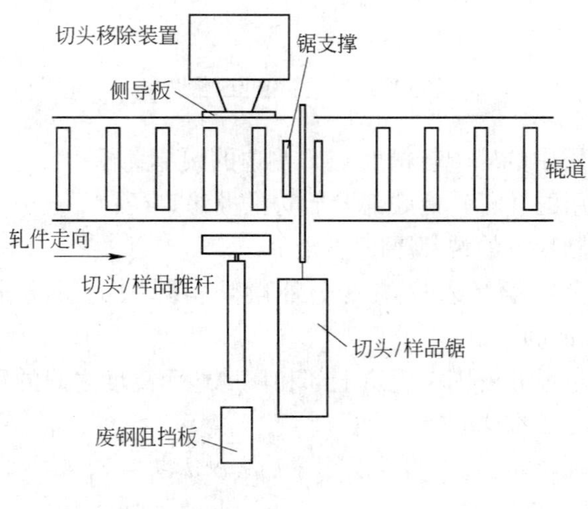

图11－2 热锯区域控制示意图

A 热锯功能

热锯是用来锯切从串列式轧机出来的成品轧件。可进行以下切割：

(1) 轧件的切尾;

(2) 需要取样切割，操作者选择;

(3) 双倍长度时分切。

锯好的样品由推杆移送到取样夹的停止位置。切尾同样被推动并由废料槽翻转取样夹落入废料斗中。

由控制台实现操作和可视监控。机旁操作台仅用于维护和锯片更换。锯区域由一个TV 摄像头和控制台的监控器监控。

B 控制

a 自动控制（顺序控制）

锯循环如下进行:

(1) 当物料已进入冷床辊道时，“锯循环”按钮按下:

1) 锯支撑上升;

2) 取样/切尾推动器移动到切割位置;

3) 高压冷却水供水阀打开;

4) 在来自高压水站的锯切信号允许:

①启动行程设置值 =0;

②前移驱动以切割的速度前进;

③当达到行程设定值，且规定时间用完时;

④前移驱动以切割的速度 + 前移速度前进。

(2) 在到达锯片直径相关的前移行程或按“锯循环结束”按钮:

1) 前进驱动以最大的速度返回;

2) 取样/切头推动器移回到原位（不准备尾部切割或试样切割);

3) 高压水供水阀切断;

4) 锯后的辊道释放。

(3) 在回到启动位置时:

1) 锯支撑降低;

2) 当取样/切头推动器退回原位/开始位置且锯支撑降低时，锯前的辊道被释放;

3) 下一个锯切被允许。

b 手动模式（单个控制）

在控制台，通过按钮“开始”，所有的设备都回到各自的起始位置:

(1) 锯返回到起始位置;

(2) 锯支撑放下;

(3) 侧导位驱动退回到原位;

(4) 切头/取样推动器退回到原位。

通过按钮“锯循环”，如在自动模式中所述的一个完整锯循环开始运行。

C 切尾

切头切割同样可以在手动模式进行。切割的选择通过按钮“切尾”完成。

轧件的定位由操作者手动完成。通过操作按钮“锯循环”，进行一个完整的锯循环过程，除此之外，切头直接送往废料斗。

D 取样

取样同样可以以手动模式进行。

启动行程设置

如果轧件的尺寸已改变但没有传送到热锯区：

(1) 设置启动行程的额定值为0；

(2) 下一步是以滑行速度启动；

(3) 当锯片接触到轧件，“设置启动行程”的按钮必须按下，当前位置的数值被设置；

(4) 在操作台也可预设适当的值。

E 锯片传动

(1) 锯片传动是通过在控制台上按钮“锯片传动开”和按钮“锯片传动关”控制的。指令信号自锁；

(2) 锯片速度由增量编码器监控。锯片速度 $n<5$r/min，意味着停止；当 $n>80\%$ 额定转速，意味着达到了锯切速度；

(3) 锯切过程中，锯片传动的电机电流要时刻受到监控。

如果电动机的电流超过电动机额定电流（启动过程中此值要调整）的两倍，电动机就会发出“锯片传动过载”的警告，此时必须降低锯切的前进速度。

如果之后超载大于1.5倍电机额定电流超过5s，锯片将以最大速度返回起始位置。

F 联锁条件

在下列情况下，锯传动可以启动：

(1) 锯前移驱动在起始位置；

(2) 稀油润滑系统准备就绪；

(3) 锯片保护罩关闭。

仅当下列情况时，自动模式才可能启动：

(1) 锯传动在运转；

(2) 所有的设备在开始位置；

(3) 液压系统运转并且没有故障；

(4) 低压水进入并且没有故障；

(5) 高压水站处于准备状态。

如果以上编号(1)、(3)、(4)、(5)的条件没有满足，则自动顺序将停止。

11.3.2.7 冷锯自动控制原理

冷锯区域控制见图11－3，锯切速度控制见图11－4。

A 功能

固定冷锯用来锯切层料断面，从而成为成品的长度。物料由冷锯辊道和定尺小车自动定位。也可以用来切割型钢头和尾部。最大的切头（切尾）长度是1000mm。在锯片的前边和后边有液压锁紧装置，以便在切割时夹紧型钢。在锯的前边和后边有翻转台，用以清除切头和切尾，它们在锯切头和尾后，向下转到低位置，随后又升起。

锯滑板由一个液压缸来移动。该液压缸由比例阀来控制，前进速度在10～30mm/s范围内。锯切时，设备从起始位置或从锯片更换位置开始移动（操作员可以预选起始点），

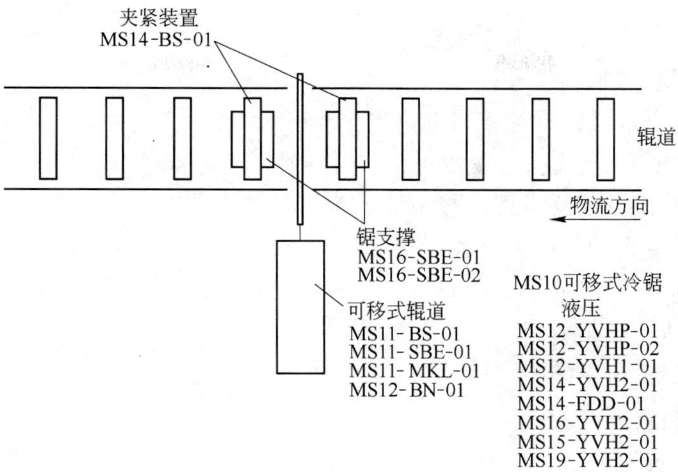

图 11－3 冷锯区域控制示意图

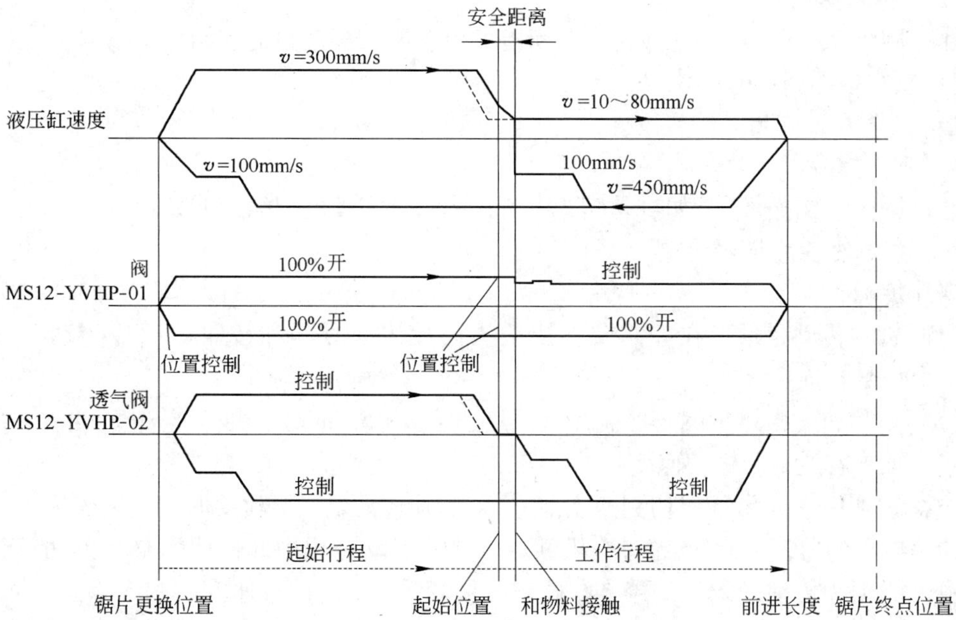

图 11－4 冷锯锯切速度控制示意图

然后锯片以平均速度（=起始速度）向物料靠近，而且在物料前制动，以保证以预期的前进速度（=工作速度）进行切割。当电动机负荷较高时，可以降低前进速度。

锯片由低压水冷却。另外，在切割过程中要打开高压水冲刷锯片以清洗锯齿隙。

B 控制

(1) 自动控制（顺序控制）

锯循环如下进行：

当物料已在定尺小车前定位时，“锯循环”按钮按下

1）锯支撑上升；

2）锯支撑上升后，降下夹紧装置；

3）高压冷却水供水阀打开；

4）在来自高压水站的锯切信号允许时：

以 300mm/s 的速度前进。

在到达程序允许的前移行程或按下“锯循环结束”按钮：

1）锯滑板以最大的速度返回；

2）高压水供水阀切断。

在锯滑板到达起始位置时：

1）锯支撑降低；

-同时夹紧装置正在提起。

2）锯前、后辊道释放；

-锯支撑降低时，同时夹紧装置已提起。

3）下一个锯切被允许。

（2）手动模式（单个控制）

在控制台，通过按钮“初始化”，所有的设备都回到各自的起始位置：

1）锯滑板返回到起始位置；

2）夹紧装置向上；

3）锯支撑放下。

通过按钮“锯循环”，如自动模式中所述的一个完整的锯循环开始运行。

C 主要设备的详细控制

锯片传动

（1）锯片传动是通过在控制台上按钮“锯片传动开”和按钮“锯片传动关”控制的。指令信号自锁。

（2）锯片速度由增量编码器监控。锯片速度 $n<5$r/min，意味着停止；当 $n>80\%$ 额定转速，意味着达到了锯切速度。

（3）锯切中（=滑板以切割速度前进），锯片传动电机电流要时刻受到监控。

如果电机的电流持续 2s 超过电机额定电流（启动过程中此值要调整）的两倍，电机就会发出“锯片传动过载”的警告，此时必须降低锯切的前进速度。

如果之后超载 1.5 倍电机额定电流超过 5s（可调整），锯片以最大速度返回起始位置。

D 联锁条件

（1）只有在满足下列条件时，锯传动才能启动：

1）稀油润滑系统运行备妥；

2）锯片保护罩关闭；

3）锯片屑收集盘关闭。

锯片滑板前进液压缸的操作：

①用于前进动作液压缸由一个伺服阀控制，该阀可在 10～450mm/s 的范围内任意设定；

②截止阀控制；

在开始平移前，用于控制截止阀的线圈必须得电；

当平移动作完成后或平移动作中断时，线圈要失电；

③伺服阀的控制：当前进速度不高于 80mm/s 时，只有一个阀得电；当速度高于 80mm/s 时，两个阀都得电。

在切割过程中，前进液压缸的压力超过了 8MPa 的极限值长达 3s（在调试时设定）之久，则会发出“压力高”的信号，要降低锯切速度。

如果压力超过了 9MPa 的极限值长达 3s（在调试时设定）之久，则必须停止锯切，检查可能发生故障的原因。

（2）手动模式：通过按钮“前进”和“后退”，在控制台上可以在锯片更换位置/起始位置和向前终点位置间平移锯滑板，可在任意时间停止。

（3）只有满足下列条件时才能平移锯：

1）锯前后的辊道停止；

2）液压系统启动，且没有故障；

3）锯传动正在运行，达到了额定速度；

4）低压冷却水打开；

5）高压冷却水打开；

6）高压水系统备妥，压力达到要求；

7）锯支撑已提起；

8）物料已夹紧；

9）锯和辊道联锁。

①如果条件 3）~6）没有满足；

②传动以最大速度返回；

③如果条件 7）~9）没有满足；

④传动停止；

⑤在慢动模式时，只有条件 2）是必须要满足的。

仅当发生下列情况时，自动模式才可能启动：

1）锯传动在运转；

2）锯子前后辊道没有运行；

3）液压系统运转并没有故障；

4）低压冷却水手动阀已打开；

5）高压冷却水手动阀已打开；

6）高压冷却水系统运行备妥；

7）锯锁紧液压缸/辊道被联锁。

如果以上条件有一条不满足，则自动顺序将停止。故障排除后，按“锯循环”自动顺序继续。

只有当不进行锯循环时，才能激活“手动”模式。

（4）与其他设备的联锁条件

只有满足下列条件时，才能启动锯前后辊道：

1）锯子在起始位置和更换位置之间；

2）没有进行锯切；

3）锯支撑已降下；

4）夹紧装置已提起。

11.3.2.8 冷床自动控制

轧件在步进冷床上的位置见图 11－5。

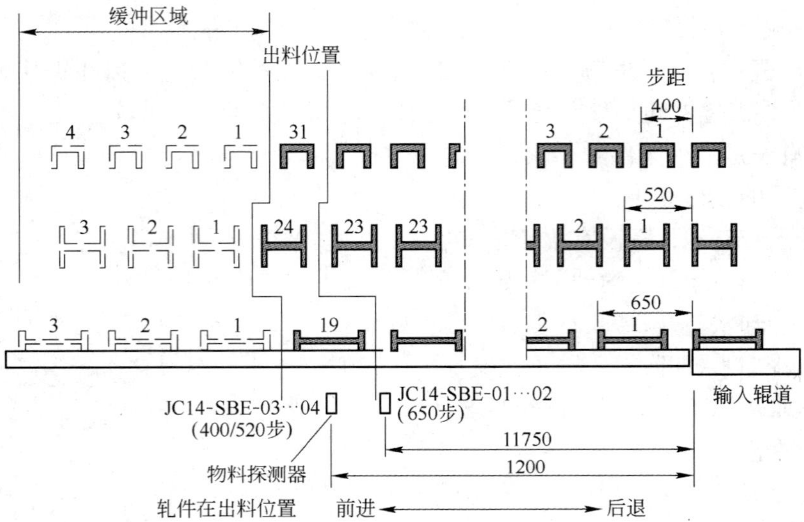

图 11－5 轧件在步进冷床上位置示意图

A 功能

步进梁式冷床由固定梁和活动梁组成。后者将由液压缸驱动上升或下降。当在最上位或最下位时，步进梁由液压缸驱动向前或向后移动。

步进冷床由九个段组成，每一段由各自的液压缸驱动。步进梁按照纵向传输，所有各段必须预先选择并同时动作。

升起步进梁来运输轧件，即轧件升起并离开固定梁。和轧件一起升起的步进梁以预先选择的步距在水平方向上向前移动。当到达步距值时，步进梁落下，返回到原位。

B 控制

（1）同步控制。步进梁各段的同步控制依据主－从原则，例如，区段 1 的驱动是主，则区段 2 至 n 的驱动就是从，并处于跟随区段 1 的位置控制模式下。

（2）同步操作。控制系统要时刻观测，单个区段的阀必须在同时启动。

注意：所有的长度，速度和时间值都需要校验，修正。或在调试过程中找到最佳的设定值。

（3）手动模式。步进梁 1，…，n 或者单个步进梁提升（落下）：

1）通过按钮操作升起（落下）；

2）功能与自动模式下的描述一样；

3）在任何位置通过按钮操作能一起停止。

步进梁1，…，n或单个步进梁快速前进（后退）：

1）通过按钮操作前进（后退）；

2）功能与自动模式下的描述一样；

3）在任何位置通过按钮操作能一起停止。

（4）半自动模式。

启动条件：

与自动模式下的描述一样。

步进梁单循环：

1）由按钮操作发出开始命令；

2）当已满足启动的条件时（任一个手动模式或自动模式的按钮都能激活，例如，能在步进梁上空一个步距，或测试）。

3）功能与自动模式下的描述一样。

（5）自动模式。

自动模式开（关）：

1）由按钮选择在自动位置；

2）在自动关状态下，所有的动作停止。

起始位（下后位）：

1）步进梁1，…，9在下位；

2）且步进梁1，…，9在向后位。

步进梁单个循环的启动条件：

1）当输入辊道的转动已停止时；

2）且冷床前面的热锯回到起始位置；

3）且辊道上的轧件已定位；

4）且移动位或缓冲位空余；

5）且出口移动小车1，…，9在下位；

6）或出口移动小车回到起始位置。

（6）循环操作。步进梁单个循环开始命令：

1）当一个新轧件已定位在输入辊道上时；

2）且已启动条件已满足时。

（7）步进梁单循环的功能。此功能由下列条件和单个功能组成：

1）当发出开始命令时：

①步进梁1，…，n升起；

②阀保持得电状态。

2）当步进梁1，…，n在上位时：

①步进梁1，…，n快速前进（=1步）；

②拐点转换到低速；

③当步进梁1距离步距终点约100mm处时（=步距）；

④拐点转换到减速/定位速；

⑤在步距终点停止

步距必须精确到 +/-1mm。

3）当步进梁1，…，n 在前进一个步距后停止时：

①步进梁 1，…，n 落下；

②单个停止；

③在低位的限位开关激活后，时间延迟 x 秒。

4）当步进梁1，…，9 在低位时：

①释放输入辊道；

②步进梁1，…，n 快速后退（=机械停止反向动作）；

③拐点转换到低速；

④当步进梁1距离后部位置约100mm处时减速；

⑤当机械停止在预定位时，阀延迟时间关闭。

C 联锁条件

当以下条件满足时，步进梁1，…，n 升起被联锁：

（1）步进梁1，…，n 不在后退位。

（2）或输入辊道的传动没有停止。

（3）或冷床前的热锯不在起始位。

（4）或出口移动装置启动命令没有出现。

（5）或所有的床面都被占用。

当以下条件满足时，步进梁1，…，n 落下联锁：

步进梁1，…，n 不在前进位置。

当以下条件满足时，步进梁1，…，n 前进联锁：

步进梁1，…，n 不在上位。

区段的预选：

-当没有预选区段 n，…，1 时，区段预选被联锁/或不被接受。

11.3.2.9 矫直机自动控制

A 功能

水平矫直机的作用是矫直型钢和特殊型钢，它是1台8轴形式的设备，每1个矫直辊由其各自的1个齿轮和AC电机传动，共有8个齿轮和8个电动机，且它们都是一样的设计。

初始位置：

（1）根据程序，所有调整都在矫直位置。

（2）没有物料在矫直机内。

（3）矫直辊的线速度是0.8m/s=咬入速度。

在矫直过程中矫直机的功能：

（1）矫直机上游的辊道首先将物料送进设备，有一个入口导卫支架引导型钢从放料位置进入设备。在此过程中，冷床输出辊道加速到运送速度（在调试中找最佳值）。

（2）物料到达矫直机前，冷床输出辊道减速到咬入速度，型钢进入矫直机。水平矫直机前、后的辊道必须与矫直机同步。

（3）物料进放矫直机后，到达第 1 个矫直三角区（矫直辊 R4 电动机电流的监测），所有传动（主传动）加速到选定矫直速度。

（4）型钢尾部通过矫直机时，设备要变为咬入速度以便接应下一根型钢。

B 控制

每台电动机的控制分别都有：

（1）速度控制。

（2）通过积分器控制的启动和制动程序，电流限幅可调。

（3）有矢量控制和转矩测量功能变频器。

（4）考虑不同辊径时，水平矫直机的 8 个主传动的设定速度调整。

（5）矫直辊定位换辊位置。

（6）各个矫直辊的平均负荷控制，向前和向后操作。

（7）最大速度的监测（静态速度波动低于 0.1%）。

（8）在额定负荷和最大速度时，电机的动态速度波动最大 0.5%。

（9）转矩限幅 1.5 倍。

（10）电动机保护（温度监测）。

水平矫直机是轧机不可缺少的一个部分，其控制顺序必须要和其前、后的辊道同步。加速度和减速度曲线要在调试中经过合理的调整，得出合理的加速度和减速度曲线（见图 11－6）。

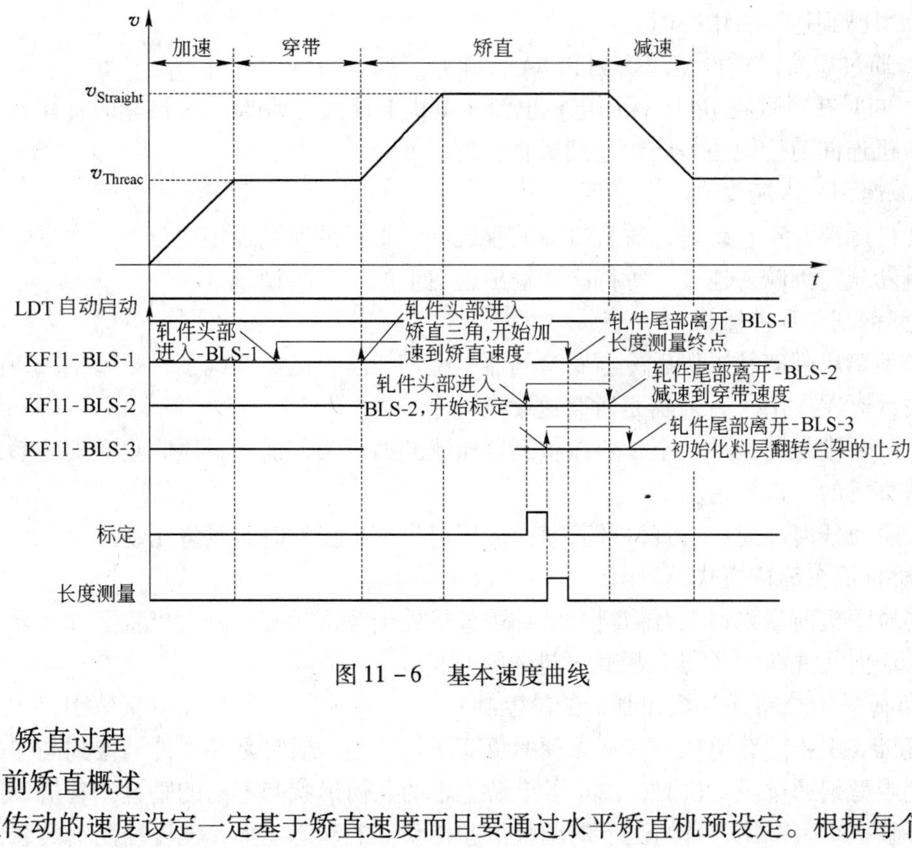

图 11－6 基本速度曲线

a 矫直过程

向前矫直概述

主传动的速度设定一定基于矫直速度而且要通过水平矫直机预设定。根据每个矫直辊的传动速度都会转化成当前矫直辊直径。基于这些值进行以下的计算：

（1）电机的咬入速度。

（2）电机的矫直速度。

矫直速度将被限制为直径最小矫直辊的速度，主电机的速度任何时候都不能超过固定最大转速。

水平矫直机的“矫直开”响应后，传动启动，并且在时间上受控（通过斜坡）。

水平矫直机“矫直关”响应后，传动停止，并且在时间上受控（通过斜坡）。

“紧急停止”响应后，矫直机停止于当前限制点。

若发生故障，发出声音信号，矫直机在一段延时后停止运行。润滑稀油系统、电气故障、进风口堵塞，这些会显示在监视屏上。

水平矫直机按加/减速曲线加/减速（约 4s 在调试中设定）。加/减速曲线会传送给辊道控制。

b 咬入

自动模式/操作

水平矫直机的“矫直开”响应后，主传动会加速到设定的咬入速度。

矫直机后的辊道组 1 也加速到咬入速度。咬入速度和矫直速度的设定值通过“矫直启动”从 PLC 中获得。

矫直机前的辊道首先以咬入速度将物料运送到设备入口区域，然后入口导卫将物料导入矫直机。

当物料已到达设备中心时：

（1）通过矫直机前冷金属探测和 R4 辊脉冲计算。

（2）同时在矫直辊 R4 上探测电机电流（电机电流大约 50%，在试车时优化）。

矫直机连同前后辊道一同加速到矫直速度。

c 减速到咬入速度

当轧件尾离开矫直机时，矫直机前的辊道和矫直机的速度设定值分开，水平矫直机的主传动重新减速到咬入速度，等待冷床输出辊道上的下一根型钢。

d 型钢制动和冲撞保护

只要型钢尾部离开了机后冷金属检测器，型钢长度就已经明确了，令型钢减速的制动命令通过计时器发出（计时器是矫直速度的一个功能）。

定位时要满足的条件：至少要在检测器探测到型钢头部前，料层收集台架的输入链必须清空矫直机的出口辊道。

为了避免任何冲撞，矫直机及其前面的辊道会在恰当的时候紧急制动到停。

e 矫直机在等待模式

只要矫直机前后辊道上有物料，而且矫直机处于等待状态，矫直机就要加入联锁。这样可防止任何轧件在“等待”模式下进入矫直机。

f 负荷平均控制（转矩控制，矢量控制）

矫直机一定要配有遵从主－从原理的负荷平均控制。通常是 8 个传动接到同样的速度设定值。当型钢通过矫直机时，由于各个矫直辊的几何形状和不同的垂直调整值，产生了不同的矫直扭矩。根据各种情况下的调整值和传动上的动态速降，速度控制给负载传动的实际速度加了一个附加的设定速度值，以补偿整个设备的扭矩峰值。

C 联锁条件

a 开机条件

只有满足下列条件时，矫直机才会启动：

（1）润滑稀油运行，而且在启动后没有故障信号。

（2）温度监测没有发出任何故障信号。

（3）稀油油位正常。

（4）液压系统启动后没有故障信号。

（5）平衡系统 R2、R4、R6、R8 的工作压力大于最小值。

（6）主传动运行，而且启动后没有故障信号。

只有当满足下列条件时，才可能开始矫直：

（1）以下辅助辊对中没有报警。

（2）矫直机前的入口竖辊。

（3）矫直机后的出口竖辊。

b 停机条件

满足下列条件时，水平矫直机的主传动延时停止：

（1）润滑稀油系统故障。

（2）没有一个或几个流量监测信号。

（3）或显示警告信号“工作压力太低”。

（4）显示警告信号“油位太低”。

（5）或温度监测有故障信号。

（6）矫直机前后的辊道速度不正确。

（7）干油系统有故障。

（8）液压系统故障。

（9）竖辊平衡系统的工作压力低于最小值。

如果上述联锁条件存在，只要矫直机内没有物料，矫直机就停车。当出现故障时，发出声音报警信号。除非有释放命令（“操作备妥”灯信号），否则任何物料不允许进入矫直机。

11.3.2.10 轧件堆垛自动控制

堆垛系统主要由 3 个结构和功能完全相同的堆垛床组成，每个堆垛床由堆垛输入辊道、入口链条推钢机、中间链条传输机、升降装置、层料分离装置、层料对齐装置、电磁翻钢系统、升降平台、末端挡板、堆垛平台、出口链条推钢机、堆垛输出辊道、磁力吊车、升降挡板、固定挡板等组成。通常情况下，系统中 1 号床和 2 号床既可以单独运行堆垛定尺寸 H 型钢，也可以同步运行堆垛长尺寸型钢；3 号床用于堆垛短尺和废品。

轧线联锁和顺序控制：

主要联锁包括液压站、润滑站与相关传动设备的联锁，生产设备之间的联锁等等。

生产线上的某一传动设备发生故障，主操作台操作员在自动方式下操作生产线传动设备全线启动时，其上游的所有传动设备都不能启动运行；其下游的所有传动设备中，只有与其相邻的下游传动设备能够启动运行。

生产线上的传动设备全都正常时，主操作台操作员在自动方式下操作生产线全线启动时，从下游的第一台设备开始运行，即从冷床输入辊道开始运行，依次启动上游方向的传动设备。

生产线上的传动设备全都正常运行后，主操作台操作员在自动方式下操作生产线传动设备停机时，从上游起的第一台设备开始停机，依次停止下游方向的传动设备。

当生产线上的传动设备全都停机后，才能停止液压站、润滑站设备的运行。

11.3.2.11 介质控制液压系统（以冷床矫直为例）

A 功能

工作站用于产生上冷床锯、冷床和矫直机区域液压缸所需要的工作压力。特别的，下列液压驱动是通过两个分离的液压系统提供的：

换辊设备、热锯、取样装置、冷床及水平矫直机。

B 液压站主要部件组成

压力泵、高压泵、油箱、加热系统、冷却系统、循环泵、过滤器、减压阀（旁路阀）、箱加油和放油设备、蓄能架。

（1）压力/高压泵。这个泵被设计为容积可变泵。压力泵用于压力系统P2，而高压泵用于压力系统P1。它们用于供给与其相连的液压设备。通常，要有一个压力泵和一个高压泵作为备用泵。对每一个泵都提供了一个运行小时计数器，以一定的时间间隔分别把每个泵作为主泵是比较合理的选择。带有开度监控的阻断闸板阀安装在泵的输入管线上。系统压力的监控对两个压力系统都起作用。开泵以前，循环油系统必须连接上。

（2）油箱。在油箱内有一个液位仪和温度监控器。“油位不足”液位触点可用于泵的关闭（泵运行保护）。只有在油位没有降到“油位补充”线以下时才允许泵运行。作为对液位最低触点“油箱空”的回应，循环泵要关闭。加热器或冷却器的打开/关闭通过温度监控器进行控制。

（3）加热系统。油箱内的加热器用于对油进行加热，使油温保持恒定。加热器是由温度调节器控制的。

（4）冷却系统。油的冷却通过环流管路中的水冷却器进行，和加热器同时用于保持油温恒定。

（5）循环泵。环流泵设计成恒容泵。它主要用于循环冷却的液压油。此外，油箱排空也是通过环流泵来进行的。每台环流泵都配备有一个运行小时计数器。在环流回路中安装了一个过滤器，用于油的过滤。一个带有开度监控的阻断闸板阀安装在环流泵的输入管线上。系统压力的监控在环流回路上起作用。

（6）过滤器。油过滤器安装在回流线上。

（7）减压阀（旁路阀）。压力系统P1和P2安装了减压阀，目的是为了减轻管道系统的压力（并联功能）和由一个液压移动引起的瞬间停顿。在非激活状态，减压阀打开，也就是所谓的压力管路与油箱短接。减压阀被整合进了紧急关闭回路中。

（8）加油和放油系统。油箱安装有带开闭位置监控的手工操作阻断闸板阀。为了油的排出，在环流回路中的阻断闸板阀被关闭。为了油的注入，注入管线上的阻断闸板阀打开。当到达液位最高监控点（泵满）时，注入泵关闭。为了油的排出，排出管线上的阻断闸板阀打开。油箱通过环流泵排空。一旦达到液位最低点“油箱空”，环流泵关闭。

（9）蓄能架。几个蓄能架用于补偿短时压降或短时高油压需求（电器设备除外）。

C 控制序列

只能在局部控制台打开/关闭液压站。

a 压力/高压泵

（1）选择开关打在“操作”位置。

（2）压力泵和高压泵的独立连接的备用泵预选择要与各自的 LTDs“液压开”和“高压液压开”保持一致。

（3）通过 LDT 上的先导阀显示打开状态。

（4）为了动力系统卸压，泵可以在开始时有一定的时间延迟（大约 3 ~5s）。

（5）一按下 LDT“液压开”，减压阀最先被打开（线圈得电，旁路关闭），随后打开压力泵。

（6）当达到设定油压时，泵将会以压力补偿模式（液压控制）运行。

（7）如果通过 LDS 进行的选择有效，由 WS 预置的备用泵会在主泵出现故障或发出“压力过低”信号的情况下自动打开。在压力正常后，备用泵再次关闭。如果通过 LDS 进行的选择无效，备用泵将会通过按下相应的 LDT 打开。关闭操作也通过手动按下相应的按钮完成。

b 循环泵

（1）根据预置的操作模式，选择器打在“操作”或“检修”位置。

（2）通过相应的灯指示按钮来打开环流泵。

（3）只有选择器打在“检修”和“排出”位置时，才能打开环流泵排出箱中的油。

（4）通过 LDT 上的操作按钮来显示打开状态（DL 常亮）。

（5）通过相应的按钮手动或自动关闭环流泵。

c 加热系统

（1）根据预置的操作模式，选择器打在“操作”或“检修”位置。

（2）选择器打在“过滤”位置。

（3）通过相应的指示按钮预选择加热系统。

（4）打开/关闭加热系统是恒温器提供的一个功能。触点情况（开/关条件）。

（5）通过 LDT 上的操作按钮来显示打开状态（DL 常亮）。

（6）通过相应的按钮手动或自动关闭加热系统。

d 冷却系统

（1）根据预置的操作模式，选择器打在“操作”或“检修”位置。

（2）选择器打在“过滤”位置。

（3）通过相应的指示按钮预选择冷却系统。

（4）打开/关闭冷却系统是恒温器提供的一个功能。触点情况（开/关条件）。

（5）通过 LDT 上的操作按钮来显示打开状态（DL 常亮）。

（6）通过相应的按钮手动或自动关闭加热系统。

D 联锁条件

如果一个或几个电动机由于下列联锁条件或其他故障被关闭，则在故障原因消除后不会自动恢复运行。自动运行只适用于和定时器相关联的备用泵的开启。

a 压力泵

只有在下列情况时，选择器打在“操作”位置，压力泵可以开启：

（1）WS 在“过滤”位置。

（2）没有被用作备用泵。

（3）在压力泵吸入线上相关的阻断闸板阀打开。

（4）循环泵被连接且压力循环管线上的压力开关有信号。

（5）油箱液位监控无“补充油”信号。

（6）油箱油温未超标（“油太热，停止”）。

（7）箱中的油温太低（“加热器开”信号发出）。

（8）减压阀得电（旁路关闭）。

当下列的一个条件不再满足时，WS 打在“操作”位置，压力泵将会被关闭：

打开状态（1）、（4）、（7）、（9）。

或下列条件之一满足：

（9）运行压力短时压降状态长于 20s（0 ~ 60s 可调），在备用泵投入时间（启动阶段 + 达到压力时间）后约 30s（10 ~ 60s 可调）内压力开关将被跨接。

（10）油箱油位监控器发出缺油信号。

当 WS 在“检修”位置投入各自的压力泵时，下列条件被忽略：

打开条件（2）、（5）和（9）。

当下列条件之一不再满足时，选择器打在“检修”位置的泵将被关闭：

打开条件（1）、（4）、（7）。

或满足下列条件：

关闭条件（16）。

在下列情况时，可以通过相关的 LDT“压力泵开”来手工开启的预置备用泵：

满足下列打开情况（和各自压力开关的打开相适应）：（1）、（4）、（7）、（9）。

（11）WS 在“操作”位置。

在下列情况时，预置备用泵自动开启：

满足下列打开情况（和各自压力开关的打开相适应）：（1）、（4）、（7）、（9）和（11）选择器在“操作”位置。

（12）最少有一个泵运行。

（13）“备用泵选择”已按下。

（14）一个或几个泵故障（运行中的泵数字 <2，$\geqslant 1$）或运行压力短时压降长于 10s 下列条件不再满足时，备用泵将被关闭：

打开条件（1）、（4）、（7）、（9）、（11）或下列的一种情况满足：

（15）运行压力短时压降（“压力管路压力过低”）长于 20s（校正 0 ~ 60s）在备用泵投入时间（启动阶段 + 达到压力时间）后约 10s（10 ~ 60s 可调）内压力开关将被跨接。

（16）油箱油位监控器发出缺油信号。

（17）当已经手工打开时，相关的 DT“压力泵关闭”按下或运行压力（“压力管路压力过低”信号清除）已经达到且已经持续了10s（校正5～30s）当LDS“备用泵选择”已经按下时，也就是说，启动条件n已经满足。

b　高压泵

只有在发生下列情况时，WS在“操作”位置没有预置为备用泵的高压泵可以开启：

（1）WS在“过滤”位置。

（2）没被用做备用泵。

（3）高压泵吸入线上相关的阻断闸板阀打开。

（4）压力泵吸入管线上相关的阻断闸板阀打开。

（5）循环泵被连接且环流线上的压力开关有信号。

（6）油箱液位监控无“注油位置”信号发出。

（7）油箱中油温未超标（“油太热，停止”）。

（8）油箱中油温太低（在“加热器开”信号发出时）。

（9）减压阀得电（旁路关闭）。

当下列条件之一不再满足时，选择器打在“操作”位置的泵将被关闭：

#　打开条件（1）、（4）（7）。

或下列条件之一满足：

（10）运行压力短时压降状态（“高压压力管路压力过低”）长于20s（0～60s可调），在备用泵投入时间（启动阶段+达到压力时间）后约30s（10～100s可调）内压力开关将被跨接。

（11）油箱油位监控器发出缺油信号。

当连接各自的高压泵WS在“检修”位置时，下列条件被忽略：

#　打开条件（5）和（9）。

当下列的条件不再满足时，选择器打在“检修”位置的泵将被关闭：

#　打开状态（1），（4）或（7）。

或满足下列条件：

#　关闭状态（1）。

在下列情况时，可以通过相关的LDT“高压泵开”来手工开启预置的备用泵：

#　满足下列打开情况（和打开的高压泵相适应）：（1）、（3）、（4）（7）和（9），WS在“操作”位置。

在下列情况时，预置的高压备用泵自动开启：

#　满足下列打开情况（和各自压力开关的打开相适应）：（1）、（3）、（4）（7）和（9）。

（12）WS在“操作”位置。

（13）LDS“备用泵”已经按下。

（14）高压主泵不能正常运行。

或高压运行压力短时压降（“高压压力管路压力过低”）长于10s。

c　循环泵

只在下列情况时，WS在“操作”位置的循环泵可以开启：

（1）WS在“操作”或“检修”位置。

(2) 循环泵吸入管线上的阻断闸板阀被打开。

(3) 环流回路的阻断闸板阀被打开。

(4) 排出管线上的阻断闸板阀关闭。

(5) 油箱油位监控器无“补充油”信号。

当下列的一个条件不再满足时，WS 打在“过滤”位置的循环泵将会被关闭：

打开条件（1）、(2)、(3)、(4) 或（5）。

或下列条件之一满足：

(6) 运行压力短时压降（“压力管路压力过低”）长于 5s（校正 0～30s），在备用泵投入时间（启动阶段+达到压力时间）后约 10s（1～30s 可调）内压力开关将被跨接。

(7) 发出缺油信号。

只在下列情况时，WS 在“排出”位置的循环泵可以开启：

(8) 选择器在“检修”位置。

(9) 环流回路吸入管线上的阻断闸板阀被打开。

(10) 环流回路的阻断闸板阀不被打开。

(11) 排出线上的阻断闸板阀不关闭。

(12) 油箱液位监控无“油箱空”信号。

当下列的一个条件不再满足时，WS 打在“过滤”位置的环流泵将会被关闭：

打开条件（2）、(3)、(9)、(11)、或（12）。

d 加热系统

只在下列情况时，加热系统可以开启：

(1) WS 在“操作”或“检修”位置。

(2) WS 在“过滤”位置。

(3) 加热器通过 LDT 已经被选择。

(4) 油箱液位监控无“缺油”信号。

(5) 环流泵被连接且环流管线上的压力开关有信号。

下列条件之一不再满足时，加热器将会被关闭（不考虑通过自动调温器关闭）：

打开条件（1）、(2)、(3)、(4) 或（5）。

e 冷却系统

只有在满足下列条件时，冷却系统可以通过自动调温器开启（电磁阀得电）：

(1) WS 在“操作”或“检修”位置。

(2) WS 在“过滤”位置。

(3) 冷却器通过 LDT 已选择。

(4) 环流泵被连接且环流线上的压力开关有信号。

下列条件之一不再满足时，冷却器将会被关闭（不考虑通过自动调温器关闭）：

打开条件（1）、(2)、(3) 或（4）。

11.3.2.12 介质控制稀油润滑系统

A 功能

串列轧机的齿轮箱由稀油润滑系统提供润滑。系统由以下主要部分组成：

2台泵（1台备用）、带有液位监控器和加热器的油罐、带有压力差监控器的双重过滤器、带有机械式温度监控器的油冷却器。

如果因油温过低系统无法启动，那么油将通过一个支管（手动打开）进行循环，并且在油罐旁边进行加热直到达到需要的油温。

B 控制

a 操作模式

选择器开关处在操作位置；通过选择开关选择所要操作的泵；操作泵打开。

通过按钮

- 同时启动的加速时间 $t \approx 20s$
- 泵压力 < 最小值时，最小值故障信号复位。
- UR 齿箱压力 < 最小值时，最小值故障信号复位。
- E 齿箱压力 < 最小值时，最小值故障信号复位。
- UF 齿箱压力 < 最小值时，最小值故障信号复位。
- UR 齿箱流量 < 最小值时，最小值故障信号复位。
- E 齿箱流量 < 最小值时，最小值故障信号复位。
- UF 齿箱流量 < 最小值时，最小值故障信号复位。
- 供油线路油温 < 最小值时，最小值故障信号复位。

（t_1 应该足够长，这样就可以达到供油线路中的油温，否则泵将被关闭）

串列轧机操作准备显示：

- 当加速时间已结束
- 并且泵压力 > 最小值持续约 5s
- 并且 UR 齿箱压力 > 最小值 - 最小值持续约 5s
- 并且 E 齿箱压力 > 最小值 - 最小值持续约 5s
- 并且 UF 齿箱压力 > 最小值 - 最小值持续约 5s
- 并且 UR 齿箱流量 > 最小值持续约 5s
- 并且 E 齿箱流量 > 最小值持续约 5s
- 并且 UF 齿箱流量 > 最小值持续约 5s
- 供油线路油温 > 最小值 - 最小值持续约 5s

切换到备用泵：

- 如果操作泵由于电气故障而无法使用
- 同时发送信息通知备用泵运行
- 泵的功能如上面描述的那样操作泵或备用泵关闭

通过按钮，出现故障时，在以下情况下自动进行：

- 泵压力 < 最小值持续约 10s
- UR 齿箱压力 < 最小值持续约 10s
- E 齿箱压力 < 最小值持续约 10s
- UF 齿箱压力 < 最小值持续约 10s
- 油罐油温 < 最小值 - 最小值持续约 10s
- 供油线路油温 < 最小值 - 最小值持续约 10s

- 油位 < 最小值 - 最小值
- 加压线路没有打开
- 选择器开关处在 0 位

加热器打开：

- 当油罐油温 < 最小值持续约 10s

加热器关闭：

- 当油罐油温 > 最大值持续约 10s
- 当选择器开关处在 0 位
- 当两个泵都关闭时自动完成

b 检修模式

选择器开关处在检修位置。

（加压线路被关闭并且旁支线路被手动打开）

泵打开，通过按钮：

所有流量 < 最小值时，最小值故障信号复位

所有齿箱压力 < 最小值时，最小值故障信号复位

泵压力 < 最小值及 > 最大值时，故障信号复位

泵关闭，通过按钮：

当油量 < 最小值 - 最小值时自动完成

当选择器开关处在 0 位

加热器打开

通过按钮（也即，但油温 < 最小值 - 最小值时要对油进行预热）

加热器关闭

通过按钮，当选择器开关处在 0 位。

在下列情况下自动完成：

油温 > 最小值持续约 60s；

油位 < 最小值 - 最小值

c 监控

在下列情况下发出故障警告：

UR 齿箱压力 < 最小值 - 最小值持续约 5s；

E 齿箱压力 < 最小值 - 最小值持续约 5s；

UF 齿箱压力 < 最小值 - 最小值持续约 5s；

泵压力 > 最大值持续约 5s；

油温 < 最大值 - 最大值持续约 5s；

油位 > 最大值

油位 < 最小值

过滤器堵塞持续约 5s

备用泵打开。

加热器发生电气故障，在下列情况下发出错误报警：

操作泵或备用泵发生故障自动关闭准备操作显示被取消；如果串列轧机中有坯料向串

列轧机发出消息：

（1）将主电动机的速度参考值设为0r/min；

（2）当速度=0时，打开辊缝。

如果串列轧机中没有坯料，主电动机立即停止。

C 联锁条件

泵只有在下列情况下才能被打开：

其他泵已被关闭

油位>最小值

油温>最小值

泵选择器开关处在操作位置并且加压线路打开或者泵选择器开关处在检修位置并且旁支线路打开。

加热器只有在下列情况下才能被打开：

油量>最小值

选择器开关处在操作位置或检修位置。

11.3.2.13 介质控制除鳞机用高压水系统

A 功能

高压水系统用于产生高压水，以清除在开坯机前等待轧制坯料上的氧化铁皮。安装在除鳞机附近，相应操作和信号设备的操作面板（局部操作台）也安装在那里。

高压水站包括以下主要设备：

（1）3个带有吸入阀的高压活塞泵（1个泵备用）；

（2）2个带有监控设备的高压空气压缩机；

（3）1个受控快速反应停止阀；

（4）1个带有液位监控的高压蓄能器；

（5）1个注入设备；

（6）1个自动回冲过滤器；

（7）1个用于产生水幕的泵。

与吸入阀相连接的高压泵向蓄能器供水。两个泵轮流连续工作，一个泵作为备用。蓄能器中的水通过一个液位监控设备进行监控，监控设备根据需要打开或关闭吸入阀。

在高压泵上，各个润滑部位都由压力润滑系统提供润滑油进行润滑。每个油泵都直接由电动机驱动。吸入压力要被监控。在其中一个泵发生故障无法使用时，这个泵就被关闭，同时备用泵投入使用。

用一个独立的泵提供水，在除鳞箱中产生封闭水幕。

压缩机只能由手动打开，并且用来进行首次填充，也用于将压缩空气重新载入高压水蓄能器中。压缩机产生必要的喷射压力。它们都要进行润滑。润滑（液位监控设备）和产生的压缩空气温度都要进行监控，并且相应的压缩机在出现错误时关闭。在压缩机运行时，冷凝水在脱水器中凝积并且通过电磁阀循环排出（冷凝排水）。

当蓄能器中的水位低于最小值时，一个快速反应的停止阀将关闭蓄能器的出水口。

除鳞机喷射阀后面的管道系统通过充填线路供以低压水。这样在很大程度上就限制了系统中产生的水冲击。有一个手动阀用来关闭充填线路。

自动过滤器用来清除水中的污物，依赖于一个压力差开关自动冲洗。过滤器由控制系统掌控并且直接安装在泵附近。一个开关箱容纳过滤器（包括控制系统）和相应的操作信号设备。向过滤器的供水的线路通过一个手动阀关闭。

B 主要设备的控制原理

a 水箱水位控制

在水箱的排污口安装有一个液位压力变送器 PI-1，液位变送器输出 4~20mA 信号进入上位计算机或数字显示仪，动态显示水箱水位的变化。PLC 可根据检测到的水位，按编制的程序，实现系统的连锁和控制电动球阀 D1，实现水箱水位的自动控制。

(1) 水箱水位动作点的设置；

(2) 水箱水位高（1.9m）报警；

(3) 停止补水水位（1.7m）：电动球阀关闭，停止补水；

(4) 开始补水水位（0.9m）：电动球阀打开，开始补水；

(5) 水位低故障水位（0.8m）：报警，管道泵、水帘泵、高压泵无法启动；

(6) 系统停机水位（0.7m）：系统停机，除鳞阀自动打开。

b 管道泵控制

系统配置了两台管道泵 D2、D3，一用一备。

(1) 启动条件：水箱水位高于工作水位（0.8m）；管道泵进水阀和出水阀处于开的位置（与编程无关，启动系统前由操作人员检查手动开启）。

(2) 跳闸条件：水箱水位低于水位故障水位（0.7m）。

c 高压除鳞泵的控制

高压除鳞泵共有三台 D3、D4、D5，控制方式有本地和远程操作。

(1) 启动条件。水箱水位高于工作水位（0.8m）；高压除鳞泵进水阀和出水阀处于开的位置（与编程无关，启动系统前由操作人员检查手动开启）；管道泵 D2 或 D3 处于工作状态（供水压力不低于 0.15MPa）。

(2) 跳闸条件。水箱水位低于系统停机水位；管道泵 D2 或 D3 有故障跳闸现象（供水压力低于 0.15MPa）；除鳞系统压力高于安全压力 22MPa；除鳞系统压力长期低于设定工作压力的 30%。

d 除鳞阀控制

系统通过控制除鳞阀的打开和关闭来控制系统是否处于除鳞状态，在工作过程中每轧制一根钢坯除鳞阀都要开闭一次。除鳞阀的开闭主要是通过红外探测仪实现的，当红外探测仪检测到钢坯时，PLC 发出信号，控制除鳞阀打开，水气罐内的高压水在预先设定的压力下经喷嘴射向钢坯，打落钢坯表面氧化铁皮，实现除鳞。当红外探测仪检测不到钢坯通过时，PLC 发出信号，控制除鳞阀关闭，水罐不再向外排水，此时由高压除鳞泵产生的高压水向水气罐补充高压水，以维持水气罐里水的高度。

e 供水压力检测及报警

在管道泵前装有供水压力变送器，系统根据检测到的压力控制除鳞泵的启停，当压力低于 0.2MPa 时，供水压力低报警，当压力低于 0.15MPa 时，供水压力低报警并停高压泵等设备。

f 蓄能器压力 P1 及高压管路压力 P2 控制

蓄能器的压力必须保证在一定的范围，专用的空压机压力设定为 20MPa，通过压缩空气管路上的电接点压力表自动控制，当压力达到 20MPa 时空压机自动停机，当压力达到电接点压力表下限值时空压机自动启动。控制箱控制空压机的启停来保证蓄能器的压力在设定的范围内。

蓄能器液位指示：

在蓄能器上设置了双色磁浮子液位计 SW，可以通过颜色变化直观的指示蓄能器上的液位，液位计共有八个开关量（从下到上依次为 SW1、SW2、SW3、SW4、SW5、SW6、SW7、SW8），作为 PLC 的输入，水位低时关闭循环阀，高压泵产生的高压水在非除鳞状态下进入蓄能器补充水量，水位高时打开循环阀，高压泵产生的高压水流回水箱，水位太高时停止高压泵运行。水位太低时关闭安全关断阀以防止蓄能器高压气体进入管路造成危险。具体表现为：当蓄能器的水位低于 SW2 时关闭最低液面阀，SW1 是在 SW2 点失效的状况下起保护作用，其功能和 SW2 一样；当蓄能器的水位低于 SW5 时关闭循环阀，高压泵向蓄能器补水。SW4 是在 SW5 点失效的状况下起保护作用，其功能和 SW5 一样；当蓄能器的水位高于 SW6 时打开循环阀，高压泵停止向蓄能器补水。SW7 是在 SW6 点失效的状况下起保护作用，其功能和 SW6 一样；当蓄能器的水位低于 SW8 时，系统停机；当水位低于 SW3 时，关闭除鳞阀强制停止除鳞，高压泵向蓄能器补水；当水位达到 SW5 时，程序按正常情况运行。

g 压力保护

整个系统有两个高压压力传感器 P1 和 P2，其功能相同，P1 对 P2 起保护作用。当压力达到 21MPa 时，不管蓄能器液位是多少，都打开循环阀；如果压力继续上升达到 22MPa，则系统停机（停止高压泵等一切设备）。

h 系统运行操作

系统运行分手动和自动两种运行方式：

（1）手动方式。操作箱有手动/自动转换开关，当转换开关打到手动位置时，操作人员可以按操作顺序手动启动/停止系统（启动条件同上面各设备启动条件）。

（2）自动方式。当转换开关打到自动位置时，操作人员通过启动操作箱上的自动启动按钮，系统将按照程序启动顺序（先开管道泵，再开高压泵；启动条件按照上面各设备启动条件）自动启动系统，按下自动停止按钮系统将按照程序停机顺序（先停高压泵，再停管道泵；启动条件同上面各设备启动条件）自动停止系统。

（3）水帘泵单独启动/停止（启动条件按照高压泵启动条件）。

C 手动模式

压缩机只能在手动模式下操作，也即选择器的位置对它们来说既可以是自动模式也可以是手动模式。它们用于对蓄能器进行第一次填充和再次充填。蓄能器通过两台压缩机进行第一次充填，但是在再次充填时，通常只使用一台压缩机。在压缩机加速之后，相应的冷凝排水必须关闭，即相应电磁阀的线圈必须得电。当达到极限压力时，相应的压缩机将自动关闭。正常情况下，这些都由手工提前完成，这样蓄能器的极限压力就只有在充满水时才会达到。在关闭了压缩机的情况下，相应的冷凝排水必须打开，即相应电磁阀的线圈必须失电。在每个压缩机的操作时间内，积蓄的冷凝水必须排尽。这是通过一个可调整的时间间隔（预设为每20分钟一次）自动完成的。在这个时间结束后，分配给相应压缩机的两个冷凝排水阀必须打开（调整范围为0.5～20s，预设为10s）。

水帘泵也只能在手动模式下操作，即选择器的位置对它们来说，既可以是自动模式，也可以是手动模式。

D 联锁条件

相应的高压水泵只有在下列情况下才允许启动：

(1) 通过自动过滤器的供水线路上的截流阀打开，即UW21－SBE－04被激活；

(2) 用于泵吸入管上的相应的截流阀已打开，即UW21－SBE－01、－02和/或－03被激活；

(3) 用于吸入阀释放的相应电磁阀没有得电（减压循环）；

(4) 在蓄能器中没有过压，即接触点UW23－FD2b－01已打开；

(5) 在自动模式下，只有1个高压泵被打开。

在下列情况下相应的高压泵必须被关闭：

(6) 相应的吸入管中的压力太低（UW22－SBE－01、－02和/或－03）。

(7) 在蓄能器中没有过压，即接触点UW23－FD2b－01闭合。

在下列情况下，用于加压供水的相应吸入阀在高压泵运行时得电：

(8) 通向蓄能器的供水线路上的截流阀已打开，即UW23－SE－01激活。

相应的压缩机电动机只有在下列情况下才允许启动：

(9) 稀油液位不低于最小液位（UW25－FH－01和/或－02）。

相应的压缩机电动机在下列情况必须关闭：

(10) 达到了极限压力（UW25－FD2a－01和/或－02）；

(11) 在压缩机电动机启动时间结束后，稀油液位不低于最小值（UW25－FH－01和/或－02）；

(12) 超过（UW25－FT－01和/或－02）最高温度值（压缩空气）；

水幕泵只有在下列情况下才允许打开：

(13) 通向水幕泵的供水线路截流阀已打开，即UW26－SBE－01被激活。

用于产生水幕的泵在下列情况下必须被关闭。

(14) 压力过低（UW26－FD－01）。

11.4 操作功能配置

11.4.1 操作室

系统中根据工艺要求设置炉尾操作室CP0、炉头操作室CP1、开坯机操作室CP2、精轧机操作室CP3、冷床区操作室CP4、冷锯区操作室CP5和堆垛区操作室CP6共6个操作室，主要用于手动操作和在自动方式下实施人工干预。

11.4.2 操作箱

按照工艺设备现场操作要求系统中配备：加热炉设备操作箱、开坯机旁操箱、万能机旁操作箱、热锯操作箱、矫直操作箱、冷锯操作箱、收集区操作箱和包装区操作箱。现场操作箱的主要功能是用于相应机械设备的调整和检修时的手动操作。

上述操作台与操作箱通过 CC - LINK 网络与 L1 基础自动化网络相连。操作台面采用不锈钢板制作。

液压润滑高压水系统中，有加热炉液压站、开坯机液压站、精轧液压站、冷床热锯矫直液压站、冷锯堆垛打包液压站、主电机稀油润滑站、BD 压下主齿轮箱稀油润滑站、万能主齿轮稀油润滑站精轧区、除鳞高压水站、锯用高压水站、干油润滑站等，为每个液压润滑和高压水站设置了现场手动操作箱。

12 计算机通信网络

12.1 自动化网络结构

系统设计主导思想：首先根据工艺流程及设计要求，将我厂分成六个独立的控制系统，即加热炉控制系统、万能串列轧机控制系统、TCS 辊缝控制系统、BD 区控制系统、冷床－矫直－冷锯区控制系统、堆垛－打包收集区控制系统，然后六个系统通过三菱 H 网和Profibus－DP 网络及以太网进行数据交换，构成全厂基础自动化级控制，预留以太网连接，在硬件配置中为将来全过程自动化和公司级管理网连接打下基础。系统配置如图 12－1 所示。

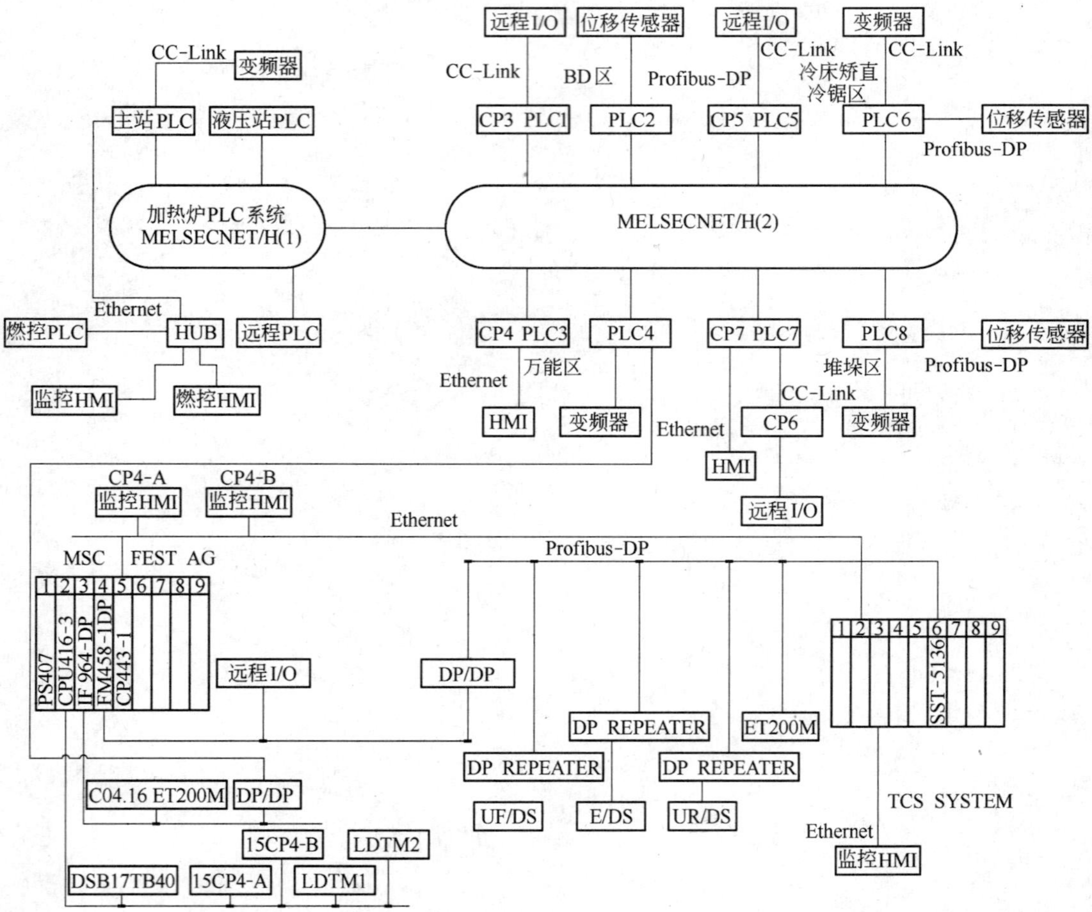

图 12－1 系统配置图

12.1.1 通信系统的配置

在本系统中使用了四种通信网络：

(1) 控制级网络 - MELSECNET/H。MELSECNET/H 是三菱公司用于 Q 系列产品的控制级网络，是以太网的下级网络。允许工厂内的控制器间进行通信。MELSECNET/H 为不同过程间的线路互锁和同步提供了高性能、抗故障、可确定的通信。最快 25MB 的高速通信，大容量的链接软元件，通过采用双重回路来提高可靠性，没有每站传输数据量的限制。

(2) ETHERNET。主要用于各区域 HMI 与 PLC 之间的连接，负责传送 BD 区、TM 区轧制表、参数设定、全线跟踪信息、故障记录查询，构成将来 H 型钢厂过程自动化级数据通道和生产信息管理网。区域内采用 CAT7 类网线，预留光纤接口。

(3) 设备级网络 CC - LINK。一种用于三菱系统的现场高速总线，可将一个控制器链接至多个不同的设备，同时降低配线成本并增加额外的功能，如提高了诊断功能，CC - LINK 通过了 SEMI 认证，提供开放式的设备级网络，并增强了系统的设计和配置灵活性，最快达到 10MB 的高速通信。远程输入输出链接软元件点数：8192 点；远程寄存器：2048 点加 2048 点，可将第三方产品与 Q 系列集成一体化。

(4) PROFIBUS。一种用于工厂自动化车间级监控和现场设备层数据通信与控制的现场总线技术，可实现现场设备层到车间级监控的分散式数字控制和现场通信网络，从而为实现工厂综合自动化和现场设备智能化提供了可行的解决方案。

12.1.2 加热炉区的配置和控制功能

加热炉区配备了两台 HMI，1 台用于全线批跟踪的处理及控制，1 台用于加热炉燃烧控制，如显示加热炉各种运行参数、进行各种参数设定以及各种数据的统计处理。配备 4 套 Q 系列过程 CPU，一套用于炉子燃烧控制，另外 3 套组成 MELSECNET/H 主从站，实现从热送辊道、提升机、取料机、步进梁、出路辊道、鼓风机、液压站的顺序控制。加热炉区系统配置如图 12 - 2 所示。

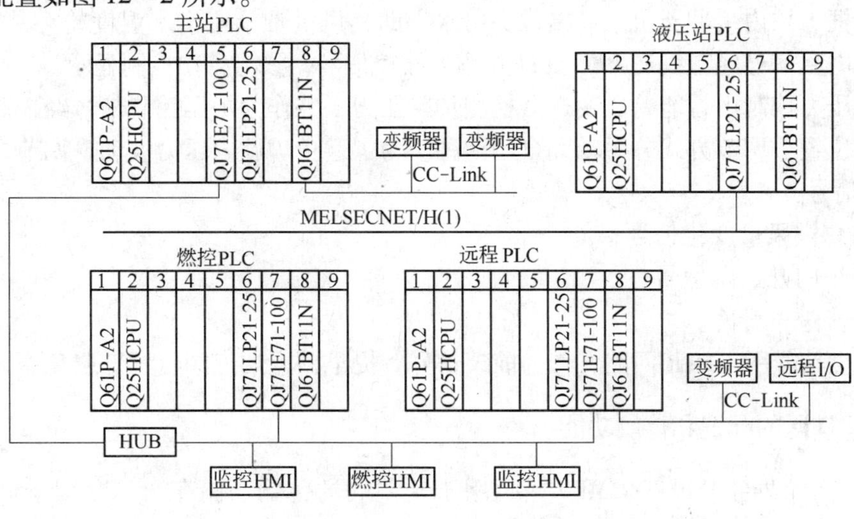

图 12 - 2 加热炉区系统配置

12.1.2.1 传动控制

传动控制实现炉区机械设备从第一组热送辊道到出炉整个过程的手动、半自动和全自动控制。

传动控制包括：

（1）辊道控制。4 组热送辊道、2 组入炉辊道、1 组出炉辊道，每组辊道分别由 1 台变频器控制，变频器启停、方向、速度参考值来自 PLC 的 I/O 输出。在热送辊道侧面装有 4 台冷金属检测器，根据冷金属检测器的信号延时控制辊道停车，完成钢坯在称重区和提升前的自动定位。

（2）液压机构的控制。液压机构的位置和行程由位移传感器和接近开关来检测，步进梁驱动由比例阀控制完成对钢坯的轻举轻放及平移，装钢机升降、小取料机、上料台架、出钢机、入出料炉门由开关式电磁阀控制。PLC 程序根据位移传感器和接近开关的检测信号控制开关式电磁阀和比例放大器所需的速度参考值。

（3）液压站控制。液压润滑站由 1 套 Q 系列过程 CPU 控制，可实现油泵的启停、油箱油温和油位检测、供油压力和过滤器堵塞检测，通过以太网在 HMI 实现油泵工作或备用方式的选择以及远程启停控制。

（4）与后续工艺的连锁。当轧制区和精整区出现故障时，轧制区操作工将发出一个停轧信号，经 MELSECNET/H 网信号被显示在加热炉区 HMI 上，加热区操作工将根据停轧时间，使该区域退出自动出钢状态，并使步进梁进入踏步工作状态。

12.1.2.2 燃烧控制

加热炉分为上均热左段、上均热右段，下均热左段、下均热右段，上加热段，下加热段，共 6 个炉温控制段，每段炉温测量采用 2 支 S 型热电偶作为炉温检测和控制用热电偶，空气换热器前二点、空气换热器后二点温度测量则各采用 K 型热电偶。热电偶所测信号经补偿导线送 PLC 并作为被控信号，参与自动控制和显示。煤气总管设温度检测。

冷却水系统中的进水总管、水梁和立柱回水管、炉顶隔墙出水、出料炉门和推钢炉门水冷炉门框、炉内缓冲器出水、摄像头出水、助燃风机轴承座出水温度检测采用热电阻。所测量热电阻信号经导线送 PLC 处理并作为被控信号，参与自动控制显示。

炉膛压力控制由智能差压变送器检测炉膛压力，并作为炉压控制信号经控制回路调节烟道挡板位置。调节方式分手动和自动两种。为了避免炉膛内压力波动，调节系统中设有 3 个前馈信号：

（1）总供风量变化信号；

（2）炉门开、闭信号；

（3）步进梁升降。

这 3 个信号引入控制回路，作为前馈信号，提早预置烟道阀位置，避免压力波动。

12.1.3 BD 区的配置和控制功能

BD 区配置两台触摸式 HMI，一台用于轧制表的传输、储存，一台用于显示运行参数、设定参数、介质系统监控。配置两套 QPLC 系统，一套用于轧制表的处理，一套用于

BD 区设备的顺序控制和万能区的信号交换。系统配置见图 12－3。

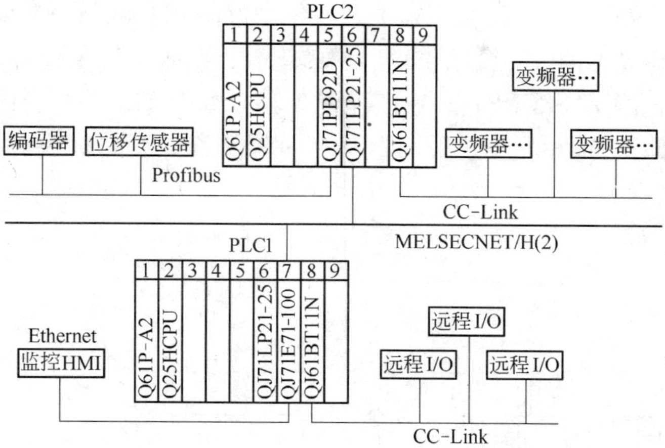

图 12－3 BD 区系统配置

传动控制实现从除鳞延伸辊道、轧制完成输送至万能区的手动、自动控制过程。

传动控制包括：

（1）辊道控制。2 组除鳞辊道、1 组机前延时辊道、1 组机前辊道、1 组机后辊道、4 组机后延伸辊道，每组由 1 台变频器控制。变频器的启停、方向、速度参考值来自 PLC 的 I/O 输出。在辊道侧面装有 14 台热金属检测器，用于轧制和辊道的自动控制。

（2）液压机构控制。机前和机后对中装置、机前和机后带平移翻钢机、平衡系统、接轴托架、轴向调整的位置由位移传感器检测，驱动由比例阀控制完成。换辊装置的位置由接近开关和绝对值编码器检测，驱动由比例阀和电机驱动。PLC 程序根据位移传感器和接近开关的检测信号控制开关式电磁阀和比例放大器所需的速度参考值。

（3）压下系统。系统由带定位功能的三菱 V540 变频器控制电机，在齿轮减速端安装有绝对值编码器进行位置检测，经 Profibus－DP 网络传输至 PLC，配合平衡系统完成辊缝调整。

（4）液压站。通过 MELSECNET/H 和 CC－Link 网络可实现油泵的启停、油箱油温和油位检测、供油压力和过滤器堵塞检测，通过以太网在 HMI 实现油泵工作或备用方式选择以及远程启停控制。

（5）齿箱稀油润滑和主电机轴承高压润滑站。通过 MELSECNET/H 和 CC－Link 网络可实现油泵的启停、油箱油温和油位检测、供油压力、供油流量和过滤器堵塞检测，通过以太网在 HMI 实现油泵工作或备用方式的选择以及远程启停控制。

（6）高压水站用于除去钢坯表面氧化铁皮的高压水源。通过 CC－Link 网络可实现高压水泵的起停、水箱水位控制、蓄能罐液位、压力控制，通过以太网在 HMI 实现远程操作。

（7）与后续工序联锁。当万能区发出请求信号时，BD 机后延伸辊道将轧出的半成品输送至万能进行轧制。当万能区出现故障时通过网络发出信号，禁止 BD 辊道运行。

12.1.4 万能区的配置和控制功能

轧机控制系统（MSC），配置 4 台 HMI，一台用于高级维护，两台用于轧制时轧制表输入、运行信号显示、参数设定、故障报警查询，一台用于更换轧辊时的监控。配置1套西门子S7－400系统，用于轧机控制和TCS系统、万能PLC的信号交换。TCS系统配置2台HMI一台用于高级维护，一台用于辊缝调整记录；配置1套工业计算机，用于轧制时的辊缝控制。另外，MELSECNET/H系统配置2套Q系列PLC，一套用于万能区液压站、稀油润滑站的操作，一套用于辊道控制以及与MSC系统的信号交换。万能区系统配置见图12－4。

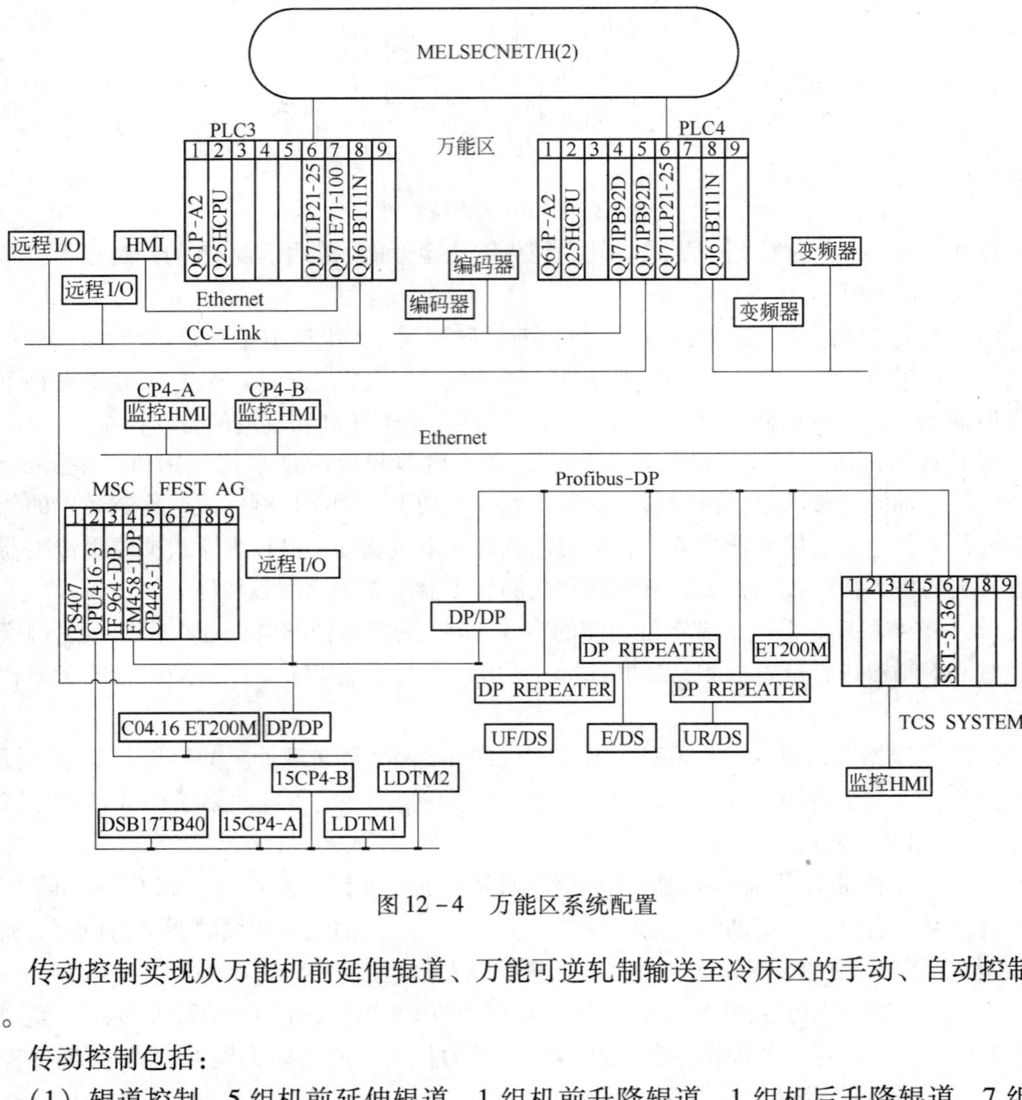

图12－4 万能区系统配置

传动控制实现从万能机前延伸辊道、万能可逆轧制输送至冷床区的手动、自动控制过程。

传动控制包括：

（1）辊道控制。5组机前延伸辊道，1组机前升降辊道，1组机后升降辊道，7组机后延伸辊道，每组由1台变频器控制。变频器的启停、方向、速度参考值来自PLC的I/O输出。在辊道侧面装有21台热金属检测器，用于轧制和辊道的自动控制。

（2）MSC控制。机前和机后对中装置、UR、UF上接轴托架、E机架平移、换辊液压缸的位置和行程由位移传感器检测，驱动由比例阀控制。机架平衡系统、机架锁紧、机架预紧、拉杆的位置由接近开关检测，驱动由开关式电磁阀完成。PLC程序根据位移传感器和接近开关的检测信号控制开关式电磁阀和比例放大器所需的速度参考值。MSC 系统实现微张力控制。

（3）辊缝调整。控制机架水平上下辊、立辊驱动侧操作侧调整液压缸的位置和位移通过 SSI 位移传感器检测，每个位置由 2 组伺服阀驱动，工业 PC 根据位移传感器和压力传感器的检测信号控制伺服放大器所需的速度参考值，均由 TCS 系统实现。

（4）主电动机控制。详见第 10.11 节描述。

（5）液压站。通过 MELSECNET/H 和 CC－Link 网络可实现油泵启停、油箱油温和油位检测、供油压力和过滤器堵塞检测，通过以太网在 HMI 实现油泵工作或备用方式选择以及远程启停控制。

（6）齿箱稀油润滑和主电机轴承高压润滑站。通过 MELSECNET/H 和 CC－Link 网络可实现油泵的启停、油箱油温和油位检测、供油压力、供油流量和过滤器堵塞检测，通过以太网在 HMI 实现油泵工作或备用方式的选择以及远程启停控制。

（7）与后续工序联锁。当冷床区发出请求信号时，万能机后延伸辊道将轧出的成品输送至冷床进行锯切、冷却。当冷床区出现故障时通过网络发出信号，禁止延伸辊道运行。

12.1.5 冷床－矫直－冷锯区的配置和控制功能

本区配置 4 台触摸式 HMI，冷床区两台，用于运行参数的显示及设定、故障报警记录查询、介质系统的监控及远程操作；矫直机 1 台，用于矫直参数表的储存、参数设定、运行参数的显示、故障报警记录查询；冷锯 1 台，用于固定冷锯运行参数显示和设定。配置 2 套 Q 系列 PLC，一套用于参数设定及运行显示，一套用于顺序控制。冷床区系统配置见图 12－5。

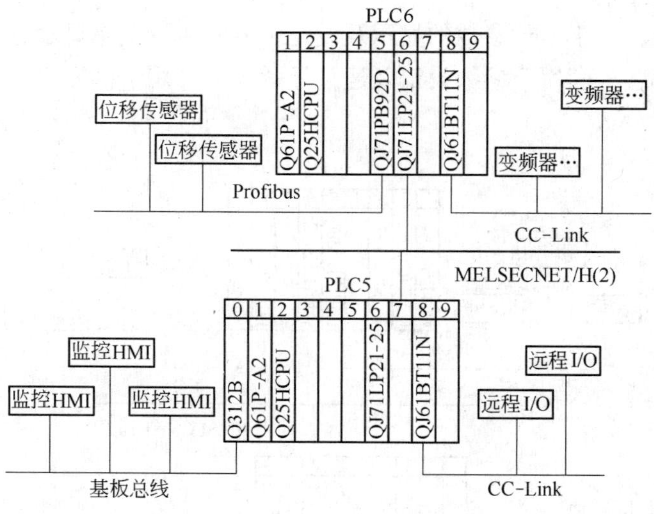

图 12－5 冷床区系统配置

传动控制实现 H 型钢从输入辊道至冷锯辊道输送锯切的手动和自动过程。

传动控制包括：

（1）辊道控制。2 组输入辊道、2 组输出辊道、3 组矫直辊道、3 组层料辊道、3 组冷锯辊道、1 组横移辊道，每组由 1 台变频器驱动，变频器的启停、方向、速度参考值来自 PLC 的 I、O 输出。在辊道侧面装有 6 台热金属检测器、26 台冷金属检测器，用于矫直、输送、锯切和辊道的自动控制。

（2）液压机构。步进梁的升降、输出装置的升降、层料输入链、输出链升降、侧导卫旋转的位置由接近开关检测，驱动由开关式电磁阀控制完成。热锯锯切、取样推动器、步进梁横移、矫直辊垂直调整、轴向调整、固定冷锯驱动的位置由位移传感器和绝对值编码器检测，驱动由比例阀驱动。PLC 程序根据位移传感器和接近开关的检测信号控制开关式电磁阀和比例放大器所需的速度参考值。

（3）液压站。通过 MELSECNET/H 和 CC－Link 网络可实现油泵的启停、油箱油温和油位检测、供油压力和过滤器堵塞检测，通过在 HMI 实现油泵工作或备用方式的选择以及远程启停控制。

（4）稀油润滑控制。热锯、矫直机、冷锯稀油润滑通过 MELSECNET/H 和 CC－Link 网络可实现油泵的启停、油箱油温和油位检测、供油压力、供油流量和过滤器堵塞检测，通过 HMI 实现油泵工作或备用方式的选择以及远程启停控制。

（5）轧件上冷床控制。由万能输送来得成品轧件在输送至冷床的过程中，由冷床输入辊道第一辊带编码器和辊道侧热金属检测器，根据 HMI 设定的倍尺长度进行锯切和取样。

（6）矫直控制。根据 HMI 矫直参数表设定的参数，每台电动机由带定位功能的变频器驱动，可实现手动、自动矫直功能。

（7）层料编组控制。在 HMI 设定层料支数和间距，由输入链电机带编码器计数实现。

（8）与后续工序联锁。当堆垛系统出现故障时，由网络发出信号禁止冷锯辊道运行。

12.1.6 堆垛打包装运区的配置和控制功能

配置 1 台 HMI，用于运行参数的显示及设定、故障报警记录显示查询及远程操作。配置 2 套 Q 系列 PLC，一套用于参数设定及运行显示，一套用于顺序控制。堆垛区系统配置见图 12－6。

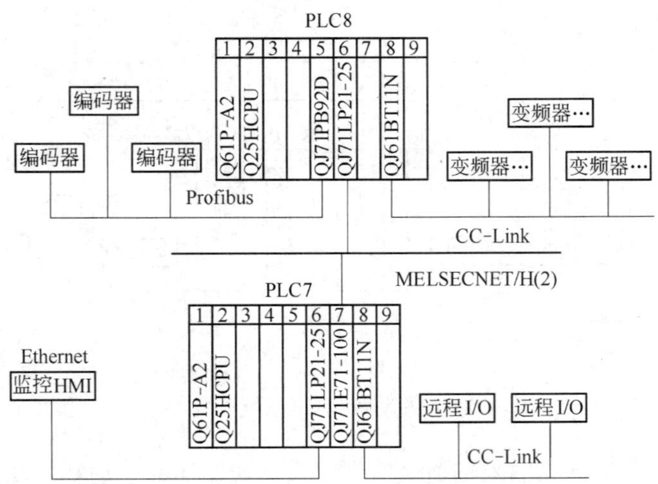

图 12－6 堆垛区系统配置

传动控制实现 H 型钢从输入辊道至冷锯辊道输送锯切的手动和自动过程。

传动控制包括：

（1）辊道控制。3 组输入辊道、3 组输出辊道、1 组打包辊道、3 组收集台架输入辊道、2 组收集辊道，每组由 1 台变频器驱动，变频器的启停、方向、速度参考值来自 PLC 的 I/O 输出。在辊道侧面装有 20 台冷金属检测器，用于辊道的自动控制，在每个堆垛区内装有 14 台冷金属检测器，用于形成料包和输出。

（2）液压机构。输入链的升降、层料提升装置的升降、调节挡板的升降、定位挡板的升降、末端挡板的升降、输出链升降、输出辊道升降的位置由接近开关检测，驱动由开关式电磁阀控制完成。调整挡板的调节、定位挡板的调节、翻转电磁铁、料层提升台架的位置由位移传感器检测，驱动由比例阀完成。PLC 程序根据位移传感器和接近开关的检测信号控制开关式电磁阀和比例放大器所需的速度参考值。

（3）堆垛控制。由堆垛电磁吊车和堆垛升降台架将在中间输送链形成的料层进行收集形成料包。

（4）收集区翻转控制。打包后的料包经收集辊道输送至收集床，进入翻转区，有冷金属检测器发出型号，进行翻转，将料包翻转 90°，利于料包的堆放。

12.2　H 型钢厂以太网的应用

人机接口与 PLC 之间由以太网实现彼此的信息交换，通过以太网把轧制工艺参数设定值和对电气设备的操作从人机接口传送到各 PLC，把各设备的状态和工艺、电气参数及故障由 PLC 收集送到人机接口的 CRT 显示。

H 型钢厂以太网系统配置如图 12 – 7 所示。

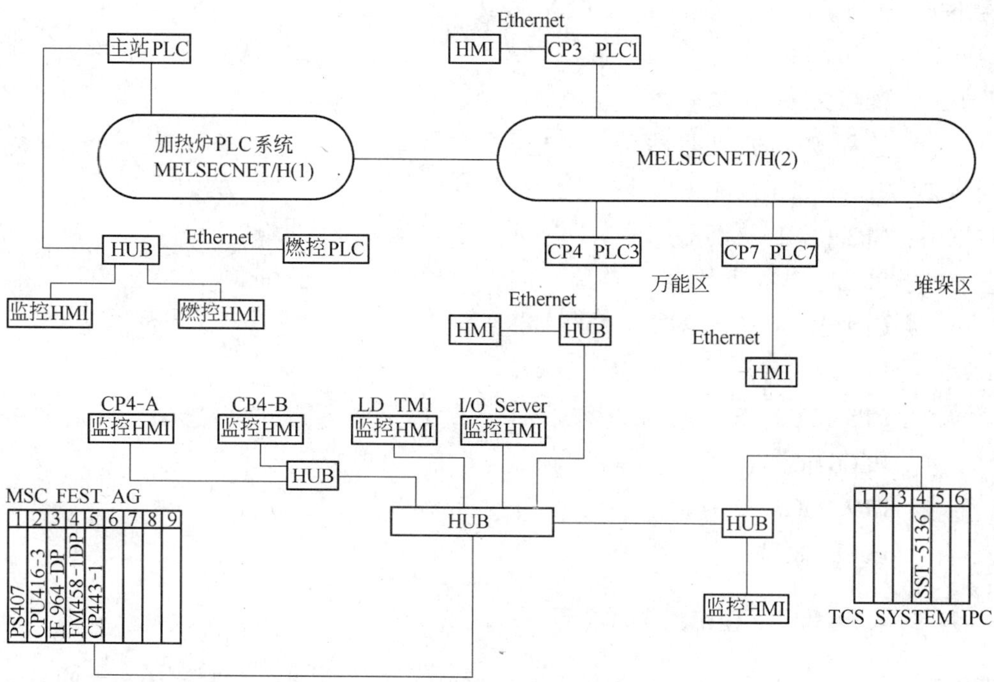

图 12 – 7　H 型钢厂以太网系统配置

12.3 H 型钢厂 MELSECNET/H 网络的应用

轧线 PLC 之间采用 MELSECNET/H 通信网络，PLC 把系统中的公用数据进行共享，并通过以太网模块将网络数据传送至 HMI 上。

H 型钢厂的 MELSECNET/H 网络配置见图 12－8。

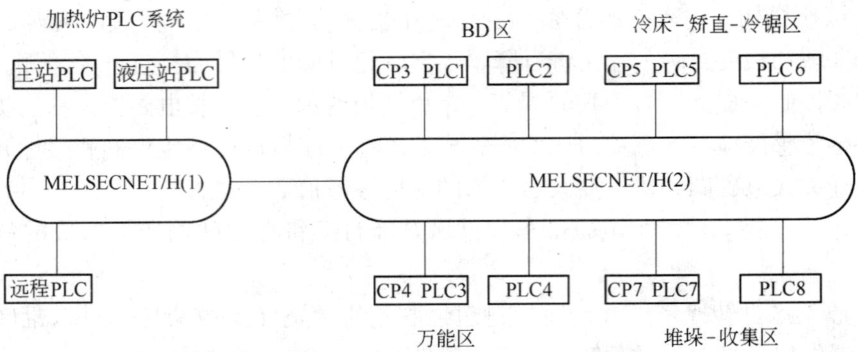

图 12－8 H 型钢厂的 MELSECNET/H 网络配置

在 H 型钢厂自动化系统中 MELSECNET/H 网是一条最重要的通信路线。它把加热炉区控制、BD 区控制、万能区控制、冷床区控制、堆垛区控制及 HMI 人机接口联成一个整体。各种设备运行状态、控制命令、故障信息、轧制参数（BD 区）都通过 MELSECNET/H 网传递。

网络 1：加热炉区 PLC 系统 MELSECNET/H（1）

控制站 主站 PLC：1 号站

普通站 液压站 PLC：2 号站

远程 I/O 站：3 号站

网络 2：MELSECNET/H（2）网

控制站：CP3 PLC1：1 号站

普通站：PLC2：2 号站

CP4 PLC3：3 号站

PLC4：4 号站

CP5 PLC5：5 号站

PLC6：6 号站

CP7 PLC7：7 号站

PLC8：8 号站

12.4 H 型钢厂 CC－Link 网的应用

液压润滑站 PLC 之间与各自的远程 I/O 站之间，和轧线 PLC 与调速传动之间及液压润滑站之间采用 CC－Link 通信网络，轧线 PLC 把设定参数和控制指令传送到各调速传动系统，并收集各调速传动系统的状态和电气参数送到人机接口的CRT上显示，同时轧线PLC与液压润滑站进行接口数据交换。

在H型钢厂自动化系统中，CC－Link网是一条较重要的通信路线。它把加热炉区、BD区、万能区、冷床区、堆垛区等各区的液压站、变频器、水站、润滑站、就地操作箱联成一个主从网，各种设备运行状态、远程控制，均通过CC－Link网实现（以堆垛－收集区说明），配置如图12－9所示。

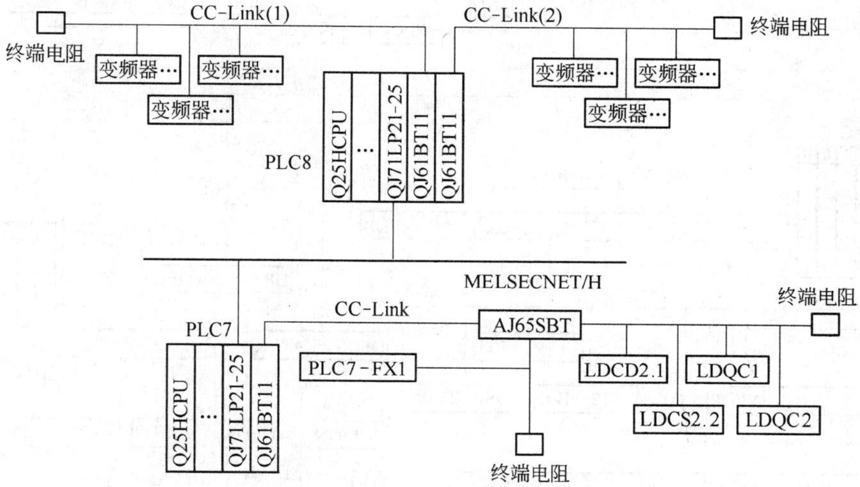

图12－9 CC－Link网

12.5 H型钢厂Profibus－DP网的应用

Profibus是一种国际化、开放式，不依赖于设备生产商的现场总线标准。Profibus由3个兼容部分组成，即Profibus－DP（Decentralized Periphery，分布I/O系统）、Profibus－PA（Process Automation，现场总线信息规范）和Profibus－FMS（Fieldbus Message Specification，过程自动化）。

Profibus－DP是一种高速度、低成本的通信系统，专门用于设备级控制系统与分散式I/O的通信，可取代24V DC或4～20mA信号传输。Profibus－PA专为过程自动化设计，可使传感器和执行机构连在一根总线上，并有本质安全规范。Profibus－FMS用于车间级监控网络，是一个令牌结构的实时多主网络。

在H型钢厂自动化系统中Profibus－DP网是一条较重要的通信路线。它把BD区位移传感器、万能区传感器和现场控制箱、冷床区传感器、堆垛区传感器各自联成主从网，承担为H型钢厂自动化控制提供关键数据实现的途径。配置见图12－10。

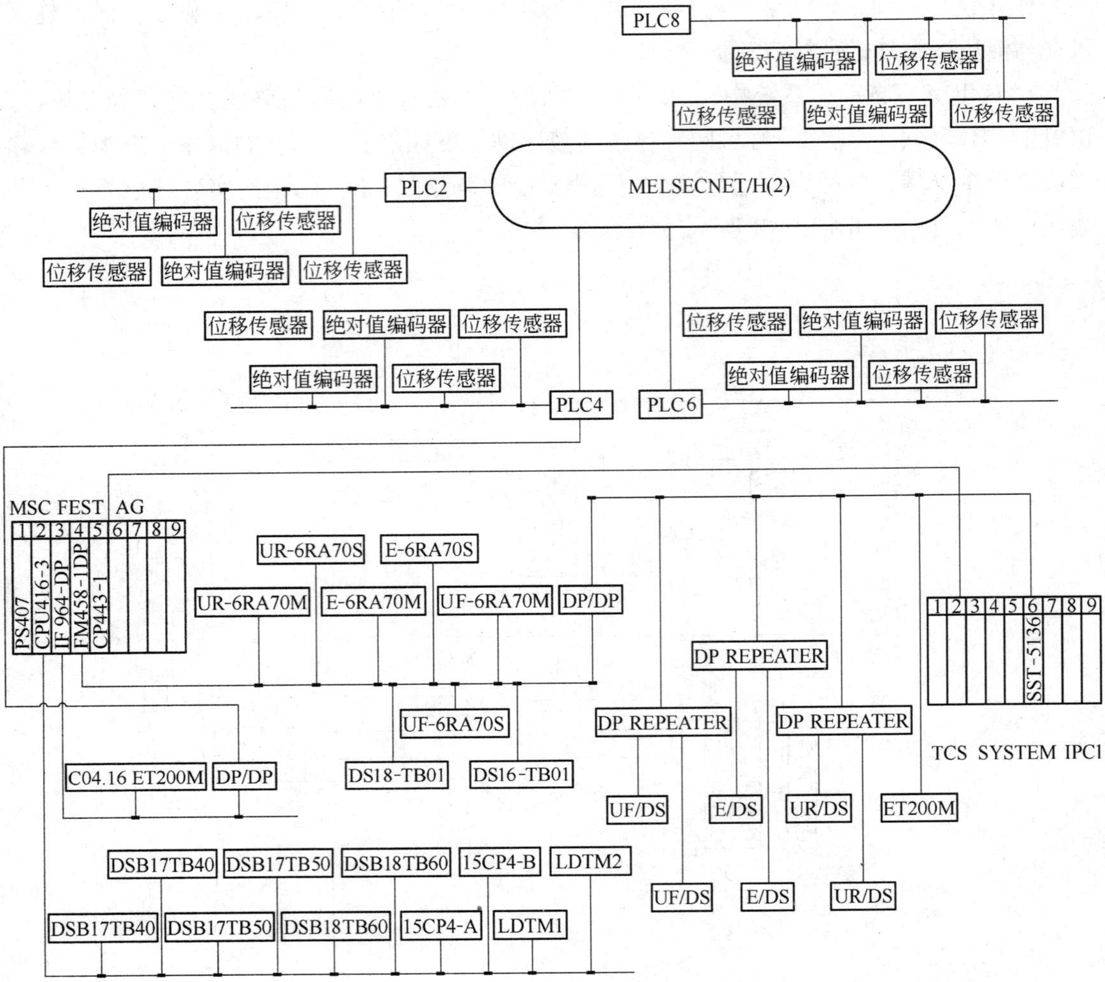

图 12-10 Profibus-DP 配置

13 人机接口系统

13.1 硬件配置及系统软件

13.1.1 HMI 功能

人机界面（HMI）在自动化控制系统中，以直观的图形操作界面，用于对工业现场的设备及数据进行集中管理和监控。系统中人机接口的主要功能有：

（1）轧制参数的设定与修改；

（2）轧制参数及数据分析图的打印输出；

（3）轧制设备主、辅回路的 ON/OFF 控制；

（4）实际轧制运行参数及设备状态的实时监控；

（5）事件和报警的显示、管理与监控。

功能简介

操作员可通过键盘输入轧制数据，利用主操作台上的控制开关启动轧制线上的设备动作，各设备的报警信息、状态由 PLC 通过工业以太网传送到 HMI 上，显示当前的状态与信息，历史数据可保存或打印。

操作员可通过鼠标或计算机键盘进行操作，在计算机屏幕上选择显示以下画面：

13.1.1.1 轧制参数录入画面

轧制参数包括型钢品种、规格尺寸、各机架速度设定值，最末机架速度给定值。

操作员可通过计算机键盘操作，输入或修改全部参数项，这些数据经确认后由 PC 通过工业以太网发送并下载到 PLC 中。还可根据需要读取相应信息。

（1）轧制表。计算机控制的自动轧制所需的原始数据、工艺参数，由工艺工程师编制在轧制计划表中，操作员通过 HMI 键盘将计划录入，PLC 根据输入的数据（指令）进行生产工艺的计算、控制。

（2）轧制程序的存储和调用。轧制程序的存储和调用是为了轧制某种特定产品而建立的轧制参数和其他参数。当需要轧制某种特定产品时，主操作室的操作员可通过 HMI 调用轧制参数画面，根据需要选择其中一组轧制参数。当某个轧制程序的参数被调用时，该轧制程序参数随之显示在屏幕上。

操作员可接受调用的轧制程序参数，也可通过对当前的轧制程序参数进行修改，然后操作“确认下装/取消”功能，当操作“确认下装”时，HMI 就把新的轧制程序参数向工业以太网上发送，实现对轧制不同钢种产品存贮需要。

如果，操作员修改后的参数超出范围（太大或太小）时，当其操作“确认下装”后，HMI 会显示“参数超出范围，不能下装，请重新输入”的提示。

13.1.1.2 轧制线上各设备启/停画面

生产线上的设备正常生产均在主操作台上进行操作和监视。操作员可根据需要用键盘或主操作台上的开关选择部分设备启/停、轧制线启/停。

HMI 计算机上可用键盘或鼠标来选择以下两种工作方式：

（1）全自动联锁控制方式即“自动”方式；

（2）解除联锁机旁控制方式即“机旁”方式。

直接生产线上的设备以及各辅助设备，其机旁操作箱上的工作方式开关打在“自动”位置时，设备的运行由计算机控制；打在“机旁”位置时，则在该机旁操作箱上由人工操作，计算机进行监控；打在“禁止（或0位）”位置时，则该设备不能操作运行，但这只能在设备运转前才有效，在设备运转后此功能无效。

在轧钢前，当机旁操作箱的工作方式一般打到“自动”位置时，HMI 计算机上才能选择“全自动联锁控制方式即自动”方式，由操作员在主操作台上以开关启动或通过键盘在上位机 HMI 上启动。如在生产前或生产过程中有人在现场某个操作站将工作方式打在“机旁”位置，HMI 显示现场操作站的状态。

轧线单机/全轧线启动

在 HMI 上，可以选择设备单元“单机启动/全轧线启动”方式。

当选择设备单元“全轧线启动”方式后，轧线启动分两个步骤进行：

在轧钢前，必须先由上位机 HMI 发出“准备轧钢”信号，预备铃响。30 秒钟后，各液压站、润滑站、干油站投入运行，轧机冷却水阀打开，各传动柜控制电源及交流侧主电源接通，传动机械及电动机冷却器风机投入运行。然后铃响停止，准备工作完毕，此时，若无一级、二级报警信号，则可启动轧制线运行，进行生产。

当操作员按下启动开关后，轧制线上设备按轧制程序给定的速度启动运行，轧线上其他启/停设备则处在等待状态，根据轧件到达的位置自动进行启动、停止运行。

操作员可在 HMI 的键盘或主操作台上，根据需要对某些设备单元发出“停机”指令，由各 PLC 具体完成相应的停机动作。若要停止轧钢（包括急停在内），都必须先停轧机，待电动机无转速后，再停液压站、润滑站。

操作员可在主操作台上通过开关对某些设备进行启/停操作，并根据需要对轧机速度进行（级联/单独）微调。如发现紧急故障，操作员可针对故障发生的部位采取相应的人工紧急停车处理或采取轧线总急停。各设备通过 Profibus 接收这些开关动作信息后，各自采取不同对策：如人机接口部分的计算机需在画面中将对应单元的运行状态加以改变（改变颜色），并将此信息加以记录保存；而 PLC 两台 CPU 则必须根据轧制线生产控制联锁关系采取相应对策。

13.1.1.3 轧制线物流跟踪显示画面

当轧件经过生产线各个区时，画面上以红色线条表示该区上有轧件；当轧件已过或生产线上无轧件时，画面上以蓝色线条表示。

13.1.1.4 报警显示

轧钢时，主操作台上有两台 HMI 可用于报警画面显示。

PLC 的两台 CPU 对其控制的设备产生的故障信号进行判断，分出报警类型：一级报警、二级报警 、三级报警，并将判断结果及设备报警信息传至主操作台的计算机，由计算机完成报警管理，并且直接在计算机屏幕上显示，蜂鸣器发出报警信号。报警信息可实时打印，作为事故分析的资料。

13.1.1.5 速度控制画面

操作员可以在有钢或无钢时，根据生产经验和现场情况，通过主控台上的开关对机组的速度进行手动微调。速度微调有级联和单调两种方式，可通过键盘在 HMI 屏幕上进行机架选择。

13.1.2 硬件配置

人机接口（HMI）由 7 台工业级工控计算机有（其中 2 台用于加热炉燃烧控制系统、加热炉顺序控制系统，5 台用于万能轧制区顺控系统、万能轧制区辊缝控制系统，这 5 台分布于主电室、主操作台与现场操作箱，使用的是标志工业键盘）、8 台高性能 GT1595 - XTBA 触摸屏、2 台三菱 GOT 触摸屏（分布于其他区的主操作台与现场操作箱上）组成。HMI 配置表见表 13 - 1，系统布置如图 13 - 1 所示。

表 13 - 1 人机接口（HMI）配置表

安装地点	HMI 型号规格	数 量	备 注
加热炉操作台	工控机	2	INSPEC 软件
开坯机操作台	GT1595 - XTBA/GOT	1/1	INSPEC/MITSUBISHI
万能轧机操作台	GT1595 - XTBA/工控机	1/2	INSPEC/INTOUCH 软件
2 号主电室	工控机	1/1	IBA 软件/INTOUCH 软件
换辊操作台	工控机	1	INTOUCH 软件
冷床区操作台	GT1595 - XTBA/GOT	2/1	INSPEC/MITSUBISHI
冷锯区操作台	GT1595 - XTBA	2	INSPEC
堆垛区操作台	GT1595 - XTBA	1	INSPEC

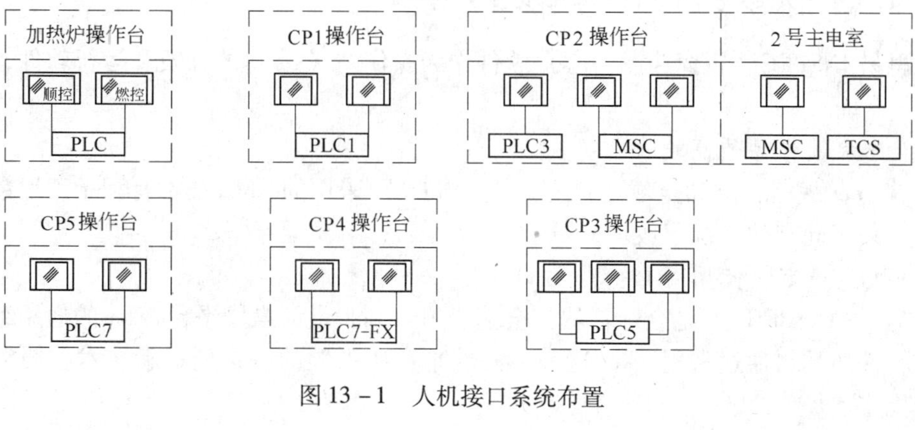

图 13 - 1 人机接口系统布置

每个 HMI 都通过以太网和 QC30B 通讯电缆与 PLC 进行数据交换。

打印机（2 台）用于打印工艺轧制参数、数据分析图及物料成品标牌，其中精整区成品为一专用标牌打印机。

13.1.3 系统软件

13.1.3.1 三菱 GOT 的特点

- 提高了监视性能及与 FA 设备的可连接性。
- 由于采用了高亮度、宽可视角度、高对比度的 TFT 彩色液晶显示屏，全部彩色显示鲜艳美观，小字符也可以清楚地显示。(65536 色、BMP 等的数字图像也可以显示)
- 通过 Unicode2.1 TrueType 字体实现了多语言显示功能及美观字符的高速绘制。
- 通过最大 115.2kbps 的高速通信实现了高速监视。
- 实现了高速显示及高速触摸开关响应。画面设置/启动 - 调节/应用/维护保养作业的高效化。
- 配备了标准 9MB 的用户存储器。(通过增设可选存储器最大可达 57MB)
- 配备了标准 CF 卡接口。
- 通过采用字体安装形式实现了系统字体书体的扩展。
- 综合 4 种报警类型（ 系统报警、用户报警列表、报警历史记录、报警弹出显示)，实现了有效的报警通知。
- 通过保养期通知功能，对背光灯通电时间等进行计数，可以通知保养期。
- 由于在 GOT 的前面配置了 USB 连接器，可以进行使用了 FA 设备组合工具的高效的系统启动操作，通过无间接操作（盘的开闭、电缆更换、电缆连接操作）使作业效率得到了进一步的提高。
- 由于检测到背光灯熄灭时 POWER LED 将闪烁，因此即使是在屏幕保护状态中也可以确认背光灯是否灭灯。增强了与 FA 设备组合工具的亲和性。
- 在直接连接 Q、QnA、A、FX 系列可编程控制器 CPU 以及链接连接 A、QnA、Q 系列计算机时，通过与 GOT 相连接的个人计算机可以进行顺控程序的传输及监视（FA 透明功能)。

13.1.3.2 九思易 INSPEC 工业软件的特点

九思易 INSPEC（视窗控制中心）软件作为操作站（OS）的开发和运行软件，其特点如下。

A 技术领先品质高端

微软.net 战略，席卷全球。“易控（INSPEC)” 采用的 XML 技术有利于工厂数据流的标准化，易于同其他系统集成。

B 性能稳定、使用可靠

“易控（INSPEC)” 是全球首款完全基于 Microsoft 最新操作平台.Net 的通用组态式监控系统软件产品，通过采用.Net 这一革命性平台所引领的一系列最新技术，使软件更加强大和稳定。

C 功能丰富，创新卓越

（1）精美画面；

（2）逼真动画；

（3）图形操作；

（4）智能图符；

（5）强大的I/O通信能力；

（6）内置设备数据通信网关；

（7）完善的报警机制；

（8）开放架构，灵活扩展；

（9）用户程序：比传统的“脚本”程序执行效率更高，同时支持图形模式和高级语言模式；

（10）安全管理；

（11）支持多语言；

（12）其他支持功能：图库、控件（ActiveX 控件和 WinForm 控件）、OPC、报表、配方、曲线（实时曲线、历史曲线、XY 曲线和计划曲线等）、历史记录、事件记录、数据库访问（支持 ODBC、ADO. net、Ole DB）、语音视频多媒体功能等等。

13.1.3.3 Wonderware® InTouch®工业软件的特点

InTouch 包含三个主要程序，分别是“InTouch 应用程序管理器”、WindowMaker 以及 WindowViewer。

（1）“InTouch 应用程序管理器”用于组织管理创建的应用程序。它也可以用于将 WindowViewer 配置成 NT 服务，为基于客户机和基于服务器的架构配置“网络应用程序开发”（NAD），以及配置“动态分辨率转换”（DRC）和（或）分布式报警。DBDump 与 DBLoad 数据库实用程序也是从“应用程序管理器”启动的。

（2）WindowMaker 是一种开发环境，在其中可以使用面向对象的图形来创建富于动感的触控式显示窗口。这些显示窗口可以连接到工业 I/O 系统以及其他的 Microsoft Windows 应用程序。WindowMaker 的“应用程序浏览器”提供了一种功能强劲的图形化方法，供用户浏览和配置 InTouch 应用程序。通过使用它，用户可以轻易访问 WindowMaker 最常用的命令和功能，如所有的 Windows 命令、所有的配置命令以及所有的 InTouch QuickScript 编辑器。此外，“应用程序浏览器”还会显示所有安装的附加程序，如 SQL Access Manager、SPC Pro 和 Recipe Manager，并为用户提供了一种可自定义的应用程序启动工具。

（3）WindowViewer 则是一种运行时环境，用于显示在 WindowMaker 中创建的图形窗口。WindowViewer 可以执行 InTouch QuickScript、执行历史数据记录与报告、处理报警记录与报告，并可以充当 DDE 与 SuiteLink 通讯协议的客户端和服务器。

按照其设计，InTouchView 是一套可视化用户界面产品，专门用在 ArchestrA Application Server 环境中。InTouchView 不使用单独的代码库，并且不要求在 InTouch 之外使用其他的安装程序。根据具体情况，应用程序开发人员会逐个指定应用程序将使用 InTouch 还是使用 InTouchView。开发人员使用 WindowMaker 中的设置，既可以将每个应用程序配置为功能齐备的 InTouch 应用程序，也可以将它们配置为 InTouchView 应用程序。

InTouch 既提供了选择传统型基于 InTouch 的安全性选项，又提供了选择基于操作系统或 ArchestrA 的安全性选项。所有的 InTouch 安全方法都可以在应用程序级配置，这表明，用户可以在同一台计算机上配置两个使用不同安全设置的应用程序。

13.1.3.4 IBA 工业软件的特点

IBA 软件用于对重要过程数据的快速采集、显示、分析和存储，数据采集的最快速度可达到 1ms，能对历史任务进行全面分析。

13.2 应用软件

H 型钢厂使用的应用软件具有运行速度快、操作界面简单明了、规律性强等优点。每个画面分别代表不同的设备区，每个画面都有故障报警区显示，目的是为了方便操作，不需要打开报警画面就能看到当前报警信息。

各个 HMI 应用软件按功能可分为：主画面，实际轧制参数的显示与修正功能画面，设备主辅回路、介质站 ON/OFF 及设备实际状态监视功能画面。

13.3 各区域的人机接口

13.3.1 加热炉区的人机接口

加热炉区人机接口的主要任务和功能为：

（1）步进梁操作及运行状态；

（2）液压站设备操作及状态；

（3）炉内坯料跟踪浏览；

（4）控制参数显示与修改；

（5）历史趋势与实时趋势监控；

（6）辅助设备的操作及状态；

（7）报警信息的显示。

步进梁的操作模式有自动、半自动及手动，在画面中，可以根据实际需要对其进行不同模式的操作。同时可以监控到步进梁的实际运行位置、循环方式等，根据不同的要求可在此画面上选择不同的步距。

液压设备的操作画面主要是对加热炉区液压站的泵类设备进行操作，分为现场操作箱以及远程操作两种操作模式。操作模式在液压站现场操作箱上选择，并在此画面上显示。只有远程操作模式才允许在此画面上操作。操作员对所要操作的泵在线操作和备用，选好各泵后，即可远程启动液压泵。各泵的实际状态有运行（ON）、停止（OFF）、故障及跳闸。在画面中，可监控油箱温度、泵压力、过滤器状态及冷却水阀等。

对炉内坯料进行了跟踪与监控，操作员可很直观地看到钢坯的分布位置，进行出钢及装钢操作。

辅助设备有：上料台架、台架取料机、入炉辊道、装钢机、出钢机、炉门、鼓风机及检测信号等。根据此画面，操作员可进行设备的操作，同时也可监控到各设备的运行状态、操作模式以及检测元件等信息。

实际参数的显示操作画面为燃烧加热有关实际参数，主要有上均热段温度、下均热段温度、2 号加热段上温度、2 号加热段下温度、1 号加热段上温度、1 号加热段下温度、热风放散温度、掺冷风温度、煤气总管压力、炉膛压力、助燃空气压力等项。

专门有报警监控画面，根据不同的警报，分为特级、一级与一般，可显示警报的区域、故障信息内容与时间等。

13.3.2 开坯区的人机接口

开坯区人机接口的主要任务和功能为：

主轧机实际轧制表包括存储轧辊类型及工艺参数、液压及润滑设备操作及状态、轧制区坯料跟踪浏览、换辊顺序表、辅助设备的操作及状态。

在画面中，可以存储轧制参数数据，从画面上我们可以看到，该数据有轧辊辊缝、轧机线速度、对中位置、轧件宽度、轧件宽度、平/立轧制等参数。参数需要操作员输入，系统将这些数据自动下传到 PLC 中参与运算和控制。

实际轧制参数的显示操作画面为主轧机有关实际参数。主要有辊径、轧制表号、轧制道次、实际道次、实际位置、轧机速度等项。通过操作员可根据现场实际情况，对参数进行修改，修改后的数据直接下传到 PLC 中。

在操作台上，专门设有一套 HMI 系统，主要功能是操作室对现场设备进行远程控制和实时状态检测。通过该功能画面，可以对轧制区设备，如主轧机、压下装置、直流调速系统的主辅回路以及辊道进行远程 ON/OFF 控制，同时可监控其运行状态。

主轧机直流系统的回路合闸后，在操作室通过操作台可以看到主轧机辅助设备相应的启动状态（如主轧机润滑系统是否启动)，并显示实际状态，以方便操作员进行实时检测。

液压及润滑设备的操作画面可操作的设备有轧制区液压站和齿箱稀油站，分为现场操作箱和远程操作两种操作模式。操作模式在液压站现场操作箱上选择，并在此画面上显示。只有远程操作模式才允许在此画面上操作。操作员对所要操作的泵在线操作和备用，选好各泵后，即可远程启动液压泵。各泵的实际状态有运行（ON)、停止（OFF）及故障。在画面中，可监控油箱温度、泵压力、过滤器状态及冷却水阀等设备的状态。

高压水系统操作画面主要负责从加热炉出来的坯料进行去除氧化皮。可操作的设备有高压泵、水帘泵、管道泵及阀等；对水箱液位、泵压力、系统压力、蓄能器液位等数据进行显示，对泵及阀的运行状态进行监控。

对轧制的坯料进行跟踪与监控，主要是通过现场的检测元件来实现的。

换辊操作主要在操作台上进行，通过换辊步骤选择，操作员很方便地可以选择自己需要的步进行操作（这是在手动情况下进行)。如果是在自动换辊方式下，可根据画面中显示的换辊顺序表进行监控。也可以在现场操作箱上操作来完成换辊。当然，不同的步对应显示有该步实现的功能。

13.3.3 万能区的人机接口

万能区人机接口的主要任务和功能为：

（1）存储轧辊类型及参数的数据库；

（2）网络系统状态；

（3）实际辊缝；

（4）主机架设备状态；

（5）传动设备的操作及状态；

（6）液压及润滑设备；

（7）轧制线工艺参数；

（8）轧制区坯料跟踪浏览；

（9）辅助设备实际状态显示；

（10）换辊顺序表；

（11）MSC 故障报警信息；

（12）轧制工艺参数修改；

（13）传感器校正；

（14）TCS 故障报警信息；

（15）轧制过程实际状态存储与分析；

（16）控制设备（阀、传感器）操作与状态。

轧制参数数据库由操作员人工输入并存储，从画面上可以看到，该数据库中有产品规格、轧制级别、轧制道次、轧机速度、辊冷却水开度与选择、厚度控制、轧制力、轧制速度、张力控制、对中装置位置、升降装置位置、轧制线偏移值、辊缝偏移值等参数。

实际轧制参数的显示画面为主轧机区有关实际参数，主要有轧制道次、实际道次、冲洗时间、间隙时间、开坯区准备好、自动模式、TCS 准备好、线速度、实际辊缝、对中装置实际位置、升降装置实际位置、轧辊冷却实际开度、主传动状态、产品实际长度、轧制根数、热锯准备好、辊道速度、主轧机电流等项。

实际轧制参数修正功能的操作画面主要是为操作员调整辊缝所用。当需要改变轧辊辊缝时，可以作为微调使用。

整个系统专门设有一个网络监控画面，用来监控网络状态。在画面中，红色表示网络断开，绿色表示网络正常。

主机架内的设备有压板、平衡装置、机架预紧、换辊缸、地脚锁等，从画面上可以看到各设备的位置是打开/或关闭。

液压及润滑设备的操作画面可操作的设备有：轧制区和精整区液压站、稀油润滑站、油气润滑站及干油润滑站。各介质站有现场操作箱以及远程操作两种操作模式，操作模式在各介质站现场 PLC 柜上选择，并在此画面上显示。只有远程操作模式才允许在此画面上操作。操作员对所要操作的站按在线操作和备用，选好各泵后，即可远程启动介质站。介质站各泵的实际状态有运行（ON）、停止（OFF）、故障及跳闸。

主轧机直流系统的回路合闸后，在主驱动的画面中可以监视到传动设备的状态，如主传动快开合/或分、励磁合/或分，主电动机电流、电压、速度、错误信息，以及与主传动相关的风机的风压、水流等，在此画面中，很直观地看到主传动启动需要满足的条件。

当更换了位移传感器后，需要对位移传感器进行校准，设有专门的操作画面（TCS 与 MSC 里），对位移传感器进行归零位。

故障错误信息包括两部分：TCS 和 MSC 的错误信息。当出现故障时，故障信息栏就显示出了详细的错误内容、时间、系统及地址等。故障信息分历史故障信息与当前故障信息，可以对前一段时间的错误警报进行查询。并且信息有颜色之分，颜色为红色时，表明有故障，需要解决；颜色为蓝色时，表明有警报提示，需要检查；颜色为灰色时，表明有故障但已确认复位。

对轧制过程实际状态数据（每一根钢每一道次）进行采样，并自动保存。对存储的数据，随时可以进行分析，方便查找问题及分析故障原因。

13.3.4 热锯区的人机接口

热锯区人机接口的主要任务和功能为：

（1）辅助设备的操作及状态；

（2）介质系统设备；

（3）主驱动设备的操作及状态；

（4）故障报警信息。

介质系统包括两部分：液压站和稀油站。有现场操作箱以及远程操作两种操作模式。操作模式在主操作台 HMI 上选择，只有远程操作模式才允许在此画面上操作。操作员对所要操作的泵在线操作和备用，选好各泵后，即可远程启动液压泵。各泵的实际状态有运行（ON）、停止（OFF）及故障。在画面中，可监控油箱温度、泵压力、过滤器状态及冷却水阀等设备的状态。

辅助设备分自动与手动操作，只有在手动方式下，才允许在画面上操作该设备。可操作的设备有推动器、侧导位、锯支撑、废料翻板等。在画面中，可监控设备的位置状态。

热锯合闸后，操作员通过画面就可操作锯前进/后退，同时可以监控到锯机的电流、频率、前进/后退速度及锯位置等。

当出现故障报警时，故障报警灯点亮，同时在故障信息栏中显示出详细的错误内容。

13.3.5 冷床区的人机接口

冷床区人机接口的主要任务和功能为：

（1）步进梁的操作及状态；

（2）冷却水系统设备；

（3）故障报警信息。

步进梁一个单循环周期包括上升、前进、下降及后退 4 个过程。在循环周期过程中，可监控上升与下降是否到位，并显示前进和后退的实际位置，根据需要可改变步进梁的步距。也可选择步进梁的单元数（1 ~9 单元，可任选一个单元）。

冷却水系统共分为 5 个区 9 段，根据冷却效果来分配各个区/段的开度。开度的大小可根据需要在画面上由操作员输入。

当钢坯到达缓冲区时，辊道上的检测器检测到有钢信号后，启动出口小车来运送钢坯到输出辊道。小车的实际移动位置与检测器的信号在画面中监控。当出现小车移动不同步时，可通过操作员手动操作来对小车进行位置标定。标定位在画面中显示。

出现的故障报警在故障信息栏中显示其内容。

13.3.6 矫直与编组台架区的人机接口

矫直区人机接口的主要任务和功能为：

（1）矫直辊操作及状态；

（2）介质系统设备；

（3）参数的存储与修改；

（4）故障报警信息。

在画面中，可以存储矫直辊参数数据。从画面上可以看到辊径、轴向位置、垂直位置、穿带速度、矫直速度、垂直入口辊位置、垂直出口辊位置及下水平导出辊位置等参数。参数需要操作员输入。不同规格的参数数据存储在对应的表内。

实际矫直参数的显示画面为矫直区有关实际参数，主要有辊径、参数表号、轴向位置、垂直位置、实际位置、实际速度等项。根据现场实际情况，操作员通过修正表对参数进行修改，修改后的数据直接下传到 PLC 中。

矫直辊主驱动操作由操作员在主驱动画面中进行。辊的状态显示包括温度、电流、频率及合闸等。

介质系统主要是矫直辊的稀油站。有现场操作箱以及远程操作两种操作模式。操作模式在主操作台画面上选择，只有远程操作模式才允许在此画面上操作。各泵实际状态有运行（ON）、停止（OFF）及故障。在画面中，可监控油箱温度、液位、压力、油流等信息。

编组台架区人机接口的主要任务和功能为：编组台架设备操作及状态与物料跟踪。

在画面中，有料层入口链与料层收集链的状态显示：电流和频率。其中料层入口链 1 ~ 7段的选择通过操作员根据需要进行人工选择，各段的位置（上位/下位）状态受监控。料层收集链等同。根据不同的品种可以修改步宽及料层型钢数。实际的料层型钢数可监控。

可对入口输送链进行校准，当入口输送链位置不对时，通过手动操作入口输送链，到达入口链极限时，标定完成。入口链极限受监控。

出现的故障报警在故障信息栏中显示其内容。

13.3.7 冷锯区的人机接口

冷锯区人机接口的主要任务和功能为：

（1）辅助设备的操作及状态；

（2）主驱动设备的状态。

辅助设备分自动与手动操作，只有在手动方式下才可操作该设备，在画面上只进行冷锯前后辊道的合闸与分闸操作。同时在画面中可以看到锯机的电流、频率、压力、锯位置、夹紧装置位置、激光测距、定尺板气压、切割速度、锯温度等数据。

根据客户要求可在画面中修改定尺长度值，同时也可对辊道运行速度、定位速度、时间进行修改。

在这里，专门有切割时间显示，操作员可将时间值作为是否需要更换锯片的依据。

13.3.8 堆垛与打包收集区的人机接口

堆垛与打包收集区人机接口的主要任务和功能为：

（1）堆垛设备操作及状态；

（2）打包与收集设备操作及状态；

（3）故障报警信息；

（4）参数设定及修改。

堆垛设备操作分自动、手动与检修操作3种方式，只有在手动或检修方式下，才可在画面上操作该设备。可操作的设备有入口小车、输送链、分离挡板、定位挡板、终点挡板、升降装置、升降平台、堆垛平台、吊车、出口小车等。各设备的位置状态进行监控。

系统分为3个系统：1号系统（堆垛床1）、2号系统（堆垛床2）、3号系统（堆垛床3），在实际操作过程中，由操作员而定。各个系统都是独立的。

在画面上，操作员可以根据现场实际需要进行数据修改，如料层数、料包数、运行速度、定位速度、时间等。

操作员可以在画面上进行模拟操作。按照事先设定好的料层数对堆垛床进行模拟，方便直观地观察设备在空载时的运行状况。

出现的故障报警在故障信息栏中显示其内容。

打包与收集操作分自动与手动操作两种方式，并有远程操作与本地操作。在画面上可进行设备的合闸与分闸操作，对实际状态进行监控。

参考文献

[1] 戚翠芬．加热炉［M］．北京：冶金工业出版社，2006.
[2] 张小平，梁爱声．近终形连铸技术［M］．北京：冶金工业出版社，2001.
[3] 刘京华，李子文．小型连轧机的工艺与电气控制［M］．北京：冶金工业出版社，2003.
[4] 三菱 MElsecnet/H 主从站手册.
[5] 三菱 CC－link 主从站手册.
[6] 三菱 PROFIBUS－DP 接口模块 用户手册.
[7] Siemens 6RA70 系列全数字直流调速装置使用说明书.

冶金工业出版社部分图书推荐

书　　名	作　者	定价（元）
中国冶金百科全书·金属塑性加工	编委会　编	248.00
楔横轧零件成型技术与模拟仿真	胡正寰　等著	48.00
冶金热工基础（本科教材）	朱光俊　主编	30.00
冶金过程数值模拟基础（本科教材）	陈建斌　编著	28.00
金属学与热处理（本科教材）	陈惠芬　主编	39.00
金属塑性成形原理（本科教材）	徐　春　主编	28.00
金属塑性成形力学（本科教材）	王　平　等编	26.00
金属压力加工原理（本科教材）	魏立群　主编	26.00
金属压力加工工艺学（本科教材）	柳谋渊　主编	46.00
钢材的控制轧制与控制冷却（第2版）（本科教材）	王有铭　等编	32.00
型钢孔型设计（本科教材）	胡　彬　等编	45.00
轧制测试技术（本科教材）	宋美娟　主编	28.00
加热炉（第3版）（本科教材）	蔡乔方　主编	32.00
材料成形实验技术（本科教材）	胡灶福　等编	18.00
轧钢厂设计原理（本科教材）	阳　辉　主编	46.00
炼铁厂设计原理（本科教材）	万　新　主编	38.00
炼钢厂设计原理（本科教材）	王令福　主编	29.00
冶金设备及自动化（本科教材）	王立萍　主编	29.00
材料现代测试技术（本科教材）	廖晓玲　主编	45.00
自动检测和过程控制（第4版）（本科教材）	刘玉长　主编	50.00
冶金企业环境保护（本科教材）	马红周　等编	23.00
特种冶炼与金属功能材料（本科教材）	崔雅茹　等编	20.00
金属材料及热处理（高职高专教材）	王悦祥　主编	35.00
连续铸钢操作与控制（高职高专教材）	冯　捷　主编	39.00
塑性变形与轧制原理（高职高专教材）	袁志学　主编	27.00
现代轨梁生产技术（高职高专教材）	李登超　编著	28.00
金属热处理生产技术（高职高专教材）	张文莉　等编	35.00
金属塑性加工生产技术（高职高专教材）	胡　新　等编	32.00
金属材料热加工技术（高职高专教材）	甄丽萍　主编	26.00
冷轧带钢生产（高职高专教材）	夏翠莉　主编	41.00
有色金属轧制（高职高专教材）	白星良　主编	29.00
有色金属挤压与拉拔（高职高专教材）	白星良　主编	32.00
轧钢工理论培训教程（职业技能培训教材）	任蜀焱　主编	49.00
铝合金无缝管生产原理与工艺	邓小民　著	60.00
超细晶铜材大变形异步叠轧制备技术	王军丽　著	19.00
冶金建设工程	李慧民　主编	35.00